알기 쉬운 기본 열역학

유주식 지음

KM 경문사

알기 쉬운 기본 열역학

Preface 머리말

열역학은 적용 범위가 넓은 학문으로 세계적으로 널리 알려진 훌륭한 교재들이 많다. 그런데 유명한 책들은 대부분 그 양이 너무 방대하므로 주요 내용을 간추려서 쉽게 설명한 책이 필요하다.

이 책은 열역학의 기초 개념과 원리를 간결하게 정리하여 알기 쉽게 설명하였다. 충분한 양의 예제와 연습문제를 수록하고, 공식 유도와 문제 풀이 과정을 상세히 기술함으로써 학생들이 쉽게 이해하고 스스로 공부할 수 있게 하였다.

예제와 연습문제는 주요 핵심 개념을 파악할 수 있는 문제들로 구성되어 있다. 먼저 예제에서는 주로 기본적인 문제를 소개하고, 연습문제에서는 기초적인 문제부터 국가공무원 5급(기술) 제2차 시험에 출제된 문제까지 폭넓고 깊이 있는 문제를 다루었다. 특히 공무원과 중등교사 임용시험 문제를 많이 수록하여 각종 시험 준비에도 도움이 되게 하였다. 그리고 학생들이 편리하게 관련 내용을 알고 이해할 수 있도록 모든 문제의 정답을 수록하고 풀이 과정을 기술하였다.

아무쪼록 이 책을 통하여 열역학의 기본원리를 알고 열역학에 대한 자신감을 가지게 되기를 바라는 바이다. 끝으로 책의 출판에 도움을 주신 경문사 관계자분들께 감사드린다.

2023년 2월

유 주 식

Contents 목차

제 4 장 이상기체

제 5 장 열역학 제2법칙

제 6 장 엔트로피

제 7 장 기체동력 사이클

연습문제 풀이 및 정답

부록

제1장 서론

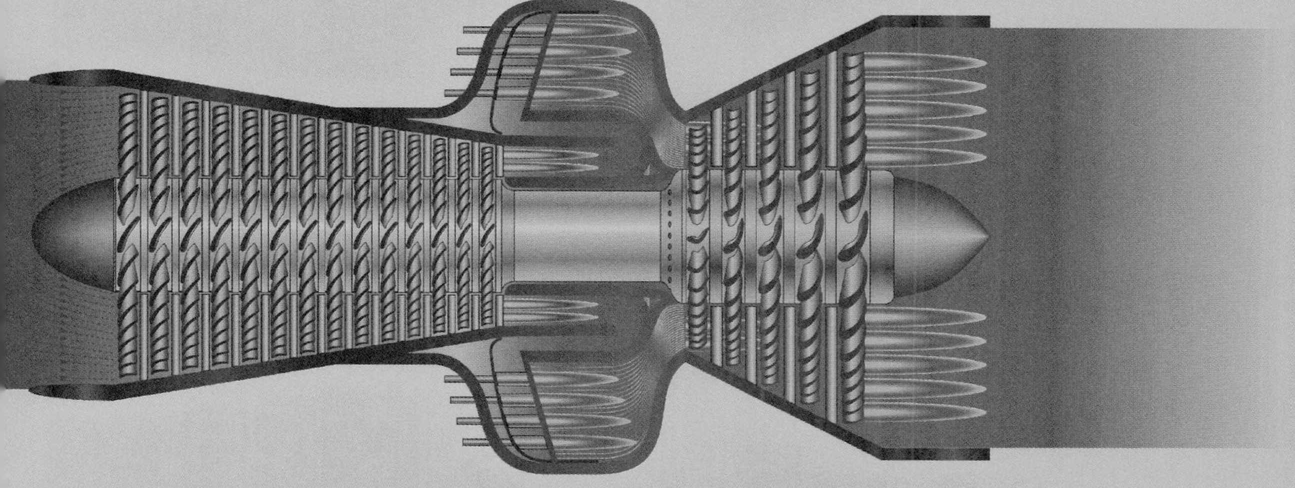

1.1 열역학 용어 및 정의
1.2 단위
1.3 일, 동력, 에너지

1.1 열역학 용어 및 정의

1 열역학의 범위

'열역학(thermodynamics)은 열과 일 및 물질의 상태량을 다루는 과학, 또는 에너지와 엔트로피의 과학' 등으로 정의한다. 에너지의 엄밀한 정의는 어렵지만 '에너지는 일을 할 수 있는 능력, 또는 변화를 일으키는 능력'이라고 볼 수 있다. 관심 분야에 따라서는 물질의 상태 변화 그 자체가 주된 관심사가 되기도 하지만, 공업 열역학에서는 상태 변화에 따른 물질의 성질을 연구하여 에너지, 일 및 열 사이의 관계를 주로 다룬다. 열역학적 상태를 기술하는 상태량(property)에는 압력, 부피, 온도 등의 여러 가지가 있다.

한편 열과 일을 모두 에너지의 한 형태로 볼 수 있으므로 열역학을 간단하게 '에너지를 다루는 과학'으로 정의할 수 있다. 즉, 열역학은 동력 발생, 냉동, 물질의 상태량 사이의 관계 등을 포함한 모든 형태의 에너지와 에너지 변환을 포함하는 광범위한 학문이다.

2 열역학적인 계

열역학적인 계(thermodynamic system), 또는 간단하게 계(system)는 검사하기 위해 선택한 물질의 양이나 공간 내의 영역으로 정의한다. 계의 밖에 있는 질량이나 영역을 주위(surrounding)라 하며, 계와 계의 주위를 분리하는 실제 표면 또는 가상적인 표면을 경계(boundary)라 한다[그림 1.1]. 계의 경계는 고정될 수도 있고 움직일 수도 있다.

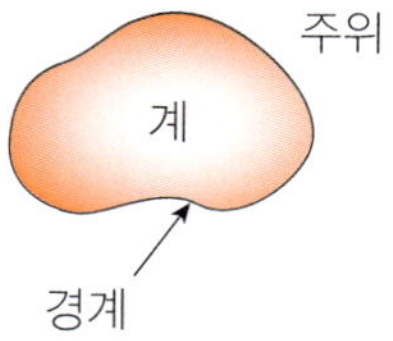

[그림 1.1] 계, 경계, 주위

계의 종류는 다음과 같다.

(1) 밀폐계(closed system): 검사질량이 일정한 계로서 비유동계(non-flow system)라고도 한다[그림 1.2]. 경계면이 닫혀 있으므로 계의 경계를 통한 물질(질량)의 출입이 없는 계이다. 그러나 경계를 통한 에너지(일 또는 열)의 출입은 있을 수 있다.

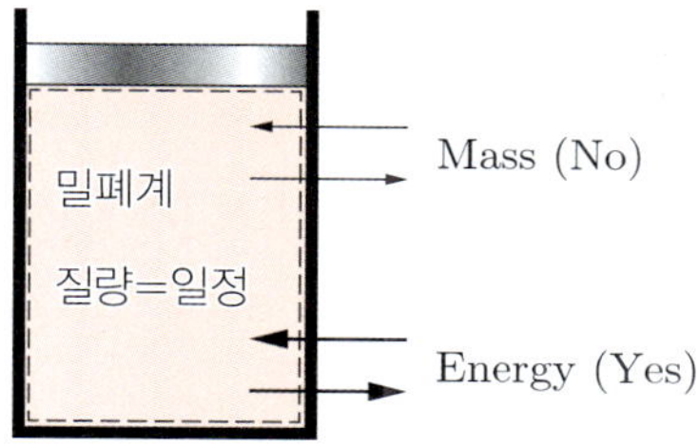

[그림 1.2] 밀폐계

(2) 개방계(open system): 검사체적이 일정한 계로서 유동계(flow system)라고도 한다. 경계면이 열려 있으므로 경계를 통한 외부와의 물질 유동과 에너지 전달이 모두 가능한 계이다.

(3) 고립계(isolated system): 밀폐계 중에서 주위로부터 완전히 고립되어 있어서 주위에 의해 아무런 영향을 받지 않는 시스템을 고립계라 한다. 즉, 계의 경계를 통한 외부와의 물질이나 에너지 전달이 없는 계를 말한다.

(4) 단열계(adiabatic system): 계의 경계를 통한 외부와의 열전달이 없는 완전히 단열된 이상적인 계를 말한다. 단열되었지만 열을 제외한 기계적인 일은 할 수 있다.

3 계의 상태와 상태량

계에서 측정 가능한 모든 물리적 성질이 특정한 값을 가질 때 그 계는 어떤 상태에 있다고 하고, 이러한 계의 특성을 나타내는 것들을 상태량(property) 또는 성질이라 한다. 두 계의 모든 성질이 동일하면 두 계의 상태는 같다.

열역학적 상태량의 형태는 다음 2가지로 나눈다.[1)]

(1) 강성적 상태량(intensive property) : 계의 크기와 무관한 상태량.
(2) 종량적 상태량(extensive property) : 계의 크기 또는 범위에 따라 값이 변하는 상태량.

계의 크기에 비례하여 변하는 성질을 종량적 상태량이라 하고, 계의 크기와 무관한 성질을 강성적 상태량이라 한다. 예를 들어 온도와 압력은 강성적 상태량이고, 질량과 부피는 종량적 상태량이다.

---

1) 강성적 상태량을 강도성 상태량, 시강성질 또는 세기성질이라고도 한다. 종량적 상태량은 용량성 상태량 또는 시량성질이라고도 한다.

2장에서 정의하는 밀도(ρ)와 같이 단위 부피당 종량적 상태량은 강성적 상태량이다. 계의 크기(질량)에 의존하는 내부에너지(U)와 엔탈피(H)는 종량적 상태량이고, 단위 질량당 양을 나타내는 비내부에너지(specific internal energy, u)와 비엔탈피(specific enthalpy, h)는 강성적 상태량이다. 단위 질량당 종량적 상태량을 비상태량(specific property)이라 하며 일반적으로 소문자로 나타낸다.

4 과정

계가 한 상태로부터 다른 상태로 변화할 때 각 상태의 연속된 경로를 과정(process)이라고 한다[그림 1.3].

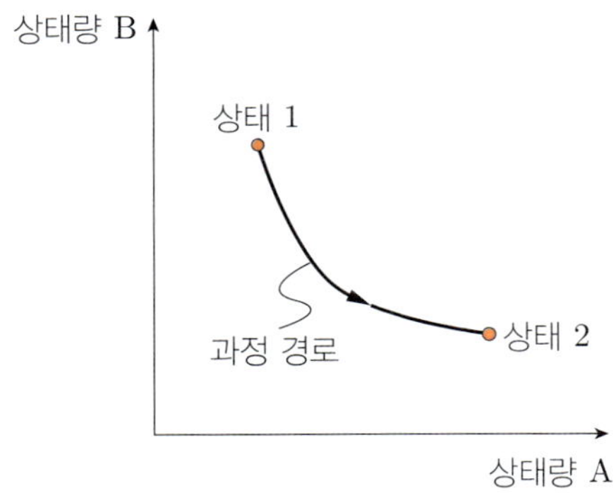

[그림 1.3] 상태 1과 2 사이의 과정 및 과정의 경로

과정이 진행되는 동안에 계가 평형상태에 무한히 근접하여 유지되고 있을 때 이 과정을 준평형 과정(quasi-equilibrium process) 또는 준정적 과정(quasi- static process)이라 한다. 준평형 과정은 계의 한 부분의 상태량이 다른 부분의 상태량과 같은 속도로 변화하는 충분히 느린 과정으로 볼 수 있다.

[그림 1.4]와 같이 피스톤과 실린더로 구성된 장치를 살펴보자. [그림 1.4(a)]와 같이 기체가 갑자기 압축되면 피스톤 면 부근에 있는 분자들은 피스톤의 이동을 피할 수 있는 충분한 시간을 갖지 못하여 피스톤 전면의 좁은 지역에 모이게 되므로 이 부분의 압력이 주변보다 높아진다. 이 압력 차이 때문에 계는 더 이상 평형 상태에 있다고 할 수 없으며 과정은 비평형과정(non-equilibrium process)이 된다. 그러나 [그림 1.4(b)]와 같이 피스톤이 아주 천천히 움직인다면 분자들은 재분포할 수 있는 충분한 시간을 갖게 되어 피스톤 전면에 밀집되지 않을 것이다. 이에 따라 실린더 내의 압력이 균일하고 모든 위치에서 같은 비율로 상승할 것이다. 이 경우는 압축 중에 항상 평형이 유지되기 때문에 준평형 과정이라고 할 수 있다.

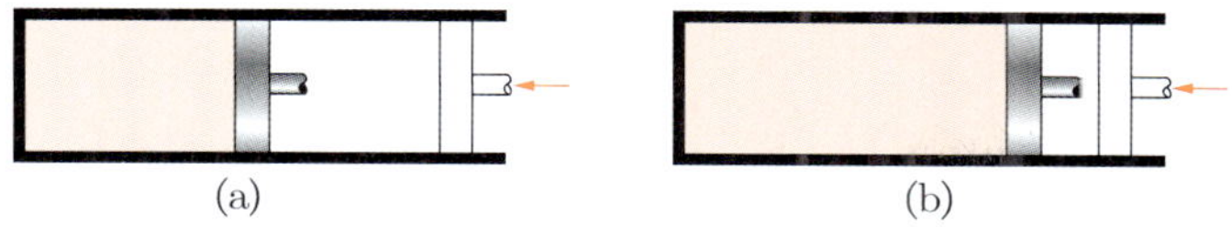

[그림 1.4] (a) 빠르게 압축(비평형 과정) (b) 아주 천천히 압축(준평형 과정)

엄밀하게 보았을 때 준평형 과정은 실제 과정에서는 일어날 수 없는 이상적인 과정이다. 그러나 많은 실제 과정은 준평형 과정에 매우 가깝고 그 오차는 무시할 수 있다. 따라서 공학에서는 많은 경우에 있어서 준평형 과정으로 가정하여 문제를 해석한다.

상태량들을 좌표로 하여 과정 선도(process diagram)를 그리면 과정을 매우 쉽게 알 수 있다. 일반적으로 좌표로 많이 사용되는 상태량들은 압력(P), 부피(V), 온도(T) 등이다. [그림 1.5]는 피스톤-실린더 장치에서 기체의 압축 과정을 나타내는 $P-V$ 선도이다. 이 선도를 알면 상태 변화 과정에서 계가 한 일 또는 받은 일을 구할 수 있다.

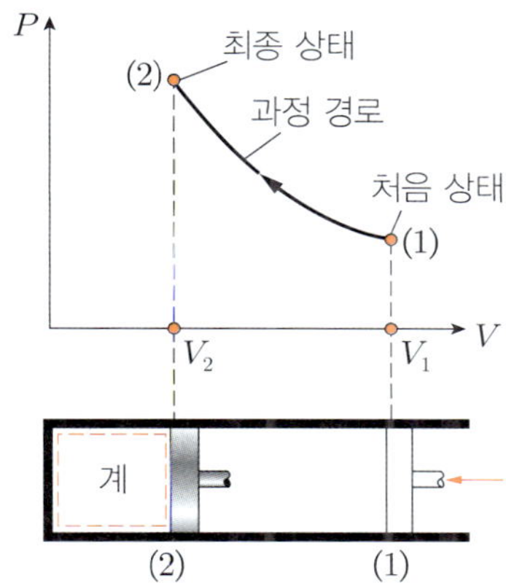

[그림 1.5] 압축과정의 $P-V$ 선도

열역학에서 많이 취급하는 과정에는 다음 4가지가 있다.

(1) 등온과정(isothermal process): 온도가 일정한 과정
(2) 정압과정(isobaric process): 압력이 일정한 과정
(3) 정적과정(isochoric process): 부피가 일정한 과정
(4) 단열과정(adiabatic process): 계의 경계를 통한 열 출입이 없는 과정

† 정압과정과 정적과정은 각각 등압과정, 등적과정이라고도 한다.

5 사이클

계가 여러 가지의 상태 변화나 과정을 거쳐서 처음 상태로 되돌아 올 때 그 계는 한 사이클(cycle)을 거쳤다고 한다. 따라서 사이클이 완료되면 최종 상태의 모든 상태량은 처음 상태의 상태량과 같게 된다.

여기에서 설명한 사이클은 열역학적 사이클(thermodynamic cycle)로서 역학적 사이클(mechanical cycle, 기계적 사이클)과 구분되어야 한다. 예를 들어 4행정 내연 기관이 한 역학적 사이클을 이루면 피스톤과 실린더의 상대적 위치, 밸브의 개폐 상태 등은 초기 상태와 같다. 그러나 열역학 시스템으로 관심을 갖는 작업유체는 연료와 공기의 혼합물로부터 대기 중으로 방출된 연소 생성물로 바뀌므로 열역학적 사이클을 형성하지 않는다.

† 작업유체(working fluid), 동작물질(working substance): 작업유체 또는 동작물질은 열기관이나 냉동기 등에서 질량 및 에너지의 이동을 해 주는 역할을 하는 물질을 말한다. 외부로부터 열이나 일을 받으면 압력과 부피 등이 변할 수 있고, 경우에 따라서는 상변화(phase change)가 일어날 수 있는 물질이다. 열역학에서는 주로 작업유체의 상태를 통하여 에너지의 이동을 예측하므로 작업유체의 특성은 열기관의 성능을 결정하는데 매우 중요한 역할을 한다. 예를 들어 보일러의 물, 증기 기관의 증기, 내연기관의 공기와 연료, 냉동기의 냉매(refrigerant) 등이 작업유체에 해당된다.

6 열역학적 평형

계의 상태를 기술할 때 계의 성질은 계 전체를 대표할 수 있는 것으로 취급된다. 이것은 계가 평형상태에 있다고 가정한 것이다. 계가 주위로부터 고립되어 경계를 통하여 열이나 일의 출입이 없고, 시간이 경과하여도 계에 아무런 변화가 일어나지 않을 때 계는 열역학적 평형상태(thermodynamic equilibrium state)에 있다고 한다. 이때 계에서 압력, 온도와 같은 성질들은 모두 균일하여야 한다. 열역학적 평형은 계에서 일어날 수 있는 모든 상태 변화에 대해 평형 상태에 있다는 것을 의미한다. 즉, 열적(thermal) 평형, 화학적(chemical) 평형, 기계적(mechanical) 평형 등이 모두 성립되었을 때 계는 열역학적 평형을 이루었다고 한다.

1.2 단위

1 차원과 단위

물리량의 성질을 표현하기 위해 사용되는 변수를 차원(dimension)이라 한다. 질량 m, 길이 L, 시간 t, 온도 Θ와 같은 몇 가지 기초가 되는 차원을 1차 차원 또는 기본차원(fundamental dimension)이라 하고, 1차 차원의 항으로 표현되는 속도 V, 압력 P, 에너지 E와 같은 것을 2차 차원 또는 유도 차원(derived dimension)이라 한다. 물리량은 차원에 의해 그 특성이 규정될 수 있다. 예를 들어 속도(V)는 단위 시간에 이동한 거리이므로 차원은 L/t이고, 가속도는 단위 시간당 속도의 변화량이므로 차원은 $V/t = L/t^2$이 된다. 열역학에 나타나는 물리량들의 차원은 대부분 m, L, t, Θ로 표현된다.

이에 반해 단위(unit)는 인위적으로 정한 크기를 기준으로 차원을 표현하기 위해 사용되는 것을 말하며, 여러 가지로 표현될 수 있다. 속도의 차원은 L/t이지만, 속도의 단위에는 m/s, cm/s, km/min, km/hr 등 여러 가지가 있다. 우리나라에서 전통적으로 사용해 온 단위에는 길이를 나타내는 '자', 무게를 나타내는 '근', 넓이를 나타내는 '평' 등이 있다. 따라서 인위적으로 정한 크기는 기준에 따라 다를 수가 있으므로 각 나라마다 사용하는 단위가 다양하게 나타나는데 최근에는 국제적으로 공인된 SI 단위계(Standard International unit)를 많이 사용하고 있다.[2)]

2 SI 단위

SI 단위는 국제표준화기구(국제 도량형 총회)에서 단위를 통일하여 국제적으로 통용되도록 채택한 단위를 말한다. [표 1.1]에 SI 단위계에서 사용하는 7개의 기본 차원과 단위를 나타내었다. 다른 물리량의 SI 단위도 SI 기본단위로부터 유도된다. 자주 사용하는 유도 단위에는 N(Newton), J(Joule), Pa(Pascal), W(Watt) 등이 있다.

[표 1.1] SI 단위계에서의 7개의 기본 차원 및 단위

차원	단위	명칭	차원	단위	명칭
질량	kg	킬로그램	물질량	mol	몰
길이	m	미터	전류	A	암페어
시간	s	초	광도	cd	칸델라
온도	K	켈빈			

2) 공학에서 실제 문제를 해석할 때 기본적으로 알아야 할 것이 단위이다. 단위를 모르고 계산한다는 것은 1, 2란 숫자를 모르고 덧셈, 뺄셈을 하는 것과 같다. 단위를 꼭 알아두도록 한다.

3 역학에 관한 단위계

(1) MKS 단위계(SI 단위계): 길이 [m], 질량 [kg], 시간 [s]을 기본단위로 하는 단위계이다. MKS 단위계에서 힘의 단위는 N(Newton), 압력은 Pa(Pascal), 일과 에너지는 J(Joule), 일률(동력)은 W(Watt)이다.

① 1N : 1kg의 물체에 $1m/s^2$의 가속도를 내게 하는 힘

$$1N = 1kg \cdot m/s^2$$

② 1J : 1N의 힘을 작용하여 1m 이동했을 때 한 일

$$1J = 1N \cdot m$$

③ 1Pa: 1N의 힘이 $1m^2$에 수직으로 작용할 때의 압력

$$1Pa = 1N/m^2 \quad (1bar = 10^5 Pa)$$

④ 1W : 1초에 1J의 일을 할 때의 일률

$$1W = 1J/s = 1N \cdot m/s$$

(2) CGS 단위계: 길이 [cm], 질량 [g], 시간 [s]을 기본단위로 하는 단위계이다.

① 1dyne : 1g의 물체에 $1cm/s^2$의 가속도를 일으키는 힘

$$1dyne = 1g \cdot cm/s^2 \quad (1N = 10^5 dyne)$$

② 1erg : 1dyne의 힘을 작용하여 1cm 이동했을 때 한 일

$$1erg = 1dyne \cdot cm$$

(3) 중력 단위계: 길이 [m], 시간 [s]과 힘의 단위 kgf를 사용한다.

○ 1kgf : 질량 1kg의 물체에 작용하는 중력(1kg의 무게).

$$1\text{kgf} = 9.80665\,\text{N} \approx 9.8\,\text{N}$$

질량 m인 물체의 무게 $W = mg$이므로

$$1\text{kgf} = 1\text{kg} \times 9.8\text{m/s}^2 = 9.8\text{kg} \cdot \text{m/s}^2 = 9.8\,\text{N}$$

이다. 일반적으로 공학 문제에서는 중력 가속도 $g = 9.8\,\text{m/s}^2$으로 계산한다.

SI 단위를 사용할 때 매우 크거나 작은 값을 쉽게 다룰 수 있도록 [표 1.2]와 같은 SI 단위의 접두사를 정의하여 사용한다. 예를 들면 2km는 $2 \times 10^3\,\text{m}$를 나타내고, 4MPa는 $4 \times 10^6\,\text{Pa}$을 의미한다. 압력의 단위 1bar=100kPa 이다.

[표 1.2] SI 단위의 접두사

곱해지는 수	명칭	기호	곱해지는 수	명칭	기호
10^{12}	tera	T	10^{-2}	centi	c
10^{9}	giga	G	10^{-3}	milli	m
10^{6}	mega	M	10^{-6}	micro	μ
10^{3}	kilo	k	10^{-9}	nano	n
10^{2}	hecto	h	10^{-12}	pico	p

1.3 일, 동력, 에너지

1 일

[그림 1.6]과 같이 힘 F[N]이 물체에 작용하여 힘과 같은 방향으로 물체가 s[m]만큼 이동하였을 때 힘 F가 물체에 대하여 한 일(work) W[J]은 다음과 같다. 직선운동에서 '일 = 힘 × 거리'이다.

$$W = Fs \quad \cdots (1.1)$$

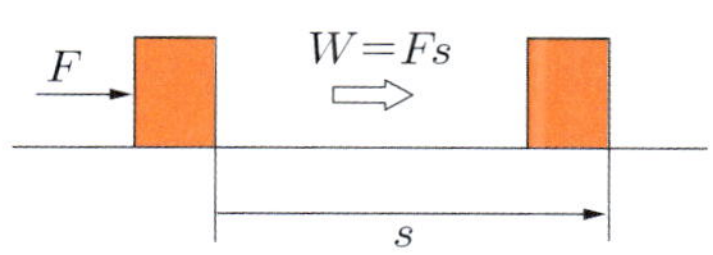

[그림 1.6]

1 N의 힘을 작용하여 힘의 방향으로 1 m 이동하였을 때 한 일의 양을 1J(Joule)이라 한다.

$$1\,\mathrm{J} = 1\,\mathrm{N} \cdot \mathrm{m}$$

2 동력

단위 시간 동안에 한 일의 양을 동력(power, 일률)이라 한다. 시간 t 동안에 한 일의 양이 W이면 동력 $\dot{W}$는 다음과 같다.[3)]

$$\dot{W} = \frac{W}{t} \qquad \cdots (1.2)$$

1초 동안에 1 J의 일을 하였을 때의 동력을 1 W(Watt)라 한다.

$$1\,\mathrm{W} = 1\,\mathrm{J/s}$$

F의 힘이 작용하여 같은 방향으로 속도 v로 운동하는 물체의 동력 $\dot{W}$는 다음과 같다.

$$\dot{W} = Fv \qquad \cdots (1.3)$$

설명 ○ 직선운동에서 일 $W = Fs$이고, 속도 $v = \frac{s}{t}$이다.

$$\therefore \text{ 동력 } \dot{W} = \frac{W}{t} = \frac{Fs}{t} = F \times \frac{s}{t} = Fv$$

○ 일반적으로 많이 사용하는 동력의 단위에는 kW와 마력[PS]이 있다.

$$1\,\mathrm{kW} = 1000\,\mathrm{W} = 1000\,\mathrm{N \cdot m/s} = 102\,\mathrm{kgf \cdot m/s}$$

$$1\,\mathrm{PS} = 75\,\mathrm{kgf \cdot m/s} = 735.5\,\mathrm{W}$$

$1\,\mathrm{kgf} = 9.80665\,\mathrm{N}$이다.

$$1\,\mathrm{kW} = 1000\,\mathrm{N} \cdot \frac{\mathrm{m}}{\mathrm{s}} = 1000 \times \frac{\mathrm{kgf}}{9.80665} \cdot \frac{\mathrm{m}}{\mathrm{s}}$$
$$= 102\,\mathrm{kgf} \cdot \frac{\mathrm{m}}{\mathrm{s}}$$

3) 일반적으로 동력(power)의 기호로는 P를 많이 사용한다. 여기에서는 압력 기호 P와 구분하기 위해 시간 변화율을 의미하는 기호(˙)를 사용하여 $\dot{W}$로 나타내었다.

$$1\,\text{PS} = \frac{75\,\text{kgf} \cdot \text{m}}{\text{s}} = \frac{75 \times 9.80665\,\text{N} \cdot \text{m}}{\text{s}}$$
$$= 735.5\frac{\text{N} \cdot \text{Tm}}{\text{s}} = 735.5\frac{\text{J}}{\text{s}} = 735.5\,\text{W}$$

3 에너지

일을 할 수 있는 능력(또는 변화를 일으키는 능력)을 에너지(energy)라 하며, 그 저장 형태에 따라 역학적 에너지(운동에너지, 위치에너지), 전기에너지, 원자력 에너지 등 여러 가지가 있다.

에너지의 단위는 일의 단위[J]와 같고, 에너지의 종류에 따라 cal(열에너지), Wh(전기에너지), eV(원자력에너지, 입자에너지) 등을 사용한다. SI 단위인 J와 cal, Wh, eV의 관계는 다음과 같다.4) 1cal 는 물 1g 의 온도를 1℃ 높이는 데 필요한 열량(열에너지)이고, 1Wh는 1W의 전력을 1시간(3600초) 동안 사용한 전력량(전기에너지)이다.

$$1\,\text{cal} = 4.186\,\text{J} \approx 4.2\text{J}$$

$$1\,\text{Wh} = 3{,}600\,\text{J} = 3.6\text{kJ}$$

$$1\,\text{eV} = 1.60217733 \times 10^{-19}\,\text{J} \approx 1.6 \times 10^{-12}\text{erg}$$

그 외에 화학 에너지(석탄, 석유 등의 화석연료나 전지 또는 음식물 등의 물질에 저장되어 있는 에너지), 파동 에너지(파동에 의해 전달되는 에너지), 빛 에너지(태양이나 전구 등이 가지고 있는 에너지) 등의 여러 종류가 있다. 열역학에서 많이 취급하는 열기관에서는 '역학적 에너지'와 '열에너지'를 주로 고려한다.

| 참고 | eV(electron volt, 전자볼트)는 다음과 같이 전자 하나가 1볼트의 전위를 거슬러 올라갈 때 드는 일로 정의한다. 1Volt = 1Joule/coulomb이다.

$$1\text{eV} = (\text{한 개의 기본 전하량}) \times (1\ \textit{Volt})$$
$$= (1.6 \times 10^{-19}\ \text{coulomb}) \times (1\,\text{Volt}) = 1.6 \times 10^{-19}\text{Joule}$$

이 단위는 주로 원자나 핵물리, 또는 입자 물리학에서 사용한다. 이 분야에서는 J(Joule)이 지나치게 큰 단위이기 때문이다. 여기에서 흔히 사용되는 단위는 eV, keV($=10^3$eV), MeV($=10^6$eV), GeV($=10^9$eV) 등이다.

---

4) 여기에서 1cal=4.2J, 1J=0.24cal 이라는 것은 알아두도록 한다. 열역학 1법칙에서 '열→일', '일→열'로 서로 변환될 수 있다.

4 운동에너지, 위치에너지, 역학적 에너지

(1) 운동하는 물체가 가지고 있는 일을 할 수 있는 능력을 운동에너지(kinetic energy)라 하며, 속도 v로 운동하고 있는 질량 m인 물체의 운동에너지 E_k는 다음과 같다.

$$E_k = \frac{1}{2}mv^2 \quad \cdots (1.4)$$

(2) 힘을 받는 공간에서 물체의 위치를 바꾸게 되면 그 물체의 일을 할 수 있는 능력이 증가하거나 감소하게 된다. 이와 같이 위치에 따라 발생하는 일을 할 수 있는 능력을 위치에너지(potential energy)라 한다. 위치에너지는 물체를 기준위치로부터 그 지점까지 옮기는데 필요한 일의 양과 같다. 기준 위치를 지면으로 할 때 지면으로부터 높이 h에 있는 질량 m인 물체의 중력에 의한 위치에너지는 다음과 같다. g는 중력가속도이다.

$$E_p = mgh \quad \cdots (1.5)$$

(3) 위치에너지와 운동에너지를 합하여 역학적 에너지라 한다.

$$E = E_k + E_p = \frac{1}{2}mv^2 + mgh \quad \cdots (1.6)$$

5 역학적 에너지 보존법칙

중력에 의한 위치에너지와 운동에너지를 합하여 역학적 에너지(기계적 에너지)라 한다. 중력장에서 운동하는 물체의 위치가 변할 때 운동에너지와 위치에너지는 서로 전환된다. 예를 들어 물체가 낙하할 때는 위치에너지가 감소하고 운동에너지가 증가하는데, 이때 감소한 위치에너지 양과 증가한 운동에너지 양은 같다. 이와 반대로 물체가 위로 올라갈 때는 감소한 운동에너지 양만큼 위치에너지가 증가한다.

일반적으로 마찰에 의한 손실을 무시할 때 물체의 운동 상태가 변하면 물체가 가지고 있는 위치에너지와 운동에너지가 서로 전환되지만 그 전체의 양, 즉 역학적 에너지는 항상 일정하게 보존된다. 이것을 역학적 에너지 보존법칙이라 한다.

$$E_k + E_p = \frac{1}{2}mv^2 + mgh = \text{일정} \qquad \cdots (1.7)$$

$$\frac{1}{2}mv_1^2 + mgh_1 = \frac{1}{2}mv_2^2 + mgh_2 \qquad \cdots (1.8)$$

즉, 처음의 (운동에너지+위치에너지)는 나중의 (운동에너지+위치에너지)와 같다.

예제 1.1 [단위] $W = 200\,\text{kgf} \cdot \text{m}$의 일은 몇 J인가?

풀이 $1\,\text{kgf} = 9.8\,\text{N}$이므로

$$W = 200\,\text{kgf} \cdot \text{m} = (200 \times 9.8\text{N}) \cdot \text{m} = 1960\,\text{N} \cdot \text{m} = 1960\,[\text{J}]$$

예제 1.2 [일] $0.5\,\text{kN}$의 힘을 받고 힘의 방향으로 $30\,\text{cm}$를 이동한 물체가 한 일(W)은 몇 J인가?

풀이 단위를 MKS 단위인 N, m로 통일하여 계산한다.[5)]

$$F = 0.5\,\text{kN} = 0.5 \times 1000\,\text{N} = 500\,\text{N}$$
$$s = 30\text{cm} = 30 \times (10^{-2}\text{m}) = 0.3\,\text{m}$$

$\therefore\ W = Fs = 500 \times 0.3 = 150\,[\text{J}]$ (← MKS 단위계에서 일의 단위는 J이다.)

단위를 직접 계산하면 다음과 같다.[6)]

$$\begin{aligned} W = Fs = (500\text{N}) \times (30\text{cm}) &= 15000\text{N} \cdot \text{cm} \\ &= 15000\text{N} \cdot (10^{-2}\text{m}) \\ &= 150\,\text{N} \cdot \text{m} = 150\,[\text{J}] \end{aligned}$$

예제 1.3 [동력] $400\,\text{kgf}$의 힘을 받고 시속 $72\,\text{km}$의 속도로 직선 운동하는 물체가 가진 동력 ($\dot{W}$)은 몇 kW인가?

풀이 단위를 MKS 단위인 N, m, s으로 통일하여 계산한다.

$$F = 400\,\text{kgf} = 400 \times 9.8\,\text{N} = 3920\,\text{N}$$
$$v = 60\text{km/hr} = \frac{72 \times 1000\text{m}}{3600\,\text{s}} = 20\,\text{m/s}$$

---

5) 주어진 단위를 MKS나 CGS의 어느 한 단위계로 통일해 주면 복잡한 단위 연산을 하지 않아도 구하는 값을 쉽게 구할 수 있다.

6) 일반적으로 단위를 직접 연산하면 계산이 복잡하므로 단위를 통일시켜 수만 계산하는 것이 편리하다.

$$\therefore \quad \dot{W} = Fv = 3920 \times 20 = 78,400\,[\mathrm{W}] = 78.4\,[\mathrm{kW}]$$

MKS 단위계에서 동력의 단위는 W이다.

예제 1.4 [일과 열] 무게가 30kgf인 물체를 연직 위로 21m 이동시켰을 때 한 일(W)은 몇 J인가? 또, 이 일은 몇 cal에 해당하는가?

풀이 힘 $F = 30\mathrm{kgf}$, 이동거리 $s = 21\mathrm{m}$이므로

$$W = Fs = 30\mathrm{kgf} \times 21\mathrm{m} = (30 \times 9.8\mathrm{N}) \cdot 21\mathrm{m}$$
$$= 6174\mathrm{N} \cdot \mathrm{m} = 6174\,[\mathrm{J}]$$

이고, $1\,\mathrm{cal} = 4.2\,\mathrm{J}$이므로 이것을 열로 환산하면 다음과 같다.

$$W = 6174\,[\mathrm{J}] = 6174 \times \frac{1}{4.2}\,[\mathrm{cal}] = 1470\,[\mathrm{cal}]$$

예제 1.5 [열과 동력] 발열량 10,500kcal/kg의 연료 3kg을 2분 동안에 완전히 연소시켜 발생한 열량을 모두 동력으로 변환시키면 몇 kW인가?

풀이 연료 3kg을 연소시켜 발생한 열량

$$Q = (10,500\,\mathrm{kcal/kg}) \times 3\mathrm{kg} = 31,500\,[\mathrm{kcal}]$$

이고, $1\mathrm{kcal} = 4.2\mathrm{kJ}$, 소요시간

$$t = 2\mathrm{min} = 2 \times 60\,\mathrm{s} = 120\,[\mathrm{s}]$$

이므로 동력($\dot{W}$)은 다음과 같다.

$$\dot{W} = \frac{W}{t} = \frac{4.2 \times Q}{t} = \frac{(4.2 \times 31,500)\mathrm{kJ}}{120\,\mathrm{s}}$$
$$= 1102.5\,\frac{\mathrm{kJ}}{\mathrm{s}} = 1102.5\,[\mathrm{kW}]$$

예제 1.6 [전기에너지] 60W 전구 두 개를 세 시간동안 사용하면 전구가 소비한 총 전기에너지는 몇 kJ인가?

풀이 1W=1J/s 이므로 전구가 소비한 총 전기에너지(E_e)는 다음과 같다.

$$E_e = 60\,W \times (2\text{개}) \times 3hr = 60\frac{J}{s} \times 2 \times 3600s$$
$$= 432 \times 10^3\,[\mathrm{J}] = 432\,[\mathrm{kJ}]$$

예제 1.7 [SI 접두사] 길이 $L=\dfrac{2.3}{10{,}000{,}000}\,\text{m}$를 SI 접두사 μ를 이용하여 간단하게 나타내어라.

풀이 [표 1.2]에서 $1\mu\text{m}=10^{-6}\text{m}$이므로

$$L=\frac{2.3}{10{,}000{,}000}\,\text{m}=2.3\times10^{-7}\text{m}=(2.3\times10^{-1})\times10^{-6}\text{m}=0.23[\mu\text{m}]$$

예제 1.8 [역학적 에너지] 질량 3kg인 물체가 지면으로부터 10m 상공에서 20m/s로 운동하고 있다. 물체의 역학적 에너지는 몇 J인가? 단, 위치에너지는 지면을 기준으로 한다.

풀이 질량 $m=3\text{kg}$, 속도 $v=20\text{m/s}$, 고도 $h=10\text{m}$이므로 물체의 역학적 에너지 (E)는 다음과 같다.

$$E=E_k+E_p=\frac{1}{2}mv^2+mgh$$
$$=\frac{1}{2}(3)(20)^2+3(9.8)(10)[\text{J}]=894\ [\text{J}]$$

예제 1.9 [역학적 에너지] 지면으로부터 높이 H인 곳에서 물체를 자유 낙하시킬 때 이 물체의 위치에너지가 운동에너지의 4배가 되는 곳의 높이를 구하여라.

풀이 지면을 위치에너지가 0인 기준면으로 잡으면 질량 m인 물체가 가지고 있는 역학적 에너지는 mgH이다. 구하는 높이를 h라 하면 이 지점의 위치에너지 $E_p=mgh$이다. 여기에서 위치에너지가 운동에너지(E_k)의 4배가 되므로

$$E_p=4E_k$$
$$\therefore\ E_k=\frac{1}{4}E_p=\frac{1}{4}mgh$$

이고, 위 두 식을 역학적 에너지 보존법칙

$$E_k+E_p=mgH$$

에 대입하면 구하는 높이(h)가 얻어진다.

$$\frac{1}{4}mgh+mgh=mgH$$

$$\therefore\ h=\frac{4}{5}H$$

연습문제 1

01 $4N/mm^2$의 압력은 몇 Pa인가?

02 3N의 힘은 몇 dyne인가?

03 2J의 일은 몇 erg인가?

04 어떤 물체에 20N의 힘을 가하여 4초 동안에 힘의 방향과 같은 방향으로 30m를 이동하였다. 물체의 동력은 몇 W인가?

05 2kW의 전동기를 30분 동안 작동하였을 때 전동기가 한 일은 몇 kJ인가?

06 지면으로부터 40m 위에 있는 질량 50kg의 물체가 자유 낙하하여 지면에 떨어졌다. 물체의 위치에너지가 모두 열로 변환된다면 땅에 충돌하였을 때 발생하는 열량은 몇 cal인가?

07 72km/hr로 달리는 질량 200kg인 물체의 운동에너지는 몇 kJ인가?

08 400cal의 열은 몇 J의 일과 같은가?

09 다음 단위 중 옳은 것은? [중등교사 임용시험-기계][7)]

① 1Pa = 1N/m　　② 1J = 1N · m/s

③ 1kW = 75kgf · m/s　　④ $1N = 10^5$ dyne

10 다음 단위 중 어느 것이 옳은가? [중등교사 임용시험-기계]

① 1N = 1kg · m/s　　② 1J = 1N · m/s

③ 1W = 1J/s　　④ $1bar = 10^6 N/m^2$

11 전원 220[V]에서 사용하는 1000[W]의 전열기를 1분간 사용하였을 때의 발열량[cal]을 구하여라.

7) 기계, 기계·금속, 기술, 농공, 항해·기관, 화공·섬유, 물리, 화학 과목 등의 중등교사 임용시험에 출제되었던 문제를 나타낸다.

12 물리량과 그 단위를 나타낸 것으로 옳지 않은 것은? [공무원 임용시험][8)]

① 에너지: $kg \cdot m^2 \cdot s^{-2}$
② 길이: Å
③ 압력: $kg \cdot m^{-1} \cdot s^{-1}$
④ 동력(power): $J \cdot s^{-1}$

13 물체를 100N의 힘으로 2초 동안 힘과 동일한 방향으로 10m 이동하기 위해 필요한 동력(일률)[W]은? [공무원 임용시험]

① 2,000
② 500
③ 50
④ 20

14 무게 50kgf인 물체를 로프와 풀리를 사용하여 1분 동안에 12,000m 끌어 올렸다면 단위 시간당 한 일은 몇 kW인가?

15 해수면(고도 0)으로부터 출발하여 20kg의 물체를 지고 높이 1500m의 산을 올라갔을 때 한 일은 몇 kJ인가? 또, 이 일은 몇 kcal의 열에 해당하는가?

16 발열량 10,500kcal/kg의 연료 4kg이 가지고 있는 연소 에너지는 몇 MJ인가? 또, 이 연료를 2분 동안에 완전히 연소시켜 발생한 열량을 모두 동력으로 변환시키면 몇 MW인가?

17 계의 경계를 통하여 열에너지의 출입은 있을 수 있지만 물질(질량)의 출입은 있을 수 없는 것은?

① 밀폐계
② 개방계
③ 고립계
④ 단열계

18 물질의 질량이 반으로 줄어들면 그 물질의 강성적 상태량의 값은?

① 반으로 줄어든다.
② 변하지 않는다.
③ 2배로 증가한다.
④ 물질의 종류에 따라 다르다.

19 다음 중 옳지 않은 것은?

① $1bar = 10^5 Pa$
② $1MPa = 10^6 Pa$
③ $1N = 10^5 dyne$
④ $1J = 10^6 erg$

8) 국가공무원(국가직) 7급, 9급 및 지역 공무원(지방직) 등의 공개경쟁채용시험에 출제되었던 문제를 표시한다.

20 국제적으로 통용되는 SI단위계(international unit system)에서 정하는 기본단위가 아닌 것은? [공무원 임용시험]

① 미터(meter) ② 킬로그램(kilogram)
③ 켈빈(Kelvin) ④ 뉴턴(Newton)

21 SI 기본단위가 아닌 것은? [공무원 임용시험]

① rad ② s
③ m ④ kg

22 에너지는 과학의 여러 분야에서 사용되는 중요한 개념 중의 하나이다. 에너지의 단위로 옳지 않은 것은? [공무원 임용시험]

① W(와트) ② J(줄)
③ cal(칼로리) ④ eV(전자볼트)

23 전기 모터를 이용하여 800N의 무게를 가진 물체를 10초에 5m씩 들어 올리려 한다. 이 모터가 가져야 할 최소 일률[W]은? [공무원 임용시험]

① 200 ② 400
③ 600 ④ 800

24 420,000kW의 에너지를 생산하는 화력 발전소가 있다. 이 발전소에서 사용되고 있는 석탄의 발열량이 $3{,}600\,\mathrm{kcal \cdot kg^{-1}}$이라면 1시간 동안 소비하는 석탄의 양[ton]은? 단, 화력 발전소의 열효율은 25%이며, 1cal = 4.2J이다. [공무원 임용시험]

① 250 ② 400
③ 550 ④ 600

25 다음 물리량 중 차원이 같지 않은 것은? [공무원 임용시험]

① 일 ② 각운동량
③ 모멘트(토크) ④ 운동에너지

26 다음 단위 중 SI 기본단위가 아닌 것은?

① kg(킬로그램) ② m(미터)
③ N(뉴턴) ④ K(켈빈)

27 다음 중 모두 SI 기본 물리량인 것은?

① 시간, 길이, 온도 ② 시간, 온도, 에너지
③ 길이, 속도, 가속도 ④ 힘, 가속도, 무게

28 다음 중 강성적 상태량은?

① 질량 ② 부피
③ 밀도 ④ 내부 에너지

29 해수면으로부터 500m 높이에서 어떤 물체가 공기 저항을 받으며 낙하한다. 해수면에 도달하는 순간 이 물체의 속력이 20m/s였다. 이 물체의 초기 총 역학적 에너지에 대한 공기 저항에 의해 손실된 역학적 에너지의 비율은? (단, 위치에너지의 기준점은 해수면으로 하며 중력가속도는 $10m/s^2$이다) [공무원 임용시험]

① 60% ② 64%
③ 80% ④ 96%

30 50W의 전구를 30분 동안 사용할 때, 소모되는 에너지의 크기는? [공무원 임용시험]

① 25J ② 250J
③ 1,500J ④ 90,000J

31 태양에서 나오는 빛의 출력이 3.6×10^{26} W라면, 태양에서 초당 에너지로 변환되는 질량 [kg]은? [공무원 임용시험]

① 2.0×10^9 ② 3.0×10^9
③ 4.0×10^9 ④ 5.0×10^9

32 다음 중 성질이 다른 하나는? [공무원 임용시험]

① 압력 ② 밀도
③ 부피 ④ 온도

33 다음 중 동력의 단위가 아닌 것은 [공무원 임용시험]

① $kN \cdot m/s$ ② kJ/min
③ PS ④ $kg \cdot m/s$

34 20m/s의 속력으로 달리는 8톤(ton) 트럭이 급브레이크를 밟고 정지하였을 때 바퀴와 브레이크 및 지면과의 마찰에 의해 발생하는 열량(kcal)을 구하여라. 단, 1cal=4.2J이고, 트럭의 운동에너지가 모두 마찰열로 변환된다고 가정한다.

35 운동선수가 하루에 4,320kcal의 열량을 섭취하고 그 열량을 일정한 비율로 하루에 모두 소모하는 것은 100W 전구를 몇 개 사용하는 것과 같은가? 단, 1cal=4.2J이다.

36 계의 경계를 통해 물질이나 에너지 전달이 없는 계는? [기사시험]

① 밀폐계 ② 개방계
③ 고립계 ④ 단열계

37 계의 열역학적 상태를 기술할 때 열역학적 상태량이 사용된다. 다음 중 열역학적 상태량으로 올바르게 짝지어진 것은? [기사시험]

① 열, 일 ② 온도, 압력
③ 열, 온도 ④ 일, 압력

38 다음 중 강성적 상태량은? [기사시험]

① 온도 ② 체적
③ 질량 ④ 열량

39 질량 100kg의 물체가 해발 70m 상공에 떠 있을 때 해수면을 기준으로 한 물체의 위치에너지[kJ]는? 단, 중력가속도는 $10m/s^2$이다. [기사시험]

① 7kJ ② 70kJ
③ 700kJ ④ 7000kJ

40 수직으로 세워진 노즐에서 물이 20m/s의 속도로 연직 상방으로 분사되었을 때 물이 올라갈 수 있는 최고 높이는? 단, 중력가속도는 $10m/s^2$이다. [기사시험]

① 20m ② 30m
③ 40m ④ 50m

41 10kW의 동력을 내는 열기관이 1시간 동안 하는 일은? [기사시험]

① 36J ② 3.6kJ
③ 36kJ ④ 36MJ

42 저항이 40Ω인 니크롬선에 2A의 전류가 7분 동안 흐를 때 니크롬선에서 발생하는 열량은 몇 kcal인가? 단, 1cal=4.2J이다.

43 4kWh의 전력량(전기에너지)은 몇 MJ의 일에 해당하는가?

44 일 $W = 4\text{MN} \times 3\text{mm}$는 몇 kJ인가?

45 압력 4GPa는 몇 kPa인가?

46 기압계 눈금 1.013bar는 몇 kPa인가?

47 수소 원자의 지름은 약 0.1nm이다. 몇 개의 수소 원자가 나란히 줄서면 길이 10cm의 직선이 되는가?

48 한 α입자가 기전기 내에서 가속되어 2.0MeV의 운동에너지를 갖게 되었다. 이 입자의 운동에너지는 약 몇 J인가?

49 마이크로미터[μm]를 마이크로론이라고 한다.

(1) 1μm는 몇 cm인가?

(2) 1.0km는 몇 마이크로론인가?

50 어떤 물체를 지면으로부터 연직 위로 v_0의 속력으로 쏘아 올렸다. 이 물체의 위치에너지가 운동에너지의 3배가 되는 점에서 물체의 속력을 구하여라.

제2장 기본 개념

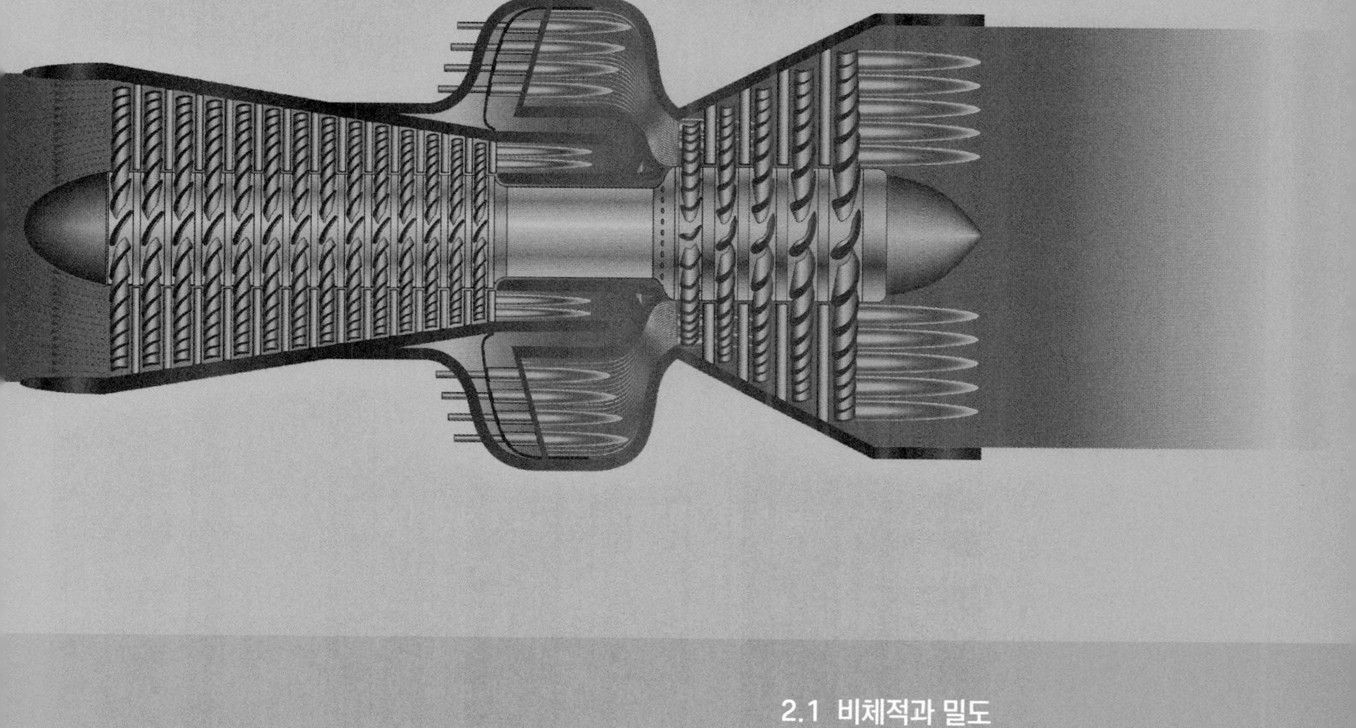

2.1 비체적과 밀도

1 비체적

물질의 단위 질량당 부피를 비체적(specific volume)이라 한다. 질량이 m 인 물질의 부피가 V 이면 비체적 v 는 다음과 같다.

$$v = \frac{V}{m} \qquad \cdots (2.1)$$

국제단위계(SI 단위계)에서 비체적의 단위는 $[v] = \mathrm{m^3/kg}$ 이다.

2 밀도

물질의 단위 부피당 질량을 밀도(density)라 한다. 열역학에서는 일반적으로 기호 ρ로 나타내며 비체적의 역수가 된다.

$$\rho = \frac{m}{V} = \frac{1}{v} \qquad \cdots (2.2)$$

밀도의 SI 단위는 $[\rho] = \mathrm{kg/m^3}$ 이다.

예제 2.1 $2\,\mathrm{m} \times 3\,\mathrm{m} \times 5\,\mathrm{m}$ 의 직육면체 용기에 $40\,\mathrm{kg}$ 의 기체가 채워져 있을 때, 기체의 비체적을 구하여라.

풀이 기체의 부피는

$$V = 2\,\mathrm{m} \times 3\,\mathrm{m} \times 5\,\mathrm{m} = 30\,\mathrm{m^3}$$

이고, 질량 $m = 40\,\mathrm{kg}$ 이므로 기체의 비체적(v)은 다음과 같다.

$$v = \frac{V}{m} = \frac{30\mathrm{m^3}}{40\mathrm{kg}} = 0.75\,\mathrm{m^3/kg}$$

예제 2.2 부피 $4\,\mathrm{m^3}$ 의 밀폐된 용기에 밀도 $0.08\,\mathrm{kg/m^3}$ 의 기체가 채워져 있다. 기체의 질량과 비체적을 구하여라.

풀이 밀도 $\rho = \frac{m}{V}$ 이므로 $m = \rho V$ 이다.

(1) 질량 $m = \rho V = \left(0.08 \frac{kg}{m^3}\right) \times 4\,m^3 = 0.32\,kg$

(2) 비체적 $v = \frac{1}{\rho} = \frac{1}{0.08} \frac{m^3}{kg} = 12.5\ m^3/kg$

2.2 몰

질량수 12의 탄소(^{12}C) 0.012kg 속에 들어있는 원자수와 같은 수의 실체들을 포함하는 물질의 양을 몰(mole)이라 한다.

여기에서 근본적인 실체는 분자를 말한다. 1몰에 들어있는 분자 수를 아보가드로수(Avogadro's number)라고 부르며, 현재까지 알려진 아보가드로 수

$$N_A = 6.022 \times 10^{23}\ [\text{개}/mol]$$
$$= 6.022 \times 10^{26}\ [\text{개}/kmol]$$

이다.

물질 1몰의 질량을 분자량(molar mass)이라고 하며 일반적으로 M으로 나타낸다. 몰의 정의에 따라 ^{12}C의 분자량

$$M = 0.012kg/mol = 12kg/kmol$$

이 된다. 그리고 물질 n몰의 질량(m)은

$$m = nM \qquad \cdots (2.3)$$

으로 표현된다.

2.3 압력

단위 면적에 수직으로 작용하는 힘을 압력(pressure)이라 한다. 면적 A에 힘 F가 수직으로 작용할 때 압력 P는 다음과 같다.

$$P = \frac{F}{A} \qquad \cdots (2.4)$$

1 압력의 단위

국제단위계에서는 1N의 힘이 $1m^2$에 작용할 때의 압력을 1Pascal이라 하고, 기호 Pa로 나타낸다.

$$1Pa = 1N/m^2$$

편의상 많이 사용되는 압력의 단위에는 다음과 같이 정의되는 bar, 표준기압[atm] 등이 있다. 1표준 기압[atm]은 [그림 2.1]과 같이 수은 기둥 760mm의 높이에 상당하는 압력이다.9)

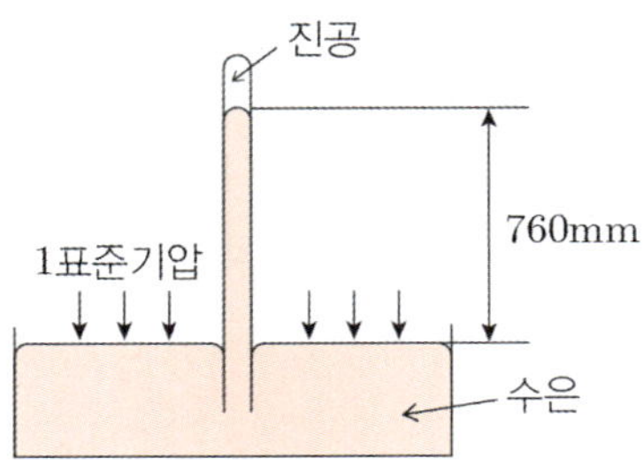

[그림 2.1] 1표준 기압

$$\begin{aligned} 1\,bar &= 10^5 Pa = 100kPa = 0.1MPa \\ 1\text{표준기압} &= 1atm \\ &= 760\,mmHg\ (\text{수은기둥}) \\ &= 1.033kgf/cm^2 \\ &= 1.01325\ bar \\ &= 101.325\ kPa \end{aligned}$$

† 표준 상태에서의 대기압은 약 1bar이다.

2 절대압력

완전 진공(vacuum) 상태의 절대 0기압을 기준으로 측정한 압력을 절대압력(absolute pressure)이라 한다.10)

설명 대기압은 여러 가지 조건에 따라 변하기 쉬우므로 압력을 나타낼 때는 이론적으로 완전한 진공 상태의 절대 0기압을 기준으로 나타내는 것을 원칙으로 하는데 이와 같은 압력을 절대압력이라 한다.

9) 숫자가 복잡해 보이지만 압력의 단위는 모두 기억하도록 한다.
10) 열역학 관계식에서 사용하는 압력은 특별한 언급이 없으면 모두 절대압력이다.

3 계기압력

절대압력(P_{abs})이 대기압(P_{atm})보다 높을 때 절대압력과 대기압의 차이를 계기압력(gage pressure, P_{gage})이라 한다.

$$P_{gage} = P_{abs} - P_{atm} \qquad \cdots (2.5)$$

4 진공

절대압력이 대기압보다 낮을 때 대기압 이하의 압력을 진공(vacuum) 또는 진공압(vacuum pressure, P_{vac})이라 한다.

$$P_{vac} = P_{atm} - P_{abs} \qquad \cdots (2.6)$$

설명 일반적인 압력계는 실제압력인 절대압력과 대기압과의 차이를 측정하며 이때의 압력을 계기압력(게이지압력)이라 한다.
완전진공을 절대압력으로 나타내면 0 Pa이고, 진공도 100 %가 된다. 표준 대기압력은 절대압력으로 101.325 kPa이고, 진공도 0 %가 된다.
절대압력은 대기압보다 높을 수도 있고 낮을 수도 있는데 그 차이를 각각 계기압력(게이지 압력)과 진공이라 한다. 대기압보다 높은 압력을 정압, 낮은 압력을 부압이라고도 한다. 압력의 관계를 종합하여 나타내면 [그림 2.2]와 같다.

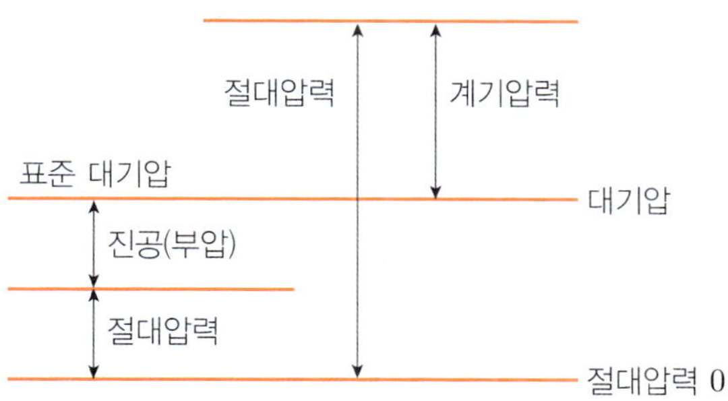

[그림 2.2] 압력 관계

예제 2.3 $W=400\,\text{kgf}$의 하중이 $A=20\text{cm}^2$의 면적에 수직으로 작용하면 하중에 의해 면이 받는 압력은 몇 MPa인가?

풀이 압력의 정의로부터 면이 받는 압력(P)은 다음과 같다.

$$P=\frac{W}{A}=\frac{400\,\text{kgf}}{20\,\text{cm}^2}=\frac{400\times9.8\,\text{N}}{20\times(10^{-2}\text{m})^2}$$
$$=1.96\times10^6\,\frac{\text{N}}{\text{m}^2}$$
$$=1.96\,\text{MPa}$$

예제 2.4 [그림 2.3]과 같은 피스톤-실린더 장치가 가열되어 내부 압력이 2.5 MPa이 되었다. 피스톤의 지름이 40 cm일 때 피스톤을 고정하기 위해 필요한 힘 F(kN)을 구하여라. 단, 피스톤과 실린더 사이의 마찰과 대기압은 무시한다.

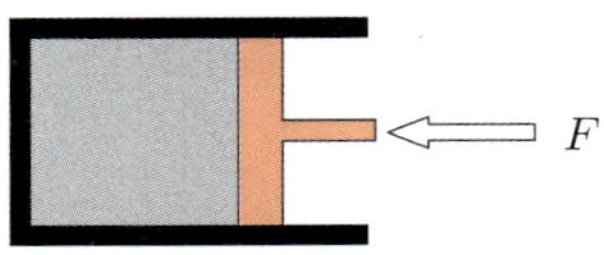

[그림 2.3]

풀이 내부압력 $P=2.5\text{MPa}=2500\text{kPa}=2500\dfrac{\text{kN}}{\text{m}^2}$이고, $P=\dfrac{F}{A}$이므로 피스톤을 고정하기 위해 필요한 힘(F)은 다음과 같다.

$$F=PA=P\times\frac{\pi D^2}{4}=\left(2500\frac{\text{kN}}{\text{m}^2}\right)\times\left(\frac{\pi\times0.4^2}{4}\text{m}^2\right)$$
$$=314.2\,\text{kN}$$

예제 2.5 외부 대기 압력이 100 kPa일 때 용기의 계기압력이 20kPa이면 절대압력은 몇 kPa인가?

풀이 계기압력(P_{gage})의 정의로부터 절대압력(P_{abs})은 다음과 같다.

$$P_{gage}=P_{abs}-P_{atm}$$
$$\therefore\; P_{abs}=P_{atm}+P_{gage}=100+20=120\,[\text{kPa}]$$

예제 2.6 대기 압력이 1atm이고 진공계의 읽음이 200mmHg이면 절대압력은 몇 kPa인가?

풀이 진공(부압)의 정의로부터 절대압력(P_{abs})은 다음과 같다.

$$P_{vac} = P_{atm} - P_{abs}$$

$$\therefore \; P_{abs} = P_{atm} - P_{vac} = 101.325 - \frac{200}{760} \times 101.325 \; (\mathrm{kPa}) = 74.66 \; [\mathrm{kPa}]$$

예제 2.7 대기 압력이 100kPa이고 진공도가 40%이면 절대압력은 몇 kPa인가?

풀이 절대압력 $P_{abs} = P_{atm} - P_{vac} = 100 \times (1 - 0.4) = 60 \; [\mathrm{kPa}]$

2.4 열역학 제0법칙과 온도

1 열역학 제0법칙

두 물체의 온도가 각각 제3의 물체의 온도와 같다면 두 물체의 온도도 같다는 것을 열역학 제0법칙(zeroth law of thermodynamics)이라 한다.

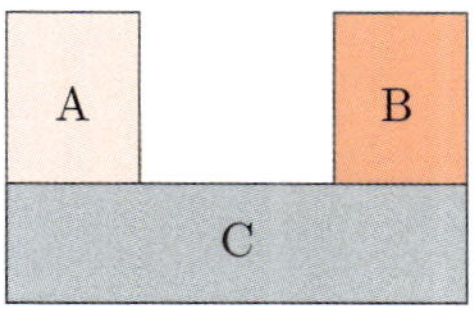

[그림 2.4]

설명 온도가 서로 다른 물체를 오랜 시간 동안 접촉시켜 놓으면 열은 높은 온도의 물체로부터 낮은 온도의 물체로 이동하여 마침내 두 물체의 온도가 같아진다. 이와 같은 상태를 열평형 상태라 한다. [그림 2.4]와 같이 세 물체 A, B, C가 열평형 상태에 있다면 A와 C의 온도가 같고 B와 C의 온도가 같으므로 A와 B의 온도도 같다. 이것을 열역학 제0법칙이라 하는데 이 법칙은 온도 측정의 기본법칙이 된다. 물체와 온도계의 온도가 같다는 것이 성립할 때 온도계에서 읽은 온도를 그 물체의 온도라 할 수 있다.

2 섭씨온도, 화씨온도

(1) 표준 대기압 1 atm에서 순수한 물의 어는점을 0 ℃, 끓는점을 100 ℃로 한 온도를 섭씨(Celsius)온도라 하고, 어는점을 32 °F, 끓는점을 212 °F로 한 온도를 화씨(Fahrenheit)온도라 한다.

(2) 섭씨온도와 화씨온도의 관계: 섭씨온도와 화씨온도를 각각 $T[℃]$, $T[°F]$라 하면 다음 관계식이 성립한다.

$$T[℃] = \frac{5}{9}\{T[°F] - 32\} \ [℃] \qquad \cdots (2.7)$$

$$T[°F] = \frac{9}{5}T[℃] + 32 \ [°F] \qquad \cdots (2.8)$$

설명 국제단위계(SI)에서 사용되는 온도 눈금은 섭씨온도이고, 영국단위계에서의 온도 눈금은 화씨온도이다. 섭씨온도는 어는점과 끓는점 사이를 100등분하고, 화씨온도는 두 점 사이를 180등분하였으므로 다음 비례식이 성립한다.

$$T[°F] - 32 : 180 = T[℃] - 0 : 100$$

$$180\,T[℃] = 100\{T[°F] - 32\}$$

$$\therefore \ T[℃] = \frac{100}{180}\{T[°F] - 32\} = \frac{5}{9}\{T[°F] - 32\}$$

3 절대온도

온도는 7개의 SI 기본 단위 중 하나이다. 1954년 제 10차 국제도량형회의에서 물의 고체(얼음), 액체(물), 기체(수증기) 상이 평형 상태로 존재하는 삼중점(triple point)의 온도를 273.16 K, 0.01 ℃로 정하였다. 섭씨온도와 관련된 절대온도 척도(absolute scale of temperature)는 Kelvin 척도이며 도의 기호를 생략한 기호 K로 나타낸다. 그리고 기호 K로 표시하는 켈빈온도를 절대온도라 하며 일반적으로 절대온도란 말을 많이 사용한다. 영국 단위계에서 열역학적 온도 척도는 Rankine 척도이며 기호 R로 나타낸다.

섭씨온도 $T[℃]$와 Kelvin 온도 $T[K]$의 관계식은 다음과 같다.

$$T[K] = T[℃] + 273.15 \qquad \cdots (2.9)$$

화씨온도 T[°F]와 Rankine 온도 T[R]의 관계식은 다음과 같다.

$$T\,[\mathrm{R}] = T\,[^\circ\mathrm{F}] + 459.67 \qquad \cdots (2.10)$$

그리고 두 절대온도 사이에는 다음 관계식이 성립한다[예제 2.11].

$$T[\mathrm{R}] = \frac{9}{5}\,T[\mathrm{K}] = 1.8\,T[\mathrm{K}] \qquad \cdots (2.11)$$

1℃와 1K의 눈금의 크기는 같다. 그러므로 섭씨 눈금과 Kelvin 눈금의 온도 차이 ΔT는 같다. 즉, 물질의 온도를 x℃ 상승시키는 것은 xK 상승시키는 것과 같다. 영국 단위계의 1°F와 1R의 눈금의 크기도 같다. [그림 2.5]에 여러 가지 온도 단위들의 크기를 알기 쉽게 나타내었다.

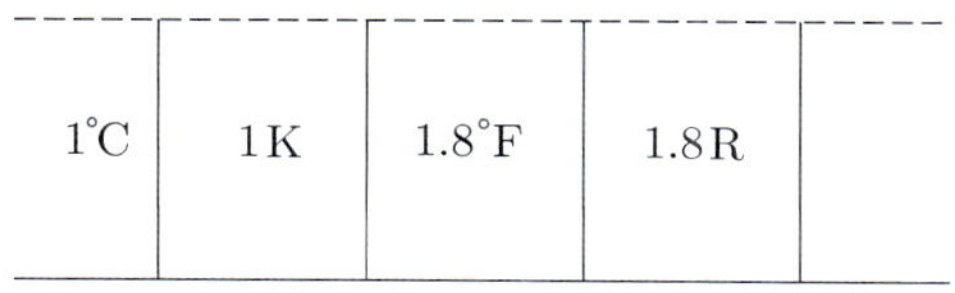

[그림 2.5] 온도 눈금들의 크기 비교

온도 차이에 대하여 다음 관계식이 성립한다.

$$\Delta T[\mathrm{K}] = \Delta T[^\circ\mathrm{C}] \qquad \cdots (2.12)$$

$$\Delta T[\mathrm{R}] = \Delta T[^\circ\mathrm{F}] \qquad \cdots (2.13)$$

절대온도는 열역학적 온도(thermodynamic temperature)라고도 한다. 열역학에서는 물질 자체 또는 물질의 상태량에 독립적인 온도 눈금을 가지는 것이 바람직한데 이러한 눈금을 열역학적 온도라 한다. 273.15는 정확한 값이다. 섭씨온도 −275.15℃는 기체의 분자운동이 정지하는 열역학적 최저온도이며, 이것을 0K로 하는 온도를 국제단위계(SI)에서의 절대온도라 한다.

절대온도를 구할 때 실제 계산에서는 상수를 반올림하여 다음 관계식을 많이 사용한다.

$$T\,[\mathrm{K}] = T\,[^\circ\mathrm{C}] + 273.2$$
$$T\,[\mathrm{K}] = T\,[^\circ\mathrm{C}] + 273$$

열역학의 이론식에서 사용하는 온도는 대부분 절대온도이다.

예제 2.8 섭씨온도 200 ℃ 를 화씨온도로 환산하여라.

풀이 화씨온도 $T[^\circ\mathrm{F}] = \frac{9}{5}\,T[℃] + 32$

$$= \frac{9}{5} \times 200 + 32\ [^\circ\mathrm{F}]$$

$$= 392\ [^\circ\mathrm{F}]$$

예제 2.9 화씨온도 140 °F 를 섭씨온도로 환산하여라.

풀이 섭씨온도 $T[℃] = \frac{5}{9}\{T[^\circ\mathrm{F}] - 32\}$

$$= \frac{5}{9} \times (140 - 32)[℃]$$

$$= 60\ [℃]$$

예제 2.10 섭씨온도 25 ℃ 는 절대온도 몇 K 인가?

풀이 절대온도 $T\,[\mathrm{K}] = T\,[℃] + 273.15$

$$= 25 + 273.15\,[\mathrm{K}]$$

$$= 298.15\,[\mathrm{K}]$$

예제 2.11 절대온도 사이에 $T[\mathrm{R}] = 1.8\,T[\mathrm{K}]$가 성립함을 보여라.

풀이 절대온도의 정의와 섭씨온도와 화씨온도의 관계로부터 증명된다.

$$T\,[\mathrm{R}] = T\,[^\circ\mathrm{F}] + 459.67 = \left\{\frac{9}{5}\,T[℃] + 32\right\} + 459.67$$

$$= \frac{9}{5}\{T\,[\mathrm{K}] - 273.15\} + 32 + 459.67$$

$$= \frac{9}{5}\,T\,[\mathrm{K}] = 1.8\,T\,[\mathrm{K}]$$

예제 2.12 어떤 계가 가열되어 계의 온도가 10 ℃ 상승하였다. 이 온도상승을 K, R, °F 로 나타내어라.

풀이 (1) 섭씨 눈금과 Kelvin 눈금의 온도 차이는 같다.

$$\therefore\ \Delta T[\mathrm{K}] = \Delta T[℃] = 10\,[\mathrm{K}]$$

(2) 절대온도 사이에서는 $T[\mathrm{R}] = 1.8\,T[\mathrm{K}]$이 성립한다.

$$\therefore\ \Delta T[\mathrm{R}] = 1.8\,\Delta T[\mathrm{K}] = 1.8 \times 10[\mathrm{R}] = 18[\mathrm{R}]$$

(3) 화씨 눈금과 Rankine 눈금의 온도 차이는 같다.

$$\therefore\ \Delta T[°\mathrm{F}] = \Delta T[\mathrm{R}] = 18[°\mathrm{F}]$$

2.5 열량과 비열

1 열과 열량

물질의 온도와 상태 변화의 원인이 되는 에너지를 열이라 한다. 열량의 단위에는 kcal, J 등이 있다. 1kcal는 14.5℃의 순수한 물 1kg의 온도를 1℃ 높이는 데 필요한 열량이다.

설명 온도가 서로 다른 두 물체를 접촉시켜 놓으면 열은 높은 온도의 물체로부터 낮은 온도의 물체로 이동하게 된다. 이와 같이 이동한 열의 양을 열량이라 한다.

2 비열

어떤 물질 1kg의 온도를 1℃ 높이는 데 필요한 열량을 그 물질의 비열이라 한다. 단위로는 J/kg·℃, kcal/kg·℃ 등을 사용한다. 물의 비열은

$$1\,\mathrm{cal/g \cdot ℃} = 1\,\mathrm{kcal/kg \cdot ℃} \approx 4200\,\mathrm{J/kg \cdot ℃}$$

이다. 질량 m인 물질의 온도를 ΔT만큼 높이는 데 필요한 열량이 Q이면 물질의 비열 C는 다음과 같다.[11)]

$$C = \frac{Q}{m\Delta T} \qquad \cdots (2.14(a))$$

$$Q = mC\Delta T \qquad \cdots (2.14(b))$$

비열은 물질의 에너지 증가에 대해 그 물질이 얼마나 열적으로 덜 민감한지를 나타내는 값이다. 비열이 큰 물질일수록 온도 변화를 일으키기 위해 더 많은 에너지가 필요하다. 일반적으로

11) 비열의 정의를 알아두도록 한다. 기초적인 열평형 문제는 이 식으로써 풀 수 있다.

물질의 비열은 온도에 따라 조금씩 변한다. 그런데 온도 변화 폭이 크지 않을 때는 온도에 따른 비열의 변화를 무시할 수 있고 비열(C)을 상수로 취급할 수 있다. 예를 들어 대기압에서 물의 비열은 0℃ 에서 100℃ 까지 약 1% 만이 변하므로 특별한 언급이 없으면 이러한 차이는 무시한다. [표 2.1]에 여러 물질의 비열을 나타내었다.

[표 2.1] 25℃, 대기압에서 여러 물질의 비열

물질	비열(C)		물질	비열(C)	
	$\frac{J}{kg \cdot ℃}$	$\frac{cal}{g \cdot ℃}$		$\frac{J}{kg \cdot ℃}$	$\frac{cal}{g \cdot ℃}$
단원자고체			다른 고체		
알루미늄	900	0.215	황동	380	0.092
구리	387	0.0924	유리	837	0.200
금	129	0.0308	얼음(−5℃)	2090	0.50
은	234	0.056	나무	1700	0.41
납	128	0.0305	대리석	860	0.21
철	448	0.107	액체		
규소	703	0.168	에틸알코올	2400	0.58
베릴륨	1830	0.436	수은	140	0.033
카드뮴	230	0.055	물(15℃)	4186	1.00
게르마늄	322	0.077	기체		
			수증기(100℃)	2010	0.48

3 열용량

어떤 물질의 온도를 1℃ 높이는 데 필요한 열량을 말하며, 단위로는 J/K, kcal/℃ 등을 사용한다. 열용량은 물체가 흡수하거나 방출하는 열량 Q와 물체의 온도변화 ΔT 사이의 비례 상수이다. 즉, 열용량(C_m)은 다음과 같이 정의한다.

$$Q = C_m \Delta T = C_m (T_2 - T_1) \qquad \cdots (2.15)$$

질량 m, 비열 C인 물질의 열용량 $C_m = mC$가 된다. 열역학에서는 주로 비열(C)을 사용하여 문제를 해석한다.

4 열량 계산

비열이 C[J/kg · ℃]인 어떤 물체 m[kg]의 온도를 T_1[℃]로부터 T_2[℃]로 올리는데 필요한 열량은

$$Q = mC(T_2 - T_1)\ [\text{J}] \qquad \cdots (2.16)$$

이다. 즉, 온도가 올라가면 그 물체는 $Q = mC(T_2 - T_1)$[J]의 열량을 흡수한다. 역으로 어떤 물질 m[kg]의 온도가 T_1[℃]에서 T_2[℃]로 내려가면 그 물체는

$$Q = mC(T_1 - T_2)[\text{J}] \qquad \cdots (2.17)$$

의 열량을 외부로 방출한다.

5 열평형 온도

서로 다른 온도의 물체를 접촉시켜 놓으면 두 물체 사이에서 열 이동이 일어나고 긴 시간 후에 두 물체 온도가 같아진다. 이 상태를 열평형 상태라 하며, 그때 온도를 평형온도라 한다.

외부와 단열된 상태에서 질량 m_1, 비열 C_1, 온도 T_1인 물체와 질량 m_2, 비열 C_2, 온도 T_2의 물체를 접촉시켰을 때의 평형온도를 T_f라 하면 평형방정식과 평형온도(T_f)는 다음과 같다. (단, $T_1 < T_f < T_2$이다.)

$$m_1 C_1 (T_f - T_1) = m_2 C_2 (T_2 - T_f) \qquad \cdots (2.18)$$

$$T_f = \frac{m_1 C_1 T_1 + m_2 C_2 T_2}{m_1 C_1 + m_2 C_2} \qquad \cdots (2.19)$$

설명 외부와의 열전달이 없으므로 열량보존 법칙에 의해 저온 물체가 얻은 열량

$$Q_1 = m_1 C_1 (T_f - T_1)$$

은 고온 물체가 잃은 열량

$$Q_2 = m_2 C_2 (T_2 - T_f)$$

와 같다. 따라서 다음과 같이 열평형상태의 온도(T_f)를 구할 수 있다.

$$m_1 C_1 (T_f - T_1) = m_2 C_2 (T_2 - T_f)$$

$$\therefore \quad T_f = \frac{m_1 C_1 T_1 + m_2 C_2 T_2}{m_1 C_1 + m_2 C_2}$$

외부와의 열전달이 없을 때 '고온 물체가 잃은 열량은 저온 물체가 얻은 열량과 같다'는 것을 '열량보존 법칙'이라 한다. 고온(T_2) 물체와 저온(T_1) 물체를 접촉시켜 놓으면 시간이 지남에 따라 고온 물체의 온도는 내려가고 저온 물체 온도는 올라가서 [그림 2.6]과 같이 긴 시간 후에 두 물체 온도가 같은 평형온도(T_f)에 도달한다.

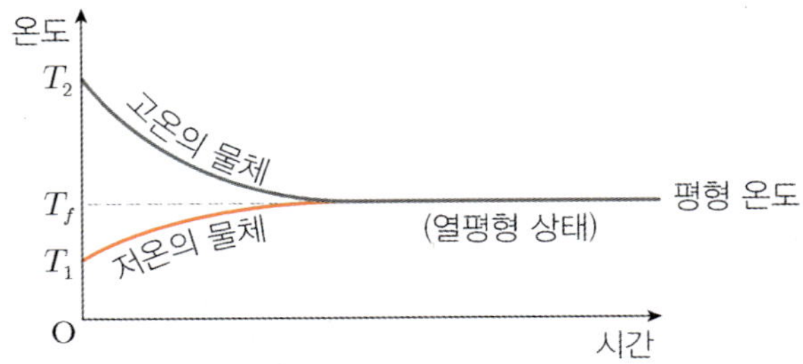

[그림 2.6] 시간에 따른 물체의 온도 변화

예제 2.13 외부와 단열된 상태에서 70℃, 10kg의 금속을 20℃, 6kg의 물 속에 넣었을 때 평형온도가 40℃가 되었다. 금속의 비열을 구하여라. 단, 물의 비열은 1kcal/kg·℃이다.

풀이 금속의 질량 $m_1 = 10\text{kg}$, 처음 온도 $T_1 = 70℃$이고, 물의 질량 $m_2 = 6\text{kg}$, 처음 온도 $T_2 = 20℃$이며, 평형온도 $T_f = 40℃$이다. 처음 온도가 높은 금속은 열을 방출하고 물은 금속으로부터 열을 흡수한다. 금속의 비열을 C_1이라고 하면 금속이 방출한 열량(Q_1)은

$$Q_1 = m_1 C_1 (T_1 - T_f) = 10 \times C_1 \times (70 - 40) = 300\,C_1$$

이고, 물이 흡수한 열량(Q_2)은

$$Q_2 = m_2 C_2 (T_f - T_2) = 6 \times 1 \times (40 - 20) = 120$$

이다. 따라서 $Q_1 = Q_2$이므로 금속의 비열(C_1)은 다음과 같다.

$$300\,C_1 = 120$$

$$\therefore \quad C_1 = \frac{120}{300} = 0.4\,[\text{kcal/kg} \cdot ℃]$$

예제 2.14 외부와 단열된 상태에서 온도 $T_1 = 20℃$, 질량 $m_1 = 50\text{kg}$의 금속과 온도 $T_2 = 80℃$, 질량 $m_2 = 30\text{kg}$의 같은 종류의 금속을 접촉시켰을 때 열평형 상태의 온도를 구하여라.

풀이 낮은 온도 T_1의 금속이 받은 열량은 높은 온도 T_2의 금속이 잃은 열량과 같다. 평형 온도를 T_f, 금속의 비열을 C 라고 하면,

$$m_1 C(T_f - T_1) = m_2 C(T_2 - T_f)$$

양변을 C 로 나누고 T_f를 구한다.

$$m_1(T_f - T_1) = m_2(T_2 - T_f)$$

$$(m_1 + m_2)T_f = m_1 T_1 + m_2 T_2$$

$$\therefore \quad T_f = \frac{m_1 T_1 + m_2 T_2}{m_1 + m_2} = \frac{50 \times 20 + 30 \times 80}{50 + 30} = 42.5\,[℃]$$

† [예제 2.14]에서 물체 온도의 높고 낮음에 무관하게 다음과 같이 열평형방정식을 쓸 수 있다.

$$m_1 C(T_f - T_1) + m_2 C(T_f - T_2) = 0$$

왜냐하면 외부와 단열된 계에서 내부 물체끼리 전달한 열량의 총합은 0이기 때문이다. 두 물체의 평형온도는 두 물체 온도 사이에 있으므로 각 물체에서의 열의 출입 방향을 알 수 있다. 그러나 평형 온도(T_f)를 예측하기 어려운 3개 이상의 여러 물체의 열평형에서는 열의 출입 방향을 알 수 없으므로 다음과 같은 열평형방정식을 사용하면 된다.

$$m_1 C_1(T_f - T_1) + m_2 C_2(T_f - T_2) + m_3 C_3(T_f - T_3) + \cdots + m_n C_n(T_f - T_n) = 0$$

$$\therefore \quad T_f = \frac{m_1 C_1 T_1 + m_2 C_2 T_2 + \cdots + m_n C_n T_n}{m_1 C_1 + m_2 C_2 + \cdots + m_n C_n}$$

2.6 잠열

일반적으로 어떤 물질과 주위 환경 사이에 열 교환이 일어날 때 그 물질의 온도가 변화한다. 그러나 어떤 경우에는 열 교환이 일어나더라도 물질의 온도 변화가 없을 때가 있다. 이러한 경우는 바로 물질의 상이 한 형태에서 다른 형태로 바뀌는 변화, 즉 상변화(phase change)이

다. 주변에서 흔히 볼 수 있는 상변화로는 고체에서 액체로(융해), 액체에서 고체로(응고), 액체에서 기체로(기화)의 변화 등이 있다. 이러한 상변화 과정에서는 온도 변화 없이 물질의 내부에너지 변화가 수반된다. 예를 들면 기화에서 내부 에너지 증가는 액체 상태의 분자 간의 결합이 깨어진다는 것을 의미한다. 이 분자 간의 결합이 끊어진다는 것은 분자들이 기체 상태에서는 서로 더 멀어지게 되어 분자 간의 위치에너지가 증가한다는 것을 의미한다.

물질의 종류가 다르면 내부 분자 배열도 다르기 때문에 상변화가 일어날 때 필요한 에너지양도 달라진다. 또한 상변화가 일어나는 동안에 전달되는 에너지양은 물질의 양에도 의존한다. 물질이 상변화를 일으킬 때 열로 전달되는 단위 질량당 에너지를 그 물질의 **잠열(L, latent heat, 숨은 열, 변환 열)**이라 한다. 즉 질량 m인 물질의 상을 바꾸기 위해 필요한 에너지를 Q라 하면 잠열 L은 다음과 같이 정의된다.

$$L = \frac{Q}{m} \qquad \cdots (2.20)$$

잠열은 물질의 고유한 특성이며 상변화 종류에 따라서도 다른 값을 가진다. 잠열의 정의로부터 질량 m인 물질의 상태를 바꾸기 위해 소요되는 열에너지의 크기는 다음과 같다.

$$Q = mL \qquad \cdots (2.21)$$

융해열(latent heat of fusion, 융해잠열) L_f는 고체에서 액체로 상변화를 일으키는데 필요한 잠열이고, 기화열(latent heat of vaporization, 증발잠열) L_v는 액체에서 기체로 상변화를 일으키는데 필요한 잠열이다. 예를 들어 질량 m의 물질이 고체에서 액체로 상변화를 일으킬 때는 mL_f의 열을 흡수하고, 액체에서 고체로 상변화를 일으킬 때는 mL_f의 열을 주위로 방출한다. 마찬가지로 액체에서 기체로 상변화를 일으킬 때는 mL_v의 열을 흡수하고, 기체에서 액체로 상변화를 일으킬 때는 mL_v의 열을 주위로 방출한다. 물(얼음)의 융해열과 기화열은 다음과 같다.

$$L_f = 79.7\,\text{cal/g} = 334\,\text{kJ/kg}$$
$$L_v = 539\,\text{cal/g} = 2256\,\text{kJ/kg}$$

대략적인 값으로써 일반적으로 $L_f = 80\,\text{cal/g}$, $L_v = 540\,\text{cal/g}$의 값을 많이 사용한다. L_f와 L_v는 실험에 의해 측정되는 값들로서 그 값들은 조금씩 다를 수가 있다. 근래에 열역학에서 많이 사용하고 있는 융해잠열(1기압)과 증발잠열의 엄밀한 값은 각각 $333.7\,\text{kJ/kg}$, $2256.5\,\text{kJ/kg}$이다.

고체를 융해하거나 액체를 기화하는 데에는 별도의 에너지가 소요된다. 물을 가열하여도 물이 완전히 증발할 때까지는 온도가 올라가지 않고 일정한 것은 가해진 열량이 모두 증발에 소비되기 때문이다. 이와 반대로 기체 상태의 증기가 액체 상태로 변하면 주위로 에너지를 방출한다. 이와 같이 주어진 압력의 일정 온도에서 상변화 과정 동안에 흡수되거나 방출되는 에너지의 양을 통틀어 잠열(latent heat)이라 한다. 여름에 물을 뿌리면 시원해지는 것은 물이 증발하면서 주위로부터 열을 흡수하기 때문이다.

한편 1기압에서 10℃ 물을 가열하면 물의 온도가 올라가듯이 가열에 의한 열량이 물질의 온도상승을 일으키는 경우 그때 소요된 열량을 현열(sensible heat)이라 한다. 예를 들어 10℃ 물 2kg 의 온도를 50℃ 로 올리는 데 소요되는 열량은 $Q = mc_w \Delta T = 2 \times 1 \times (50 - 10) = 80$ [kcal]이고, 이 열량을 현열이라 한다.

이상에서 설명한 용어를 정리하면 다음과 같다.

(1) 잠열: 물질의 상태가 변하는 동안 흡수되거나 방출하는 열량. 열이 물질의 상태를 변화시키는 데 사용되므로 상태 변화 중에는 온도가 일정하다. 잠열에는 융해열, 기화열, 응고열, 액화열, 승화열이 있고 잠열의 단위로는 J/kg, kJ/kg, kcal/kg, cal/g 등을 사용한다.

(2) 융해열[J/kg]: 고체 1kg 을 같은 온도의 액체로 변화시키는데 필요한 열량.

(3) 기화열[J/kg]: 액체 1kg 을 같은 온도의 기체로 변화시키는데 필요한 열량.

(4) 응고열[J/kg]: 액체가 고체로 변화할 때 방출하는 열량. 응고열은 융해열과 크기가 같다.

(5) 액화열[J/kg]: 기체가 액체로 변화할 때 방출하는 열량. 액화열은 기화열과 크기가 같다.

(6) 승화열[J/kg]: 고체에서 곧바로 기체(고체→기체)로 변화할 때 흡수하는 열량, 또는 기체에서 곧바로 고체(기체→고체)로 될 때 방출하는 열량.

[표 2.2]에 몇 가지 물질에 대한 융해열과 기화열을 나타내었다.

[표 2.2] 융해열과 기화열

물질	녹는점[K]	융해열[kcal/kg]	끓는점[K]	기화열[kcal/kg]
물	273	79.7	373	539
철	1808	69.1	3023	1520
납	600	5.54	2023	205
산소	54.4	3.3	902	50.9
질소	63.3	6.1	77.3	48

예제 2.15 0℃ 얼음 2kg을 전부 녹여서 50℃ 물로 변환시키기 위해 필요한 열량[kcal]을 구하여라. 단, 얼음의 융해잠열은 80kcal/kg이고, 물의 비열은 1kcal/kg이다.

풀이 0℃ 얼음은 전부 0℃ 물로 녹여진 후 50℃로 온도가 상승한다. 0℃ 얼음(m_{ice} = 2kg)이 전부 녹아서 0℃ 물로 변할 때 소모되는 열량(Q_1)은

$$Q_1 = m_{ice}L = 2 \times 80 = 160\,[\text{kcal}]$$

이고, 0℃ 물($m_w = m_{ice} = 2\text{kg}$)의 온도를 50℃로 높이기 위해 필요한 열량(Q_2)은

$$Q_2 = m_w c_w \Delta T = 2 \times 1 \times (50 - 0) = 100\,[\text{kcal}]$$

이다. 따라서 필요한 총 열량 Q[kcal]는 다음과 같다.

$$Q = Q_1 + Q_2 = 160 + 100 = 260\,[\text{kcal}]$$

예제 2.16 단열된 물 잔에 0℃ 얼음을 넣어서 0.4kg, 50℃ 물을 20℃로 냉각하려 한다. 이때 필요한 얼음의 양을 구하여라. 얼음의 융해잠열은 80 kcal/kg이고, 물의 평균 비열 C_w = 1 kcal/kg·℃이다. 단, 물과 얼음이 모두 20℃ 물이 된다.

풀이 필요한 얼음의 양을 m_{ice}[kg]이라 하면 0℃ 얼음이 녹아서 0℃ 물로 변하는데 소요된 열량(Q_1)은

$$Q_1 = 80\,m_{ice}\,[\text{kcal}]$$

이고, 녹은 얼음(0℃)을 20℃로 높이는 데 필요한 열량(Q_2)은

$$Q_2 = m_{ice} C_w (20 - 0)\,[\text{kcal}]$$

이다. 그리고 질량 $m_w = 0.4\text{kg}$인 50℃ 물이 20℃로 냉각되면서 방출한 열량(Q_3)은

$$Q_3 = m_w C_w (50 - 20)$$

이다. 따라서 50℃ 물이 냉각되면서 잃은 열량(Q_3)은 얼음이 녹는데 소요된 열량(Q_1)과 녹은 얼음을 20℃로 높이는 데 필요한 열량(Q_2)의 합과 같으므로 다음과 같이 필요한 얼음의 양 m_{ice}[kg]이 구해진다.

$$Q_3 = Q_1 + Q_2$$

$$m_w C_w (50 - 20) = 80 m_{ice} + m_{ice} C_w (20 - 0)$$

$$\therefore\ m_{ice} = \frac{30 m_w C_w}{80 + 20 C_w} = \frac{30 \times 0.4 \times 1}{80 + 20 \times 1} = 0.12\,[\text{kg}]$$

0℃ 얼음은 0℃ 물로 변한 후에 온도가 올라간다. 상변화 과정에서는 온도 변화가 없이 물질이 열을 흡수하거나 방출한다는 것을 알아두도록 한다.

예제 2.17 처음 온도 $T_1 = 100$℃, 반지름 $R = 5\text{cm}$, 밀도 $\rho = 8500\text{kg/m}^3$, 비열 $C = 0.39\ \text{kJ/kg}\cdot$℃인 금속 구슬이 1분당 100개씩 저온의 수조에서 냉각된다. 냉각 후 구슬의 온도 $T_2 = 50$℃일 때 수조 내 물의 온도를 일정하게 유지하기 위하여 단위 시간에 수조로부터 제거해야할 열량[kW]을 구하여라.

풀이 뜨거운 구슬이 방출한 열량을 모두 제거해야 물의 온도가 일정하게 유지된다. 즉, 단위 시간에 제거해야 할 열량은 단위 시간에 구슬이 방출한 열량과 같다.
구슬 한 개의 질량은

$$m = \rho V = \rho \times \frac{4\pi}{3} R^3 = 8500 \times \frac{4\pi}{3}(0.05)^3 = 4.45\,[\text{kg}]$$

이고, 1분 동안 100개의 구슬이 방출한 총 열량은

$$Q = 100mC(T_1 - T_2) = 100(4.45)(0.39)(100 - 50) = 8677.5\,[\text{kJ}]$$

이므로 단위 시간에 제거해야 할 열량은 다음과 같다.

$$\dot{Q} = \frac{Q}{t} = \frac{8677.5\text{kJ}}{1\text{min}} = \frac{8677.5\text{kJ}}{60\text{s}} = 144.6\,[\text{kW}]$$

예제 2.18 지름 $d = 8\,\text{mm}$, 밀도 $\rho = 7833\,\text{kg/m}^3$, 비열 $C = 0.465\ \text{kJ/kg}\cdot$℃인 강구가 노 안에서 $T_1 = 900$℃로 가열된 후 온도 $T_0 = 35$℃인 대기 중에서 온도 $T_2 = 100$℃로 천천히 냉각되어 풀림처리(annealing) 된다. 한 시간에 2500개의 강구가 풀림처리 될 때 강구로부터 대기로의 총 열전달률[W]을 구하여라.

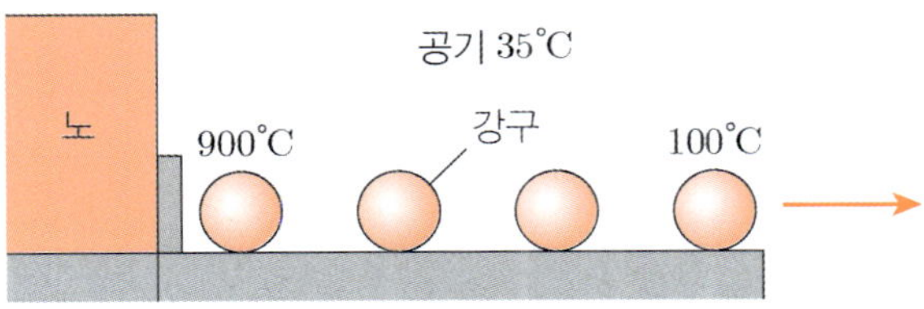

[그림 2.7] 풀림(annealing)

풀이 강구로부터 대기로 전달된 열량은 강구가 잃은 열량과 같다.
강구 한 개의 질량은

$$m = \rho V = \rho \times \frac{4\pi}{3}\left(\frac{d}{2}\right)^3 = 7833 \times \frac{4\pi}{3}\left(\frac{0.008}{2}\right)^3 = 2.1 \times 10^{-3}\,[\text{kg}]$$

이고, 한 시간 동안 2500개의 강구가 잃은 총 열량은

$$\begin{aligned} Q &= 2500mC(T_1 - T_2) \\ &= 2500(2.1\times 10^{-3})(0.465)(900-100) = 1953[\text{kJ}] \end{aligned}$$

이므로 강구가 풀림처리 될 때 강구로부터 대기로의 총 열전달률[kW]은 다음과 같다.

$$\dot{Q} = \frac{Q}{t} = \frac{1953\text{kJ}}{1\text{h}} = \frac{1953\text{kJ}}{3600\text{s}} = 0.543[\text{kW}] = 543[\text{W}]$$

† 열전달률은 단위 시간 동안 전달된 열량(열량/시간, 단위: [J/s])을 말한다.

연습문제 2

01 크기가 $3\,m \times 4\,m \times 5\,m$인 용기 내에 있는 기체의 질량이 $40\,kg$일 때 비체적을 구하여라.

02 크기가 $2\,m \times 4\,m \times 5\,m$인 용기 내에 있는 밀도가 $1.2\,kg/m^3$인 기체의 질량을 구하여라.

03 완전한 구형(sphere)의 에드벌룬에 $10\,kg$의 기체가 가득 차 있다. 기체의 비체적이 $0.16\,m^3/kg$일 때 에드벌룬의 반지름을 구하여라.

† 반지름 R인 구의 체적은 $\dfrac{4\pi R^3}{3}$이다.

04 $5\,mm \times 32\,cm$와 $0.5\,mm \times 32\,cm$의 면적에 각각 $1000\,N$의 힘이 수직으로 작용할 때의 압력(kPa)을 구하여라.

05 피스톤-실린더 장치에서 지름이 $20\,cm$인 피스톤이 받는 압력이 $4\,kPa$일 때 피스톤을 고정하기 위해 필요한 힘[N]을 구하여라. 단, 피스톤과 실린더 사이의 마찰과 대기압은 무시한다.

06 대기 압력이 $95\,kPa$일 때 용기의 계기압력이 $15\,kPa$이면 절대압력은 몇 kPa인가?

07 대기 압력이 $98\,kPa$인 지역에서 읽은 용기의 계기압력이 $400\,mmHg$이면 절대압력은 몇 kPa인가?

08 대기 압력이 $1\,atm$이고 진공계의 읽음이 $100\,mmHg$이면 절대압력은 몇 kPa인가?

09 대기 압력이 $100\,kPa$이고 진공도가 $70\,\%$이면 절대압력은 몇 kPa인가?

10 다음 화씨온도를 섭씨온도로 환산하여라.

(1) $50\,°F$　　　(2) $-58\,°F$

11 다음 섭씨온도를 화씨온도로 환산하여라.

(1) $70\,℃$　　　(2) $-80\,℃$

12 $25\,℃$의 온도를 Kelvin 온도[K]와 Rankine 온도[R]로 나타내어라.

13 어떤 계를 냉각하여 계의 온도가 72°F 떨어졌다. 이 온도 강하를 K, R, ℃로 나타내어라.

14 200kg의 물을 20℃에서 80℃로 가열하는데 필요한 열량[kJ]을 구하여라. 단, 물의 비열은 4.2kJ/kg·℃이다.

15 온도 100℃인 300kg의 금속을 20℃의 물 200kg이 들어있는 단열된 용기에 넣었다. 금속과 물의 비열이 각각 0.45kJ/kg·℃, 4.2kJ/kg·℃일 때 열평형에 도달했을 때의 평형온도를 구하여라.

16 냉동 창고에서 질량 0.2kg, 비열 3kJ/kg·℃인 과일을 20℃로부터 5℃로 냉각한다. 냉각 중에 과일로부터의 방출되는 열량을 구하여라.

17 질량 2kg의 물체를 지상으로부터 40m 높이에서 자유 낙하시킨다. 강구가 지면에 떨어졌을 때 운동에너지가 전부 강구의 온도를 높여 준다고 하면 강구의 온도 상승은 몇 ℃인가? 단, 강구의 비열은 0.4kJ/kg·℃이다.

18 단열된 견고한 용기 내에 20℃, 0.5kg의 액체가 들어 있다. 0.02kW의 전열기를 사용하여 10분 동안 액체를 가열할 때 최종 온도를 구하여라. 단, 액체의 비열은 3kJ/kg·℃이다.

19 단열된 용기 내에서 10℃의 물 35kg과 40℃의 물 65kg을 혼합하면 물의 최종 온도는 몇 ℃가 되는가?

20 그림과 같이 기체가 들어있는 피스톤-실린더 장치가 평형을 이루고 있다. 피스톤의 질량은 50kg이고 피스톤 위의 추의 질량은 10kg이다. 피스톤의 단면적이 $0.02\,m^2$, 대기압이 97kPa, 중력가속도가 $9.8\,m/s^2$이면 실린더 내부의 압력은 몇 kPa인가? 단, 피스톤과 실린더 사이의 마찰은 무시한다.

[문제 2.20]

21 그림은 처음 온도가 20℃인 4kg의 물과 10kg의 어떤 액체를 똑같은 열원으로 가열하였을 때 시간(t)에 따른 온도변화를 나타낸 것이다. 물과 액체가 열원으로부터 공급받은 열량이 같다고 가정하고 액체의 평균비열을 구하여라. 단, 물의 평균비열은 1kcal/kg·℃이다.

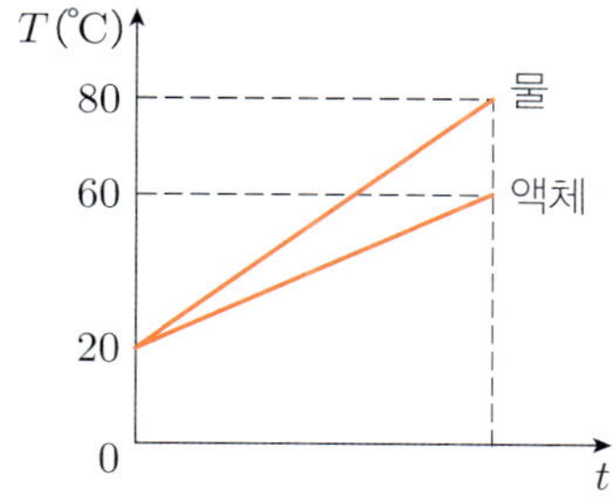

[문제 2.21]

22 다음 중 가장 높은 온도는?

① 0℃ ② 0°F
③ 250K ④ 350R

23 섭씨온도와 화씨온도가 같을 때의 온도 값은?

① 0 ② −24
③ −40 ④ 48

24 섭씨온도(T_C)와 화씨온도(T_F)의 관계를 표현한 것 중 옳은 것은? [중등교사 임용시험-기계]

① $T_F = \frac{5}{9} T_C + 32$ ② $T_F = \frac{5}{9} T_C - 32$
③ $T_F = \frac{9}{5} T_C + 32$ ④ $T_F = \frac{9}{5} T_C - 32$

25 액체 산소의 끓는점은 90K이고, 액체 수소의 끓는점은 20K이다. 이 두 액체의 끓는점의 화씨온도 차이는? [공무원 임용시험]

① 70°F ② 94°F
③ 126°F ④ 158°F

26 50℃의 에탄올 100g을 80℃의 물 200g과 혼합하면 이 혼합물의 최종온도[℃]는? 단, 용기를 통한 열손실과 혼합열은 무시하며, 에탄올과 물의 비열은 각각 0.5cal/g·℃, 1.0cal/g·℃이다. [공무원 임용시험]

① 65 ② 67.5
③ 70 ④ 74

27 질량 5kg인 금속 덩어리를 200℃로 가열한 후 30℃, 20kg 물에 넣었다. 충분히 기다린 후 물과 금속 덩어리의 온도가 40℃로 같아졌다면 이 금속의 비열은? 단, 물의 비열은 c이다. [공무원 임용시험]

① $c/2$ ② $c/3$

③ $c/4$ ④ $c/6$

28 두 물체 A와 B의 질량과 비열이 각각 m_A, C_A와 m_B, C_B이다. 이 두 물체에 각각 같은 열량을 가한다면, 두 물체의 온도 변화의 비 $\Delta T_A : \Delta T_B$는? (단, 주입된 열 이외의 열 출입과 물체의 열팽창은 무시한다) [공무원 임용시험]

① $C_B : C_A$ ② $m_B : m_A$

③ $m_A C_A : m_B C_B$ ④ $m_B C_B : m_A C_A$

29 그림과 같이 공기조화 장치의 공기 냉각기에서 냉수를 사용하여 공기를 냉각하려고 할 때, 필요한 냉수량(kg/h)은? (단, 통과하는 공기량은 210kg/h, 공기의 정압비열은 1kJ/kg · K, 냉수의 비열은 4.2kJ/kg · K로 하고, 외부로의 열손실은 없고, 공기 중의 수증기가 응축하지 않는 것으로 가정함.) [중등교사 임용시험-냉동]

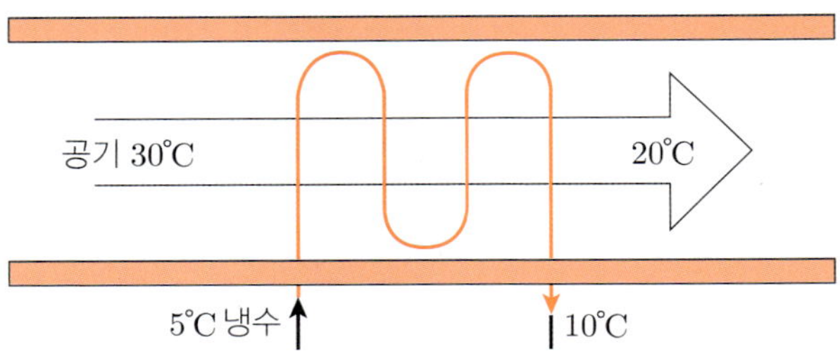

[문제 2.29]

① 10kg/h ② 30kg/h

③ 50kg/h ④ 100kg/h

30 단열 용기에 담긴 20°C의 물에 60°C의 구리 1kg을 넣었더니 물의 온도가 30°C에서 열평형 상태가 되었다. 구리 1kg이 담긴 이 30°C의 물에 100°C의 구리 1kg을 추가로 넣는다면, 열평형 상태에 도달했을 때 물의 온도[°C]는? (단, 단열 용기와 외부 사이의 열 출입은 없고, 단열 용기의 열용량은 무시한다) [공무원 임용시험]

① 38 ② 40

③ 44 ④ 50

31 섭씨온도[℃]와 화씨온도[℉]가 같은 값을 가지는 절대온도[K]는? [공무원 임용시험]

① 233.15K　② 243.15K
③ 253.15K　④ 63.15K

32 100℃의 구리 10kg을 20℃의 물 2kg이 들어 있는 단열 용기에 넣었다. 물과 구리 사이의 열전달을 통해 얻어지는 최종 평형 온도는 대략 몇 ℃가 되겠는가? (단, 물과 구리의 비열은 각각 4.2kJ/kg·K와 0.45kJ/kg·K이라 한다.) [공무원 임용시험]

① 48℃　② 53℃
③ 58℃　④ 63℃

33 단열된 용기 안에서 0℃의 물 3kg과 80℃의 물 7kg을 혼합하였을 때 최종 평형온도를 구하여라. 단, 물의 평균비열은 1kcal/kg・℃이다.

34 다음과 같이 얼음을 사용하여 단열된 물 잔에 들어있는 물을 냉각하려 한다. 얼음의 융해잠열은 80kcal/kg이고, 물의 평균비열은 1kcal/kg・℃이다.

(1) 물 잔에 0℃의 얼음을 넣어서 40℃, 0.5kg의 물을 0℃로 냉각할 때 필요한 얼음의 양을 구하여라. 단, 물과 얼음이 모두 0℃ 물이 된다.

(2) 물 잔에 0℃의 얼음을 넣어서 50℃, 0.9kg의 물을 10℃로 냉각할 때 필요한 얼음의 양을 구하여라. 단, 물과 얼음이 모두 10℃ 물이 된다.

35 단열된 용기 안에 있는 90℃의 물 6kg에 0℃의 얼음 4kg을 넣었을 때 최종 평형온도를 구하여라. 단, 얼음의 융해잠열은 80kcal/kg이고, 물의 평균비열은 1kcal/kg・℃이다.

36 그림과 같이 질량이 500g인 용기에 10℃의 물 200g이 담겨 있고, 90℃의 금속 200g을 용기의 물속에 넣었더니 최종적으로 물의 온도가 30℃가 되었다. 금속의 비열[cal/g・℃]을 구하여라. 단, 용기와 물의 온도는 언제나 같고, 용기의 비열은 0.2cal/g・℃이다.

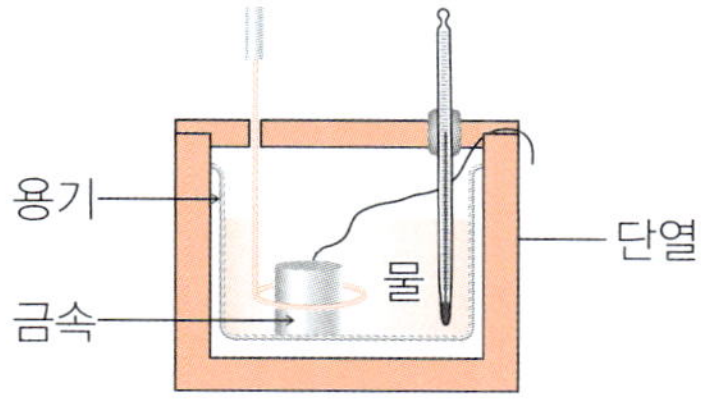

[문제 2.36]

37 질량이 2kg인 물질에 40kcal의 열량을 가했더니 온도가 30℃에서 80℃로 변하였다. 이 물질 3kg의 온도를 20℃에서 50℃로 높이는데 필요한 열량[kcal]을 구하여라.

38 외부로부터 단열된 상태에서 처음 온도가 다른 두 물체 A, B를 접촉시켰더니 두 물체 간에 열의 이동이 일어나서 그림과 같이 열평형 상태에 도달하였다.

(1) 물체 A가 잃은 열량과 B가 얻은 열량의 비 $Q_A : Q_B$를 구하라.

(2) 두 물체의 열용량의 비 $C_{m,A} : C_{m.B}$를 구하여라.

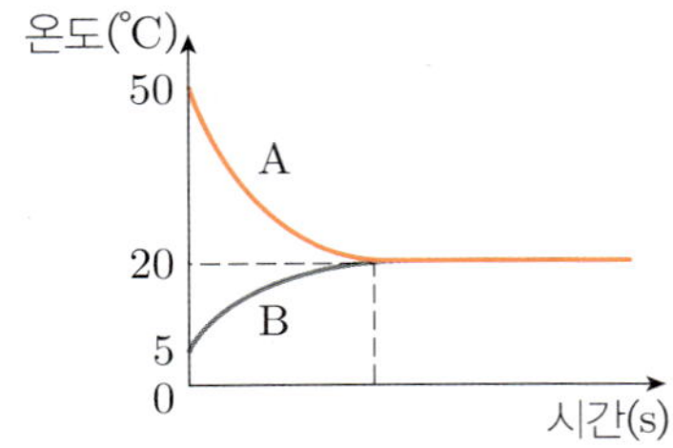

[문제 2.38]

39 질량이 4kg이고 비열이 0.5kJ/kg·K인 물질이 있다. 다음을 구하여라.

(1) 물질의 열용량[kJ/K]

(2) 물질의 온도를 30℃ 올리는데 필요한 열량[kJ]

40 기체의 비열을 구하기 위해 필요한 물리량은?

① 압력, 부피　　② 질량, 열용량

③ 압력, 온도　　④ 질량, 에너지

41 그림은 질량이 같고 처음 온도가 0℃인 두 종류의 액체 A, B를 매초당 일정한 열량을 방출하는 전열기로 가열할 때 시간에 따른 온도 변화를 나타낸 것이다.

(1) 두 액체의 비열비 $C_A : C_B$를 구하여라.

(2) 두 액체를 100초 동안 가열한 후 단열된 용기 속에서 혼합했을 때 열평형 온도를 구하여라.

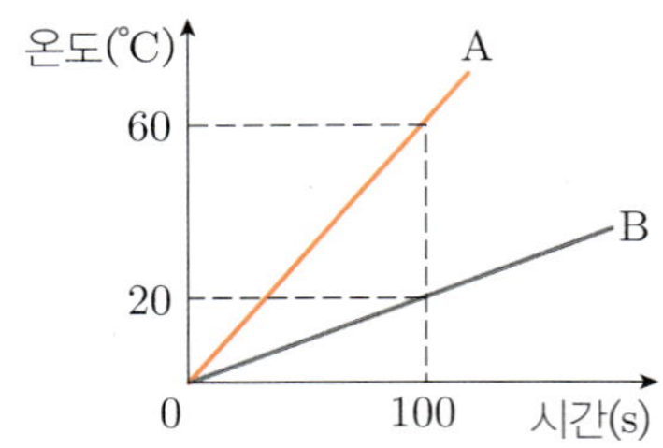

[문제 2.41]

42 물과 얼음이 담겨 있는 비이커를 열판에 올려놓고 나무 수저를 이용하여 얼음물을 저었다. 열판을 통해 600cal의 열이 공급되었고 수저로 물을 저어서 800J의 일이 비이커의 얼음물에 가해졌다면 녹은 얼음의 질량에 가장 가까운 값[g]은? 단, 얼음의 융해열은 80cal/g, 1cal = 4.2J이고, 외부와의 열전달은 없다고 가정한다. [공무원 임용시험]

① 10　　② 20

③ 30　　④ 40

43 3kg, 20℃ 물과 4kg, 30℃ 의 알루미늄과 2kg, 80℃ 의 구리를 단열 용기 속에 함께 담아서 열평형이 이루어졌다. 용기에 전달되는 에너지를 무시하고 혼합계의 최종 평형 상태 온도를 구하여라. [표 2.1]의 비열 값을 이용한다.

44 그림과 같이 단열된 견고한 용기가 부피가 서로 다른 부분으로 나누어져 있다. 초기에 각 부분에는 동일한 이상기체가 온도와 질량이 다르게 들어 있다. 두 부분을 분리하고 있는 벽이 제거된 후에 혼합 기체의 최종 온도(T_f)를 구하여 다음과 같은 형태로 간단하게 나타내어라. 여기에서 m_f는 혼합 기체 전체의 질량이다. 단, 기체의 비열은 일정하다고 가정한다.

$$T_f = f\left(\frac{m_1}{m_f},\ \frac{m_2}{m_f},\ T_1,\ T_2\right)$$

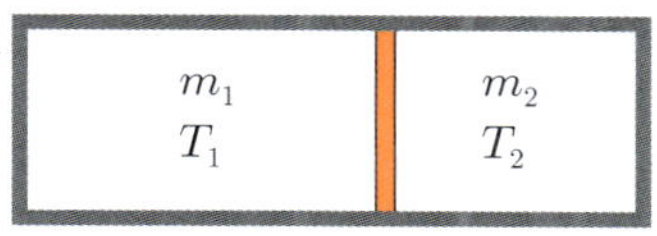

[문제 2.44]

45 단열된 용기 속에서 20℃, 0.5kg의 물을 넣고 여기에 100℃ 금속을 넣었을 때 열평형온도가 50℃ 이다. 물의 비열이 1kcal/kg · ℃ 일 때 금속의 열용량[kcal/℃]을 구하여라.

46 질량과 비열이 각각 $2m$, $3c$인 물체 A와 $4m$, $5c$인 물체 B에 같은 열량을 주었을 때 온도 변화의 비 $\Delta T_A : \Delta T_B$를 구하여라.

47 그림은 질량과 비열이 다른 두 물체를 가열했을 때 열량과 온도의 관계를 나타낸 그래프이다. 물체 A의 질량은 m이고 B의 질량은 $2m$일 때 두 물체의 비열비 $C_A : C_B$를 구하여라.

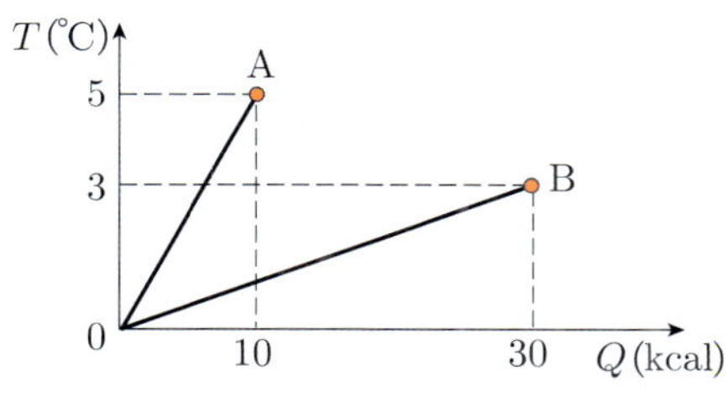

[문제 2.47]

48 20℃, 0.5kg의 기름 속에 110℃, 0.3kg인 금속을 넣었더니 열평형 상태에서 온도가 30℃ 가 되었을 때 기름의 비열[J/kg · ℃]을 구하여라. 단, 금속의 비열은 400J/kg · ℃ 이고, 기름을 담은 용기의 열용량은 40J/℃ 이며, 용기와 기름의 온도는 같고 외부와의 열 출입은 없다.

49 A 금속으로 만든 질량 300g의 용기에 든 10℃의 물 350g 속에 120℃, 100g의 A 금속을 넣었더니 열평형 상태에서 온도가 20℃가 되었을 때 A 금속의 비열[cal/g·℃]을 구하여라. 단, 용기와 물의 온도는 같고 외부와의 열 출입은 없다.

50 질량과 비열이 각각 m_1, C_1인 금속과 m_2, C_2인 금속을 혼합한 합금의 비열을 구하여라.

51 고체인 금속의 비열은 0.03kcal/kg·℃이고 융해열은 5kcal/kg이며 녹는점은 600℃이다. 100℃의 고체 금속 4kg을 600℃의 액체 금속으로 변화시키는데 필요한 열량[kcal]을 구하여라.

52 단열된 용기 속에서 30℃의 물 80g에 −5℃의 얼음 20g을 넣었을 때 열평형 온도를 구하여라. 단, 물과 얼음의 비열은 각각 1cal/g·℃, 0.5cal/g·℃이고 얼음의 융해잠열은 80cal/g이다.

53 밀폐된 용기에 들어 있는 10℃, 5kg의 물에 100℃의 수증기를 넣어서 물과 수증기를 모두 40℃ 물로 만들기 위해 필요한 수증기의 질량[kg]을 구하여라. 단, 물의 기화열은 540kcal/kg, 비열은 1kcal/kg·℃이고, 용기에 전달되는 열량은 없다고 가정한다.

54 폭포의 수면으로부터 높이 105m 위에서 물이 낙하하여 수면에 떨어지고 있다. 떨어진 물의 위치에너지 감소가 모두 열로 전환된다고 할 때 낙하한 물의 온도 상승을 구하여라. 단, 중력가속도는 10m/s^2, 1cal=4.2J, 물의 비열은 1cal/g·℃이다.

55 온수의 온도가 90°C, 냉수의 온도가 15°C일 때, 두 물을 섞어서 물의 온도가 40°C가 되기 위한 질량비(냉수질량/온수질량)를 구하여라.

56 그림은 일정량의 얼음에 일정한 속도로 열을 가할 때 시간에 따른 얼음(물+얼음, 물)의 온도 변화를 나타낸 그래프이다. 열을 가한 후 30분이 되었을 때 물의 온도 T_f를 구하여라. 단, 얼음의 융해열은 80cal/g, 물의 비열은 1cal/g·℃이다.

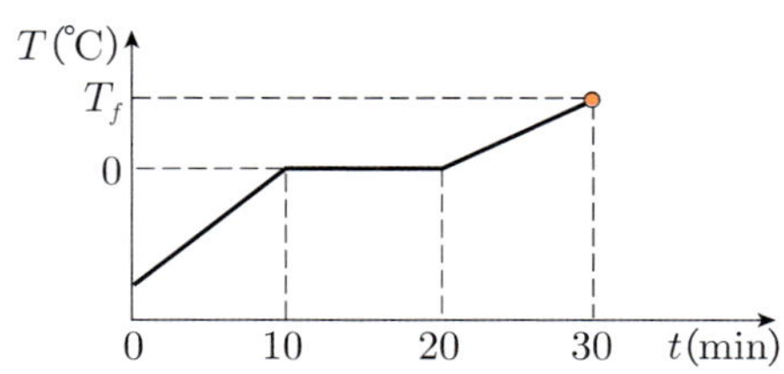

[문제 2.56]

57 온도 100℃, 질량 210g의 금속이 300/s의 속력으로 날아와 아주 큰 얼음 속에 박힐 때 다음을 구하여라. 단, 1cal=4.2J, 얼음의 융해열은 80cal/g, 금속의 비열은 0.05cal/g・℃이고, 금속의 운동에너지가 얼음 속에서 모두 마찰열로 변환된다고 가정한다.

(1) 금속이 얼음 속에서 정지할 때까지 발생한 열량[cal]

(2) 정지한 금속과 얼음이 열평형 상태에 있을 때 얼음이 녹은 양[g]

58 지름 $d = 10\text{cm}$인 피스톤에 질량 $m = 25\text{kg}$인 물체를 올려놓음으로써 질량 $M = 2500\text{kg}$인 물체를 들어 올리려 한다. M의 물체가 놓이는 피스톤의 지름 D를 구하여라.

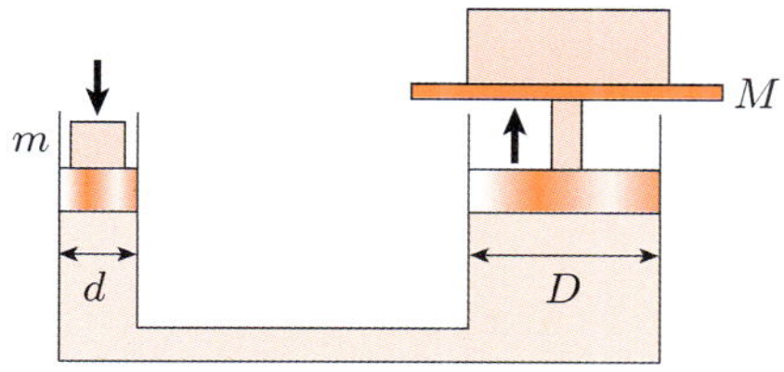

[문제 2.58]

59 수직으로 서있는 마찰 없는 피스톤-실린더 장치 내부의 절대압력이 250kPa이다. 대기압은 100kPa이고 피스톤의 단면적이 30cm^2일 때 피스톤의 질량을 구하여라.

60 높이 $h = 10\text{m}$인 실린더 모양 용기의 위 절반은 밀도 $\rho_1 = 850\text{kg/m}^3$인 기름이 들어있고, 아래 절반은 밀도 $\rho_2 = 1000\text{kg/m}^3$인 물이 들어있다. 실린더 바닥과 맨 위 부분 사이의 압력 차이[kPa]를 구하여라.

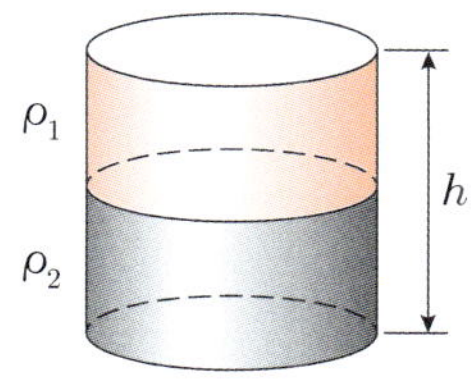

[문제 2.60]

61 계란을 반지름 5cm인 구(sphere)로 근사시킬 때 계란의 온도를 20℃에서 80℃까지 올리기 위해 계란에 전달해야 할 열량[kJ]을 구하여라. 단, 계란의 밀도 $\rho = 1020\text{kg/m}^3$, 비열 $C = 3.3\text{kJ/kg・K}$이다.

62 지름 $d = 5\text{cm}$, 밀도 $\rho = 8522\text{kg/m}^3$, 비열 $C = 0.385\text{kJ/kg} \cdot ℃$, 초기 온도 $T_1 = 120℃$인 구리공이 온도 $T_0 = 50℃$인 물에서 1분에 100개의 속도로 2분 동안 담금질된다. 담금질 후 구리공의 온도 $T_2 = 74℃$일 때 물의 온도를 50℃로 유지하기 위해 2분 동안 제거해야 할 열량을 구하여라.

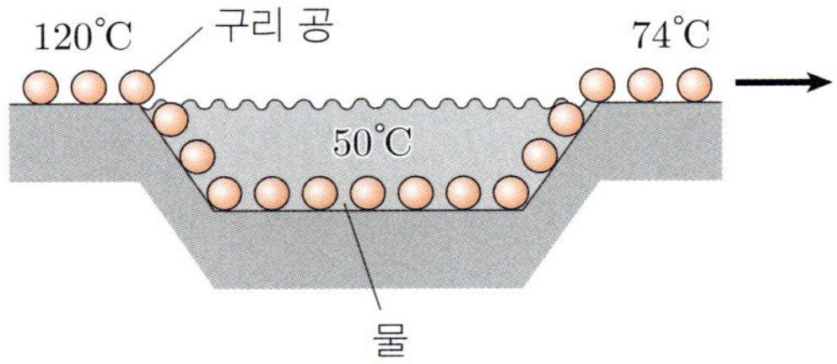

[문제 2.62]

63 생산설비에서 처음 온도 20℃, $4\text{cm} \times 50\text{cm} \times 50\text{cm}$의 금속판이 1분당 200개씩 고온의 오븐을 통과하면서 가열된다. 판의 온도가 400℃로 올라갈 때까지 오븐 안에 남아있을 때, 오븐 내에서 금속판으로의 총 열전달률[MW]을 구하여라. 단, 금속판의 밀도 $\rho = 8500\text{kg/m}^3$, 비열 $C = 0.4\text{kJ/kg} \cdot \text{K}$이다.

64 반지름이 4cm이고 길이가 긴 강철봉을 1분당 2m의 속도로 고온의 노 안으로 끌어들여 열처리한다. 강철봉이 20℃ 상태에서 노 안으로 들어가서 500℃로 가열되어 나올 때 노 안에서 강철봉으로 전달된 열전달률[kW]을 구하여라. 단, 강철봉의 밀도 $\rho = 7800\text{kg/m}^3$, 비열 $C = 0.47\text{kJ/kg} \cdot \text{K}$이다.

65 외부로부터 단열된 용기에 온도 15°C, 질량 0.2kg인 어떤 용액이 담겨 있다. 여기에 온도 100°C, 질량 0.5kg인 쇠구슬을 넣었더니 시간이 지난 후 온도가 30°C로 열평형 상태가 되었다. 이 용액의 비열[kcal/kg · ℃]은? (단, 쇠구슬의 비열은 0.1kcal/kg · ℃, 용기의 열용량은 0.1kcal/℃이다) [공무원 임용시험]

66 질량 $m = 68\text{kg}$, 체온 $T_1 = 39℃$인 사람이 온도 $T_2 = 3℃$인 차가운 물 1L를 마셔서 체온을 낮추려 한다. 사람의 평균 비열이 $3.6\text{kJ/kg} \cdot ℃$이라 할 때 차가운 물을 마신 후 체온을 구하여라.

67 질량 $m = 40\text{kg}$, 온도 $T_1 = 20℃$인 물에 1800W의 전기저항 가열 요소를 넣었다. 전류를 흐르게 한 후 물의 온도가 $T_2 = 80℃$에 도달했을 때까지 걸린 시간을 구하여라.

제3장 열역학 제1법칙

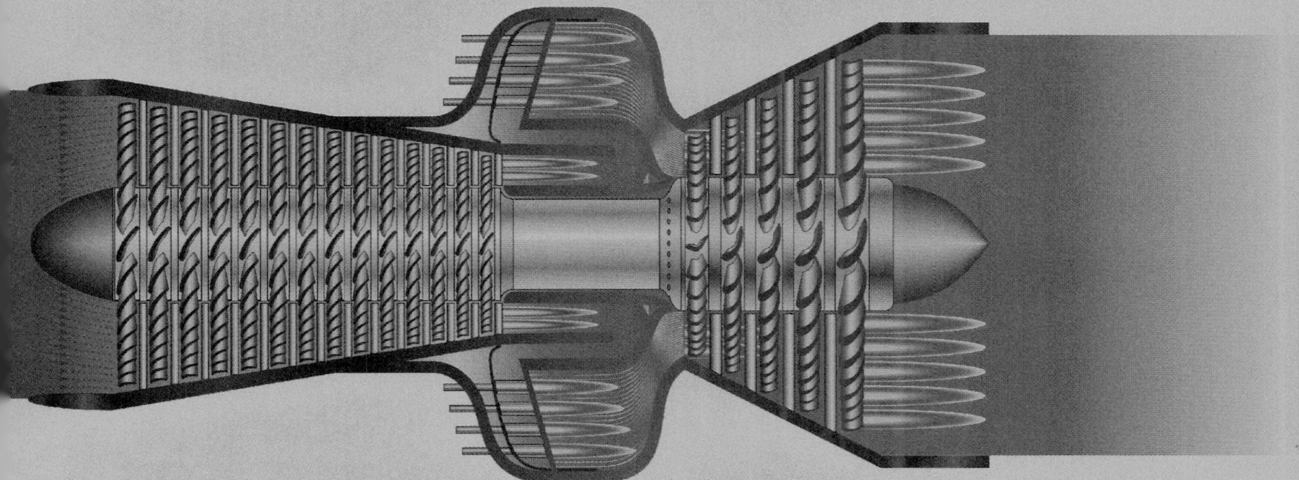

3.1 Joule의 실험

1 열역학 기본법칙

열역학 제1법칙과 제2법칙 등의 열역학 기본법칙은 다른 자연과학이나 공학의 기본법칙과 마찬가지로 실험과 경험을 통하여 얻은 결과를 토대로 하여 이를 일반화하고 공식화한 것이다. 즉, 기본법칙으로 불리는 이러한 법칙들은 다른 어떤 법칙으로부터 유도되는 것이 아니다.

열역학 제1법칙은 일반적으로 에너지 보존법칙으로 해석된다. 보존법칙이란 경계를 통하여 들어오는 순증가량이 경계 내의 순증가량과 같다는 것을 의미한다. 계의 경계를 통해 출입하는 중요한 물리량으로는 일과 열이 있다.

열은 질량이 없는 유체로 생각되어 오다가 Gay-Lussac 과 Joule 등의 실험을 통하여 일과 대등한 에너지로서의 개념이 도입되었다. 특히 Joule 의 실험 결과는 많은 뜻을 내포하고 있는데 여기에서는 Joule 의 실험 결과를 토대로 하여 열역학 기본법칙을 공식화하고자 한다.

실험과 경험을 바탕으로 하여 정립된 열역학 제1법칙은 열의 개념을 분명하게 하고 이로부터 에너지 보존법칙을 설명하는 법칙이라고 할 수 있다. 반면 열역학 제2법칙은 엔트로피라는 새로운 양의 존재 및 개념을 설명하고 엔트로피 생성의 원리를 설명하는 법칙이라고 볼 수 있다.

2 Joule의 실험

[그림 3.1]과 같이 단열된 견고한 용기 내에 일정한 양의 물이 들어 있고, 질량 m의 추에 연결된 휘젓기 날개가 물속에 잠겨 있다. 추가 위치 1에 있을 때 물의 온도는 T_1, 압력은 일정한 대기압 P_0이다. 추가 2의 위치로 h만큼 내려와 날개를 회전시켜 물 쪽으로 mgh의 일을 주면 압력은 일정한 P_0이지만 온도는 T_2로 변화한다. 즉, 용기와 물을 하나의 계로 생각할 때 계가 열역학적인 상태 T_1, P_0로부터 단열과정으로 일 $W_a = mgh$를 받아서 새로운 상태 T_2, P_0로 변화하였다고 할 수 있다. 이 실험을 반복하여 얻은 실험의 결과는 처음 상태 1로부터 나중 상태 2에 도달할 때 단열과정에서 소요된 일 $W_a = mgh$는 단열과정의 형태가 어떠하든 간에 항상 동일하다는 것이다.

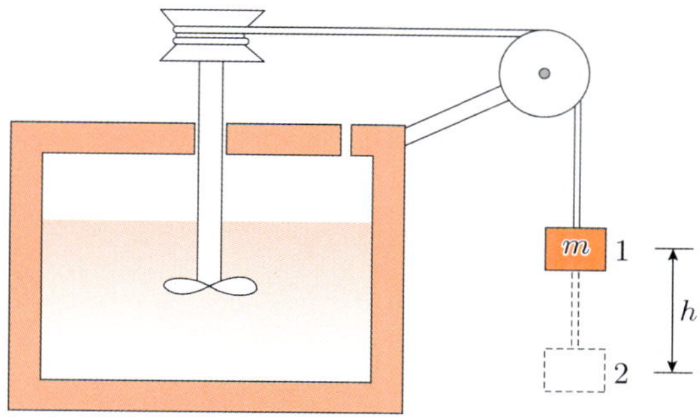

[그림 3.1] Joule의 실험 장치

이와 같은 실험은 [그림 3.1]과 같은 실험장치뿐만 아니라 전동기를 이용하거나 축전지를 이용하여 할 수도 있다. 즉, 전동기로써 휘젓기 날개를 회전시키거나, 축전지의 전기에너지로써 물속에 설치된 히터를 발열시켜 물에 에너지를 공급할 수 있다[그림 3.2]. 이와 같은 여러 가지 실험에서의 결과도 동일한 두 상태 1과 2 사이에서 소요된 단열일 W_a는 항상 일정하며, [그림 3.1]의 실험에서 소요된 일 W_a와 같다는 것이 실험적으로 알려져 있다.

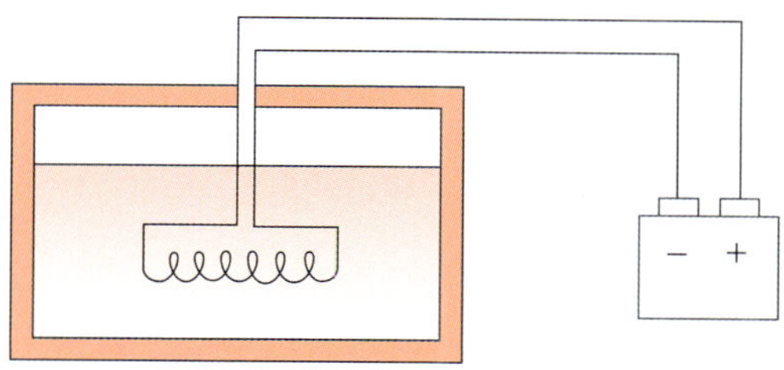

[그림 3.2] 축전지에 의한 일

Joule의 실험 결과는 두 상태 사이의 단열일이 항상 동일하다는 것을 알려주고 있으며, 일을 통해 열을 발생시킬 있다는 것을 보임으로써 열과 일은 서로 같은 에너지라는 것을 알려주고 있다. 즉, 열과 일은 에너지의 형태만 다를 뿐 상호 간에 전환이 가능하다.

† 물속에 설치된 히터에서 전류에 의해 발생하는 줄(Joule)열 Q는 다음과 같다.

$$Q = VIt = I^2Rt[\text{J}]$$

여기에서 V는 전압[V], I는 전류[A], R은 저항[Ω], t는 가열시간[s]이다.

3.2 내부에너지

1 내부에너지

계(system)가 가지고 있는 모든 미시적 에너지의 합을 내부에너지(internal energy)라 한다. 내부에너지는 분자구조와 분자 운동의 정도에 관계되며, 물체를 구성하고 있는 원자나 분자들의 운동에너지와 위치에너지의 합으로 볼 수 있다. 일반적으로 내부에너지는 U로 나타내고 단위 질량당 내부에너지는 비내부에너지(specific internal energy)라 부르며 u로 나타낸다.

$$u = \frac{U}{m} \quad (m \text{은 질량}) \qquad \cdots (3.1)$$

설명 열역학을 해석할 때 계의 에너지를 구성하는 거시적(macroscopic) 형태의 에너지와 미시적(microscopic) 형태의 에너지의 두 종류로 나누어 생각하는 것이 도움이 된다. 거시적 형태의 에너지는 계의 운동에너지와 위치에너지와 같이 어떤 좌표계에 대하여 계가 전체적으로 가지고 있는 에너지이다. 미시적 형태의 에너지는 계의 분자구조 및 분자의 운동 정도와 관계되는 에너지이며 외부 좌표계와는 관계가 없다. 미시적 에너지의 총합을 내부에너지라 한다.

내부에너지를 좀 더 잘 이해하기 위해 분자와 원자의 관점에서 계를 살펴보자. 기체분자는 공간에서 움직이고 있으므로 운동에너지를 가지고 있다. 분자가 운동할 때 분자의 이동 속도와 관련된 에너지를 병진에너지(translation energy)라 한다. 한편 다원자분자의 원자들은 축 주위를 회전하는데 이것은 회전 운동에너지(rotational kinetic energy)이다. 또한 다원자 분자의 원자들은 질량 중심에 대해 앞뒤로 진동하는데 이것은 진동 운동에너지(vibrational kinetic energy)이다. 기체에서 대부분의 운동에너지는 병진운동과 회전운동에 기인하며, 고온에서는 진동에너지가 중요하게 된다. 그리고 원자 내의 전자는 핵 주위를 회전하므로 회전 운동에너지를 가지고 있다. 또한 전자들은 자신의 축 주위를 회전하는데 이 운동에 의해 발생하는 에너지는 회전에너지(spin energy)이다. 원자의 핵에 있는 다른 입자들도 회전에너지를 가진다. 계의 내부에너지 중에서 분자의 운동과 관련된 에너지를 현열에너지(sensible energy)라 한다. 기체 분자들의 평균속도와 운동의 정도는 기체의 온도에 비례한다. 따라서 온도가 높아지면 분자들은 더 큰 운동에너지를 갖게 되고 이에 따라 계의 내부에너지도 증가한다.

내부에너지는 물질을 구성하는 분자들 사이의 결합력과 분자들 내의 원자들 사이의 결합력과도 관련이 있다. 분자들 사이의 결합력의 크기는 다음과 같다.

$$(\text{고체}) > (\text{액체}) > (\text{기체})$$

고체나 액체 분자들에 충분한 양의 에너지를 공급하면 분자들은 분자 간의 결합력을 극복하고 서로 떨어져 나가 기체로 바뀌게 될 것이다. 이와 같은 것을 상변화라 한다. 이 추가된 에너지 때문에 기체 상태의 계는 고체나 액체 상태의 계보다 큰 내부에너지를 가진다. 이와 같은 계의 상변화와 관련된 에너지를 잠열(latent heat) 또는 잠열에너지(latent energy)라 한다. 상변화 과정에서는 계의 화학적 조성이 변화하지 않는다. 대부분의 열역학 문제는 이 범주에 속하며 분자 내의 원자 결합까지는 고려할 필요가 없다.

2 단원자 분자의 내부에너지

입자의 운동을 여러 가지 성분으로 나누어 생각할 때 각각의 독립된 성분을 자유도라 한다. 단원자 분자는 하나의 점(질점)에 가까우므로 공간에서 x, y, z의 세 방향으로 운동할 수 있고 자유도는 3이 된다. 운동의 각 자유도에 대하여 분자의 평균운동에너지는 $kT/2$이므로, 단원자 분자 한 개의 평균운동에너지는

$$E_k = \frac{1}{2}mv^2 = \frac{3}{2}kT \qquad \cdots (3.2)$$

이다. 여기에서 k는 볼쯔만(Boltzmann) 상수이고 T는 절대온도이다. 따라서 분자 수가 N인 단원자 분자들의 총 내부에너지는

$$U = \frac{3}{2}NkT \qquad \cdots (3.3)$$

가 된다. 이와 같이 단원자 분자로 된 이상기체의 내부에너지(U)는 절대온도(T)에 비례한다. 볼쯔만 상수의 값은 $k = 1.380658 \times 10^{-23}\,\mathrm{J/K}$이다.

3 내부에너지의 성질

물체(또는 계)의 내부에너지는 다음과 같은 성질을 가진다.

(1) 물체의 온도가 높아지면 분자 운동이 활발해져서 분자의 운동에너지가 증가하므로 내부에너지가 증가한다.

(2) 물체가 일을 받거나 열을 얻으면 분자 운동이 활발해져서 내부에너지가 증가하고 온도가 올라간다.

(3) 물체의 내부에너지 변화(ΔU)와 물체가 외부로부터 받은 열량(Q) 및 물체가 한 일(W)은 서로 밀접한 관계를 갖는데 이것이 열역학 제1법칙의 근간이 된다. 12)

예제 3.1 어떤 이상기체 A 분자의 질량은 M이고 다른 이상 기체 B 분자의 질량은 $4M$이다. 두 기체의 온도가 같을 때 A 분자의 평균속도는 B 분자의 몇 배인가?

풀이 단원자 분자 한 개의 평균운동에너지(E_k)는

$$E_k = \frac{1}{2}mv^2 = \frac{3}{2}kT$$

이고, 이 식에서 기체의 속도(v)는

$$v = \sqrt{\frac{3kT}{m}} \quad \cdots ①$$

이다. 따라서 질량이 M인 A 분자의 속도(v_A)는

$$v_A = \sqrt{\frac{3kT}{m_A}} = \sqrt{\frac{3kT}{M}} \quad \cdots ②$$

이고, 질량이 $4M$인 B 분자의 속도는 다음과 같다.

$$v_B = \sqrt{\frac{3kT}{m_B}} = \sqrt{\frac{3kT}{4M}} = \frac{1}{2}\sqrt{\frac{3kT}{M}} = \frac{1}{2}v_A \quad \cdots ③$$

$$\therefore \; v_A = 2v_B$$

즉, A 분자의 평균속도(v_A)는 B 분자의 평균속도(v_B)의 2배이다.

여기에서 k는 상수이므로 온도(T)가 같으면 기체 분자의 속도(v)는 $\sqrt{\frac{1}{m}}$에 비례한다.

3.3 열역학 제1법칙

1 밀폐계에서의 열역학 제1법칙

열역학 제1법칙은 열의 정의와 개념 및 에너지 함수의 존재를 분명하게 공식화하고 이로부터 에너지 보존법칙을 설명하는 법칙이다. 13)

12) 내부에너지란 개념이 도입되어 에너지 보존법칙이 설명된다.
13) 열역학 제1법칙을 잘 이해하도록 한다. 열역학의 많은 개념들이 1법칙에서 출발한다.

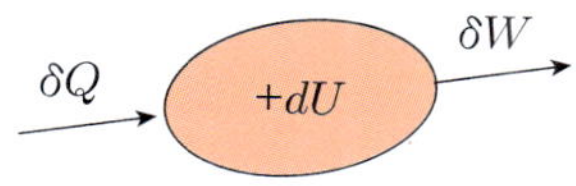

[그림 3.3] 열역학 제1법칙

[그림 3.3]과 같은 밀폐계에서 계로 유입된 열량을 δQ, 계의 내부에너지 증가량을 dU, 계가 한 일을 δW라 하면 에너지 보존법칙은 다음과 같다.

$$\delta Q = dU + \delta W \qquad \cdots (3.4(a))$$

$$dU = \delta Q - \delta W \qquad \cdots (3.4(b))$$

설명 물체에 에너지를 주는 데에는 열을 가해 주거나 역학적으로 일을 해 주는 방법이 있다. 열도 에너지의 한 형태이므로 역학적 에너지 보존 법칙을 확장하여 '열에너지를 포함하는 에너지 보존법칙'을 열역학 제1법칙이라 한다.

물체의 온도가 높아지면 내부 에너지가 증가하고 부피가 팽창하면서 외부에 대해 일을 하게 된다. 외부에서 물체에 가한 열량을 Q, 물체가 외부에 해 준 일의 양을 W라고 하면 물체의 내부에너지 증가량(ΔU)은

$$\Delta U = Q - W \qquad \cdots (3.5(a))$$

이고, 열량(Q)은 다음과 같다.

$$Q = \Delta U + W \qquad \cdots (3.5(b))$$

여기에서 $Q < 0$이면 그 절댓값만큼 열을 외부로 내 보낸 경우이고, $\Delta U < 0$이면 그 절댓값만큼 물체의 내부 에너지가 감소한 경우이다. 반면 $W < 0$이면 그 절댓값만큼 물체가 외부로부터 일을 얻는 경우가 된다. 열(Q)과 일(W)은 모두 에너지의 한 형태로서 일을 열로 변환시킬 수도 있고 열을 일로 변환시킬 수도 있다. 열량(Q)과 일의 양(W)은 다음 관계를 가진다.

$$W = JQ \qquad \cdots (3.6)$$

여기에서 비례상수 $J = 4.186\text{J/cal} \approx 4.2\text{kJ/kcal}$이고 J를 열의 일당량이라 한다.

2 제1종 영구기관

외부로부터 에너지를 공급받지 않고 계속해서 일을 할 수 있는 기관 또는 장치를 제1종 영구기관이라 한다. 즉, 계로 유입된 에너지 $Q=0$이지만 일 $W=\infty$인 기관이다. 이 기관이 열역학 1법칙 $Q=\Delta U+W$을 만족하려면 기관의 내부에너지 변화량 $\Delta U=-\infty$가 된다. 그런데 이와 같이 계의 내부 에너지가 무한히 감소할 수는 없으므로 이 기관은 실제로는 만들 수 없다. 기관의 내부 에너지가 무한히 감소할 수 있으려면 그 기관이 무한한 내부 에너지를 가지고 있어야 하는데 그런 기관은 있을 수 없기 때문이다.

예제 3.2 어떤 밀폐된 계가 700 kJ의 열을 받아서 500 kJ의 일을 하였다. 계의 내부에너지는 어떻게 변화하였는가?

풀이 계로 유입된 열량 $Q=700\text{kJ}$, 계가 한 일 $W=500\text{kJ}$이다. 열역학 제1법칙에 의해 내부에너지 변화(ΔU)는 다음과 같다.

$$Q=\Delta U+W$$

$$\therefore\ \Delta U=Q-W=700-500=200\ [\text{kJ}]$$

따라서 계의 내부에너지가 200 kJ 증가하였다.

예제 3.3 어떤 밀폐된 계가 200 kJ의 열을 받아서 600 kJ의 일을 하였다. 계의 내부에너지는 어떻게 변화하였는가?

풀이 계로 유입된 열량 $Q=200\text{kJ}$, 계가 한 일 $W=600\text{kJ}$이다. 열역학 제1법칙에 의해 내부에너지 변화(ΔU)는 다음과 같다.

$$Q=\Delta U+W$$

$$\therefore\ \Delta U=Q-W=200-600=-400\ [\text{kJ}]$$

즉, 계의 내부에너지가 400 kJ 감소하였다.

예제 3.4 어떤 기체가 300 J의 일을 하고 내부 에너지가 540 J 증가하였다. 기체가 외부로부터 받은 열량은 몇 cal인가? 단, 1cal=4.2J이다.

풀이 기체가 한 일 $W=300\text{J}$, 기체의 내부에너지 변화 $\Delta U=540\text{J}$이다. 열역학 제1법칙에 의해 기체가 외부로부터 받은 열량(Q)은 다음과 같다.

$$\begin{aligned} Q &= \Delta U+W=540+300\ [\text{J}] \\ &= 840\ [\text{J}] \\ &= 840\times\frac{1}{4.2}\ [\text{cal}]=200\ [\text{cal}] \end{aligned}$$

예제 3.5 어떤 계가 외부로부터 800 J의 열량을 받은 후에 내부 에너지가 300 J 증가하였다. 계가 한 일은 몇 J인가?

풀이 계로 유입된 열량 $Q = 800\,\text{J}$, 계의 내부 에너지 변화 $\Delta U = 300\,\text{J}$이다. 열역학 제1법칙에 의해 계가 한 일(W)은 다음과 같다.

$$W = Q - \Delta U = 800 - 300\,[\text{J}] = 500\,[\text{J}]$$

즉, 계는 외부에 대해 500 J의 일을 하였다.

예제 3.6 방바닥에 설치한 전기장판으로 방을 따뜻하게 하고 있다. 어느 겨울날 방으로부터 외부로 빠져나가는 열량이 6480kJ/h일 때 방 안 온도를 일정하게 유지하기 위해 전기장판이 방에 공급해야 할 일률(동력)[kW]을 구하여라.

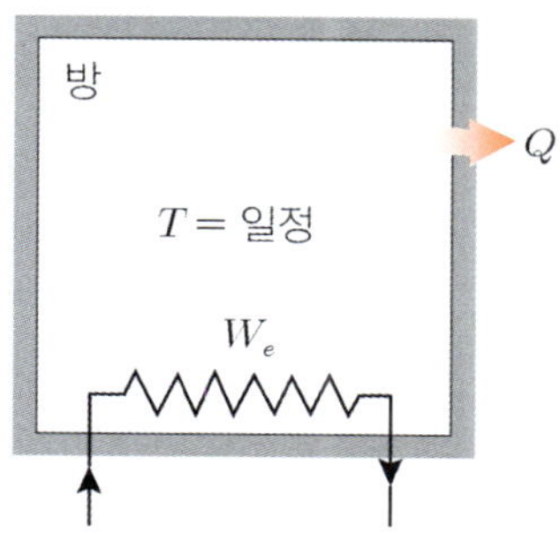

[그림 3.4] 난방장치

풀이 방 안 온도가 일정하므로 방의 내부에너지 변화 $\Delta U = 0$이다. 따라서 열역학 제1법칙에 의해

$$Q = \Delta U + W_e = 0 + W_e$$

이므로 전기장판이 방에 공급해야 할 일률[kW]은 다음과 같다.

$$\dot{W}_e = \dot{Q} = \frac{6480\text{kJ}}{\text{h}} = \frac{6480\text{kJ}}{3600\text{s}} = 1.8\frac{\text{kJ}}{\text{s}} = 1.8\,[\text{kW}]$$

3.4 기체의 팽창과 압축에 의한 일

기체가 팽창하면 외부에 일을 하게 된다. 기체의 압력이 P일 때 체적변화가 dV이면 기체가 한 일 δW는

$$\delta W = P\,dV \qquad \cdots (3.7)$$

이고, 상태 1과 2 사이의 일($_1W_2$)은 다음과 같다.[14)]

$$_1W_2 = \int_1^2 \delta W = \int_{V_1}^{V_2} P\,dV \qquad \cdots (3.8)$$

기호 $_1W_2$는 상태 1에서 상태 2까지 변하는 동안(상태변화 1→2) 기체가 한 일을 나타낸다. 식 (3.8)로부터 기체가 한 일은 $P-V$ 선도에서 그래프 아래의 면적과 같다는 것을 알 수 있다.

설명 [그림 3.5]와 같은 피스톤과 실린더 사이의 기체가 팽창하여 피스톤이 상태 ①에서 ②로 이동하는 경우를 고려해 보자. 실린더 안에서의 압력 P에 의해 피스톤에 작용하는 힘은

$$F = PA$$

이므로 피스톤이 dx만큼 이동하였을 때 한 일은

$$\delta W = Fdx = PA\,dx = P\,dV \ (\because \ A\,dx = dV)$$

가 된다. 상태변화를 $P-V$ 선도로 나타나면 그림과 같이

①-②-b-a-①

의 면적이 기체의 팽창에 의한 일 $_1W_2$가 된다. 따라서 기체의 상태가 ①에서 ②로 변할 때 한 일은 다음과 같다.

$$_1W_2 = \int_{V_1}^{V_2} P\,dV$$

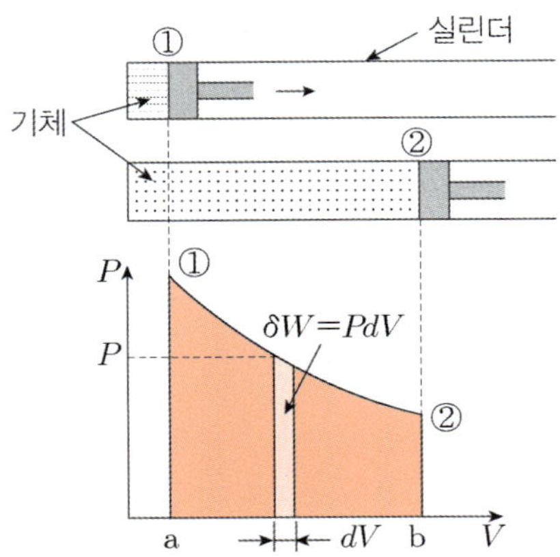

[그림 3.5] 기체가 한 일

14) 식 (3.7), (3.8)을 잘 알아두도록 한다. 기체의 일에 대한 기본 식이다.

압력 P가 일정한 상태에서 기체의 부피가 V_1에서 V_2로 변할 때 기체가 외부에 대해 한 일(W)은

$$W = P(V_2 - V_1) \qquad \cdots (3.9)$$

이다. [그림 3.5]와 같이 체적의 압축과 팽창만이 관계되는 단순시스템인 경우

$$\delta W = PdV \qquad \cdots (3.10)$$

이므로 열역학 제1법칙은 다음과 같이 쓸 수 있다.

$$\delta Q = dU + PdV \qquad \cdots (3.11)$$

† [일의 부호] 열역학에서는 편의상 시스템이 외부에 일을 수행하였을 때의 일을 양(+), 외부로부터 일을 받았을 때의 일의 양을 음(−)의 값으로 나타낸다. 기체가 압축된다면 기체가 한 일은 음(−)이 된다. 즉, 기체는 외부로부터 일을 받아서 압축된다. 열역학 제1법칙을 적용할 때는 일의 부호에 주의해야 한다.

예제 3.7 피스톤-실린더 장치 안에 압력 200kPa, 부피 0.01m^3의 기체가 들어 있다. 실린더를 가열하면 기체가 팽창하게 되는데 팽창 과정 중에 압력이 일정하게 유지된다고 가정한다. 이때 기체의 부피가 0.03m^3으로 증가하였을 때 기체가 한 일을 구하여라.

풀이 압력 P=200kPa로 일정하고, 기체가 외부로부터 열을 받아서 기체의 부피가 $V_1 = 0.01\text{m}^3$에서 $V_2 = 0.03\text{m}^3$으로 팽창하였다. 압력이 일정하므로 기체가 한 일(W)은 다음과 같다.

$$\begin{aligned} W &= \int_1^2 PdV = P(V_2 - V_1) \\ &= 200\text{kPa} \times (0.03 - 0.01)\text{m}^3 \\ &= 4\,\frac{\text{kN}}{\text{m}^2} \cdot \text{m}^3 = 4\,\text{kN} \cdot \text{m} \\ &= 4\,[\text{kJ}] \end{aligned}$$

예제 3.8 일정량의 기체의 부피와 압력이 그림과 같이 상태 1에서 2로 변화하였다. 다음을 구하여라.

(1) 상태 1의 압력과 부피가 각각 P_1, V_1이고, 상태 2의 압력과 부피가 각각 P_2, V_2일 때 기체가 한 일

(2) $P_1 = 100\text{kPa}$, $V_1 = 2\text{m}^3$, $P_2 = 200\text{kPa}$, $V_2 = 6\text{m}^3$일 때 기체가 한 일[kJ]

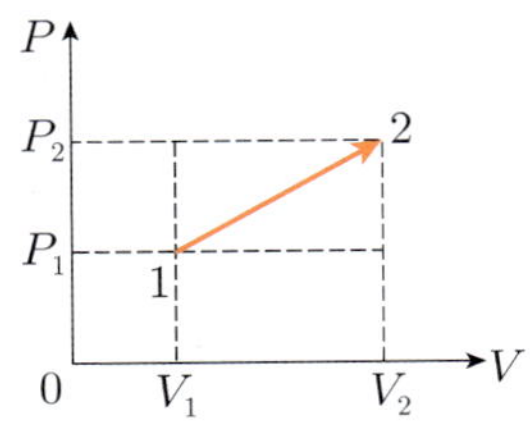

[그림 3.6]

풀이 기체가 한 일은 $P - V$ 선도에서 그래프 아래 면적과 같다.

(1) 그림에서 기체가 한 일(W)은 평형사변형 (1-V_1-V_2-2-1)의 면적이다. 여기에서 평형사변형의 면적은 $\frac{1}{2}$(밑변 + 윗변) × (높이)이므로

$$W = \frac{1}{2}(P_2 + P_1)(V_2 - V_1)$$

이다.

(2) 주어진 값을 대입하면 기체가 한 일 W[kJ]은 다음과 같다.

$$W = \frac{1}{2}(P_2 + P_1)(V_2 - V_1) = \frac{1}{2}(200 + 100)(6 - 2) = 600\,[\text{kJ}]$$

이상에서 $\text{kPa} \cdot \text{m}^3 = \frac{\text{kN}}{\text{m}^2} \cdot \text{m}^3 = \text{kN} \cdot \text{m} = \text{kJ}$ 이다.

예제 3.9 압력 $200\,\text{kPa}$, 부피 $0.02\,\text{m}^3$의 기체가 압력이 일정한 상태에서 부피가 $0.05\,\text{m}^3$으로 팽창하였다. 팽창 과정에서 내부에너지가 $8\,\text{kJ}$ 증가하였다면 기체가 외부에 대하여 한 일과 흡수한 열량은 얼마인가?

풀이 일정한 압력 $P = 200\,\text{kPa}$, 초기 상태 부피 $V_1 = 0.02\,\text{m}^3$, 팽창 후 최종 상태 부피 $V_2 = 0.05\,\text{m}^3$, 내부 에너지 변화량 $\Delta U = 8\,\text{kJ}$이다.

(1) 압력이 일정하므로 기체가 외부에 대하여 한 일(W)은 다음과 같다.

$$W = P(V_2 - V_1) = 200\,\text{kPa} \times (0.05 - 0.02)\text{m}^3$$
$$= 6\,\text{kPa} \times \text{m}^3 = 6\,[\text{kJ}]$$

(2) 열역학 제1법칙에 의해 기체가 흡수한 열량(Q)은 다음과 같다.

$$Q = \Delta U + W = 8\,\text{kJ} + 6\,\text{kJ} = 14\,\text{kJ}$$

이 계는 14kJ의 열을 외부로부터 받아서 6kJ의 일을 하고, 나머지 8kJ의 에너지는 내부에너지 형태로 계에 저장하였다. 이 경우는 기체가 외부로부터 가열되는 경우에 해당된다.

† $\text{Pa} \times \text{m}^3 = \dfrac{\text{N}}{\text{m}^2} \times \text{m}^3 = \text{N} \cdot \text{m} = \text{J}$이므로 $\text{kPa} \times \text{m}^3 = \text{kJ}$이다.

예제 3.10 압력 200kPa, 부피 $0.08\,\text{m}^3$의 기체가 압력이 일정한 상태에서 부피가 $0.03\,\text{m}^3$으로 수축하였다. 수축 과정에서 내부에너지가 5kJ 감소하였을 때 기체가 받은 일과 기체가 방출한 열량을 구하여라.

풀이 일정한 압력 $P = 200\,\text{kPa}$, 초기 상태 부피 $V_1 = 0.08\,\text{m}^3$, 수축 후 최종 상태 부피 $V_2 = 0.03\,\text{m}^3$, 내부에너지 변화 $\Delta U = -5\,\text{kJ}$이다.

(1) 압력이 일정하므로 기체가 한 일(W)은

$$W = P(V_2 - V_1) = 200\,\text{kPa} \times (0.03 - 0.08)\text{m}^3$$
$$= -10\,\text{kPa} \times \text{m}^3 = -10\,[\text{kJ}]$$

이다. 여기에서 $W < 0$이므로 기체는 10kJ의 일을 외부로부터 받았다.

(2) 열역학 제1법칙에 의해 기체가 받은 열량(Q)은

$$Q = \Delta U + W = -5\,\text{kJ} - 10\,\text{kJ} = -15\,[\text{kJ}]$$

이다. 여기에서 $Q < 0$이므로 기체는 15kJ의 열을 외부로 방출하였다.

† [예제 3.10]은 기체가 냉각되어 수축하는 경우에 해당된다. 열역학 제1법칙을 적용하고 해석할 때는 열(Q)과 내부에너지 변화(ΔU)의 부호를 잘 이해하도록 한다. $Q = \Delta U + W$는 계로 유입되는 열을 (+)로 할 때의 식이다. 계가 방출하는 열을 (+)로 하면 제1법칙은 $-Q = \Delta U + W$가 된다.

예제 3.11 피스톤-실린더 장치 내부 기체가 압축과 팽창 과정에서 $PV^{1.3} = C$의 관계식을 따른다. 초기 압력 $P_1 = 150\,\text{kPa}$, 부피 $V_1 = 0.03\text{m}^3$의 기체가 최종 부피 $V_2 = 0.2\text{m}^3$으로 팽창할 때 기체가 한 일을 구하여라. 단, C는 상수이다.

[그림 3.7] 피스톤-실린더 장치

풀이 압력과 부피 관계식 $PV^{1.3}=C$(일정)으로부터 최종압력은

$$P_1V_1^{1.3}=P_2V_2^{1.3}$$

$$P_2=P_1\left(\frac{V_1}{V_2}\right)^{1.3}=150\left(\frac{0.03}{0.2}\right)^{1.3}=12.74\,[\mathrm{kPa}]$$

이고, $P=CV^{-1.3}$이므로 기체가 한 일은

$$W=\int_1^2 P\,dV=\int_{V_1}^{V_2} CV^{-1.3}=C\left[\frac{V^{-1.3+1}}{-1.3+1}\right]_{V_1}^{V_2}$$

$$=\frac{1}{0.3}(CV_1^{-0.3}-CV_2^{-0.3})\ \cdots①$$

이다. 여기에서

$$P_1V_1^{1.3}=P_2V_2^{1.3}=C\ \cdots②$$

를 식 ①에 대입하면 다음과 같이 기체가 한 일이 구해진다.

$$W=\frac{1}{0.3}\left[(P_1V_1^{1.3})V_1^{-0.3}-(P_2V_2^{1.3})V_2^{-0.3}\right]$$

$$=\frac{1}{0.3}(P_1V_1-P_2V_2)$$

$$=\frac{1}{0.3}[150(0.03)-12.74(0.2)]=6.51\,[\mathrm{kJ}]$$

3.5 엔탈피

1 엔탈피의 정의

문제를 해석할 때 자주 나타나는 상태량의 조합 형태인 $u+Pv$를 편리하게 취급하기 위하여 다음과 같이 새로운 상태량 엔탈피(enthalpy, H)를 정의한다.[15]

$$H=U+PV \qquad \cdots(3.12)$$

이 식을 질량 m으로 나누어주면 단위 질량당 엔탈피(h)는 다음과 같다.

$$h=u+Pv\,,\ h=\frac{H}{m} \qquad \cdots(3.13)$$

15) 엔탈피의 정의를 알아두도록 한다. 열역학 문제를 해석할 때 많이 사용되는 물리량이다.

여기에서, h는 비엔탈피(기체 1kg당의 엔탈피, 단위는 J/kg), u는 비내부에너지(기체 1kg당의 내부에너지, 단위는 J/kg), v는 비체적(기체 1kg당의 체적, 단위는 m^3/kg)이다.

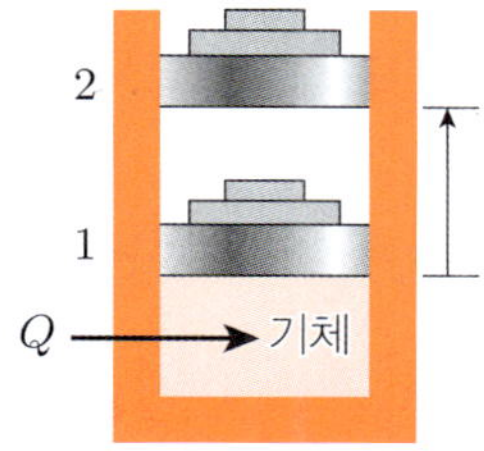

[그림 3.8] 준평형 정압과정

설명 [그림 3.8]과 같이 외부로부터 열을 받아서 부피가 V_1에서 V_2로 변화하는 준평형 정압과정을 살펴보자. 마찰 없는 실린더에서 기체의 압력은 일정하게 유지된다. 실린더 속의 기체가 상태 1에서 2로 변화할 때 열역학 제1법칙을 적용하면 기체로의 전달열량(${}_1Q_2$)은 다음과 같다.

$$ {}_1Q_2 = U_2 - U_1 + {}_1W_2 $$

여기에서 압력이 일정하므로 ($P_1 = P_2 = P$)

$$ {}_1W_2 = \int_1^2 P\,dV = P\int_1^2 dV = P(V_2 - V_1) = P_2V_2 - P_1V_1 $$

이다. 따라서 전달된 열량(${}_1Q_2$)은

$$ \begin{aligned} {}_1Q_2 &= U_2 - U_1 + P_2V_2 - P_1V_1 \\ &= (U_2 + P_2V_2) - (U_1 + P_1V_1) \\ &= H_2 - H_1 \end{aligned} $$

$$ {}_1Q_2 = H_2 - H_1 \qquad \cdots (3.14) $$

이다. 이 식으로부터 이 과정에서 전달된 열량은 초기 상태와 최종 상태의 $U+PV$의 차이로 나타난다는 것을 알 수 있다. 여기에서 U, P, V가 모두 열역학 상태량이므로 이들의 조합인 $U+PV$도 하나의 상태량이다. 이 조합을 간단하고 편리하게 사용하기 위하여 새로운 종량적 상태량을 엔탈피(enthalpy)로 정의하고 H로 나타낸다. 압력과 부피의 곱 PV의 단위는 내부에너지와 마찬가지로 에너지의 단위이다. 단위 질량당 엔탈피 h를 비엔탈피(specific enthalpy)라고 하고, 전체 질량의 엔탈피 H를 총 엔탈피(total enthalpy)라고 한다.

2 엔탈피와 에너지 보존 방정식

밀폐된 단순압축성 시스템에 대한 에너지 보존 법칙을 엔탈피를 사용하여 나타내면 다음과 같다.

$$\delta Q = dH - VdP \qquad \cdots (3.15)$$

설명 엔탈피의 정의 $H = U + PV$에서 양변을 미분하면

$$dH = dU + PdV + VdP$$

이다. 따라서

$$dU + PdV = dH - VdP$$

이므로 에너지 보존 방정식은 $\delta Q = dU + PdV = dH - VdP$가 된다.

예제 3.12 압력이 일정하게 유지되는 어떤 계를 가열하였을 때 계의 엔탈피가 50 kJ 증가하고, 내부에너지가 30 kJ 증가한다면 가열 과정에서 계가 한 일은 얼마인가?

풀이 계의 초기 상태와 최종 상태를 각각 1, 2로 나타낸다. 가열 후 계의 엔탈피 변화량 $\Delta H = 50\text{kJ}$, 내부에너지 변화량 $\Delta U = 30\text{kJ}$이다. 압력이 일정한 과정에서($P_1 = P_2 = P$) 계가 한 일(W)은

$$W = P(V_2 - V_1) = P_2V_2 - P_1V_1$$

이다. 따라서 계의 엔탈피 변화량(ΔH)은

$$\begin{aligned} \Delta H = H_2 - H_1 &= (U_2 + P_2V_2) - (U_1 + P_1V_1) \\ &= (U_2 - U_1) + (P_2V_2 - P_1V_1) \\ &= \Delta U + W \end{aligned}$$

이므로 계가 한 일(W)은 다음과 같다.

$$W = \Delta H - \Delta U = 50\,\text{kJ} - 30\,\text{kJ} = 20\,\text{kJ}$$

예제 3.13 어떤 기체가 가열되어 압력 100 kPa, 부피 0.1 m^3에서 압력 200 kPa, 부피 0.3 m^3으로 변화하였다. 이 과정에서 기체의 내부에너지가 25 kJ 증가하였다면 엔탈피 변화는 얼마인가?

풀이 초기상태 압력 $P_1 = 100\text{kPa}$, 부피 $V_1 = 0.1\text{m}^3$이고, 가열 후 최종상태 압력 $P_2 = 200\,\text{kPa}$, 부피 $V_2 = 0.3\text{m}^3$이며, 내부에너지 변화량 $\Delta U = 25\text{kJ}$이다. 초기 상태(1)와 최종 상태(2)의 엔탈피는 각각

$$H_1 = U_1 + P_1V_1$$
$$H_2 = U_2 + P_2V_2$$

이고, 엔탈피 변화(ΔH)는

$$\begin{aligned}\Delta H &= H_2 - H_1 = (U_2 - U_1) + (P_2 V_2 - P_1 V_1) \\ &= \Delta U + (P_2 V_2 - P_1 V_1) \\ &= 25\,\text{kJ} + (200 \times 0.3 - 100 \times 0.1)\,\text{kPa} \cdot \text{m}^3 \\ &= 25\,\text{kJ} + 50\,\text{kJ} \\ &= 75\,\text{kJ}\end{aligned}$$

이다. 즉, 엔탈피는 75 kJ 증가하였다.

예제 3.14 피스톤-실린더 장치 내에 들어있는 일정량의 수증기가 있다. 압력을 일정하게 유지하면서 수증기의 엔탈피를 1500 J 증가시킬 때 수증기에 전달되는 열량은 몇 J인가?

풀이 수증기의 엔탈피 변화량 $\Delta H = 1500\,\text{J}$이다. 압력이 일정하므로 $dP = 0$이고, 열역학 제1법칙에서

$$\delta Q = dH - VdP = dH$$

$$\therefore \quad \delta Q = dH$$

이므로, 수증기에 전달해야 할 열량(Q)은

$$Q = \Delta H = 1500\,\text{J}$$

이다. 압력이 일정한 과정에서 계로 전달된 열량은 계의 엔탈피 변화량과 같다.

3.6 교축장치

기체나 증기의 흐름 도중에 밸브나 다공성 플러그(porous plug) 등과 같이 통로를 좁게 하는 것이 있으면 그 곳에서 속도가 증가하고 압력이 떨어지게 된다. 이와 같은 원리를 이용한 교축(throttling)장치는 큰 유체 압력 강하를 일으키는 유동 제어 기구이다[그림 3.9]. 유체 압력 강하는 때로는 큰 온도 강하와 함께 나타난다. 이러한 이유로 인하여 냉동 장치나 공기조화 장치에 교축장치(스로틀링 장치)를 사용한다.

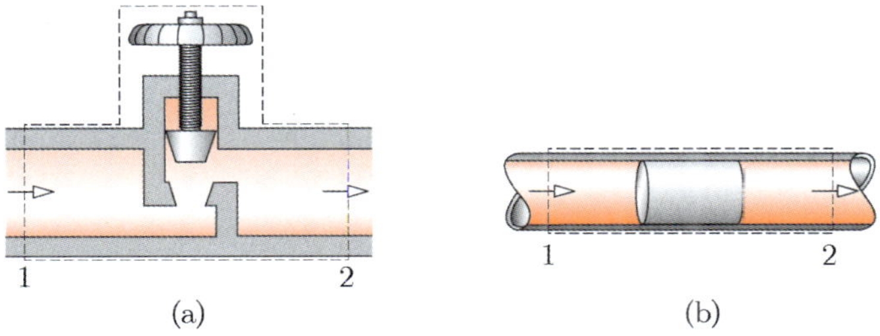

[그림 3.9] 교축장치: (a) 밸브 (b) 다공성 플러그

일반적으로 교축장치를 통과하는 유동은 단열이고 입구와 출구 사이의 위치에너지 변화도 무시할 수 있다. 따라서 입구(1)와 출구(2)가 각각 하나씩인 이러한 정상 유동 장치에서 대한 에너지 보존 식은 다음과 같다.

$$h_1 = h_2 \qquad (P_2 < P_1) \qquad \cdots (3.16)$$

즉, 교축장치 전후의 엔탈피가 일정하게 된다. 따라서 교축장치를 등엔탈피 장치라고도 한다. 밸브나 다른 저항 장치에서의 유동이 이와 같이 이상화될 때 이 과정을 교축과정(throttling process)이라 한다.

교축과정의 결과는 유체에 따라 다르다. 이상기체에서는 엔탈피가 온도만의 함수 $h = h(T)$ 이므로 엔탈피가 일정한 교축과정은 등온 과정이 되어 온도 변화가 없다. 그러나 냉동기의 냉매인 이산화탄소, 암모니아 등과 같은 실제 기체에서는 교축과정에 의해 압력 강하와 함께 온도가 낮아진다. 이와 같은 현상을 줄-톰슨 효과(Jolue-Thomson effect)라 하고 다음과 같이 정의되는

$$\mu_J = \left(\frac{\partial T}{\partial P}\right)_h \qquad \cdots (3.17)$$

를 줄-톰슨 계수라 한다. 비열과 같이 줄-톰슨 계수도 열역학적 상태량으로 정의되어 있으므로 그 자신도 물질의 상태량이다.

줄-톰슨 계수는 압력에 따른 온도 변화율을 나타낸다. 이상기체인 경우에는 $\mu_J = 0$이고 온도 변화가 없다. $\mu_J > 0$인 경우에는 압력 강하와 함께 온도가 낮아짐을 나타낸다. 교축과정은 유체를 단열 팽창시킴으로써 온도를 낮추는 수단으로 많이 이용되고 있다.

예제 3.15 800kPa, 300℃의 수증기를 200kPa까지 교축(throttle)하였다. 교축 후 온도가 292℃로 낮아졌을 때 평균 줄-톰슨 계수를 구하여라.

풀이 교축 전의 압력 $P_1 = 800\,\text{kPa}$, 온도 $T_1 = 300℃$, 교축 과정을 거친 후의 압력 $P_2 = 200\,\text{kPa}$, 온도 $T_2 = 292℃$ 이므로 평균 줄-톰슨 계수(μ_J)는 다음과 같다.

$$\mu_J = \frac{\Delta T}{\Delta P} = \frac{T_2 - T_1}{P_2 - P_1} = \frac{292 - 300}{200 - 800} = 0.013\,[\text{K/kPa}]$$

연습문제 3

01 단열된 밀폐계(closed system)의 내부에너지가 500 kJ 감소하였다. 계가 한 일은 얼마인가?

02 단열된 밀폐계의 내부에너지가 400 kJ 증가하였다면 계가 한 일은 얼마인가?

03 어떤 기체가 10 kcal의 열을 받아서 외부에 30 kJ의 일을 하였다. 기체의 내부에너지 변화는 몇 kJ 인가?

04 압력 300 kPa, 부피 $0.04\,m^3$의 기체가 일정한 압력 하에서 15 kJ의 열을 외부로 방출하고 수축하여 부피가 $0.02\,m^3$이 되었다. 기체가 한 일[kJ]과 내부에너지 변화[kJ]를 구하여라.

05 어떤 기체의 부피가 $2\times10^{-3}\,m^3$에서 $5\times10^{-3}\,m^3$으로 팽창하였다. 팽창 과정 중에 압력은 $3\times10^5\,Pa$로 일정하며 내부 에너지가 400J 증가하였다.
(1) 기체가 외부에 대하여 한 일은 몇 J인가?
(2) 기체가 흡수한 열은 몇 cal인가?

06 기체의 압력을 100 kPa로 일정하게 유지하면서 2 kcal의 열이 기체에 유입되었을 때 부피가 $0.03\,m^3$ 증가하였다. 기체의 내부에너지 변화[kJ]를 구하여라.

07 실린더 안의 기체에 10 kcal의 열량을 가하여 기체가 1500 kgf · m의 일을 하였다면 기체의 내부에너지 변화량은 몇 kcal인가?

08 기체의 상태가 압력 100 kPa, 부피 $0.2\,m^3$ 에서 압력 300 kPa, 부피 $0.5\,m^3$ 으로 변화하였다. 이 과정에서 기체의 내부에너지가 100 kJ 증가하였을 때 엔탈피 변화[kJ]를 구하여라.

09 어떤 기체의 상태가 압력 $20N/cm^2$, 부피 $0.4\,m^3$ 에서 압력 $50N/cm^2$, 부피 $1.2\,m^3$ 으로 변화하였다. 이 과정에서 기체의 내부에너지 변화가 없다면 엔탈피 변화량은 몇 kcal인가?

10 기체가 냉각되어 압력 150 kPa, 부피 $0.4\,m^3$에서 압력 100 kPa, 부피 $0.2\,m^3$으로 변화하였다. 내부에너지가 20 kJ 감소하였다면 엔탈피 변화[kJ]는 얼마인가?

11 압력 200kPa, 부피 $0.4\,m^3$의 공기가 일정한 압력 하에서 팽창하여 부피가 $0.7m^3$이 되었다. 팽창 과정에서 내부 에너지가 150 kJ만큼 증가하였을 때 공기에 유입된 열량[kJ]을 구하여라.

12 내부에너지 200kJ, 압력 3bar, 부피 $4m^3$인 기체의 엔탈피는 몇 kJ인가?

13 어떤 계의 내부에너지가 200kJ 감소하고 외부에 대해 100kJ의 일을 하였다. 이에 대한 설명으로 옳은 것은?

① 계에서 주위로 100kJ의 열이 방출되었다.
② 계가 주위로부터 100kJ의 열을 흡수하였다.
③ 계에서 주위로 300kJ의 열이 방출되었다.
④ 계가 주위로부터 300kJ의 열을 흡수하였다.

14 어떤 열역학적 계의 내부에너지가 500J 감소하는 동안에 외부에서 계에 200J의 일을 해주었다. 계에 유입된 열은? 단, 계가 잃은 열은 음(−)의 부호로 나타낸다. [공무원 임용시험]

① 700J ② 300J
③ −300J ④ −700J

15 일정한 압력 10^5Pa 하에서 어떤 실린더 내부 기체의 부피가 $0.01m^3$에서 $0.03m^3$으로 3배 팽창하였다. 이 과정에서 1000J의 열이 이 기체에 전달되었다면 이 기체의 에너지는 어떻게 변화였는가? [공무원 임용시험]

① 2000J 만큼 감소 ② 1000J 만큼 감소
③ 1000J 만큼 증가 ④ 2000J 만큼 증가

16 어떤 기체가 1atm에서 가역과정을 통해 $0.3m^3$에서 $0.5m^3$으로 등압팽창 하였을 때 이 기체가 한 일의 양[kJ]은? [공무원 임용시험]

① 10.1 ② 20.3
③ 30.4 ④ 50.6

17 강성적 상태량(intensive property)으로만 구성된 것은? [공무원 임용시험]

① 내부에너지, 비체적, 온도 ② 몰부피, 밀도, 압력
③ 온도, 몰부피, 엔탈피 ④ 온도, 압력, 부피

18 종량적 상태량(extensive property)에 속하지 않는 것은? [공무원 임용시험]

① 표면장력[dyne/cm] ② 내부에너지[J]
③ 엔트로피[J/K] ④ 부피[m^3]

19 에너지의 소비 없이 계속하여 동력을 발생시킬 수 있는 것은? [기사시험]

① 증기 원동기 ② 카르노 기관
③ 제1종 영구기관 ④ 제2종 영구기관

20 다음 중 열역학 제1법칙과 가장 관계가 먼 것은? [기사시험]

① 밀폐계의 내부에너지 변화가 0일 때 경계를 통한 열전달의 합은 계의 일의 총합과 같다.
② 열은 일로 변환될 수 있고 그 역도 가능하다.
③ 열은 본질적으로 일과 같은 에너지의 일종이다.
④ 두 물체의 온도가 제3의 물체의 온도와 같을 때 두 물체의 온도는 서로 같다.

21 그림과 같이 밀폐계인 실린더 내부에서 기체의 압력 P는 일정하게 유지되면서, 실린더의 체적은 $V_1 = 0.3[\mathrm{m}^3]$에서 $V_2 = 0.6[\mathrm{m}^3]$으로 팽창하였다. 실린더 안의 내부에너지가 40[kJ]만큼 증가하였다면, 이 과정 동안에 한 일[kJ]과 가해진 총 열량[kJ]을 각각 구하고, 풀이 과정과 함께 쓰시오. 단, 기체의 압력 $P = 2[\mathrm{MPa}]$이며, 기체는 비유동과정의 정압변화이며, 모든 마찰과 중력은 무시한다. [중등교사 임용시험-기계·금속]

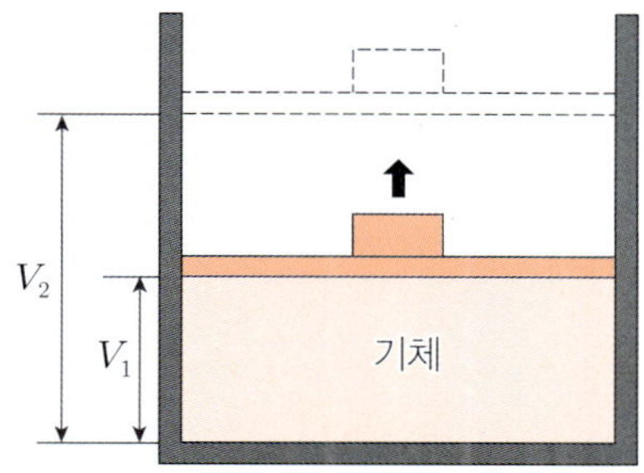

[문제 3.21]

22 그림 (가)와 같이 피스톤-실린더 용기의 내부 기체를 가열하였다. 그림 (나)와 같이 기체 체적은 $V_1 = 0.1[\mathrm{m}^3]$에서 $V_2 = 0.3[\mathrm{m}^3]$으로 증가하였고, 압력은 $P_1 = 2[\mathrm{MPa}]$에서 $P_2 = 1[\mathrm{MPa}]$로 감소하였다고 가정할 때, 기체가 피스톤에 행한 일[kJ]의 값을 구하시오. 단, 마찰과 중력의 에너지 손실은 무시한다. [중등교사 임용시험-기계·금속]

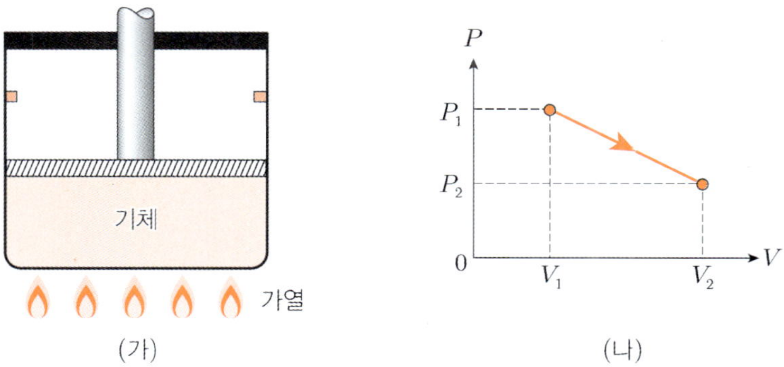

[문제 3.22]

23 절대온도 T에서 어떤 기체의 분자당 평균운동에너지가 $E=\frac{1}{2}kT$(k는 볼츠만 상수)로 주어진다고 하자. 절대온도가 $\frac{1}{2}$가 되고 기체분자의 질량이 8배가 된다면, 분자의 제곱평균제곱근(rms) 속력은 원래 값의 몇 배가 되는가? [공무원 임용시험]

① $\frac{1}{4}$배 ② $\frac{1}{2}$배

③ 2배 ④ 4배

24 그림과 같이 밀폐된 실린더에 들어 있는 이상 기체에 열 Q를 가했더니 기체의 압력이 P로 일정하게 유지되면서 부피가 증가하였다. 부피가 증가하는 동안 이상 기체에 일어나는 현상에 대한 설명으로 옳은 것은? [공무원 임용시험]

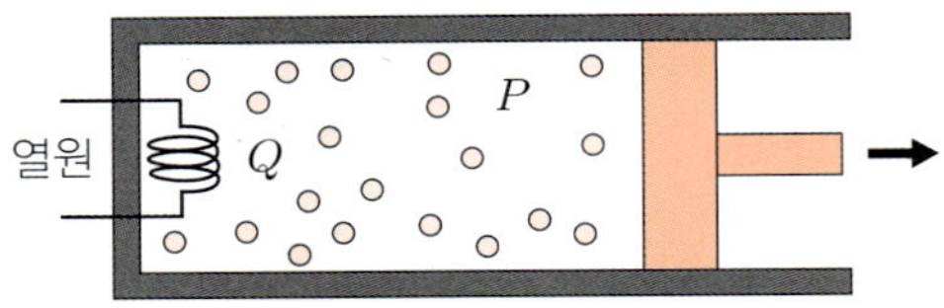

[문제 3.24]

① 기체의 온도는 감소한다.
② 기체의 내부 에너지 증가량은 Q이다.
③ 기체 분자의 평균 속력은 증가한다.
④ 기체가 흡수한 열량은 기체가 외부에 한 일과 같다.

25 단열된 실린더에 일정량의 이상기체가 들어있고, 실린더 내부의 열 공급 장치를 이용하여 기체에 열을 가하였더니 기체의 압력이 일정하게 유지되면서 부피가 팽창하였다. 이에 대한 설명으로 <보기>에서 옳은 것만을 모두 고른 것은? 단, 실린더 내의 기체의 분자 수는 일정하다. [공무원 임용시험]

ㄱ. 기체는 외부에 일을 하였다. ㄴ. 기체 분자의 평균 속력은 증가하였다. ㄷ. 기체가 흡수한 열량은 기체의 내부 에너지 증가량과 같다.

① ㄱ,ㄴ ② ㄱ,ㄷ

③ ㄴ,ㄷ ④ ㄱ,ㄴ,ㄷ

26 그림 (가)는 단열된 실린더에 들어있는 이상 기체를 나타낸 것이다. 그림 (나)는 상태 (가)에서 피스톤을 고정하고 열량 Q를 유입시켜 평형상태에 도달한 기체를, 그림 (다)는 상태 (가)에서 피스톤을 고정하지 않고 열량 Q를 서서히 유입시켜 평형상태에 도달한 기체를 나타낸 것이다. 이에 대한 설명으로 옳지 않은 것은? 단, 모든 과정에서 대기압은 일정하며, 피스톤의 무게와 벽면과의 마찰은 무시한다. [공무원 임용시험]

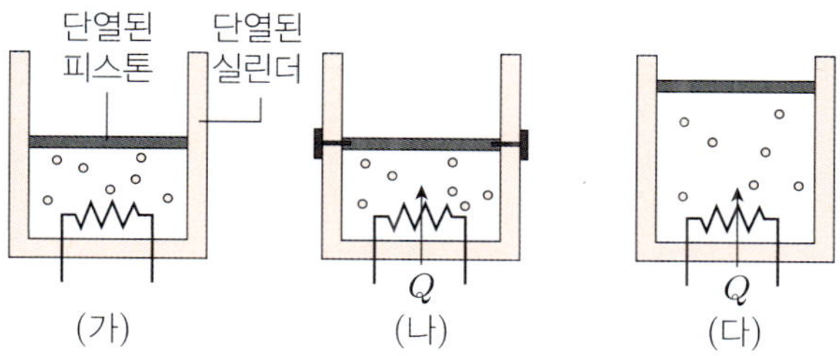

[문제 3.26]

① (가)~(다) 중 (가)에서 기체의 온도가 가장 낮다.
② (다)보다 (나)에서 기체의 온도가 높다.
③ (다)보다 (나)에서 기체의 압력이 크다.
④ (다)에서 기체의 내부 에너지는 (가)보다 Q만큼 크다.

27 열(Q) 및 일(W)에 대한 설명 중 옳은 것은? [공무원 임용시험]
① 열역학 제1법칙은 열과 일의 변환 관계를 나타낸다.
② 열은 계에서 외계로 전달될 때 +의 값을 가진다.
③ 열과 일은 공정의 경로에 관계없는 상태함수이다.
④ 열과 일은 서로 변환될 수 없다.

28 10kgf/cm^2의 수증기가 등엔탈피 변화로 압력이 2kgf/cm^2으로 감소하고 온도가 300℃에서 280℃가 되었다면 수증기의 평균 Joule-Thompson계수[℃ · cm^2/kgf]는? [공무원 임용시험]

① 2.5　　② 0.4
③ 0.5　　④ 1.5

29 닫힌계(closed system)에서 어떤 기체 1kg의 거동은 <보기>의 상태방정식을 따른다. 초기 온도 T_1, 압력 P_1의 기체 1kg이 최종 압력 $P_2 = P_1/2$으로 등온 가역 팽창할 때 기체가 한 일을 구하여 T_1과 R로 나타내어라. 단, α는 온도만의 함수이고 R은 상수이다.

$$PV = RT + \alpha P$$

30 온도 300K의 액체 4kg이 단열상태로 일정한 부피의 용기에 담겨 있으며 이 용기 내부에는 20Ω의 저항체가 들어 있다. 용기 속 저항체에 5A의 전류를 10분간 흐르게 하였을 때 액체의 최종온도[K]는? 단, 액체의 비열은 1250J/kg · K이다. [공무원 임용시험]

① 350　　② 360
③ 370　　④ 380

31 높이 80m 되는 폭포에서 물이 떨어질 때 중력에 의한 위치에너지의 감소가 모두 물의 내부에너지로 변화하였다면 폭포 바닥에 떨어진 물의 온도 변화는? 단, 중력 가속도 $g = 10\text{m/s}^2$, 물의 비열 $c = 4\text{kJ/kg} \cdot \text{K}$으로 한다. [공무원 임용시험]

① 20K　　② 5K
③ 0.5K　　④ 0.2K

32 질량 50g인 구리 총알이 320m/s 속력으로 날아가 큰 물체에 박혔다. 이 총알의 운동에너지 절반이 총알의 내부에너지로 전환되었다면 총알의 온도는 얼마나 올라가는가? 단, 구리의 비열은 400J/kg · K로 하고 중력가속도는 10m/s^2으로 한다. [공무원 임용시험]

① 12K　　② 32K
③ 64K　　④ 256K

33 단열된 상태라고 가정하고 폭포에서 떨어지는 물의 중력 퍼텐셜 에너지 감소가 내부 에너지 증가와 같을 때, 물이 100m의 폭포에서 떨어진다면 낙하한 후에 물의 온도 상승과 가장 가까운 것은? 단, 물의 비열은 4.2J/g · ℃이고, 중력가속도 $g = 9.8\text{m/s}^2$이다. [공무원 임용시험]

① 0℃　　② 0.012℃
③ 0.12℃　　④ 0.23℃

34 3기압 하에 있는 이상기체의 부피가 5리터에서 10리터로 등압팽창하였다. 이 기체가 한 일[J]은? 단, 1기압은 10^5Pa로 간주한다. [공무원 임용시험]

① 0J　　② 50J
③ 150J　　④ 1500J

35 기체의 부피와 압력의 상태가 그림과 같이 A에서 B로 변화하였다. 이때 기체가 흡수한 열량값[J]은? 단, 기체의 내부에너지는 A상태에서 30J, B상태에서 180J이다. [공무원 임용시험]

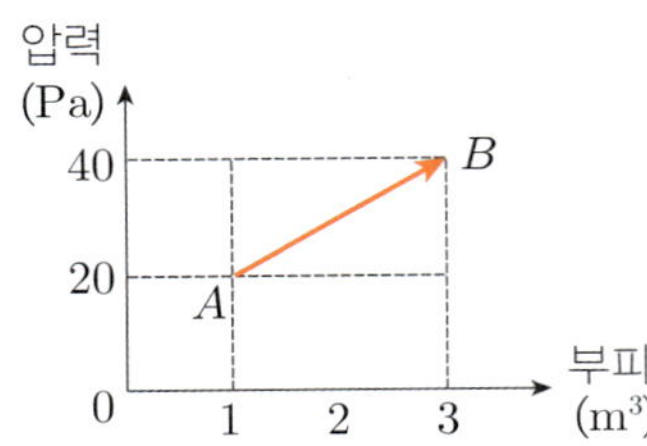

[문제 3.35]

① 60　　② 90
③ 150　　④ 210

36 어떤 사람이 20℃의 물 10kg을 40℃로 데워서 샤워에 사용했다. 사용한 에너지와 같은 양의 전기에너지를 얻기 위해 낙차 20m인 수력발전소에서 흘려야 하는 물의 양[kg]은? 단, 모든 과정에서 에너지 효율은 100%임을 가정하며 중력가속도는 10m/s^2, 1cal은 4.2J이다. [공무원 임용시험]

① 42 ② 420

③ 4,200 ④ 42,000

37 절대온도 300K에서 수소분자의 속력이 V이면 900K에서 수소분자의 속력은? [공무원 임용시험]

① $\dfrac{V}{3}$ ② $\sqrt{3}\,V$

③ $3V$ ④ $9V$

38 열역학 제1법칙과 가장 관계가 있는 법칙은? [공무원 임용시험]

① 질량 보존 법칙 ② 에너지 보존 법칙

③ 전압 보존 법칙 ④ 전하량 보존 법칙

39 기체의 온도와 가장 관계가 있는 것은? [공무원 임용시험]

① 기체 분자의 위치에너지 ② 기체 분자의 진동

③ 기체 분자의 운동에너지 ④ 기체 분자의 회전

40 어떤 기체가 그림과 같이 $P = kV^2$을 만족하면서 상태 1에서 2로 팽창하였다. 여기에서 상수 $k = 500\,\text{kPa/m}^6$, 부피 $V_1 = 1\text{m}^3$, $V_2 = 2\text{m}^3$일 때 팽창 과정에서 기체가 한 일을 구하여라.

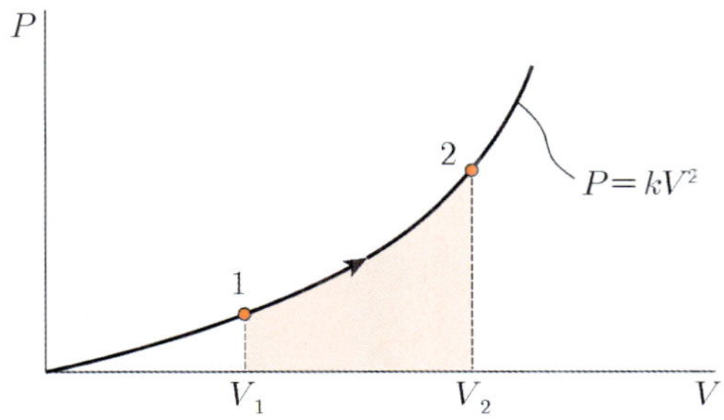

[문제 3.40]

41 시속 72km로 달리는 질량 2100kg의 트럭이 급브레이크를 밟고 정지하였다. 트럭의 운동에너지가 전부 마찰열로 변환되었을 때 발생한 마찰열에 가장 가까운 값은? [공무원 임용시험]

① 100kcal ② 200kcal

③ 300kcal ④ 400kcal

42 질량 4kg의 물체가 높이 5m에서 미끄러져 내려올 때 40cal의 마찰열이 발생하였다. 물체가 지면(높이 0)에 도달했을 때 물체의 속력은? 단, 중력가속도 $g = 10\text{m/s}^2$, $1\text{cal} = 4.2\text{J}$ 이다. [공무원 임용시험]

① $2\sqrt{3}\,\text{m/s}$　② 4m/s
③ $3\sqrt{2}\,\text{m/s}$　④ 5m/s

43 어떤 밀폐계가 1000cal의 열을 흡수하여 800J의 일을 하고 500cal의 열을 외부로 방출하였다. 계의 내부에너지 변화에 가장 가까운 값은? [공무원 임용시험]

① 1300J　② 2700J
③ 4300J　④ 5700J

44 그림과 같이 줄(Joule)의 실험을 하였다. 추의 질량 $m = 21\text{kg}$, 낙하 거리 $h = 2\text{m}$일 때 단열된 용기 속에 있는 400g의 물의 온도 상승은? 단, 중력가속도 $g = 10\text{m/s}^2$, 1cal=4.2J 이다. [공무원 임용시험]

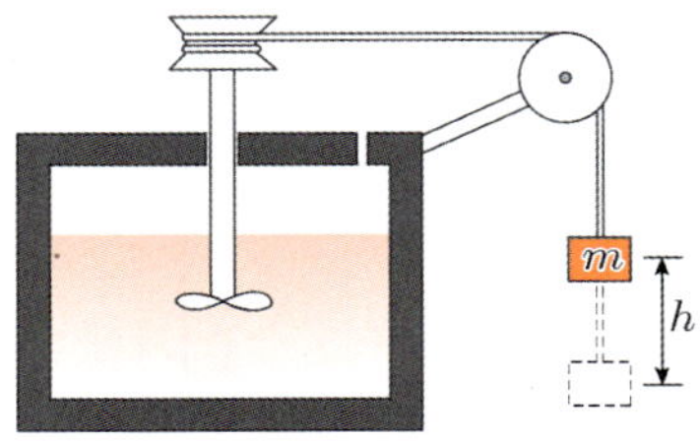

[문제 3.44]

① 0.25℃　② 0.75℃
③ 2℃　④ 4℃

45 기체가 든 밀폐된 실린더의 피스톤 위에 무거운 물체를 올려놓았더니 기체의 부피가 0.4m^3 줄어들었다. 피스톤과 물체의 무게에 의한 압력이 0.5kPa일때 기체의 내부에너지는? 단, 실린더는 단열되었고 피스톤과 실린더 사이의 마찰은 무시한다. [공무원 임용시험]

① 20J 감소　② 20J 증가
③ 200J 감소　④ 200J 증가

46 처음 상태에서 압력 1MPa, 체적 1m^3인 기체가 압력이 일정하게 유지되면서 400kJ의 일을 하였을 때 변화 후 기체의 최종 체적은? [기사시험]

① 1.2m^3　② 1.4m^3
③ 1.6m^3　④ 1.8m^3

47 내부에너지가 20kJ, 절대압력이 300kPa, 체적이 $0.4\mathrm{m}^3$인 기체의 엔탈피[kJ]는? [기사시험]

① 120kJ ② 130kJ
③ 140kJ ④ 150kJ

48 2kg의 이상기체가 압력 50kPa, 부피 $2\mathrm{m}^3$의 상태에서 압력 1MPa, 부피 $0.3\mathrm{m}^3$의 상태로 변화하였을 때 기체의 엔탈피 변화량[kJ]은? 단, 기체의 내부에너지 변화량은 0이다. [기사시험]

① 100kJ ② 200kJ
③ 300kJ ④ 400kJ

49 어떤 내연기관에서 실린더 속의 0.5kg의 기체를 압축할 때 20kJ의 일이 소모되었고 이 과정에서 14kJ의 열을 외부로 방출하였을 때 기체 1kg당 내부에너지 변화는? [기사시험]

① 12kJ/kg 증가 ② 12kJ/kg 감소
③ 68kJ/kg 증가 ④ 68kJ/kg 감소

50 피스톤이 장치된 실린더 속에 있는 압력 200kPa의 기체가 들어있다. 압력이 일정한 상태에서 기체의 부피가 $0.5\mathrm{m}^3$에서 $1.5\mathrm{m}^3$으로 팽창했을 때 기체가 한 일은? [기사시험]

① 100kJ ② 150kJ
③ 200kJ ④ 250kJ

51 전압 10V, 전류 15A를 가하여 축전지를 충전하고 있다. 충전하는 동안 축전지에서 열이 발생하여 8W의 열손실이 있을 때 축전지의 단위시간당 내부에너지 변화율(J/s)은? [기사시험]

① 128[J/s] ② 134[J/s]
③ 138[J/s] ④ 142[J/s]

52 정압과정에서 전달열량은? [기사시험]

① 질량과 체적 변화량을 곱한 값과 같다.
② 압력과 체적 변화량을 곱한 값과 같다.
③ 내부에너지 변화량과 같다.
④ 엔탈피 변화량과 같다.

53 이상기체의 엔탈피가 변하지 않는 과정은? [기사시험]

① 정압과정 ② 교축과정
③ 가역단열과정 ④ 비가역단열 과정

54 이상기체의 줄-톰슨(Joule-Thomson) 계수를 바르게 나타낸 것은? [기사시험]

① 0보다 크다
② 0보다 작다
③ 0이다
④ 조건에 따라 다르다.

55 볼츠만 상수(k)의 단위는? [공무원 임용시험]

① $kg \cdot m^2 \cdot s^{-1} \cdot K^{-1}$
② $kg \cdot m^2 \cdot s^{-2} \cdot K^{-1}$
③ $kg \cdot m^2 \cdot s^{-3} \cdot K^{-1}$
④ $kg \cdot m^2 \cdot s^{-2} \cdot K^{-2}$

56 그림과 같이 원통형 실린더 내부의 기체가 단면적 $60cm^2$, 질량 12kg인 움직임이 가능한 피스톤과 균형을 이루고 있으며 실린더 외부는 1기압이다. 실린더 내부에 80J의 열에너지가 유입될 때 피스톤이 위로 5cm 움직였다면 이때 기체의 내부에너지 변화량[J]은? 단, 피스톤의 움직임 이외의 에너지 손실은 무시하며, 1기압은 10^5Pa, 중력가속도는 $10m/s^2$이다. [공무원 임용시험]

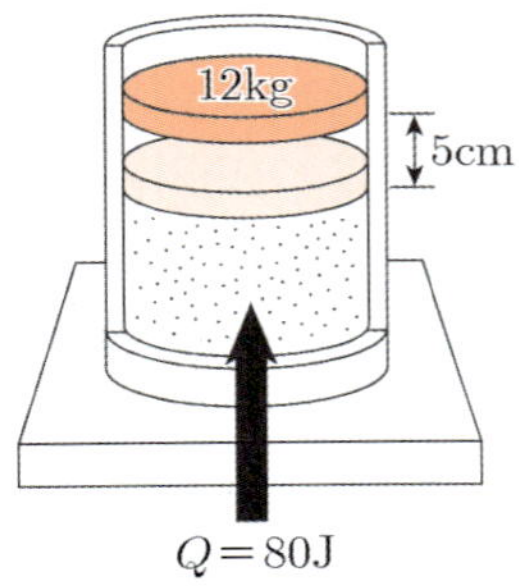

[문제 3.56]

① 40
② 44
③ 50
④ 54

57 기체의 압력을 1bar로 일정하게 유지하면서 10cal의 열을 가했더니 기체의 부피가 $2 \times 10^{-4}m^3$ 증가하였다. 이때 기체의 내부에너지 변화량[J]을 구하여라.

58 어떤 밀폐계가 외부로부터 일을 받고 초기 상태 (T_1, V_1)에서 최종상태 (T_2, V_2)로 상태 변화하였다. 계는 외부와 단열되어 있고, 계의 내부에너지 $U = aT + bV + U_0$(a, b, U_0는 상수)일 때 계가 외부로부터 받은 일을 구하여라.

59 처음 압력 3Pa, 부피 $2m^3$인 기체를 가열하였더니 그림과 같이 기체의 압력과 부피가 선형적인 관계를 가지면서 변화하여 최종 압력 4Pa, 부피 $6m^3$으로 변화하였다. 팽창과정 중에 기체의 내부에너지가 7J 증가하였을 때 기체에 가해 준 열량[cal]을 구하여라.

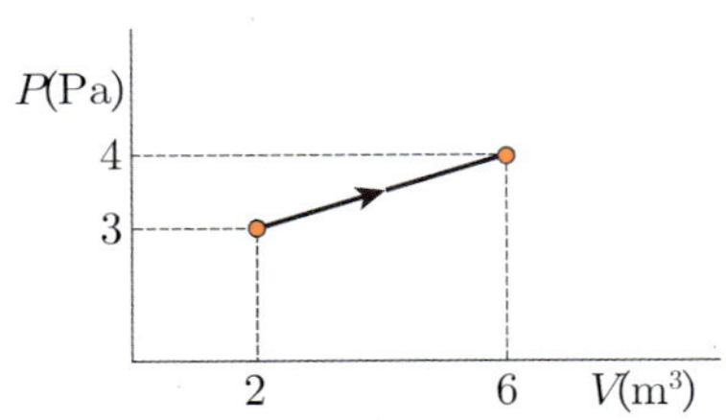

[문제 3.59]

60 그림의 $P-V$ 선도에서 다음을 구하여라.

(a) $B \to A$ 과정에서 기체가 한 일[kJ]

(b) $A \to B$ 과정에서 기체가 한 일[kJ]

(c) $A \to B \to C \to D \to A$ 과정에서 기체가 한 일[kJ]

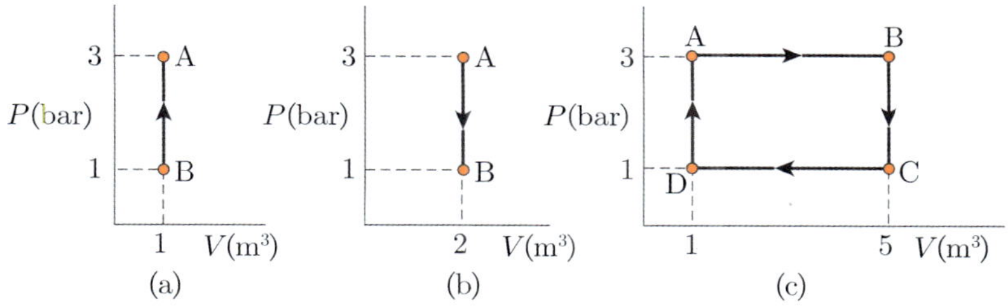

[문제 3.60]

61 문제 60번의 (c)에서 기체가 외부로부터 흡수하거나 와부로 방출한 열량을 구하여라.

62 그림의 순환과정($A \to B \to C \to A$)에서 기체가 한 일 또는 받은 일을 각각 구하여라.

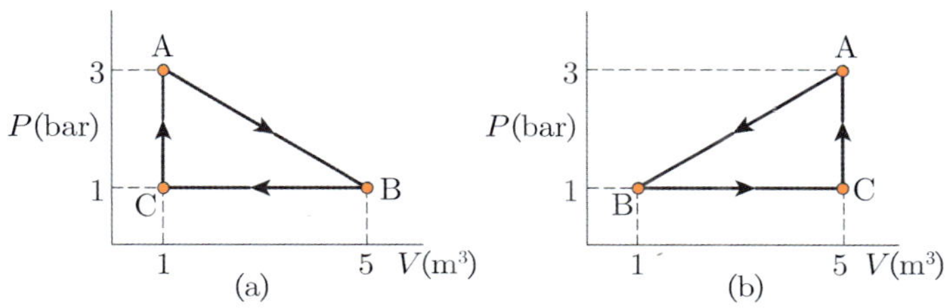

[문제 3.62]

63 문제 62번에서 각 경우 (a), (b)에 대해 기체가 외부로부터 흡수하거나 외부로 방출한 열량을 구하여라.

64 처음에 부피가 4m^3인 기체가 압축되어 최종상태 부피 2m^3이 된다. 압축과정동안 기체의 압력은 $P = aV + b$ ($a = -100\text{kPa/m}^3$, $b = 600\text{kPa}$)의 관계식을 따른다. 기체를 압축하기 위해 기체에 한 일을 구하여라.

65 처음상태 부피 2m^3, 압력 300kPa인 기체가 열을 받고 팽창한다. 팽창 과정 동안 기체의 압력은 $P = aV + b$의 관계식을 따른다. 최종상태 압력이 700kPa일 때 이 과정 동안 기체가 한 일을 구하여라. 단, $a = 400\text{kPa/m}^3$이다.

66 피스톤-실린더 장치에 들어있는 기체를 0.4m^3에서 0.2m^3으로 압축한다. 이 과정 동안 압력은 $P=\dfrac{a}{V^2}$ $(a=12\text{kPa}\cdot\text{m}^6)$의 관계식을 따를 때, 기체에 행해진 일을 구하여라.

67 단열된 피스톤-실린더 장치 내에 처음 상태에서 압력 300kPa, 부피 0.2m^3의 기체가 들어있다. 실린더 내부에 설치된 전기히터가 켜지고 5분 동안 220V의 전원이 공급되어 기체의 부피가 0.4m^3으로 팽창하였다. 가열하는 동안 기체의 내부에너지가 72kJ 증가하고, 압력이 일정하게 유지되었을 때 전기히터에서 흐르는 전류의 크기[A]를 구하여라.

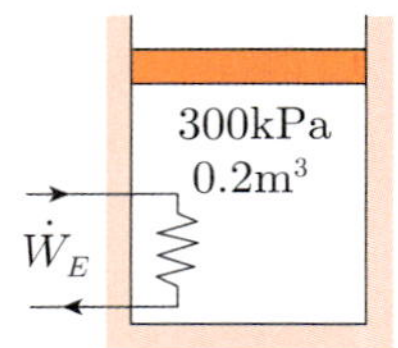

[문제 3.67]

68 기체가 처음 부피 0.42m^3으로부터 0.12m^3으로 압축되었다. 이 과정 동안 기체 압력은 $P=aV+b$ $(a=-1200\text{kPa/m}^3,\ b=600\text{kPa})$의 관계식에 따라 변화한다. 부피가 줄어드는 과정 동안 기체가 한 일을 구하여라.

[문제 3.68]

69 어떤 기체를 담고 있는 지름이 D인 구형 에드벌룬의 압력 P는 D^2에 비례한다. 이 에드벌룬이 초기 상태 1m^3, 100kPa에서 최종 부피 8m^3로 팽창할 때 에드벌룬 내 기체가 한 일을 구하여라.

70 마찰이 없는 피스톤-실린더 장치 내에 압력 200kPa, 부피 0.1m^3인 기체가 들어있고, 선형 스프링이 피스톤에 접촉해 있다. 기체에 열을 전달하여 압력과 부피가 각각 600kPa, 0.4m^3이 되었을 때 다음을 구하여라. 단, 초기에 스프링에 접촉하는 힘은 0이고, 스프링에 작용하는 힘은 변위에 비례한다.

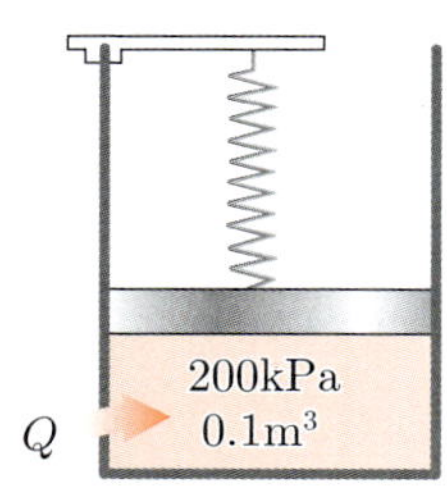

[문제 3.70]

(1) 기체가 한 일[kJ]
(2) 기체의 내부에너지가 50kJ 증가했을 때 기체에 전달된 총 열량[kJ]

***71** 피스톤과 실린더로 이루어진 밀폐시스템 내에 이상기체가 채워져 있으며 다음 그림과 같이 3개의 과정으로 사이클을 구성한다. 그림에서 A→B는 반지름 1인 원의 식으로 표시되는 과정, B→C는 정적과정, C→A는 정압과정이다. 다음에 답하시오. [국가공무원 5급(기술) 제2차시험][16]

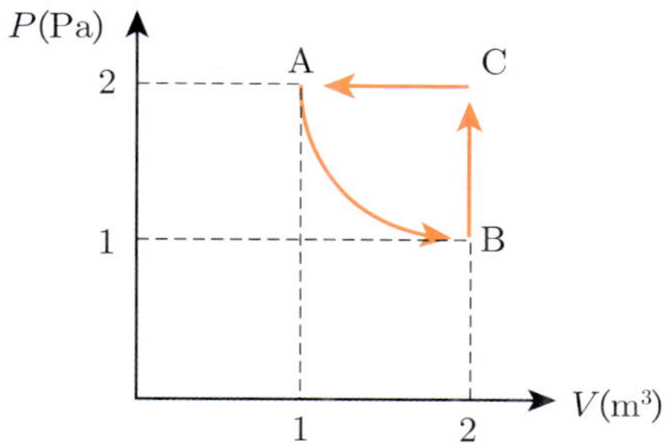

[문제 3.71]

(1) 각각의 과정에 대한 일(Joule)을 계산하시오.

(2) 이 사이클 과정의 순일(net work)을 계산하여 이 시스템이 외부에 대하여 일을 하는지 또는 일을 받는지 설명하시오.

(3) 이 사이클 과정에서 시스템을 통하여 출입한 열량을 구하시오.

Note 국가공무원5급(기술) 공개경쟁채용 제2차 시험 - 열역학

참고문헌 [12]에 [국가공무원5급(기술) 공개경쟁채용 제2차 시험] 열역학 문제를 소개하고 풀이과정을 기술하였다. 예전에는 5급 공무원 임용시험으로 사법고시, 행정고시, 기술고시가 있었다. 사법고시는 현재 윤석렬 대통령이 9수만에 합격했다는 그 시험으로 합격하면 5급 판사, 검사가 된다. 행정고시에 합격하면 행정 분야 5급 공무원으로 임용되고, 공학 분야에 속하는 것은 기술고시인데 당연히 그 시험이 쉽지 않다. 이 중 행정고시와 기술고시는 현재에도 매년 실시되고 있다.

이 책에서는 이들 문제 중 기본적인 내용에 가까운 문제를 몇 개 소개한다. 5급 문제는 어려운 만큼 또 좋은 문제가 많으므로 열역학을 잘 하고 자신 있다고 생각하는 사람은 [12]의 문제들을 풀어보면 열역학 실력이 한층 더 향상될 것이라고 생각된다.

16) [국가공무원 5급(기술) 제2차시험] 문제는 구해야 할 물리량이 많은 문제여서 어려워 보이지만 문제 풀이를 상세히 해 놓았으므로 충분히 이해할 수 있으리라 생각한다. 열역학 기본 개념을 알게 해 주는 좋은 문제들이다.

제4장 이상기체

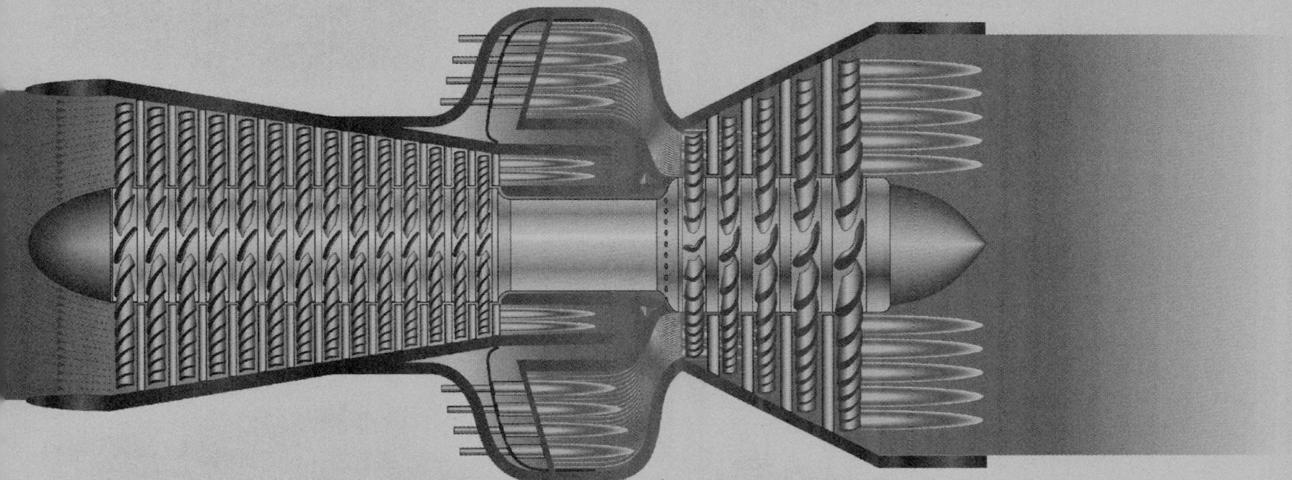

4.1 기체의 상태변화에 대한 기본법칙
4.2 이상기체의 상태방정식
4.3 정적비열과 정압비열
4.4 이상기체의 내부에너지와 엔탈피
4.5 비열비
4.6 이상기체의 상태변화
4.7* 기체의 양이 몰수로 주어질 때
4.8* 단원자 이상기체
4.9* 기타 상태방정식

4.1 기체의 상태변화에 대한 기본법칙

1 보일의 법칙(Boyle's law)

온도가 일정할 때 일정량의 기체의 부피(V)는 압력(P)에 반비례한다.

$$PV = C \qquad \cdots (4.1)$$

여기에서 C는 상수이고, 상태 1로부터 상태 2로 변화하였을 때 다음 관계식이 성립한다.

$$P_1 V_1 = P_2 V_2$$

2 샤를의 법칙(Charles law)

압력이 일정할 때 일정량의 기체의 부피(V)는 절대온도(T)에 비례한다.

$$\frac{V}{T} = C \qquad \cdots (4.2)$$

C는 상수이고, 상태 1로부터 상태 2로 변화하였을 때 다음 식이 성립한다.

$$\frac{V_1}{T_1} = \frac{V_2}{T_2}$$

3 보일-샤를의 법칙(Boyle-Charles law)

일정량의 기체가 차지하는 부피(V)와 압력(P)의 곱은 절대온도(T)에 비례한다.

$$\frac{PV}{T} = C \qquad \cdots (4.3)$$

C는 상수이고, 상태 1로부터 상태 2로 변화하였을 때 다음 식이 성립한다.

$$\frac{P_1 V_1}{T_1} = \frac{P_2 V_2}{T_2}$$

이상기체는 보일-샤를의 법칙을 따르는 기체를 말하며, 보일의 법칙과 샤를의 법칙은 각각 이상기체의 등온과정과 정압과정에 해당된다. 이들 법칙에서 T는 절대온도라는 것에 주의한다.

예제 4.1 온도 20℃, 압력 300kPa, 부피 $0.4m^3$인 일정량의 이상기체가 같은 압력 하에서 부피가 2배로 팽창하였다면 온도는 몇 ℃가 되는가?

풀이 처음 상태(1)의 온도 $T_1 = 20℃$, 압력 $P_1 = 300kPa$, 부피 $V_1 = 0.4m^3$이고, 팽창 후 부피 $V_2 = 2V_1$이다. 압력이 일정하므로 $\frac{V}{T} = C$로부터 팽창 후 온도 T_2가 구해진다.

$$\frac{V_1}{T_1} = \frac{V_2}{T_2}$$

$$\begin{aligned} \therefore\quad T_2 &= T_1 \times \frac{V_2}{V_1} = (273.2 + 20) \times \frac{2V_1}{V_1} \\ &= 586.4[K] \\ &= 586.4 - 273.2[℃] \\ &= 313.2[℃] \end{aligned}$$

† [예제 4.1]에서 $T_2 = 20℃ \times 2 = 40℃$로 하지 않도록 한다. 상태방정식에서 사용하는 온도는 특별한 언급이 없는 한 절대온도이다.

4.2 이상기체의 상태방정식

다음 상태방정식을 만족하는 기체를 이상기체(ideal gas) 또는 완전기체(perfect gas)라 한다.

$$P\overline{v} = \overline{R}\,T \qquad \cdots (4.4)$$

여기에서 P는 절대압력, $\overline{v}$는 몰 비체적(molar specific volume), T는 절대온도이다. $\overline{R}$는 일반기체상수(universal gas constant)라 하며 모든 이상기체에 대하여 적용되는 값이다.[17)]

$$\overline{R} = 8.31441\ kJ/kmol \cdot K$$

17) 일반기체상수 값 8.314J/mol · K와 이상기체 1몰의 부피 22.4L는 기억하도록 한다.

이상기체 1몰(mol)의 부피($V_{1\text{mol}}$)는

$$V_{1\text{mol}} = 2.241 \times 10^{-2} \text{m}^3/\text{mol} = 22.41 \text{L}/\text{mol}$$

이다. 기체 n 몰의 부피를 V라 하면

$$\bar{v} = \frac{V}{n} \quad \cdots (4.5)$$

이므로 상태방정식은 다음과 같다.

$$PV = n\bar{R}T \quad \cdots (4.6)$$

질량(m)으로 상태방정식을 나타내면

$$n = \frac{m}{M} \ \ (M\text{은 분자량}) \quad \cdots (4.7)$$

이므로

$$PV = mRT \quad \cdots (4.8)$$

이다. 여기에서 기체상수는

$$R = \frac{\bar{R}}{M} = \frac{8.314}{M} [\text{kJ/kg} \cdot \text{K}] \quad \cdots (4.9)$$

이다. 그리고 비체적 $v = \dfrac{V}{m}$와 밀도 $\rho = \dfrac{1}{v}$로 나타내면 이상기체의 상태방정식은 다음과 같다.

$$Pv = RT \quad \cdots (4.10)$$

$$P = \rho RT \quad \cdots (4.11)$$

이상에서 R은 기체상수(gas constant) 또는 특정기체상수라 부른다. 이 값은 기체의 종류마다 다르다.[18)]

설명 이상기체(ideal gas)는 실제로 존재하지 않는 기체이지만 밀도가 낮은 실제기체의 $P-V-T$ 거동은 이상기체의 상태방정식과 비슷한 거동을 보인다는 것을 실험적으로 관찰하였다. 밀도가 낮으면 분자 간 평균 거리가 충분히 멀어서 분자 위치에너지를 무시할 수 있다. 이때 입자들은 서로 독립적이며 이상기체라고 부른다. 압력이 낮거나 온도가 높아지면 기체의 밀도가 감소하며 이상기체와 유사한 거동을 나타낸다. 대개의 경우 공기, 산소, 수소, 질소, 헬륨, 이산화탄소 등을 이상기체로 취급할 수 있다.

이상기체 근사에 대한 문제를 정량적으로 설명하기 위해 압축성 인자(compressibility factor)의 개념을 도입한다. 압축성 인자 Z는 다음 관계식으로 정의된다.

$$Z = \frac{P\bar{v}}{\bar{R}T}, \quad P\bar{v} = Z\bar{R}T \qquad \cdots (4.12)$$

$$Z = \frac{Pv}{RT}, \quad Pv = ZRT \qquad \cdots (4.13)$$

여기에서 몰 비체적 $\bar{v} = \frac{V}{n}$, 비체적 $v = \frac{V}{m}$이다. 이상기체인 경우 $Z = 1$이며, Z가 1에서 벗어나는 정도로부터 기체의 실제 관계가 이상기체 상태방정식에서 벗어나는 정도를 판단할 수 있다.

일반기체상수($\bar{R}$)로부터 기체상수(R)를 구할 때 필요한 몇 가지 기초적인 기체에 대한 분자량(M)은 다음과 같다.

기체	수소(H_2)	질소(N_2)	산소(O_2)	일산화탄소(CO)
분자량(M)	2	28	32	28
기체	공기	수증기(H_2O)	메탄(CH_4)	이산화탄소(CO_2)
분자량(M)	28.97	18	16	44

예제 4.2 수소(H_2)와 일산화탄소(CO)의 기체상수[kJ/kg·K]를 각각 구하여라.

풀이 수소의 분자량은 $2 \times 1 = 2$이고 일산화탄소의 분자량은 $12 + 16 = 28$이므로 기체상수(R)는 다음과 같다.[19]

(1) 수소: $R = \frac{8.314}{M} = \frac{8.314}{2} = 4.157\ [\text{kJ/kg} \cdot \text{K}]$

(2) 일산화탄소: $R = \frac{8.314}{M} = \frac{8.314}{28} = 0.297\ [\text{kJ/kg} \cdot \text{K}]$

18) 일반기체상수를 그냥 기체상수라고 부르는 분야도 있지만 기계공학에서는 일반적으로 두 상수를 분명하게 구분하여 사용한다.
19) 수소, 산소, 탄소, 질소 등 기초적인 원소에 대한 원자량은 기억하도록 한다.

예제 4.3 압력 2MPa, 온도 150℃, 부피 $0.2\,m^3$인 공기의 질량을 구하여라. 공기의 기체상수 $R = 0.287\,kJ/kg \cdot K$이며 이상기체라고 가정한다.

풀이 단위를 MKS 단위계로 통일하여 질량을 구한다. 이상기체의 상태방정식 $PV = mRT$로부터 질량 m은 다음과 같다.

$$m = \frac{PV}{RT} = \frac{(2 \times 10^6) \times (0.2)}{287 \times (273.2 + 150)} = 3.3\,[kg]$$

예제 4.4 기체상수 $R = 0.1889\,kJ/kg \cdot K$인 이산화탄소의 25℃, 100kPa에서의 밀도를 구하여라. 단, 이산화탄소는 이상기체이다.

풀이 이상기체 상태방정식 $P = \rho RT$로부터 밀도(ρ)를 구한다.

$$\rho = \frac{P}{RT} = \frac{100kPa}{(0.1889\,kJ/kg \cdot K) \times (273.2 + 25)K} = 1.775\,[kg/m^3]$$

예제 4.5 25℃, 100kPa에서 10m×10m×10m의 직육면체 방에 가득 차 있는 어떤 기체의 질량이 1170kg일 때 기체상수를 구하여라. 단, 기체는 이상기체라고 가정한다.

풀이 이상기체의 상태방정식 $PV = mRT$로부터 기체상수는 다음과 같다.

$$R = \frac{PV}{mT} = \frac{(100 \times 10^3 N/m^2) \times (10 \times 10 \times 10m^3)}{1170kg \times (273.2 + 25)K}$$
$$= 286.6\,[J/kg \cdot K]$$

[일반기체상수($\overline{R}$)와 (특정)기체상수(R)]

일반적으로 기계 분야에서는 일반기체상수 $\overline{R} = 8.31441\,kJ/kmol \cdot K$와 (특정)기체상수 R $[kJ/kg \cdot K]$을 분명하게 구분하여 사용하고 있다. 일반기체상수는 모든 이상기체에 대해 동일한 값을 갖지만 (특정)기체상수는 기체마다 다른 값을 가진다.

한편 상태방정식에서 물질의 양이 몰[mol] 단위로 주어지면 일반기체상수($\overline{R}$)를 사용하고, 질량 [kg] 단위로 주어지면 (특정)기체상수(R)을 사용한다. 따라서 두 상수를 구분하여 사용하는 게 좋다고 생각한다. 그런데 금속이나 화공 분야 등에서는 일반기체상수를 그냥 기체상수라 부르며 R로 표기하고 사용하는 모양이다.

이 책에서는 가능한 원본 그대로 공무원 임용시험이나 중등교사 임용시험 등의 기출 문제를 소개하였다. 따라서 $\overline{R}$와 R이 구분되지 않는 경우도 있는데 문제에 따라서 주어진 기체상수의 뜻을 파악하고 문제를 풀어야 한다.

4.3 정적비열과 정압비열

1 정적비열

부피를 일정하게 유지하면서 단위질량 물질의 온도를 1도 높이는데 필요한 열량을 정적비열(C_v, specific heat at constant volume)이라 한다.

$$C_v = \frac{1}{m}\left(\frac{\delta Q}{\delta T}\right)_v = \frac{1}{m}\left(\frac{\partial U}{\partial T}\right)_v = \left(\frac{\partial u}{\partial T}\right)_v \qquad \cdots (4.14)$$

정적비열(C_v)의 단위는 다음과 같다.

$$[C_v] = \text{kJ/kg} \cdot \text{K}, \ \text{kJ/kmol} \cdot \text{K}$$

설명 열역학 1법칙 $\delta Q = dU + PdV$에서 부피가 일정하면 $dV = 0$이므로 $\delta Q = dU$가 된다. 따라서 공급된 열량(δQ)과 내부에너지 증가(dU)가 같으므로 정적비열은 부피가 일정할 때 내부에너지의 온도에 대한 미분으로 정의될 수 있다.

2 정압비열

압력을 일정하게 유지하면서 단위질량 물질의 온도를 1도 높이는데 필요한 열량을 정압비열(C_p, specific heat at constant pressure)이라 한다.

$$C_p = \frac{1}{m}\left(\frac{\delta Q}{\delta T}\right)_p = \frac{1}{m}\left(\frac{\partial H}{\partial T}\right)_p = \left(\frac{\partial h}{\partial T}\right)_p \qquad \cdots (4.15)$$

정압비열과 정적비열의 단위는 같다.

$$[C_p] = \text{kJ/kg} \cdot \text{K}, \text{kJ/kmol} \cdot \text{K}$$

설명 에너지 보존(열역학 제1법칙)을 나타내는 식

$$\delta Q = dH - VdP$$

에서 압력이 일정하면 $dP = 0$ 이므로

$$\delta Q = dH$$

이다. 즉, 압력이 일정하면 공급된 열량과 엔탈피 증가가 같으므로 정압비열은 엔탈피의 온도에 대한 미분으로 정의할 수 있다.

† 정압상태의 계는 팽창이 허용되고 팽창 일에 상당하는 에너지가 공급되어야 하므로 정압비열은 항상 정적비열보다 크다($C_p > C_v$).

3 고체와 액체의 비열

비체적 또는 밀도가 일정한 물질을 비압축성(incompressible) 물질이라 한다. 비압축성 물질의 정적비열과 정압비열은 같다($C_p = C_v$). 일반적으로 고체와 액체는 거의 비압축성 물질이므로 이들에 대해서는 첨자를 떼고 비열을 C로 나타낸다.

$$C_p = C_v = C \quad \cdots (4.16)$$

설명 엔탈피의 정의 $h = u + Pv$의 양변을 미분하면

$$dh = du + Pdv + vdP$$

이다. 부피가 일정한 비압축성 물질에서 $dv = 0$이고, 액체와 고체의 비체적은 매우 작으므로($v \approx 0$)

$$dh \approx du$$

가 된다. 따라서 정적비열과 정압비열의 정의에서

$$du = C_v dT, \ dh = C_p dT$$

이므로 $C_p = C_v = C$이다.

4.4 이상기체의 내부에너지와 엔탈피

이상기체의 내부에너지와 엔탈피는 온도(T)만의 함수이고, 비열과의 관계는 다음과 같다.

$$C_v = \frac{du}{dT} \quad \cdots (4.17)$$

$$C_p = \frac{dh}{dT} \quad \cdots (4.18)$$

따라서 다음 식으로부터 내부에너지와 엔탈피의 변화를 구할 수 있고,

$$du = C_v dT \quad \cdots (4.19)$$

$$dh = C_p dT \quad \cdots (4.20)$$

$$dU = mC_v dT \qquad \cdots (4.21)$$

$$dH = mC_p dT \qquad \cdots (4.22)$$

질량 m의 이상기체의 온도가 T_1에서 T_2로 변화했을 때 비열이 일정한 경우 내부에너지와 엔탈피의 총 변화량은 다음과 같다.

$$\Delta U = mC_v(T_2 - T_1) \qquad \cdots (4.23)$$

$$\Delta H = mC_p(T_2 - T_1) \qquad \cdots (4.24)$$

설명 순수물질의 내부에너지는 다음과 같이 그 상태를 나타내는 두 개의 독립 상태량으로 결정된다.

$$u = u(T, v),\ u = u(T, P) \text{ 또는 } u = u(P, v)$$

그러나 밀도가 낮은 기체에 대해서는 u가 주로 T에 의해 결정되며 P, v 등의 다른 상태량에는 크게 영향을 받지 않고, 이상기체의 경우 내부에너지가 온도만의 함수라고 알려져 있다.[20]

$$Pv = RT,\ u = u(T)$$

따라서 $C_v = \dfrac{du}{dT}$, $du = C_v dT$이다. 또한

$$h = u + Pv = u(T) + RT = h(T)$$

이므로 이상기체의 엔탈피(h)도 온도(T)만의 함수가 된다. 따라서 정압비열 $C_p = \dfrac{dh}{dT}$이고, $dh = C_p dT$가 성립한다. 질량이 m일 때 전체 내부에너지와 엔탈피의 변화량은 $dU = mC_v dT$, $dH = mC_p dT$로 기술되고, 비열이 일정한 경우 온도가 T_1에서 T_2로 변할 때 이 식을 적분하면 총 변화량은 $\Delta U = mC_v(T_2 - T_1)$, $\Delta H = mC_p(T_2 - T_1)$가 된다.

† 일반적으로 이상기체의 비열은 온도만의 함수이다: $C_v = C_v(T)$, $C_p = C_p(T)$

---

20) 이상기체의 내부에너지와 엔탈피는 온도만의 함수라는 것을 잘 알아두도록 한다. 따라서 온도 변화가 없으면 내부에너지와 엔탈피 변화는 모두 0이다.

4.5 비열비

이상기체의 정압비열(C_p)과 정적비열(C_v)은 다음 관계를 가진다.

$$C_p - C_v = R \qquad \cdots (4.25)$$

두 비열의 비를 비열비

$$k = \frac{C_p}{C_v} \qquad \cdots (4.26)$$

로 정의하면 정압비열과 정적비열은 다음과 같이 표현된다.

$$C_p = \frac{k}{k-1} R \qquad \cdots (4.27)$$

$$C_v = \frac{1}{k-1} R \qquad \cdots (4.28)$$

설명 이상기체의 상태방정식은 $Pv = RT$이므로 엔탈피는

$$h = u + Pv = u + RT$$

이다. 이 식의 양변을 미분하면

$$dh = du + RdT$$

이고, $dh = C_p dT$, $du = C_v dT$를 대입하면

$$C_p dT = C_v dT + RdT$$

$$\therefore \quad C_p - C_v = R \quad \cdots ①$$

이 된다. 그리고 비열비 $k = C_p / C_v$에서 $C_p = kC_v$를 식 ①에 대입하여 C_v를 구하면 $C_v = R/(k-1)$이고, $C_p = kC_v = kR/(k-1)$이다.

식 ①로부터 기체 상수 $R > 0$이므로 $C_p > C_v$라는 것을 알 수 있다. 따라서 비열비 $k = C_p / C_v$는 언제나 1보다 큰 값을 가진다.

예제 4.6 정적비열이 $0.7\ \text{kJ/kg}\cdot\text{K}$인 기체가 가열되어 온도가 20℃에서 300℃까지 증가하였다. 가열 과정에서 비체적이 일정할 때 단위 질량당 기체의 내부에너지 변화를 구하여라.

풀이 초기 상태 온도 $T_1 = 20℃$, 최종 상태 온도 $T_2 = 300℃$이다. 정적비열이 $C_v = 0.7\ \text{kJ/kg}\cdot\text{K}$로 일정한 경우 $du = C_v dT$로부터 단위 질량당 기체의 내부에너지

변화량(Δu)은 다음과 같다.

$$\Delta u = C_v(T_2 - T_1) = 0.7\frac{\text{kJ}}{\text{kg}\cdot\text{K}} \times (300-20)\text{K} = 196\ \text{kJ/kg}$$

예제 4.7 정압비열이 5 kJ/kg · K의 기체 10 kg을 압력을 일정하게 유지하면서 20 ℃로부터 50 ℃까지 온도를 높일 때 필요한 열량을 구하여라.

풀이 초기 상태 온도 $T_1 = 20$℃, 최종 상태 온도 $T_2 = 50$℃, 질량 $m = 10$kg이다. 정압비열이 $C_p = 5$ kJ/kg · K로 일정한 경우 $\delta Q = mC_p dT$로부터 기체로 전달된 열량(Q)은

$$Q = mC_p(T_2 - T_1) = (10\text{kg}) \times (5\frac{\text{kJ}}{\text{kg}\cdot\text{K}}) \times (50-20)\text{K} = 1500\text{kJ}$$

예제 4.8 [그림 4.1]과 같이 단열된 실린더 안에 이상기체 5 kg이 들어있다. 이 기체에 압력을 가하여 온도를 처음보다 10℃ 높이려 한다. 압축 과정에서 기체의 정적비열이 0.7 kJ/kg · K로 일정할 때 기체에 해 주어야 할 일을 구하여라.

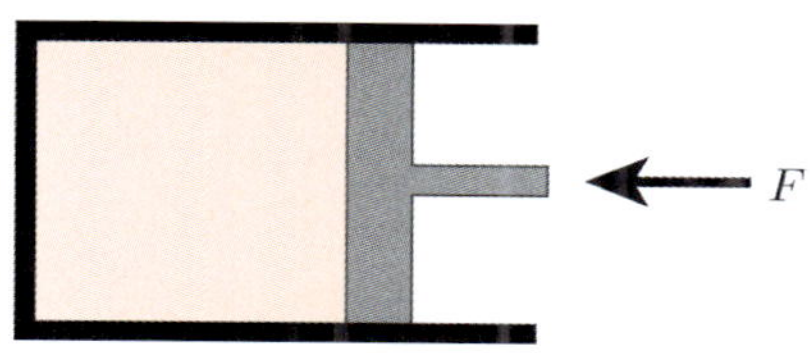

[그림 4.1]

풀이 기체의 질량 $m = 5$kg, 온도 차이 $\Delta T = 10$℃이다. 단열이므로 외부와의 열전달 $Q = 0$이다. 따라서 제1법칙 $Q = \Delta U + W$에서

$$0 = \Delta U + W$$

이므로 기체가 하는 일(W)은

$$W = -\Delta U = -mC_v\Delta T = -5 \times 0.7 \times 10 = -35\ [\text{kJ}]$$

이다. 기체가 하는 일이 -35kJ이므로 기체는 외부로부터 35 kJ의 일을 받는다. 즉, 기체에 해 주어야 할 일은 35 kJ이다.

예제 4.9 온도 30℃의 이상기체 10 kg을 압력을 일정하게 유지하면서 서서히 가열하였다. 가한 열량이 1000 kJ일 때 기체의 최종 온도와 내부에너지 변화를 구하여라. 단, 기체상수 $R = 0.3$kJ/kg · K, 기체의 비열비 $k = 1.4$이다.

풀이 처음온도 $T_1 = 30$℃, 질량 $m = 10$kg, 가한 열량 $Q = 1000$kJ이다. 먼저 기체의 정압비열과 정적비열을 구한 후 최종온도와 내부에너지 변화를 구한다.

(1) 정압비열: $C_p = \dfrac{kR}{k-1} = \dfrac{1.4\times 0.3}{1.4-1} = 1.05\,[\mathrm{kJ/kg \cdot K}]$

(2) 정적비열: $C_v = \dfrac{R}{k-1} = \dfrac{0.3}{1.4-1} = 0.75\,[\mathrm{kJ/kg \cdot K}]$

(3) 최종온도 T_2: 기체가 받은 열량(Q)으로부터 구한다.

$$Q = mC_p(T_2 - T_1)$$

$$\therefore\ T_2 = \frac{Q}{mC_p} + T_1 = \frac{1000}{10\times 1.05} + (273+30)$$
$$= 398.2\,[\mathrm{K}] = 125.2\,[℃]$$

(4) 내부에너지 변화 ΔU: 처음온도 $T_1 = 30℃$, 최종온도 $T_2 = 125.2℃$ 이므로

$$\Delta U = mC_v(T_2 - T_1) = 10\times 0.75\times(125.2-30)$$
$$= 714\,[\mathrm{kJ}]$$

예제 4.10 정압비열 $C_p = a + bT\,[\mathrm{kJ/kg \cdot K}]$인 이상기체의 온도가 T_1에서 T_2로 변화하였을 때 단위 질량당 엔탈피 변화(Δh)를 구하여라. 단, a, b는 상수이고, T, T_1, T_2는 절대온도이다.

풀이 단위 질량당 엔탈피 관계식 $dh = C_p dT$를 적분하면

$$\Delta h = \int_1^2 C_p dT = \int_{T_1}^{T_2} (a+bT)dT = \left[aT + \frac{b}{2}T^2\right]_{T_1}^{T_2}$$
$$= a(T_2 - T_1) + \frac{b}{2}(T_2^2 - T_1^2)$$

4.6 이상기체의 상태변화

1 정적과정

부피가 일정하게 유지되면서 변화하는 과정을 정적과정(constant volume process) 또는 등적과정(isometric process)이라 한다. 이상기체의 상태방정식에서 '$V=$ 일정'이므로 정적과정에서는

$$\frac{P}{T} = C \quad (C\text{는 상수}) \qquad \cdots (4.29)$$

의 관계식이 성립한다.[21)]

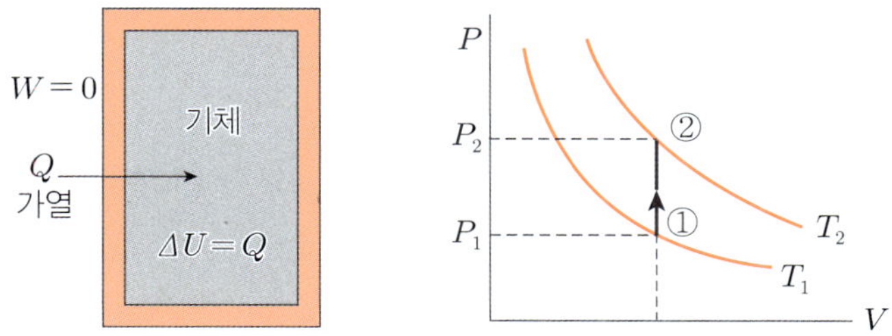

[그림 4.2] 정적과정

[그림 4.2]와 같이 부피가 일정하게 유지되면서 ①에서 ②로 상태 변화하는 과정을 고려한다. 정적과정에서는 부피변화가 없기 때문에 $dV=0$이다. 따라서

$$\delta W = PdV = 0$$

이므로 계가 외부에 대하여 하는 일은

$$W = 0 \quad \cdots (4.30)$$

이다. 계의 내부에너지 변화는

$$\Delta U = U_2 - U_1 = mC_v(T_2 - T_1) \quad \cdots (4.31)$$

이고, 제1법칙 $Q = \Delta U + W$로부터 계로 전달된 열량은

$$Q = \Delta U = mC_v(T_2 - T_1) \quad \cdots (4.32)$$

가 된다. 여기에서 C_v는 정적비열이다. 즉, 정적과정에서는 계에 출입하는 열이 모두 내부에너지 변화로 연결된다.

예제 4.11 [정적과정] 부피가 $0.3\,\text{m}^3$인 견고한 용기 내에 압력 $200\,\text{kPa}$, 온도 $127\,℃$의 이상기체가 들어있다. 용기를 가열하여 기체의 온도가 $327\,℃$로 증가하였을 때 내부에너지 변화와 가한 열량을 구하여라. 단, 기체상수 $R = 0.3\,\text{kJ/kg}\cdot\text{K}$, 정적비열 $C_v = 0.7\,\text{kJ/kg}\cdot\text{K}$이다.

풀이 초기 상태 부피 $V_1 = 0.3\,\text{m}^3$, 압력 $P_1 = 200\text{kPa}$, 온도 $T_1 = 127℃$이고, 최종 상태 온도 $T_2 = 327℃$이다. 견고한 용기이므로 부피가 일정하다. 먼저 이상기체 상태방정식 $PV = mRT$로부터 기체의 질량(m)은 다음과 같다.

---

21) 이상기체의 상태변화를 특히 잘 이해해두도록 한다. 각종 시험에 아주 많이 출제되는 분야이다.

$$m = \frac{P_1 V_1}{RT_1} = \frac{200 \times 0.3}{0.3 \times (273+127)} = 0.5\,[\mathrm{kg}]$$

(1) 내부에너지 변화 ΔU

$$\Delta U = mC_v(T_2 - T_1) = 0.5 \times 0.7 \times (327 - 127)$$
$$= 70\,[\mathrm{kJ}]$$

(2) 가한 열량 Q: 부피가 일정하므로 기체가 한 일 $W=0$이다. 따라서 제1법칙 $Q = \Delta U + W = \Delta U$에 의해 용기에 가한 열량($Q$)은 내부에너지 변화($\Delta U$)와 같다.

$$Q = \Delta U = 70\,[\mathrm{kJ}]$$

예제 4.12 [정적과정] 1kg의 이상기체가 그림과 같이 A→B→C→D→A로 상태변화하고 있다. 기체의 정적비열 $C_v = \frac{3}{2}R$, R은 기체상수이고 A점의 온도가 T_0일 때 다음을 구하여 R과 T_0로 나타내어라.

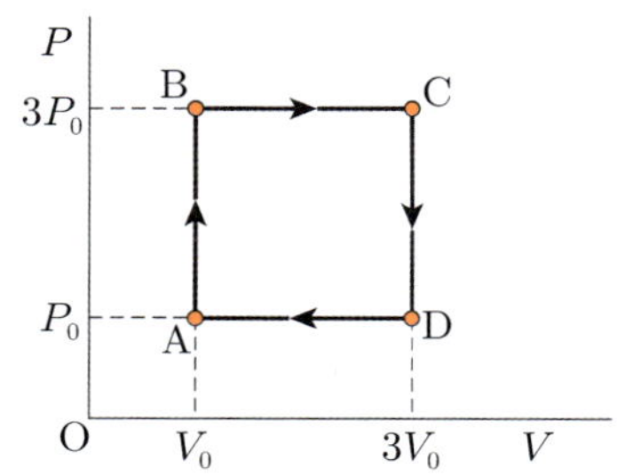

[그림 4.3]

(1) 점 B, C, D의 온도(T)

(2) A→B 과정에서 기체가 받은 열량(Q)

(3) C→D 과정에서 기체가 방출한 열량(Q)

풀이 상태방정식 $PV = mRT = RT$에서 온도 T는 PV에 비례한다.

(1) 점 A에서 $P_0 V_0 = RT_0$이다.

○ B점 온도: B점에서 압력 $3P_0$, 부피 V_0를 상태방정식 $PV = RT$에 대입하면

$$(3P_0)V_0 = RT_B$$

이고, 이 식에 $P_0 V_0 = RT_0$를 대입하면

$$3RT_0 = RT_B$$
$$\therefore\ T_B = 3T_0$$

이다. 같은 방법으로 C점과 D점의 온도가 구해진다.

○ C점 온도: $(3P_0)(3V_0) = RT_C \quad \therefore\ T_C = 9T_0$

○ D점 온도: $P_0(3V_0) = RT_D \quad \therefore\ T_D = 3T_0$

(2) A→B 과정: 정적과정이므로 기체가 한 일 $W=0$이고, 제1법칙으로부터 기체로 유입된 열량(Q)은 다음과 같다.

$$Q=\Delta U+W=\Delta U=C_v\Delta T$$
$$=C_v(T_B-T_A)=\frac{3}{2}R(3T_0-T_0)=3RT_0$$

$Q>0$이므로 기체가 받은 열량(기체로 유입된 열량)은 $3RT_0$이다.

(3) C→D 과정: 정적과정이므로 기체가 한 일 $W=0$이고, 제1법칙으로부터

$$Q=\Delta U+W=\Delta U=C_v\Delta T$$
$$=C_v(T_D-T_C)=\frac{3}{2}R(3T_0-9T_0)=-9RT_0$$

여기에서 $Q<0$이므로 기체가 방출한 열량은 $9RT_0$이다.

† 기체의 부피가 일정한 상태에서 열이 유입되어 압력이 상승하고(A→B), 열을 방출하여 압력이 떨어진다(C→D).

2 정압과정

압력이 일정하게 유지되면서 변화하는 과정을 정압과정(constant pressure process) 또는 등압과정(isobaric process)이라 한다. 이상기체의 상태방정식에서 '$P=$ 일정'이므로 정압과정에서는

$$\frac{V}{T}=C \ (C\text{는 상수}) \qquad \cdots (4.33)$$

의 관계식이 성립한다.

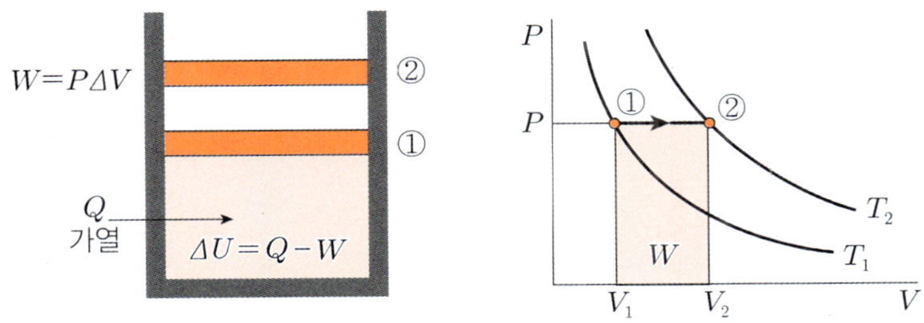

[그림 4.4] 정압과정

[그림 4.4]와 같이 상태 ①에서 상태 ②로 압력이 일정하게 유지되면서 변화하는 과정을 고려한다. 계는 외부로부터 열량 Q를 받아서 W의 일을 수행하고, 이 과정에서 내부에너지

변화 ΔU가 발생한다. 압력이 일정하므로 $P_1 = P_2 = P$이고, (V_1, T_1)에서 (V_2, T_2)로의 상태변화가 있다고 한다. 이때 계가 한 일(W)은

$$W = \int_1^2 P\,dV = P\int_1^2 dV = P(V_2 - V_1) \quad \cdots (4.34)$$

이다. 따라서 계로 전달된 열량(Q)은

$$\begin{aligned} Q &= \Delta U + W = (U_2 - U_1) + (P_2 V_2 - P_1 V_1) \\ &= (U_2 + P_2 V_2) - (U_1 + P_1 V_1) \\ &= H_2 - H_1 = mC_p(T_2 - T_1) \end{aligned}$$

$$Q = mC_p(T_2 - T_1) \quad \cdots (4.35)$$

가 된다. 여기에서 C_p는 정압비열이다. 압력이 일정한 과정에서 계로 전달된 열량은 계의 엔탈피 변화량과 같다($Q = \Delta H$). 한편 계의 내부에너지 변화(ΔU)는 다음과 같다.

$$\Delta U = mC_v(T_2 - T_1) \quad \cdots (4.36)$$

예제 4.13 [정압과정] 압력이 200kPa로 일정하게 유지되는 피스톤-실린더 장치 내에 처음 상태에서 온도 27℃의 이상기체 0.2kg이 들어있다. 장치에 열을 가하여 기체의 온도가 127℃로 증가하였을 때 내부에너지 변화, 가해진 열량, 기체가 한 일을 구하여라. 단, 기체의 정적비열 $C_v = 0.7\,\text{kJ/kg}\cdot\text{K}$, 정압비열 $C_p = 1.0\,\text{kJ/kg}\cdot\text{K}$이다.

풀이 초기 상태 온도 $T_1 = 27℃$, 최종 상태 온도 $T_2 = 127℃$, 질량 $m = 0.2\text{kg}$이다.

(1) 내부에너지 변화 ΔU

$$\Delta U = mC_v(T_2 - T_1) = 0.2 \times 0.7 \times (127 - 27) = 14[\text{kJ}]$$

(2) 가해진 열량 Q

$$Q = \Delta H = mC_p(T_2 - T_1) = 0.2 \times 1.0 \times (127 - 27) = 20[\text{kJ}]$$

(3) 기체가 한 일 W: 제1법칙 $Q = \Delta U + W$로부터

$$W = Q - \Delta U = 20 - 14 = 6[\text{kJ}]$$

예제 4.14 [정압과정] [예제 4.12]에서 다음을 구하여 R과 T_0로 나타내어라.

(1) B→C 과정에서 기체가 한 일(W)과 받은 열량(Q)

(2) D→A 과정에서 기체가 받은 일(W)과 방출한 열량(Q)

풀이 점 A, B, C, D의 온도: $T_A = T_0$, $T_B = 3T_0$, $T_C = 9T_0$, $T_D = 3T_0$.

(1) B→C 과정: 정압과정에서

$$W = P\Delta V = 3P_0(3V_0 - V_0) = 6P_0V_0 = 6RT_0$$

$W > 0$이므로 기체가 한 일은 $6RT_0$이다.

$$Q = \Delta U + W = C_v\Delta T + W = C_v(T_C - T_B) + W$$

$$= \frac{3}{2}(9T_0 - 3T_0) + 6RT_0 = 15RT_0$$

$Q > 0$이므로 기체가 받은 열량은 $15RT_0$이다.

(2) D→A 과정: 정압과정에서

$$W = P\Delta V = P_0(V_0 - 3V_0) = -2P_0V_0 = -2RT_0$$

$W < 0$이므로 기체가 받은 일은 $2RT_0$이다.

$$Q = \Delta U + W = C_v\Delta T + W = C_v(T_A - T_D) + W$$

$$= \frac{3}{2}(T_0 - 3T_0) - 2RT_0 = -5RT_0$$

$Q < 0$이므로 기체가 방출한 열량은 $5RT_0$이다.

[별해] 정압비열 $C_p = C_v + R = \frac{3}{2}R + R = \frac{5}{2}R$이고, 정압과정에서 계로 유입되거나 방출한 열량은 엔탈피 변화와 같으므로 다음과 같이 열량을 구할 수 있다.

(1) B→C 과정

$$Q = mC_p(T_C - T_B) = (1)\left(\frac{5}{2}R\right)(9T_0 - 3T_0) = 15RT_0$$

(2) D→A 과정

$$Q = mC_p(T_A - T_D) = (1)\left(\frac{5}{2}R\right)(T_0 - 3T_0) = -5RT_0$$

† 열역학 제1법칙 $Q = \Delta U + W$에서 기체가 받은 열은 양(+), 기체가 방출한 열은 음(−)의 부호를 가진다. 그리고 기체가 외부에 한 일은 양(+), 외부로부터 받은 일은 음(−)의 부호를 가진다.

3 등온과정

온도가 일정하게 유지되면서 변화하는 과정을 등온과정(isothermal process)이라 한다. 이상기체의 상태방정식에서 '$T=$ 일정'이므로 등온과정에서는

$$PV = C \quad (C\text{는 상수}) \qquad \cdots (4.37)$$

의 관계식이 성립한다.

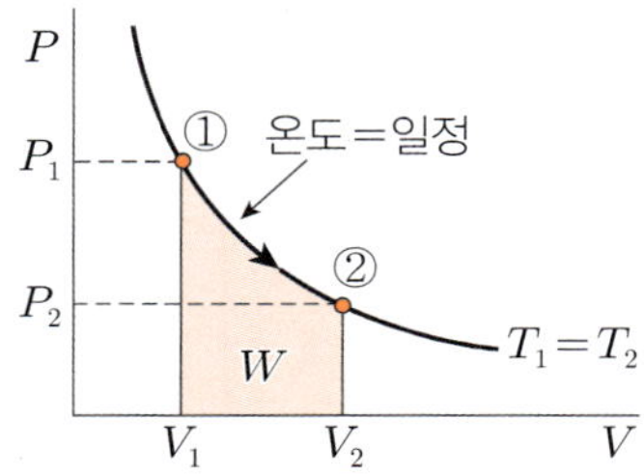

[그림 4.5]

[그림 4.5]와 같이 온도가 일정하게 유지되면서 상태 ①에서 상태 ②로 변화하는 과정을 고려한다. 온도가 일정하면 $T_1 = T_2$이므로

$$\Delta U = mC_v(T_2 - T_1) = 0 \qquad \cdots (4.38)$$

$$\Delta H = mC_p(T_2 - T_1) = 0 \qquad \cdots (4.39)$$

이다. 즉, 등온과정에서는 내부에너지와 엔탈피가 일정하게 유지된다.

그리고 온도가 일정할 때 $PV = C$이므로

$$PV = P_1V_1 = P_2V_2$$

$$\therefore \; P = \frac{P_1V_1}{V}$$

이다. 따라서 기체가 한 일(W)은

$$W = \int_1^2 PdV = P_1V_1\int_1^2 \frac{1}{V}dV$$

$$= P_1V_1\ln\left(\frac{V_2}{V_1}\right) = P_1V_1\ln\left(\frac{P_1}{P_2}\right)$$

$$W = P_1 V_1 \ln\left(\frac{V_2}{V_1}\right) = mRT_1 \ln\left(\frac{V_2}{V_1}\right) \qquad \cdots (4.40a)$$

$$W = P_1 V_1 \ln\left(\frac{P_1}{P_2}\right) = mRT_1 \ln\left(\frac{P_1}{P_2}\right) \qquad \cdots (4.40b)$$

이고, 제1법칙 $Q = \Delta U + W(\Delta U = 0)$로부터 $Q = W$이므로 계로 공급된 열(Q)은 다음과 같다.

$$Q = P_1 V_1 \ln\left(\frac{V_2}{V_1}\right) = mRT_1 \ln\left(\frac{V_2}{V_1}\right) \qquad \cdots (4.41a)$$

$$Q = P_1 V_1 \ln\left(\frac{P_1}{P_2}\right) = mRT_1 \ln\left(\frac{P_1}{P_2}\right) \qquad \cdots (4.41b)$$

식 (4.40)과 (4.41)로부터 등온과정에서는 공급한 열(Q)이 모두 기체가 외부에 하는 일(W)에 사용된다는 것을 알 수 있다. 이상기체의 내부에너지는 온도만의 함수이므로 온도가 일정하면 내부에너지가 일정하다. 즉, 등온과정에서는 내부에너지 변화가 없다.

예제 4.15 [등온과정] 압력 500 kPa, 부피 0.2m^3의 이상기체가 등온과정으로 팽창하여 부피가 $0.3\,\text{m}^3$이 되었다. 내부에너지 변화, 기체가 한 일 및 기체가 받은 열을 구하여라.

풀이 초기 상태 압력 $P_1 = 500\text{kPa}$, 부피 $V_1 = 0.2\text{m}^3$, 최종 상태 부피 $V_2 = 0.3\text{m}^3$이다.

(1) 내부에너지 변화 ΔU: 이상기체의 온도가 일정($\Delta T = 0$)하므로

$$\Delta U = mC_v \Delta T = 0$$

(2) 기체가 한 일 W: $W = \int P dV$로부터

$$W = P_1 V_1 \ln\left(\frac{V_2}{V_1}\right) = 500 \times 0.2 \times \ln\left(\frac{0.3}{0.2}\right) = 40.5\,[\text{kJ}]$$

(3) 기체가 받은 열 Q: 제1법칙으로부터

$$Q = \Delta U + W = W = 40.5\,[\text{kJ}]$$

4 가역단열과정

계가 외부와의 열 출입이 없이 상태 변화를 하는 과정을 단열 과정(adiabatic process)이라 하고, 특히 마찰 등에 의한 내부 열 발생이 없는 과정을 가역단열 과정(reversible adiabatic process) 또는 등엔트로피 과정(isentropic process)이라 한다. 이상기체의 등엔트로피 과정에서는 다음 관계식들이 성립한다. 여기에서 기체의 비열비 $k = \dfrac{C_p}{C_v}$ 이다.[22)]

$$PV^k = C = \text{일정} \quad \cdots (4.42)$$

$$TV^{k-1} = C = \text{일정} \quad \cdots (4.43)$$

$$TP^{(1-k)/k} = C = \text{일정} \quad \cdots (4.44)$$

$$P_2 = P_1\left(\frac{V_1}{V_2}\right)^k \quad \cdots (4.45)$$

$$T_2 = T_1\left(\frac{V_1}{V_2}\right)^{k-1} \quad \cdots (4.46)$$

$$T_2 = T_1\left(\frac{P_1}{P_2}\right)^{(1-k)/k} \quad \cdots (4.47)$$

$$Q = 0 \quad \cdots (4.48)$$

$$\Delta U = mC_v(T_2 - T_1) \quad \cdots (4.49)$$

$$\Delta H = mC_p(T_2 - T_1) \quad \cdots (4.50)$$

$$\begin{aligned} W &= -\Delta U = mC_v(T_1 - T_2) \\ &= \frac{mR}{k-1}(T_1 - T_2) = \frac{1}{k-1}(P_1V_1 - P_2V_2) \end{aligned} \quad \cdots (4.51)$$

22) 단열과정은 조금 복잡하므로 결과 식들을 먼저 정리하여 나타내었다.

설명 가역단열 과정에서 밀폐계의 단위 질량당 열, 내부에너지, 일에 대한 열역학 제1법칙은 다음과 같다.

$$\delta q = du + Pdv, \ \delta q = dh - vdp$$

가역단열과정에서 $\delta q = 0$이므로 이 식들은 다음과 같이 된다.

$$\delta q = du + Pdv = 0, \ \delta q = dh - vdp = 0$$

$$\therefore \ du = -Pdv, \ dh = vdP$$

여기에서 이상기체의 관계식 $du = C_v dT$, $dh = C_p dT$를 대입하면

$$C_v dT = -Pdv \quad \cdots ①$$

$$C_p dT = vdP \quad \cdots ②$$

이고, ②÷①을 하여 dT를 소거하면

$$\frac{C_p}{C_v} = -\frac{v}{P}\frac{dP}{dv} \quad \cdots ③$$

가 된다. 식 ③에 비열비 $k = C_p / C_v$를 대입하고 적분할 수 있게 변수를 분리하여 쓰면

$$k\frac{dv}{v} = -\frac{dP}{P} \quad \cdots ④$$

이다. 식 ④를 적분하면

$$k\ln v = -\ln P + C' \ (C'\text{은 상수})$$

$$\ln v^k + \ln P = C'$$

$$\ln Pv^k = C'$$

이므로

$$Pv^k = C \ (C\text{는 상수}) \cdots ⑤$$

의 관계식을 얻는다. 다음에 이상기체의 상태방정식($Pv = RT$)을 이용하여 온도와 비체적의 관계를 구한다.

$$Pv^k = (Pv)v^{k-1} = (RT)v^{k-1} = \text{일정}$$

$$\therefore \ Tv^{k-1} = \text{일정} \ (\because \ R\text{은 상수}) \cdots ⑥$$

그리고 상태방정식으로부터 $v = RT/P$ 를 구하여 $Pv^k = C$에 대입하여 온도와 압력의 관계를 구한다.

$$Pv^k = P\left(\frac{RT}{P}\right)^k = (T^k P^{1-k})R^k = \text{일정}$$

$$\therefore \ T^k P^{1-k} = \text{일정}$$

이고, 양변을 $\frac{1}{k}$승하면

$$TP^{(1-k)/k} = \text{일정} \quad \cdots ⑦$$

이 된다.

이상의 '$Pv^k =$ 일정, $Tv^{k-1} =$ 일정, $TP^{(1-k)/k} =$ 일정'으로부터

$$P_2 = P_1\left(\frac{V_1}{V_2}\right)^k, \quad T_2 = T_1\left(\frac{V_1}{V_2}\right)^{k-1}, \quad T_2 = T_1\left(\frac{P_1}{P_2}\right)^{(1-k)/k}$$

의 관계식을 얻는다. $v = V/m$이므로 비체적의 비는 체적의 비와 같다.

$$\frac{v_1}{v_2} = \frac{V_1/m}{V_2/m} = \frac{V_1}{V_2}$$

비열비 $k > 1$이므로 이 식들로부터 단열팽창($V_1/V_2 < 1$)에서는 압력과 온도가 떨어지고, 단열압축($V_1/V_2 > 1$)에서는 압력과 온도가 증가한다는 것을 알 수 있다.

가역단열 과정에서의 일은 제1법칙 $Q = \Delta U + W$에서 $Q = 0$이므로

$$W = -\Delta U = -mC_v(T_2 - T_1) = mC_v(T_1 - T_2) = \frac{mR}{k-1}(T_1 - T_2)$$

을 구할 수 있다. 이와 같이 단열과정에서는 외부로부터의 에너지 유입이 없이 내부에너지를 소비하여 일을 하므로 온도가 떨어진다.

† 저기압에서 상승하는 기류는 단열 팽창하므로 기온이 낮아져 구름이 생성된다. 피스톤에 의해 연소실 기체가 압축되면 온도가 높아져 연소가 잘 일어나게 된다.

예제 4.16 [단열과정] 단열된 견고한 용기 내에 25℃, 200 kPa의 이상기체 0.5 kg이 들어있다. 회전날개가 용기 내에서 작동하여 30 kJ의 에너지를 기체에 공급하였을 때 기체의 최종 온도와 압력을 구하여라. 단, 기체의 정적비열 $C_v = 3\,\text{kJ/kg}\cdot\text{K}$이다.

풀이 초기상태 온도 $T_1 = 25℃$, 압력 $P_1 = 200\,\text{kPa}$이고, 질량 $m = 0.5\,\text{kg}$, 기체로 전달된 열량 $Q = 30\,\text{kJ}$이다. 그리고 견고한 용기이므로 부피가 일정하다.

(1) 최종 온도 T_2: 기체의 부피변화가 없으므로 기체가 한 일 $W = 0$이다. 따라서 열역학 제1법칙 $Q = \Delta U + W$에 의해 내부에너지 증가량은

$$\Delta U = Q$$

이고, 기체가 받은 열량 $Q = 30\,\text{kJ}$이므로

$$\Delta U = mC_v(T_2 - T_1) = Q$$

$$\therefore \quad T_2 = \frac{Q}{mC_v} + T_1 = \frac{30}{0.5 \times 3} + 25 = 45\,[℃]$$

(2) 최종 압력 P_2: 질량과 부피가 일정한 과정이므로 이상기체의 상태방정식 $PV = mRT$로부터

$$\frac{P}{T} = \frac{mR}{V} = \text{일정}$$

$$\frac{P_1}{T_1} = \frac{P_2}{T_2}$$

$$\therefore \ P_2 = P_1 \times \frac{T_2}{T_1} = 200 \times \frac{(45+273)}{(25+273)} = 213.4\,[\mathrm{kPa}]$$

예제 4.17 [단열과정] 온도 27℃, 압력 90kPa, 부피 $2\mathrm{m}^3$의 이상기체가 단열 압축되어 부피가 $1\mathrm{m}^3$이 되었다. 변화 후 기체의 온도와 압력, 기체가 한 일, 내부에너지 변화, 엔탈피 변화를 구하여라. 단, 기체의 비열비 $k=1.4$, 기체상수 $R=0.3\,\mathrm{kJ/kg\cdot K}$이다.

풀이 초기상태 온도 $T_1 = 27℃$, 압력 $P_1 = 90\,\mathrm{kPa}$, 부피 $V_1 = 2\mathrm{m}^3$이고, 최종상태 부피 $V_2 = 1\mathrm{m}^3$이다. 이상기체 상태방정식 $PV = mRT$로부터 기체의 질량(m)은 다음과 같다.

$$m = \frac{P_1 V_1}{RT_1} = \frac{90 \times 2}{0.3 \times (273+27)} = 2\,[\mathrm{kg}]$$

(1) 변화 후 기체의 온도 T_2

$$T_2 = T_1\left(\frac{V_1}{V_2}\right)^{k-1} = (273+27) \times \left(\frac{2}{1}\right)^{1.4-1} = 395.85\,[\mathrm{K}] = 122.85\,[℃]$$

(2) 변화 후 기체의 압력 P_2

$$P_2 = P_1\left(\frac{V_1}{V_2}\right)^{k} = 90 \times \left(\frac{2}{1}\right)^{1.4} = 237.5\,[\mathrm{kPa}]$$

(3) 기체가 한 일 W

$$W = \frac{mR}{k-1}(T_1 - T_2) = \frac{2 \times 0.3}{1.4-1}(27 - 122.85) = -143.78\,[\mathrm{kJ}]$$

(4) 내부에너지 변화 ΔU

$$\Delta U = -W = 143.78\,[\mathrm{kJ}]$$

(5) 엔탈피 변화 ΔH

$$\Delta H = mC_p(T_2 - T_1) = \frac{mkR}{k-1}(T_2 - T_1)$$

$$= \frac{2 \times 1.4 \times 0.3}{1.4-1} \times (122.85 - 27) = 201.29\,[\mathrm{kJ}]$$

5 폴리트로픽 과정

실제 과정에서는 위에서 살펴본 4가지 과정 외에 다른 과정도 일어나게 되는데, 실제 과정에서 압력(P)과 체적(V)의 관계를

$$PV^n = C \qquad \cdots (4.52)$$

로 표현할 수 있는 경우가 많이 있다. 여기에서 n과 C는 상수이다. 이러한 관계가 성립하는 과정을 폴리트로픽 과정(polytropic process)이라 하고 n을 폴리트로픽 지수(polytropic exponent)라 한다. 방정식 $PV^n = C$의 양변에 로그를 취하면

$$\ln P + n \ln V = \ln C \qquad \cdots (4.53)$$

가 되므로 실험 데이터를 로그 좌표계에서 직선화하여 직선의 기울기를 구하면 n의 값을 얻을 수 있다.

폴리트로픽 과정은 n의 값에 따라 다음과 같이 앞에서 살펴본 4가지 기본과정을 모두 포함한다.

(1) $n = 0$이면 $P = C$: 정압과정

(2) $n = 1$이면 $PV = C$: 등온과정

(3) $n = k$이면 $PV^k = C$: 단열과정

(4) $n = \infty$이면 $V = C$: 정적과정

위의 4가지 과정을 $P-V$ 선도에 나타내면 [그림 4.6]과 같다.

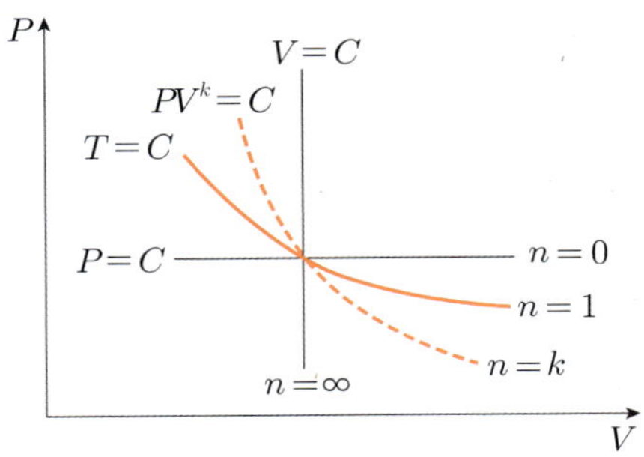

[그림 4.6] 폴리트로픽 지수에 따른 압력과 부피 관계

이상기체에 대하여 $Pv = RT$를 $Pv^n = C$와 결합하면 단열과정 식들과 같은 형태의 다음 식들이 얻어진다.

$$PV^n = C \text{ 또는 } \frac{P_2}{P_1} = \left(\frac{V_1}{V_2}\right)^n \qquad \cdots (4.54)$$

$$TV^{n-1} = C \text{ 또는 } \frac{T_2}{T_1} = \left(\frac{V_1}{V_2}\right)^{n-1} \qquad \cdots (4.55)$$

$$TP^{(1-n)/n} = C \text{ 또는 } \frac{T_2}{T_1} = \left(\frac{P_1}{P_2}\right)^{(1-n)/n} \quad \cdots (4.56)$$

폴리트로픽 과정에서 $P = CV^{-n}$이므로 폴리트로픽 과정에서 일(W)은 다음과 같이 구해진다.

$$W = \int_1^2 PdV = \int_1^2 CV^{-n}dV = C\frac{V_2^{-n+1} - V_1^{-n+1}}{-n+1}$$
$$= \frac{(P_2V_2^n)V_2^{-n+1} - (P_1V_1^n)V_1^{-n+1}}{1-n} = \frac{P_2V_2 - P_1V_1}{1-n}$$

$$W = \frac{P_2V_2 - P_1V_1}{1-n} \quad \cdots (4.57)$$

여기에서 $C = P_1V_1^n = P_2V_2^n$이다. 이상기체에서 $PV = mRT$이므로 위 식은 다음과 같이 쓸 수 있다.

$$W = \frac{mR(T_2 - T_1)}{1-n} \quad \cdots (4.58)$$

$n = 1$인 경우($PV = C$)에 대한 일은 다음과 같다.

$$W = \int_1^2 PdV = C\int_1^2 \frac{1}{V}dV = PV\ln\left(\frac{V_2}{V_1}\right) \quad \cdots (4.59)$$

이상기체의 가역적인 폴리트로픽 과정에서 계에 출입하는 열량은 밀폐계에 대한 열역학 제1법칙으로부터 다음과 같이 구해진다.

$$Q = \Delta U + W = mC_v(T_2 - T_1) + \frac{mR(T_2 - T_1)}{1-n}$$
$$= mC_v\frac{n-k}{n-1}(T_2 - T_1) = mC_n(T_2 - T_1)$$

$$Q = mC_v\frac{n-k}{n-1}(T_2 - T_1) = mC_n(T_2 - T_1) \quad \cdots (4.60)$$

여기에서 $R = (k-1)C_v$, k는 비열비이고,

$$C_n = C_v \frac{n-k}{n-1} \quad \cdots (4.61)$$

을 폴리트로픽 비열(polytropic specific heat)이라 한다.

예제 4.18 [폴리트로픽 과정] 마찰 없는 피스톤-실린더 장치 안에 압력 $P_1 = 100\text{kPa}$, 온도 $T_1 = 300\text{K}$, 질량 $m = 2\text{kg}$의 질소기체가 들어있다. 이 질소기체가 $PV^{1.4} = C$(일정)의 관계식에 따라 천천히 압축되어 최종 온도 $T_2 = 360\text{K}$ 가 되었을 때 이 과정 동안 질소기체가 한 일을 구하여라. 단, 질소기체의 기체상수 $R = 0.297\text{kJ/kg}\cdot\text{K}$ 이고, 질소기체는 이상기체이다.

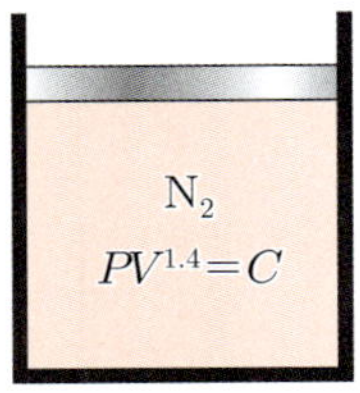

[그림 4.7] 폴리트로픽 과정

풀이 이상기체의 폴리트로픽 과정에서 기체가 한 일 W는 다음과 같다.

$$W = \frac{mR(T_2 - T_1)}{1-n} = \frac{2 \times 0.297}{1-1.4} \times (360-300) = -89.1\ [\text{kJ}]$$

즉, 질소기체는 89.1kJ의 일을 받아서 압축되었다.

예제 4.19 [폴리트로픽 과정] 온도 500K, 압력 2MPa의 이상기체 0.4kg이 이상적인 폴리트로픽 과정으로 팽창하여 압력이 0.2MPa이 되었다. 기체의 최종 온도, 기체가 한 일, 열전달량을 구하여라. 단, 기체상수 $R = 0.3\text{kJ/kg}\cdot\text{K}$, 정적비열 $C_v = 0.7\text{kJ/kg}\cdot\text{K}$, 폴리트로픽 지수 $n = 1.2$이다.

풀이 초기상태 온도 $T_1 = 500\text{K}$, 압력 $P_1 = 2\text{MPa}$이고, 질량 $m = 0.4\text{kg}$, 최종상태 압력 $P_2 = 0.2\text{MPa}$이다.

(1) 기체의 최종 온도 T_2

$$T_2 = T_1 \left(\frac{P_1}{P_2}\right)^{(1-n)/n} = 500 \times \left(\frac{2}{0.2}\right)^{(1-1.2)/1.2} = 340.6\ [\text{K}]$$

(2) 기체가 한 일 W

$$W = \frac{mR(T_2 - T_1)}{1-n} = \frac{0.4 \times 0.3}{1-1.2} \times (340.6 - 500) = 95.64\ [\text{kJ}]$$

(3) 열전달량 Q

$$Q = \Delta U + W = mC_v(T_2 - T_1) + W$$
$$= 0.4 \times 0.7 \times (340.6 - 500) + 95.64 = 51.0\,[\text{kJ}]$$

또는, 정압비열 $C_p = C_v + R = 1\text{kJ/kg} \cdot \text{K}$이므로 비열비 $k = \dfrac{C_p}{C_v} = \dfrac{10}{7}$이고, 폴리트로픽 비열($C_n$)을 이용하면

$$Q = mC_n(T_2 - T_1) = mC_v\frac{n-k}{n-1}(T_2 - T_1)$$
$$= 0.4 \times (0.7) \times \left(\frac{1.2 - 10/7}{1.2 - 1}\right) \times (340.6 - 500)\,[\text{kJ}]$$
$$= 51.0\,[\text{kJ}]$$

예제 4.20 정적비열이 $0.7\text{kJ/kg} \cdot \text{K}$인 이상기체가 폴리트로픽 과정으로 변화할 때 폴리트로픽 비열을 구하여라. 단, $C_p/C_v = 1.4$, 폴리트로픽 지수 $n = 1.2$이다.

풀이 정적비열 $C_v = 0.7\text{kJ/kg} \cdot \text{K}$, 비열비 $k = C_p/C_v = 1.4$, 폴리트로픽 지수 $n = 1.2$이므로 폴리트로픽 비열(C_n)은 다음과 같다.

$$C_n = C_v\frac{n-k}{n-1} = 0.7 \times \left(\frac{1.2 - 1.4}{1.2 - 1}\right) = -0.7\,[\text{kJ/kg} \cdot \text{K}]$$

예제 4.21 이상기체의 상태변화(상태 1→상태 2)가 폴리트로픽 과정($PV^n = C$)으로 일어난다. $\dfrac{P_2}{P_1} = 10$, $\dfrac{T_2}{T_1} = 1.5$일 때 폴리트로픽 지수 n의 값을 구하여라.

풀이 온도와 압력의 관계식으로부터 n의 값을 구한다. 식 (4.56)에서

$$\frac{T_2}{T_1} = \left(\frac{P_1}{P_2}\right)^{(1-n)/n}$$

이고, 이 식의 양변에 자연로그를 잡으면 다음과 같이 n이 얻어진다.

$$\ln\left(\frac{T_2}{T_1}\right) = \ln\left(\frac{P_1}{P_2}\right)^{(1-n)/n}$$

$$\ln\left(\frac{T_2}{T_1}\right) = \left(\frac{1-n}{n}\right)\ln\left(\frac{P_1}{P_2}\right)$$

$$n\ln\left(\frac{T_2}{T_1}\right) = (n-1)\ln\left(\frac{P_2}{P_1}\right) \quad \left(\leftarrow \ln\frac{A}{B} = -\ln\frac{B}{A}\right)$$

$$\therefore\ n = \frac{\ln(P_2/P_1)}{\ln(P_2/P_1) - \ln(T_2/T_1)} = \frac{\ln 10}{\ln 10 - \ln 1.5} = 1.214$$

4.7* 기체의 양이 몰수로 주어질 때

기계공학에서는 일반적으로 기체의 양을 질량(m[kg])으로 나타내지만 금속, 화공, 물리, 화학 및 각종시험에서 몰수(n[mol])를 사용하는 경우가 많다. 이때는 질량(m) 대신 몰수(n), 기체상수(R[kJ/kg · K]) 대신 일반기체상수($\overline{R}$[kJ/kmol · K])를 사용하면 된다. 그리고 정적비열(C_v[kJ/kg · K])과 정압비열(C_p[kJ/kg · K])로는 각각 $\overline{C_v}$[kJ/kmol · K]와 $\overline{C_p}$[kJ/kmol · K]를 사용한다. 모든 개념과 풀이 방법은 똑같다.

[1] 이상기체 상태방정식

$$PV = n\overline{R}T$$

[2] 정적과정($\Delta V = 0$)

$$W = 0$$

$$\Delta U = U_2 - U_1 = n\overline{C_v}(T_2 - T_1)$$

$$Q = \Delta U = n\overline{C_v}(T_2 - T_1)$$

[3] 정압과정($dP = 0$)

$$W = \int_1^2 P\,dV = P\int_1^2 dV = P(V_2 - V_1)$$

$$Q = n\overline{C_p}(T_2 - T_1)$$

$$\Delta U = n\overline{C_v}(T_2 - T_1)$$

[4] 등온과정($\Delta T=0$; $T_1 = T_2$)

$$\Delta U = n\overline{C_v}(T_2 - T_1) = 0$$

$$\Delta H = n\overline{C_p}(T_2 - T_1) = 0$$

$$W = P_1 V_1 \ln\left(\frac{V_2}{V_1}\right) = n\overline{R}\, T_1 \ln\left(\frac{V_2}{V_1}\right)$$

$$W = P_1 V_1 \ln\left(\frac{P_1}{P_2}\right) = n\overline{R}\, T_1 \ln\left(\frac{P_1}{P_2}\right)$$

$$Q = P_1 V_1 \ln\left(\frac{V_2}{V_1}\right) = n\overline{R}\, T_1 \ln\left(\frac{V_2}{V_1}\right)$$

$$Q = P_1 V_1 \ln\left(\frac{P_1}{P_2}\right) = n\overline{R}\, T_1 \ln\left(\frac{P_1}{P_2}\right)$$

[5] 가역단열과정($Q=0$): 여기에서 비열비 $k = \overline{C_p}/\overline{C_v}$이다.

$$PV^k = C = \text{일정}$$

$$TV^{k-1} = C = \text{일정}$$

$$TP^{(1-k)/k} = C = \text{일정}$$

$$P_2 = P_1\left(\frac{V_1}{V_2}\right)^k$$

$$T_2 = T_1\left(\frac{V_1}{V_2}\right)^{k-1}$$

$$T_2 = T_1\left(\frac{P_1}{P_2}\right)^{(1-k)/k}$$

$$Q = 0$$

$$\Delta U = n\overline{C_v}(T_2 - T_1)$$

$$\Delta H = n\overline{C_p}(T_2 - T_1)$$

$$\begin{aligned} W &= -\Delta U = n\overline{C_v}(T_1 - T_2) \\ &= \frac{n\overline{R}}{k-1}(T_1 - T_2) = \frac{1}{k-1}(P_1V_1 - P_2V_2) \end{aligned}$$

4.8* 단원자 이상기체

물질의 양을 몰[mol] 단위로 측정할 때 기체의 비열은 다음과 같이 정의된다.

[기체의 비열] 기체 1mol의 온도를 1K 만큼 올리는데 필요한 열량으로 단위는 [J/mol · K]이다.

(1) 정적비열 : 부피를 일정하게 유지하면서 측정한 비열이다. 단원자 이상기체(단원자 분자 이상기체)의 정적비열 $\overline{C_v} = \frac{3}{2}\overline{R}$ 이다.

(2) 정압비열 : 압력을 일정하게 유지하면서 측정한 비열이다. 단원자 이상기체의 정압비열 $\overline{C_p} = \frac{5}{2}\overline{R}$ 이다.

(3) 비열비 : 정압비열과 정적비열의 비($\overline{C_p}/\overline{C_v}$)를 말하며, 단원자 분자 이상기체의 비열비는 $\frac{5}{3}$ 이고 2원자 분자 이상기체의 비열비는 $\frac{7}{5}$ 이다.

여기에서 일반기체상수 $\overline{R} = 8.31441$ kJ/kmol · K 이다. 단원자 분자 이상 기체의 정적비열($3\overline{R}/2$)과 정압비열($5\overline{R}/2$)은 각종 공공 시험에서 종종 나오므로 기억하도록 한다.

$\overline{C_p}$와 $\overline{C_v}$를 각각 정압 몰비열(등압 몰비열), 정적 몰비열(등적 몰비열)이라고도 한다. 물질의 양이 몰[mol] 단위로 주어질 때 $\overline{R}$, $\overline{C_p}$, $\overline{C_v}$ 를 사용하고, 질량[kg] 단위로 주어질 때는 R, C_p, C_v를 사용한다는 것만 알면 된다.

($\overline{R}$, $\overline{C_p}$, $\overline{C_v}$)와 (R, C_p, C_v)는 분명하게 다른 양이지만 몰[mol] 단위를 주로 사용하는 물리, 화학 등에서는 편의상 기호 ($\overline{R}$, $\overline{C_p}$, $\overline{C_v}$)를 (R, C_p, C_v)르 나타내기도 한다.

4.9* 기타 상태방정식

1 van der Walls 상태방정식

이상기체의 상태방정식은 분자 간의 인력을 무시하고 분자를 크기가 없는 질점으로 생각한 가상적인 기체에 대한 방정식이다. 그러나 증기와 같은 실제 기체는 분자간의 인력과 분자의 크기가 있으므로 이들의 영향을 고려하여 상태방정식을 구할 필요가 있다. 이와 같은 영향을 고려하기 위해 1873년에 van der Walls는 이상기체의 상태방정식에 약간의 이론적 수정을 가하여 다음과 같은 상태방정식을 만들었다.[23)]

$$\left(P+\frac{a}{v^2}\right)(v-b)=RT \qquad \cdots (1a)$$

$$\text{또는,}\ P=\frac{RT}{v-b}-\frac{a}{v^2} \qquad \cdots (1b)$$

이 식을 van der Walls 상태방정식이라 한다. 여기에서 상수 b는 분자가 차지하고 있는 공간에 대한 수정이며, a/v^2은 분자간의 인력에 대한 수정이다. $a=b=0$이면 위 식은 이상기체의 상태방정식이 된다. 식 (1a),(1b)에서 v를 $\overline{v}$, R을 $\overline{R}$로 교체하면 van der Walls 상태방정식을 단위 몰 기준으로 나타낼 수 있다.

한편 1949년에 Redlich와 Kwong은 van der Walls 식보다 훨씬 정확한 3차방정식 형태의 다음 상태방정식을 제안하였다.

$$P=\frac{RT}{v-b}-\frac{a}{v(v+b)\sqrt{T}} \qquad \cdots (2)$$

van der Walls 상태방정식은 실제기체의 거동을 나타내기 위한 초기의 시도 중 하나라는 역사적 의미를 가지고 있다.

2 Beattie-Bridgeman 상태방정식

1928년에 제안된 다음 Beattie-Bridgeman 상태방정식은 실험으로 결정되는 5개의 상수를 가지고 있으며 상당히 정확하다고 알려져 있다.

$$P=\frac{\overline{R}\,T}{\overline{v}^{\,2}}\left(1-\frac{c}{\overline{v}\,T^3}\right)(\overline{v}+B)-\frac{A}{\overline{v}^{\,2}} \qquad \cdots (3)$$

$$A=A_0\left(1-\frac{a}{\overline{v}}\right),\ B=B_0\left(1-\frac{b}{\overline{v}}\right)$$

Beattie-Bridgeman 상태방정식은 약 $0.8\rho_{cr}$(ρ_{cr}은 임계점의 밀도)의 밀도까지 상당히 정확한 것으로 알려져 있다.

† 물질이 포화온도와 압력에서 액체로 존재할 때 그 물질을 포화액체(saturated liquid)라 하고, 증기로 존재할 때 그 물질을 포화증기(saturated vapor)라 한다. 그리고 포화액체와 포화증기의 상태가 동일한 점을 임계점(critical point)이라 한다. 임계점 이상의 초임

---

23) 학부과정의 열역학이나 각종 시험 등에서는 거의 모두 이상기체를 주로 다룬다. 그러나 실제 기체의 거동은 복잡하다는 것만 알아두면 되겠다.

계영역에서는 액체 상태와 기체 상태를 구분할 수 없다. 물의 임계온도 $T_{cr} = 373.95\,℃$, 임계압력 $P_{cr} = 22.06\,\mathrm{MPa}$이다.

3 Benedict-Webb-Rubin 상태방정식

1940년에 Benedict 와 Webb 및 Rubin 은 상수의 개수를 8개로 늘려 Beattie -Bridgeman 상태방정식을 확장하여 다음과 같은 상태방정식을 제안하였다.

$$P = \frac{\overline{R}\,T}{\overline{v}} + \left(B_0 \overline{R}\,T - A_0 - \frac{C_0}{T^2}\right)\frac{1}{\overline{v}^2} + \frac{b\overline{R}\,T - a}{\overline{v}^3} + \frac{a\alpha}{\overline{v}^6} + \frac{c}{\overline{v}^3 T^2}\left(1 + \frac{\gamma}{\overline{v}^2}\right)e^{-\gamma/\overline{v}^2} \quad \cdots (4)$$

이 방정식은 약 $2.5\,\rho_{cr}$까지 정확하다고 알려져 있다.

4 virial 상태방정식

다음과 같이 압력과 비체적의 곱(Pv)을 무한급수 형태로 전개한 방정식을 virial 상태방정식이라 한다.

$$Pv = RT\left(1 + \frac{B}{v} + \frac{C}{v^2} + \cdots\right) \quad \cdots (5a)$$

$$Pv = RT(1 + B'P + C'P^2 + \cdots) \quad \cdots (5b)$$

여기에서 B, C, $\cdots$ 와 B', C', $\cdots$ 등은 온도의 함수이며 B와 B'을 제2 virial 계수, C와 C'을 제3 virial 계수라 한다. 많은 경우에 있어서 제3 virial 계수까지 취하면 정확한 상태방정식이 얻어진다고 한다.

식 (5a), (5b)의 virial 계수는 대개 실제 P, v, T 관계의 실험값으로부터 구한다. 실제 증기의 성질을 이상기체의 성질과 비교하기 위하여 다음과 같이 압축계수(compressibility factor) Z를 정의한다.

$$Z = \frac{Pv}{RT} \quad \cdots (6)$$

식 (6)을 이용하면 virial 상태방정식은 다음과 같다.

$$Z = 1 + \frac{B}{v} + \frac{C}{v^2} + \cdots \quad \cdots (7)$$

이상기체일 때 $Z = 1\,(B = C = \cdots = 0)$이며 Z의 값이 1에서 벗어난 정도가 실제 관계식과 이상기체 상태방정식과의 차이를 나타낸다.

예제 4.22 부피 $V=3.27\text{m}^3$의 용기에 질량 $m=100\text{kg}$, 온도 $T=175\text{K}$의 질소기체가 들어 있고, 실험으로 측정한 이 기체의 압력은 1505kPa이다. 이상기체 상태방정식과 van der Walls 상태방정식으로 구한 압력과 실제압력을 각각 비교하여라. 단, 기체상수 R과 상수 a, b의 값은 다음과 같다.

$$R=0.2968\text{kPa}\cdot\text{m}^3/\text{kg}\cdot\text{K}$$
$$a=0.175\text{m}^6\cdot\text{kPa/kg}^2,\ b=0.00138\text{m}^3/\text{kg}$$

풀이 비체적 $v=\dfrac{V}{m}=\dfrac{3.27}{100}=0.0327\,[\text{kg/m}^3]$

(1) 이상기체 상태방정식

$$P=\frac{RT}{v}=\frac{0.2968(175)}{0.0327}=1588\,[\text{kPa}]$$
$$e=\left(\frac{1588-1505}{1505}\right)\times 100=5.5\%\ \text{오차}$$

(2) van der Walls 상태방정식

$$P=\frac{RT}{v-b}-\frac{a}{v^2}=\frac{0.2968(175)}{0.0327-0.00138}-\frac{0.175}{(0.0327)^2}=1495\,[\text{kPa}]$$
$$e=\left(\frac{1505-1495}{1505}\right)\times 100=0.66\%\ \text{오차}$$

예제 4.23 다음 van der Walls 상태방정식을 만족하는 기체의 온도가 일정하게 유지되면서 부피가 V_1에서 V_2로 팽창하는 동안 기체가 한 일을 구하여라.

$$\left(P+\frac{a}{V^2}\right)(V-b)=mRT$$

여기에서 V는 체적, P는 압력, T는 온도이고, 질량 m 및 a, b, R은 상수이다.

풀이 주어진 식으로부터 $P=\dfrac{mRT}{V-b}-\dfrac{a}{V^2}$이므로 기체가 한 일($W$)은 다음과 같다.

$$W=\int_{V_1}^{V_2}P\,dV=\int_{V_1}^{V_2}\left(\frac{mRT}{V-b}-\frac{a}{V^2}\right)dV$$
$$=mRT\int_{V_1}^{V_2}\frac{1}{V-b}dV-a\int_{V_1}^{V_2}\frac{1}{V^2}dV$$
$$=mRT[\ln(V-b)]_{V_1}^{V_2}+a\left[\frac{1}{V}\right]_{V_1}^{V_2}$$
$$=mRT\ln\left(\frac{V_2-b}{V_1-b}\right)+a\left(\frac{1}{V_2}-\frac{1}{V_1}\right)$$

† $\displaystyle\int\frac{1}{x+k}dx=\ln|x+k|+C,\ \int\frac{1}{x^2}dx=-\frac{1}{x}+C$ (C는 상수)

연습문제 4

01 온도 100℃, 압력 200kPa, 부피 $4m^3$인 일정량의 이상기체가 같은 압력 하에서 부피가 $3m^3$으로 줄어들었다면 온도는 몇 ℃가 되는가?

02 산소(O_2)와 이산화탄소(CO_2)의 기체상수를 각각 구하여라.

03 압력 800kPa, 부피 $4m^3$, 온도 500K인 이상기체의 질량을 구하여라. 단, 기체상수 $R = 0.287\,kJ/kg \cdot K$이다.

04 견고한 용기에 들어있는 4kg의 기체가 가열되어 온도가 50℃에서 200℃까지 상승하였다. 기체의 정적비열은 0.7kJ/kg·K일 때 기체의 내부에너지 변화를 구하여라.

05 압력을 일정하게 유지하면서 기체 3kg의 온도를 20℃에서 70℃까지 높일 때 필요한 열량을 구하여라. 단, 기체의 정압비열은 0.8kJ/kg·K이다.

06 온도 100℃, 질량 400kg의 금속을 20℃의 물 $0.1m^3$가 들어있는 단열된 견고한 용기에 넣었다. 물과 금속이 열적인 평형 상태에 도달할 때의 온도를 구하여라. 금속과 물의 비열은 각각 0.45kJ/kg·℃, 4.2kJ/kg·℃이다.

07 밀폐된 견고한 용기 내에 있는 이상기체 10kg의 온도를 100℃ 높이기 위해 용기에 가해야할 열량을 구하여라. 단, 기체의 정적비열 $C_v = 0.7\,kJ/kg \cdot K$이다.

08 밀폐된 견고한 용기 내에 온도 200℃의 이상기체 10kg이 들어있다. 용기를 냉각하여 기체가 560kJ의 열을 외부로 방출하였을 때 기체의 온도를 구하여라. 단, 기체의 정적비열 $C_v = 0.7\,kJ/kg \cdot K$이다.

09 부피가 $2m^3$인 밀폐된 견고한 용기 내에 압력 100kPa, 온도 50℃의 이상기체가 들어있다. 용기를 냉각하여 기체의 온도를 30℃로 낮출 때, 기체가 외부로 방출한 열량을 구하여라. 단, 기체의 정적비열 $C_v = 0.7\,kJ/kg \cdot K$, 기체상수 $R = 0.3\,kJ/kg \cdot K$이다.

10 질량 0.32 kg의 이상기체가 그림과 같이 정적 과정으로 상태 ①에서 ②로 변화할 때 다음을 구하여라. 단, 기체 상수 $R = 2\,\text{kJ/kg}\cdot\text{K}$, 정적비열 $C_v = 3\,\text{kJ/kg}\cdot\text{K}$ 이다.

(1) 과정 ①→②에서 기체가 외부에 한 일

(2) 점 ①, ②의 온도

(3) 과정 ①→②에서 기체가 흡수한 열량

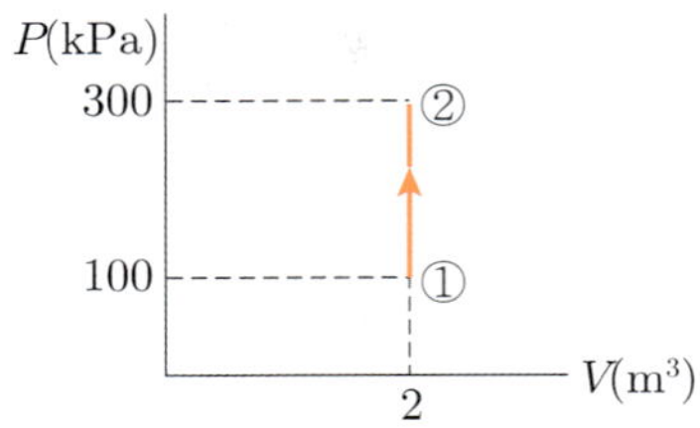

[문제 4.10]

11 압력이 100 kPa로 일정하게 유지되는 피스톤-실린더 장치 내에 온도 120℃의 이상기체 0.2 kg이 들어있다. 장치를 냉각하여 기체의 온도가 20℃로 감소하였을 때 다음을 구하여라. 단, 기체의 정적비열 $C_v = 0.7\,\text{kJ/kg}\cdot\text{K}$, 정압비열 $C_p = 1\,\text{kJ/kg}\cdot\text{K}$ 이다.

(1) 내부에너지 변화　　　　(2) 방출한 열량

(3) 기체가 한 일

12 정압과정으로 압력 100 kPa의 이상기체의 내부에너지가 50 kJ 증가하고 부피가 $0.2\,\text{m}^3$ 증가하였을 때 기체가 외부로부터 받은 열량을 구하여라.

13 질량 1.3 kg의 이상기체가 그림과 같이 ①→②로 상태 변화하고 있다. 기체의 정적비열 $C_v = 1.7\,\text{kJ/kg}\cdot\text{K}$, 기체상수 $R = 0.5\,\text{kJ/kg}\cdot\text{K}$일 때 다음을 구하여라.

(1) 과정 ①→②에서 기체가 외부에 한 일

(2) 점 ①, ②의 온도

(3) 과정 ①→②에서 기체가 흡수한 열량

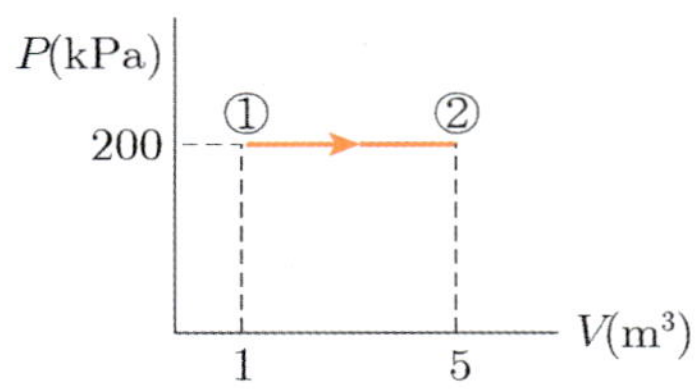

[문제 4.13]

14 정압과정으로 압력 100 kPa의 이상기체가 50 kJ의 열을 외부로 방출하고 부피가 $0.2\,\text{m}^3$ 감소하였을 때 기체의 내부에너지 변화를 구하여라.

15 이상기체가 들어있는 단면적 $0.04\,\text{m}^2$의 피스톤-실린더 장치가 있다. 압력을 100 kPa로 일정하게 유지하면서 2 kcal의 열을 기체로 공급하였을 때 기체가 팽창하여 피스톤이 50 cm 이동하였다면 기체의 내부에너지 변화는 얼마인가? 단, 1kcal는 4.2 kJ이다.

16 온도 400 K, 부피 $2\,\text{m}^3$의 이상기체 10kg을 등온과정으로 팽창시켜 부피가 $6\,\text{m}^3$이 되었다. 기체가 한 일을 구하여라. 단, 기체상수는 $0.3\,\text{kJ/kg}\cdot\text{K}$ 이다.

17 일정량의 이상기체가 그림과 같이 일정 온도에서 ①→② 로 상태변화하고 있을 때 다음을 구하여라.

(1) 점 ① 에서의 기체의 부피 V_1

(2) 과정 ①→②에서 기체가 한 일

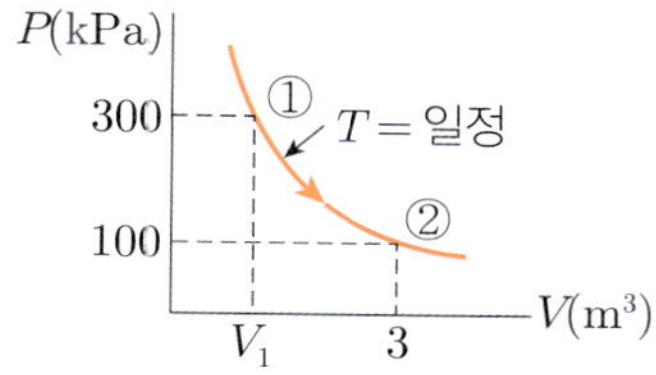

[문제 4.17]

18 부피 $2\,\mathrm{m}^3$, 압력 $300\,\mathrm{kPa}$의 이상기체를 등온과정으로 냉각하여 부피가 $1\mathrm{m}^3$이 되었다. 기체가 방출한 열량을 구하여라.

19 압력 $100\,\mathrm{kPa}$의 이상기체를 가역 단열 압축하여 부피를 $1/2$로 줄였을 때 기체의 최종 압력을 구하여라. 단, 기체의 비열비 $k=1.4$이다.

20 온도 $27\,℃$ 의 이상기체를 가역 단열 압축하여 압력을 2배로 증가시켰을 때 기체의 최종 온도를 구하여라. 단, 기체의 비열비 $k=1.4$이다.

21 압력 $800\,\mathrm{kPa}$, 온도 $200℃$ 의 이상기체 $0.5\,\mathrm{kg}$이 가역 단열 팽창하여 압력이 $200\mathrm{kPa}$로 감소하였다. 비열비 $k=1.4$, 기체상수 $R=0.3\,\mathrm{kJ/kg\cdot K}$일 때 다음을 구하여라.

(1) 기체의 최종 온도 (2) 기체가 한 일

(3) 내부에너지 변화

22 온도 $50℃$, 압력 $0.2\,\mathrm{MPa}$의 이상기체 $3\mathrm{kg}$이 이상적인 폴리트로프 과정으로 압축되어 압력 $2\mathrm{MPa}$, 온도 $250℃$ 로 되었다. 폴리트로픽 지수를 구하고, 이 과정동안 기체가 한 일과 열전달량을 구하여라. 단, 기체상수 $R=0.3\,\mathrm{kJ/kg\cdot K}$, 정적비열 $C_v=0.7\,\mathrm{kJ/kg\cdot K}$이다.

23 정적비열이 $0.72\,\mathrm{kJ/kg\cdot K}$인 이상기체가 폴리트로픽 과정으로 변화할 때 폴리트로픽 비열을 구하여라. 단, 비열비 $k=1.4$, 폴리트로픽 지수 $n=1.25$이다.

24 실제 기체가 이상 기체의 상태방정식을 가장 잘 만족할 수 있는 경우는?

① 압력이 낮고 온도가 높을 때. ② 압력이 높고 온도가 낮을 때.

③ 온도와 압력이 모두 낮을 때. ④ 온도와 압력이 모드 높을 때.

25 Boyle-Charles의 법칙을 옳게 표현한 것은? [중등교사 임용시험-기계]

① $P/V=CT$ ② $PV=C$

③ $TP=CV$ ④ $PV=CT$

26 이상기체에서 정압비열(C_p)과 정적비열(C_v)의 관계는? 단, R은 기체상수이다. [중등교사 임용시험-기계]

① $C_p + C_v = R$　　② $C_p \times C_v = R$

③ $C_p - C_v = R$　　④ $C_p / C_v = R$

27 초기상태에서 압력이 $5\,\mathrm{bar}$, 체적이 $2\mathrm{m}^3$인 일정량의 이상기체가 일정한 온도 하에서 서서히 팽창하여 체적이 $16\mathrm{m}^3$이 되었다. 팽창 과정에서 (가)외부에 한 일 $W[\mathrm{MJ}]$ (나) 외부로부터 받은 Q열량$[\mathrm{MJ}]$은? [중등교사 임용시험-기계·금속]

① $W=3\ln 2[\mathrm{MJ}]$, $Q=3\ln 2[\mathrm{MJ}]$　　② $W=3\ln 2[\mathrm{MJ}]$, $Q=30\ln 2[\mathrm{MJ}]$

③ $W=30\ln 2[\mathrm{MJ}]$, $Q=3\ln 2[\mathrm{MJ}]$　　④ $W=30\ln 2[\mathrm{MJ}]$, $Q=15\ln 2[\mathrm{MJ}]$

28 어떤 이상기체가 온도, 압력, 부피가 각각 27℃, 1기압, 100L인 상태에 있다. 이 기체를 온도, 부피가 각각 57℃, 22L인 상태로 만들었을 때, 기체의 압력과 가장 가까운 값은? [공무원 임용시험]

① 0.2기압　　② 5기압　　③ 9.6기압　　④ 10기압

29 밀폐된 실린더 속에 온도 300K, 압력 1.5atm인 이상기체 2mol이 있다. 압력을 4atm으로 증가시키고 부피를 반으로 줄였을 때, 이 기체의 절대온도[K]는? [공무원 임용시험]

① 225　　② 300　　③ 325　　④ 400

30 어떤 이상기체를 등온 압축하여 부피를 반으로 줄이는데 200J의 일이 필요했다고 한다. 부피를 $\frac{1}{8}$로 줄이려면 얼마의 일[J]이 필요한가? [공무원 임용시험]

① 25　　② 600　　③ 800　　④ 1600

31 이상기체가 초기상태(T_1, V_1)에서 최종상태($T_2 = T_1$, $V_2 = 2V_2$)로 변할 때의 내부에너지 변화량은? [공무원 임용시험]

① 0　　② $-\ln 2$　　③ $\ln 2$　　④ $\exp(2)$

32 이상기체를 가정한 2kg의 기체가 등온과정을 통하여 1bar, 300K에서 10bar, 300K로 등온 압축할 때 필요한 일의 절댓값은? 단, $\ln 10 = 2.3$, $\ln 0.1 = -2.3$, R은 기체상수이다. [공무원 임용시험]

① $690R$　　② $750R$　　③ $1380R$　　④ $2070R$

33 밀폐된 실린더 안에서 이상기체 1kg이 1기압에서 0.2기압으로 등온(400K)에서 가역 팽창할 때 얻은 열 Q[J]와 한 일 W[J]는? 단, R은 기체상수로 단위는 J/kg·K이다. [공무원 임용시험]

① $Q=-400R\ln 5$, $W=-400R\ln 5$　　② $Q=400R\ln 5$, $W=-400R\ln 5$

③ $Q=400R\ln 5$, $W=400R\ln 5$　　④ $Q=-400R\ln 5$, $W=400R\ln 5$

34 127℃에서 0.25 mol의 이상 기체를 2.5ℓ에서 0.5ℓ로 압축할 때 요구되는 일은 얼마인가? 단, $R = 8.3\,\text{J/mol} \cdot \text{K}$, $\ln 5 = 1.6$이다. [공무원 임용시험]

① 1300J ② 33000J ③ 420J ④ 250J

35 마찰이 없는 피스톤–실린더 기구 내의 이상기체가 팽창하여 체적이 처음의 2배가 되었다. 이때 정압과정으로 발생한 일(W_1)과 등온과정으로 발생한 일(W_2)의 비(W_1/W_2)는? [중등교사 임용시험-기계·금속]

① $\frac{1}{2}$ ② 2 ③ ln2 ④ $\frac{1}{\ln 2}$

36 이상기체 1 mol이 T_1[K], P_1[atm]의 상태에 있다. 이상기체의 정용열용량(정적비열)과 정압열용량(정압비열)을 각각 C_v[J/mol · K], C_p[J/mol · K]로 나타낼 때 다음 물음에 답하시오. [중등교사 임용시험-기계·금속]

(1) 등온 가역적으로 압력이 P_1[atm]에서 P_2[atm]으로 변화하였을 때 한 일의 양을 구하시오.

(2) 등온 가역적으로 압력이 P_1[atm]에서 P_2[atm]으로 변화하였을 때 엔탈피 변화량(ΔH)을 구하시오.

(3) 일정한 부피 하에서 가역적으로 온도가 T_1[K]에서 T_2[K]으로 변화하였을 때 내부에너지 변화량(ΔU)을 구하시오.

37 기체의 성질에 대한 다음 물음에 답하시오. 단, 기체는 이상기체이며, 질량은 일정하다. [중등교사 임용시험 - 화공·섬유]

(1) 온도가 일정할 때, 부피(V)와 압력(P)의 관계 그래프를 그리시오.

(2) 온도가 일정할 때, 압력(P)과 압력(P)×부피(V)와의 관계 그래프를 그리시오.

(3) 온도와 압력이 변할 때, 기체의 부피와 압력, 부피와 온도의 관계를 간단히 쓰시오.

(4) 이상기체 상태방정식을 이용하여 0℃, 1atm에서 어떤 기체 1mol의 기체상수 R (atm · L/mol · K)의 값을 구하시오. 단, 소수점 넷째 자리에서 반올림할 것.

38 체적이 일정한 단열 용기 속에 완전가스 2kg이 압력 20MPa, 온도 27℃의 상태로 들어 있다. 이 가스를 177℃까지 가열하였을 경우에 가스의 압력 p[MPa]과 가열량 Q[kcal]가 맞게 짝지어진 것은? 단, 정적비열은 0.25 kcal/kg · ℃이며, 가열량은 가스의 압력과 온도 상승에만 사용된다. [중등교사 임용시험 - 항해·기관]

① $p = 25$[MPa], $Q = 35$[kcal] ② $p = 25$[MPa], $Q = 75$[kcal]

③ $p = 30$[MPa], $Q = 35$[kcal] ④ $p = 30$[MPa], $Q = 75$[kcal]

39 그림은 일정량의 이상 기체 상태가 A→B→C를 따라 변화할 때 부피와 온도의 관계를 나타낸 것이다. 이에 대한 설명으로 옳은 것은? [공무원 임용시험]

① A→B 과정에서 기체가 한 일은 0이다.
② A→B 과정에서 기체의 압력은 2배가 된다.
③ B→C 과정에서 내부에너지는 일정하다.
④ A→B 과정에서는 열을 흡수하고 B→C 과정에서는 열을 방출한다.

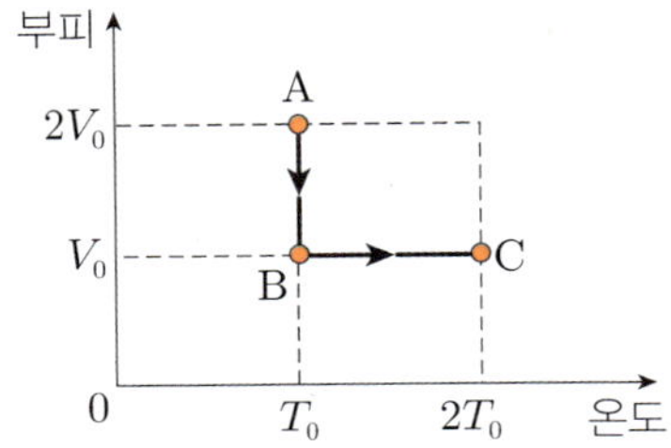

[문제 4.39]

40 어떤 질소 통에 15kg의 질소를 가득 채우면 압력이 30기압이 된다. 질소 통의 압력을 20기압으로 낮추려면 몇 kg의 질소를 빼내야 하는가? 단, 통 속에 있는 질소는 이상기체이고 온도는 일정하다고 가정한다. [공무원 임용시험]

① 2.5 ② 5.0 ③ 10 ④ 12

41 그림은 일정량의 이상기체 상태를 A→B→C로 변화시키는 동안, 이상기체의 압력과 부피를 나타낸 것이다. 이에 대한 설명으로 옳은 것은? [공무원 임용시험]

① A→B 과정에서 기체가 외부에 일을 한다.
② 기체의 내부 에너지는 A보다 B에서 더 크다.
③ B→C 과정에서 기체가 외부에 열을 방출한다.
④ 기체의 온도는 B보다 A에서 더 높다.

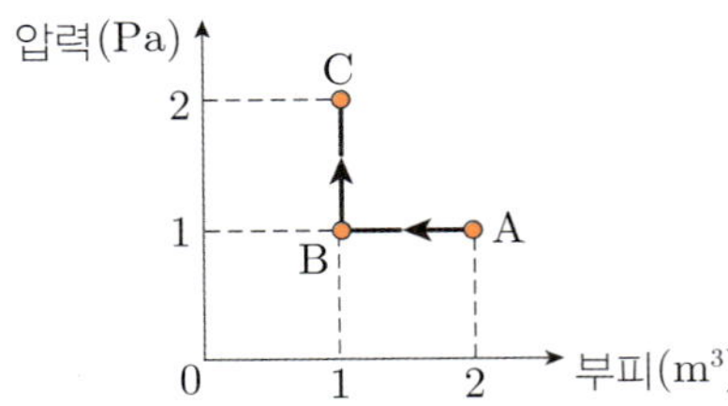

[문제 4.41]

42 다음 그림은 어떤 이상기체계가 절대온도 T인 등온곡선 위의 처음 상태 i에서 절대온도 $T+\Delta T$인 등온곡선 위의 나중 상태 f로 바뀌는 세 과정을 보여준다. 과정 1은 등적과정, 과정 2는 등압과정, 그리고 과정 3은 단열과정이다. 각 과정에서 이상기체계로 유입된 열에너지를 차례로 ΔQ_1, ΔQ_2, ΔQ_3 라고 할 때, 그 크기를 바르게 나타낸 것은? 단, $\Delta T > 0$이다. [공무원 임용시험]

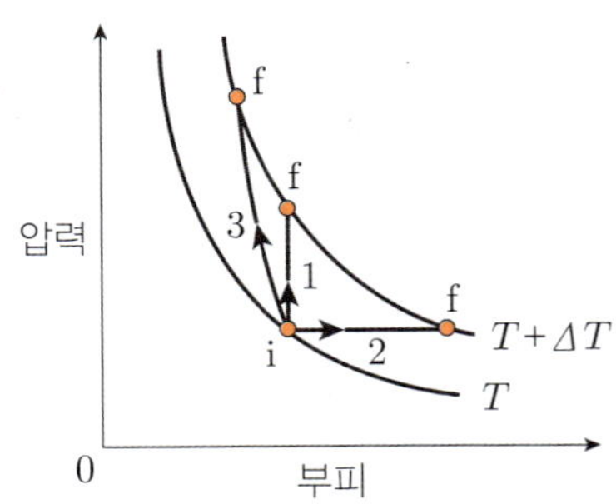

[문제 4.42]

① $\Delta Q_1 > \Delta Q_2 > \Delta Q_3$ ② $\Delta Q_1 > \Delta Q_2 = \Delta Q_3$
③ $\Delta Q_2 > \Delta Q_1 > \Delta Q_3$ ④ $\Delta Q_1 = \Delta Q_2 = \Delta Q_3$

43 그림은 어떤 이상 기체의 상태가 A→B→C→A로 변하는 과정에서 부피 V와 절대온도 T의 값을 나타낸 것이다. 이에 대한 설명으로 옳은 것은? 단, 변하는 과정 중에 이 기체의 입자 수는 일정하다. [공무원 임용시험]

① A→B 과정에서 기체의 압력은 일정하다.

② B→C 과정에서 기체의 압력은 감소한다.

③ C→A 과정에서 기체는 외부에 일을 한다.

④ 기체 분자의 평균운동에너지는 B 상태가 C 상태보다 크다.

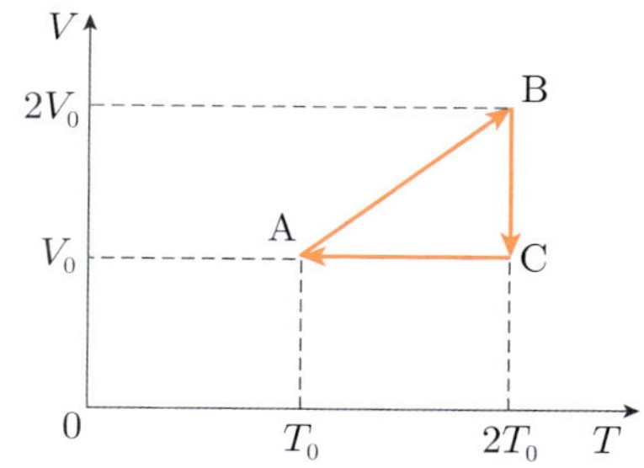

[문제 4.43]

44 다음 괄호 안의 ㉠, ㉡에 해당하는 것을 순서대로 쓰시오. [중등교사 임용시험-기술]

> 1662년 영국인 보일(R. Boyle)은 진공 용기(chamber)를 이용한 실험에서 온도가 일정한 조건일 때, 부피는 (㉠)에 반비례한다는 것을 관찰하였다. 그리고 1802년 프랑스인 샤를(J. Charles)은 (㉠)이/가 일정한 조건에서 부피는 온도에 비례한다는 것을 실험적으로 얻어냈다. 이러한 보일과 샤를의 연구 결과를 바탕으로 이상기체 상태방정식 (㉡)이/가 만들어졌다.
>
> (㉡)
>
> 여기에서 p는 절대 압력, T는 절대온도, R은 기체 상수, v는 비체적을 의미한다.

45 그림 (가)는 온도 T_1이 27℃이고 압력 P_1이 300kPa인 공기가 들어 있는 철제 용기를 나타낸 것이다. 그림 (나)와 같이 이 용기가 가열된 후, 용기 내부의 압력 P_2는 330kPa이다. <조건>을 고려하여 가열된 후 용기 내부의 온도 T_2[℃]를 구하는 식과 계산 값을 쓰시오. [중등교사 임용시험-기계·금속]

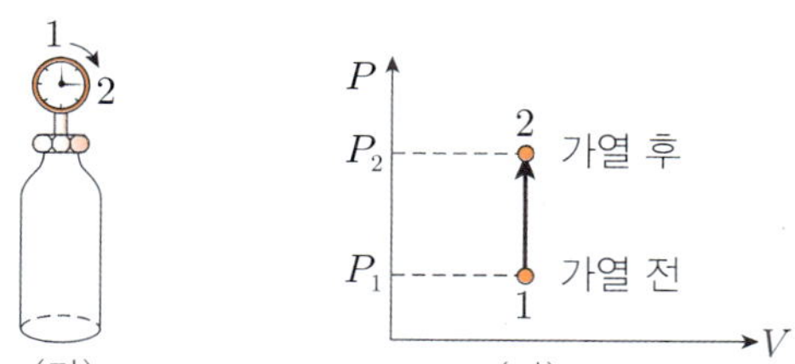

(가) (나)

[문제 4.45]

> <조 건>
> - 용기 내부는 체적 V가 변하지 않는 밀폐계이다.
> - 용기 내부의 공기는 이상기체이다.
> - 압력은 절대압력으로 측정된 값이다.
> - 온도 0[℃]는 273[K]이다.

46 그림은 단열된 실린더에 일정량의 이상기체가 들어 있고 추가 놓여 있는 단열된 피스톤이 정지해 있는 모습을 나타낸 것이며, 이상기체의 온도와 외부의 온도는 각각 T_1과 T_2이다. 추를 제거하였더니 피스톤은 천천히 움직이다가 멈추었고 이상기체의 온도와 외부의 온도는 T_2로 같아졌다. 이에 대한 설명으로 옳은 것만을 모두 고르면? 단, 이상기체의 누출은 없고 대기압은 일정하며, 실린더와 피스톤 사이의 마찰은 무시한다. [공무원 임용시험]

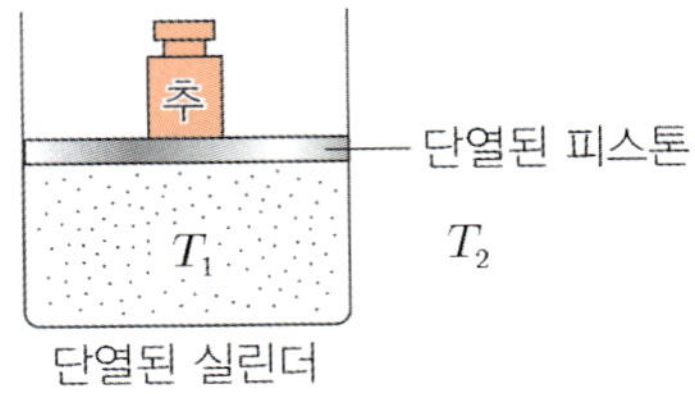

[문제 4.46]

ㄱ. $T_1 > T_2$이다.
ㄴ. 피스톤이 움직이는 동안 이상기체의 압력은 증가한다.
ㄷ. 이상기체가 한 일은 이상기체의 내부에너지 감소량과 같다.

① ㄱ ② ㄴ ③ ㄱ, ㄷ ④ ㄴ, ㄷ

47 그림 (가)는 압력 P, 부피 V, 절대온도 T인 일정량의 이상기체가 상자 안에 들어 있는 것을 나타낸 것이다. 기체의 압력을 일정하게 유지하면서 기체에 $5PV$의 열을 가하였더니 그림 (나)와 같이 부피가 증가하였고 온도는 $3T$가 되었다. 이 과정에서 기체의 내부에너지 변화량은? 단, 상자 안의 기체 분자 수는 일정하다. [공무원 임용시험]

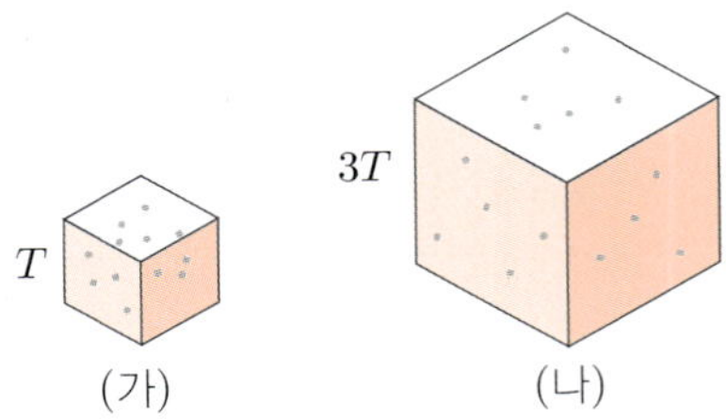

[문제 4.47]

① PV ② $2PV$ ③ $3PV$ ④ $4PV$

48 그림은 열적으로 고립된 실린더 속에서 같은 종류의 기체가 얇은 벽으로 나누어진 것을 나타낸다. 초기에 왼쪽 부분의 압력, 부피, 온도는 각각 $3P$, $2V$, T_1이고, 오른쪽은 P, V, T_2이다. 이상기체라고 가정할 때, 얇은 벽을 제거한 후에 평형 상태에 도달하였을 때 온도(T_f)와 압력(P_f)은? [중등교사 임용시험-물리]

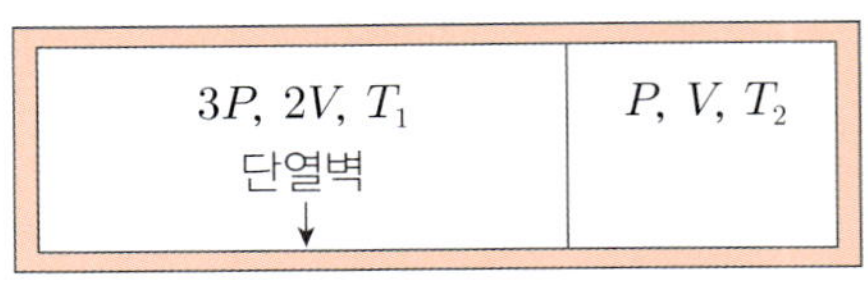

[문제 4.48]

① $T_f = \dfrac{6T_1T_2}{T_1+5T_2}$, $P_f = \dfrac{5}{3}P$ ② $T_f = \dfrac{7T_1T_2}{T_1+6T_2}$, $P_f = \dfrac{7}{3}P$

③ $T_f = \dfrac{8T_1T_2}{T_1+7T_2}$, $P_f = \dfrac{5}{3}P$ ④ $T_f = \dfrac{6T_1T_2}{5T_1+T_2}$, $P_f = \dfrac{7}{4}P$

49 그림은 일정량의 단원자 분자 이상기체가 A →B →C →A의 순서로 순환하는 과정에서 기체의 압력과 부피 사이의 관계를 나타낸 것이다. C →A 과정에서 기체의 내부 에너지 변화는? [공무원 임용시험]

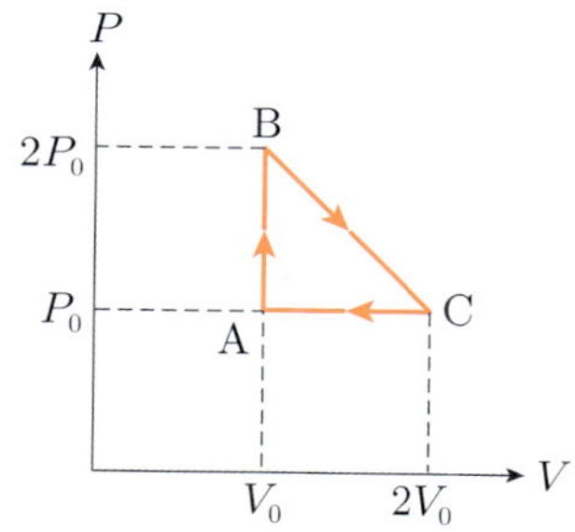

[문제 4.49]

① $\frac{3}{2}P_0V_0$ ② P_0V_0 ③ $-P_0V_0$ ④ $-\frac{3}{2}P_0V_0$

50 이상기체에 대한 설명으로 가장 옳은 것은? [공무원 임용시험]

① 분자 간의 상호작용이 존재한다.
② 내부에너지는 온도만의 함수이다.
③ 상태방정식은 $PV=T$이다.
④ 압축인자 Z는 2 이상이다.

51 이상기체에 대한 설명 중 옳은 것은? (단, C_V : 정적비열, C_P : 정압비열, H : 엔탈피, U : 내부 에너지, W : 일, Q : 열, R : 기체상수, m: 질량) [공무원 임용시험]

① ΔH는 ΔU보다 항상 크다.
② C_V가 상수일 때, 정압과정에서 $Q=m(C_V+R)\Delta T$이다.
③ $dU=mC_PdT$
④ C_P는 온도와 압력만의 함수이다.

52 어떤 이상기체가 폴리트로픽(polytropic) 공정 변화에 의하여 처음상태에서는 압력이 P_1, 체적이 V_1이었는데 끝 상태에서는 압력이 P_2, 체적이 V_2로 되었다. 이 기체의 폴리트로픽 지수 n은 얼마인가? [공무원 임용시험]

① $n=\frac{\ln(P_2/P_1)}{\ln(V_1/V_2)}$ ② $n=\frac{\ln(V_1/V_2)}{\ln(P_2/P_1)}$

③ $n=\frac{\ln(P_2/P_1)}{\ln(V_2/V_1)}$ ④ $n=\frac{\ln(V_2/V_1)}{\ln(P_2/P_1)}$

53 닫힌계(closed system)에서 1.0kg의 이상기체가 $RT=3.0\text{kJ/kg}$로 주어지는 온도에서 가역 등온팽창을 하여 최종압력은 초기압력의 $1/e$배로 감소하였다. 이 과정에서의 출입되는 열의 양(kJ)은 얼마인가? 단, e는 자연로그 $\ln x$의 밑으로 $\ln x = \log_e x$이다. [공무원 임용시험]

① 0　　② 1.0　　③ 1.5　　④ 3.0

54 일정량의 이상기체가 처음 부피 V_1에서 등온 팽창하여 부피 V_2로 되었다. 이 경우 내부에너지 변화량(ΔU)과 엔탈피 변화량(ΔH)이 올바르게 표시된 것은? [공무원 임용시험]

① $\Delta U=0$, $\Delta H=0$
② $\Delta U=0$, $\Delta H=\Delta U+R$
③ $\Delta U=nRT$, $\Delta H=nRT+R$
④ $\Delta U=-nRT\ln(V_2/V_1)$, $\Delta H=-nRT\ln(V_2/V_1)+R$

55 닫힌계(closed system)에서 압력 200kPa, 부피 2m^3인 공기가 가역등압공정을 통해 부피가 4m^3로 팽창하였다. 팽창 중에 내부에너지가 200kJ만큼 증가하였다면 팽창에 필요한 열량은? [공무원 임용시험]

① 100kJ　　② 200kJ　　③ 400kJ　　④ 600kJ

56 비리얼 상태방정식은 아래와 같이 표현될 수 있다. [공무원 임용시험]

$$PV/RT=1+BP+CP^2+DP^3+\cdots$$

여기서, B, C, $D\cdots$를 비리얼 상수라고 하는데, 이는 무엇의 함수인가?

① 온도 및 압력　　② 압력　　③ 온도　　④ 부피

57 수소와 같은 단분자(singular molecule) 이상기체를 0℃에서 단열과정으로 1기압에서 10기압까지 압축시켰다. 최종온도(K)는 대략 얼마인가? 단, $C_v=\frac{3}{2}R$, $10^{0.4}=2.5$, $10^{2.5}=316.2$이다. [공무원 임용시험]

① 약 1170K　　② 약 750K　　③ 약 680K　　④ 약 110K

58 어떤 기체 8mol이 4L 부피의 용기에 들어있을 때, 온도는 700K이고 압력은 300atm이다. 이 기체의 압축인자는 약 얼마인가? 단, 기체상수 $R=0.08\text{L}\cdot\text{atm/K}\cdot\text{mol}$이다. [공무원 임용시험]

① 1.50　　② 1.88　　③ 2.24　　④ 2.68

59 이상기체의 식 $PV^n=C$에서 $n=0$일 때, 변화 과정은? (단, C=상수) [공무원 임용시험]

① 등온과정　　② 정압과정　　③ 단열과정　　④ 정적과정

60 이상기체를 사용한 닫힌계, 폴리트로픽 공정에서 폴리트로픽 지수(n)가 2라고 하자. 초기 온도 27℃에서 127℃까지 공정의 온도가 상승했다면, 최종 부피는 초기 부피의 몇 배가 되겠는가? [공무원 임용시험]

① 1/4배　② 3/4배　③ 4/3배　④ 4배

61 2kg의 이상기체가 300K에서 15L의 일정한 부피의 용기 안에 들어있다. 이 기체에 2kJ의 열을 가했을 때 온도가 340K로 변했다. 이 과정 동안 기체의 엔탈피 변화량은 얼마인가? 단, 기체상수 $R = 8\text{J/kg} \cdot \text{K}$이다. [공무원 임용시험]

① 2kJ　② 2.32kJ　③ 2.64kJ　④ 2.96kJ

62 60℃에서 2mol의 단원자 이상기체가 30기압에서 5기압으로 가역 등온팽창 할 때, 내부에너지의 변화[kcal]는? [공무원 임용시험]

① 0kcal　② 25kcal　③ 50kcal　④ 1500kcal

63 공기 1kg을 정적과정으로 10℃에서 130℃까지 가열하고, 그 다음에 정압과정으로 130℃에서 210℃까지 가열한다고 할 때, 전체 가열에 필요한 열량[kJ]은? 단, $C_V = 0.70\text{kJ/kg} \cdot ℃$이고 $C_P = 1.00\text{kJ/kg} \cdot ℃$이다. [공무원 임용시험]

① 161kJ　② 162kJ　③ 163kJ　④ 164kJ

64 1kg의 이상기체가 닫힌계(closed system)에서 <보기>의 (가), (나), (다) 순으로 일련의 가역 공정을 거친다고 할 때, 전체 공정에 대한 일의 절댓값은? 단, $C_V = \frac{3}{2}R$이고, e는 자연로그 $\ln x$의 밑으로 $\ln x = \log_e x$이다. [공무원 임용시험]

> <보기>
> (가) 400K 온도에서 초기 부피의 e배 되는 부피로 등온 팽창
> (나) 일정한 부피에서 온도가 200K로 냉각
> (다) 초기 상태로 단열 압축

① 50R　② 75R　③ 100R　④ 200R

65 부피 10L, 온도 293K, 압력 760mmHg(1기압)인 이상기체를 온도 373K, 부피 5.4L가 되도록 가열 및 압축시켰다. 이때 기체의 압력은 얼마인가? 단, 소수점 이하는 반올림 한다. [공무원 임용시험]

① 1013mmHg　② 1792mmHg
③ 4128mmHg　④ 7600mmHg

66 그림은 실린더 속에 들어있는 이상기체의 상태를 A에서 B로 변화시켰을 때 A와 B에서의 압력과 부피를 나타낸 것이다. 이 과정에 대한 설명으로 옳은 것은? [공무원 임용시험]

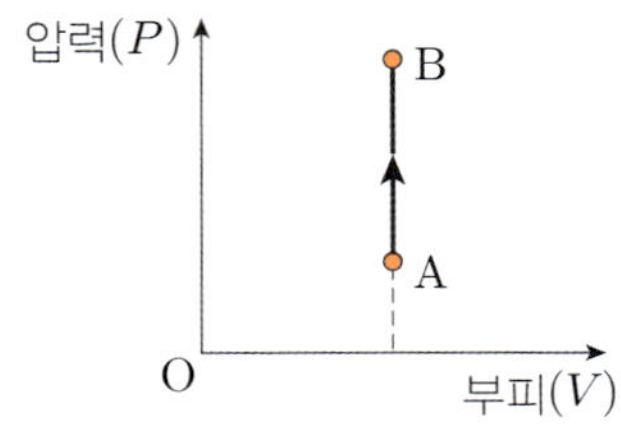

[문제 4.66]

① 기체의 온도는 일정하다.
② 내부에너지가 증가한다.
③ 기체가 외부에 일을 한다.
④ 기체가 외부로 열에너지를 방출한다.

67 1kg의 이상기체가 열역학적 평형 상태 A_1에서 열역학적 평형 상태 A_2로 변하였다. 각 상태 A_i에서의 온도, 압력, 부피는 T_i, P_i, V_i로 표시되며, $T_1 = T_2$, $P_1 > P_2$, $V_1 < V_2$였다. 열역학적 평형 상태 A_1에서 A_2로의 변화과정에 대한 설명 중 가장 옳은 것은? [공무원 임용시험]

① 기체가 외부로 열을 방출한다.
② 기체가 외부에서 열을 흡수한다.
③ 기체의 내부 에너지는 증가한다.
④ 기체의 내부 에너지는 감소한다.

68 이상기체의 열역학적 성질에 대한 설명으로 가장 옳지 않은 것은? (단, k는 볼쯔만 상수이고 T는 절대온도 이다.) [공무원 임용시험]

① 이상기체 단원자 분자 한 개의 평균운동에너지는 $\frac{3}{2}kT$이다.
② 이상기체의 평균속력은 온도에 정비례하여 증가한다.
③ 이상기체의 내부에너지는 압력과 부피의 곱에 정비례하여 증가한다.
④ 이상기체는 기체분자 사이에 힘이 작용하지 않는 것을 가정한다.

69 그림과 같이 실린더 안에 이상기체가 들어 있다. 피스톤을 사용하여 기체의 부피를 처음의 3배가 되도록 하였고, 기체의 절대온도가 처음의 2배가 되게 하였다. 이때 이상기체 압력의 변화는? 단, 실린더와 피스톤을 통하여 열이 빠져나가지 않는다. [공무원 임용시험]

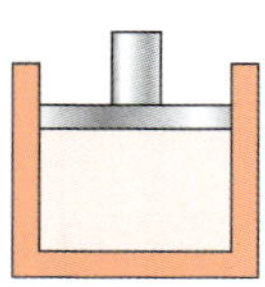

[문제 4.69]

① 처음의 2/3배　　② 처음의 3/2배
③ 처음의 4/9배　　④ 처음의 1/3배

70 단열 압축-팽창하는 원통형 실린더 내부 공기의 기체 방정식은 $P_1 V_1^{\gamma} = P_2 V_2^{\gamma}$이다. 온도가 300K인 공기의 부피를 1/10로 압축한다면, 압축 후 공기의 온도는 압축 전에 비해 몇 K 올라가는가? 단, $\gamma = 2$이고, 공기는 이상기체로 간주한다. [공무원 임용시험]

① 270K　② 300K　③ 2700K　④ 3000K

71 밀폐되고 마찰이 없는 피스톤-실린더 기구에 담긴 부피 1리터의 단원자 분자 이상기체가 3기압을 유지하면서 부피 3리터로 팽창하였다. 이 과정에서 이상기체에 가해진 열량은? 단, 1기압은 10^5Pa이고, 단원자 분자 이상기체의 정적비열은 $\frac{3}{2}R$이다. [공무원 임용시험]

① 300J　② 600J　③ 900J　④ 1500J

72 그림은 일정량의 이상 기체가 상태 A→B→C를 따라 변할 때, 이 이상 기체의 압력과 부피를 나타낸 것이다. 이에 대한 설명으로 옳은 것은? [지방공무원 9급(2020)]

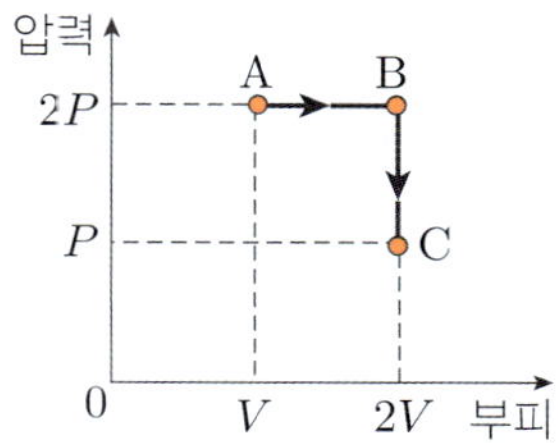

[문제 4.72]

① 기체의 온도는 A에서가 B에서보다 높다.
② A→B에서 기체가 외부에 한 일은 PV이다.
③ B→C에서 기체는 열을 방출한다.
④ B→C에서 기체가 외부에 한 일은 PV이다.

73 그림은 일정량의 이상 기체의 상태가 A→B→C→A를 따라 변할 때 압력과 부피를 나타낸 것이다. A→B는 등압과정, B→C는 단열과정, C→A는 등온과정이다. 이에 대한 설명으로 옳지 않은 것은? 단, 그림에서 A, B의 온도는 각각 T_1, T_2이며, 점선은 각각 T_1, T_2의 등온 곡선이고 $T_1 < T_2$이다. [국가공무원 9급(2020)]

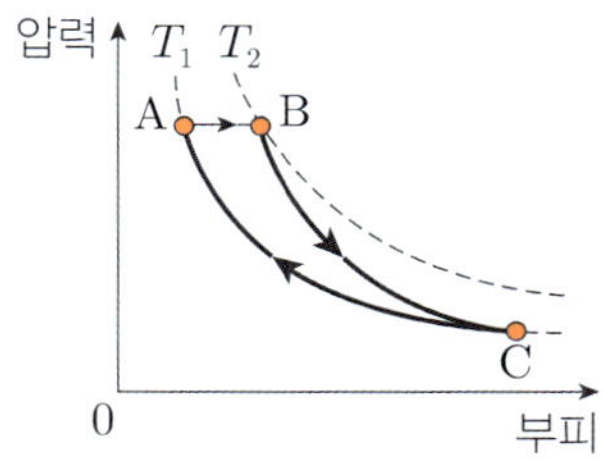

[문제 4.73]

① A→B 과정에서 기체의 내부에너지는 증가한다.
② A→B 과정에서 기체는 외부로부터 열을 흡수한다.
③ B→C 과정에서 기체의 내부에너지가 증가한다.
④ A→B→C 과정에서 기체가 외부에 한 일은 C→A 과정에서 기체가 외부에서 받는 일보다 크다.

74 이상기체(ideal gas)에 대한 설명으로 옳지 않은 것은? [국가공무원 7급(2020)]

① 기체 분자의 질량은 0으로 가정한다.
② 기체의 온도가 일정할 때 기체의 압력은 부피에 반비례한다.
③ 기체의 압력이 일정할 때 기체의 부피는 절대온도에 비례한다.
④ 기체 분자 사이에는 인력이나 척력이 작용하지 않는다.

75 등적 몰비열, 등압 몰비열이 각각 $\frac{3}{2}R$, $\frac{5}{2}R$인 단원자 이상기체 n몰이 있다. 초기 온도가 T_1, 압력이 P_1인 이 기체가 단열팽창하여, 외부에 W만큼 일을 한다. 일을 마친 후 기체의 압력이 P_2일 때, $\frac{P_2}{P_1}$는? 단, R는 기체상수이고, $W>0$이다. [국가공무원 7급(2020)]

① $\left(1-\frac{W}{nRT_1}\right)^{\frac{5}{3}}$　② $\left(1-\frac{2W}{3nRT_1}\right)^{\frac{5}{3}}$

③ $\left(1-\frac{W}{nRT_1}\right)^{\frac{5}{2}}$　④ $\left(1-\frac{2W}{3nRT_1}\right)^{\frac{5}{2}}$

76 일정량의 이상기체가 단열팽창 하여 부피가 두 배가 되었다. 이에 대한 설명으로 옳은 것만을 모두 고르면? [국가공무원 7급(2021)]

ㄱ. 이 기체의 압력은 감소하였다. ㄴ. 이 기체의 내부 에너지는 감소하였다. ㄷ. 이 과정 동안 기체는 일을 하지 않았다.

① ㄱ　② ㄷ　③ ㄱ, ㄴ　④ ㄴ, ㄷ

77 그림은 일정량의 단원자 분자 이상기체의 상태가 A→B를 따라 변할 때 기체의 압력과 부피를 그래프로 나타낸 것이다. A→B 과정에서 기체가 흡수한 열량은? [국가공무원 7급(2021)]

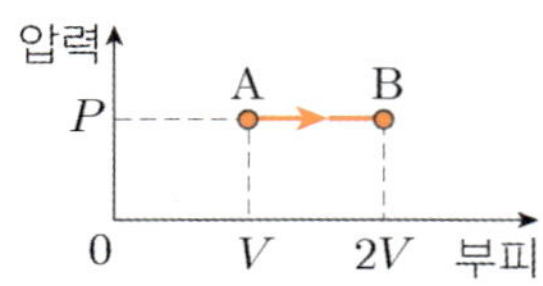

[문제 4.77]

① PV　② $\frac{3}{2}PV$

③ $2PV$　④ $\frac{5}{2}PV$

78 그림과 같은 피스톤-실린더 장치 안에 이상기체 2kg이 들어 있다. 피스톤의 단면적은 100cm^2이고, 피스톤은 축 방향으로 일정한 힘 $F=1\text{kN}$을 받고 있다. 실린더 속의 기체를 가열하여 온도를 10K 높였을 때 다음을 구하여라. 단, 기체의 정적비열은 $0.7\text{kJ/kg}\cdot\text{K}$, 기체상수는 $0.3\text{kJ/kg}\cdot\text{K}$이고, 피스톤과 실린더 사이 마찰은 무시한다.

[문제 4.78]

(1) 기체의 내부에너지 변화량[kJ]
(2) 기체가 한 일[kJ]
(3) 기체가 받은 열량[kJ]

79 1kg의 이상기체가 그림과 같이 A→B→C→D→A로 상태변화하고 있다. 기체의 정적비열 $C_v = \frac{3}{2}R$, R은 기체상수이고 A점의 온도가 T_0일 때 다음을 구하여 R과 T_0로 나타내어라.

(1) 점 B, C, D의 온도(T)
(2) A→B 과정에서 기체가 받은 열량(Q)
(3) B→C 과정에서 기체가 한 일(W)과 받은 열량(Q)
(4) C→D 과정에서 기체가 방출한 열량(Q)
(5) D→A 과정에서 기체가 받은 일(W)과 방출한 열량(Q)

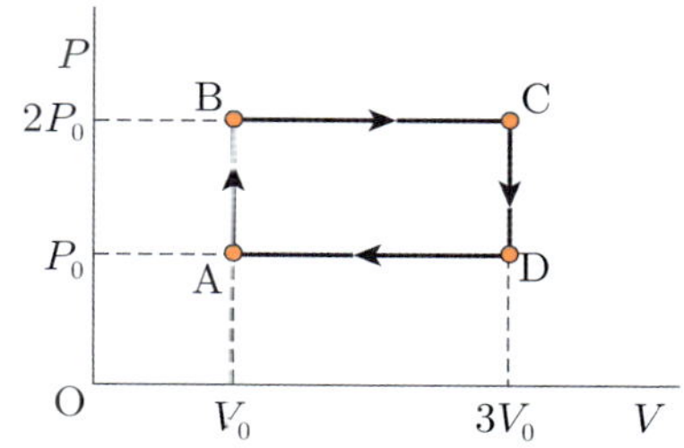

[문제 4.79]

80 1kg의 이상기체가 그림과 같은 순환과정을 따를 때 다음을 구하여 P_0, V_0로 나타내어라. 단, 기체의 정적비열 $C_v = 3R/2$이다.

(1) 경로 1→2→3을 따라 상태 1에서 3으로 변할 때 기체가 한 일.
(2) 2→3을 따라 상태 2에서 3으로 변할 때 내부에너지 변화.

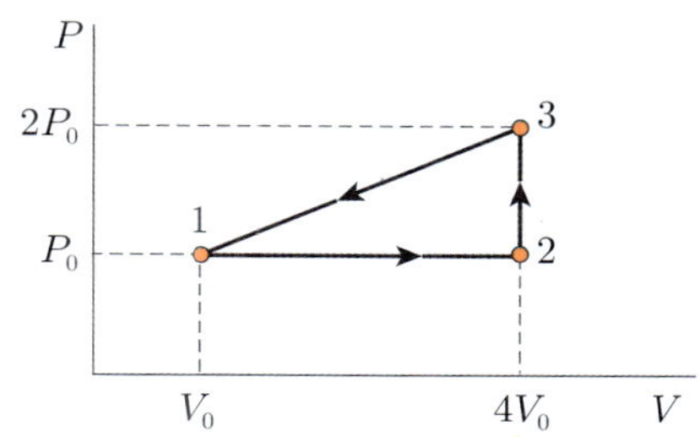

[문제 4.80]

81 그림과 같이 내부 반지름 $R_1 = 0.1$[m]인 밀폐된 구에 압력 $P_1 = 100$[kPa]인 이상 기체가 들어 있다. 이 기체가 가열되어 내부 반지름 $R_2 = 0.2$[m]가 될 때까지 등온 과정으로 팽창하였다. <조건>을 고려하여 팽창 후의 기체 압력 P_2[kPa]와 이 과정에 의해 기체가 행한 일 W[J]를 각각 구하고, 풀이 과정과 함께 쓰시오. [중등교사 임용시험-기계·금속]

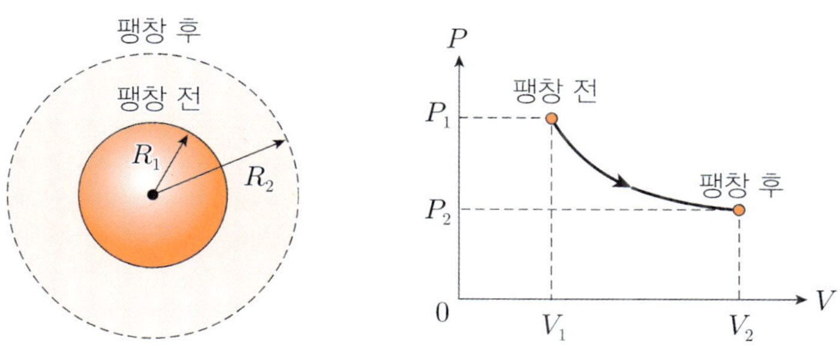

[문제 4.81]

<조 건>
- 기체는 준평형 과정으로 팽창하며, 과정 중에 구 모양을 유지한다.
- 압력은 절대 압력 값이다.
- $\pi = 3$, $\ln 8 = 2$로 계산하며, 제시된 조건 이외에는 고려하지 않는다.

82 그림은 경로 A를 따라 팽창하는 이상기체와 경로 B를 따라 팽창하는 이상기체의 $P-V$ (압력-부피) 선도를 나타낸 것이다. <조건>을 고려하여 이상기체의 압력 P_f[bar]와 부피 $V_f[\text{m}^3]$를 각각 구하고, 풀이 과정과 함께 쓰시오. [중등교사 임용시험-기계(2020)]

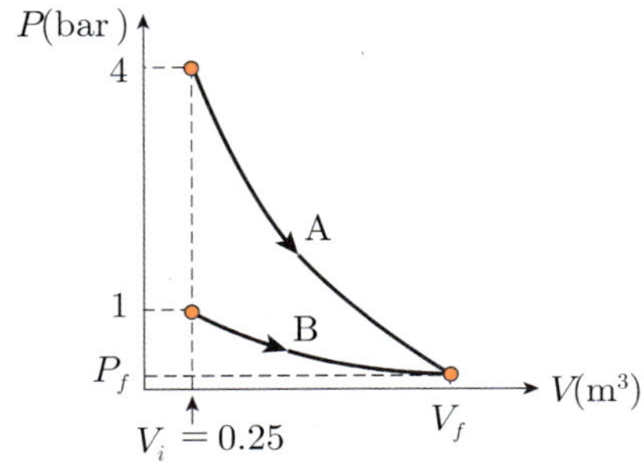

[문제 4.82]

<조 건>
- 경로 A를 따라 이상기체는 부피 V_i에서 V_f까지 가역단열팽창한다.
- 경로 B를 따라 이상기체는 부피 V_i에서 V_f까지 가역등온팽창한다.
- 이상기체의 정적 몰비열 C_V와 정압 몰비열 C_P는 각각 $C_V = 3R/2$, $C_P = 5R/2$로 계산한다.
- R은 기체상수(molar gas constant)이다.[24)]

83 피스톤-실린더 장치 내에 300 kPa, 27 ℃의 이상기체 $0.6\,\text{m}^3$이 들어 있다. 이 장치 내에 있는 전기 가열기를 통하여 500 W의 에너지가 4분 동안 공급된다. 기체는 일정한 압력에서 팽창하고 이 과정에서 10 kJ의 열손실이 일어났다. 기체의 최종 온도를 구하여라. 단, 기체의 정압비열은 1.04 kJ/kg · K, 기체상수는 0.3 kJ/kg · K이다.

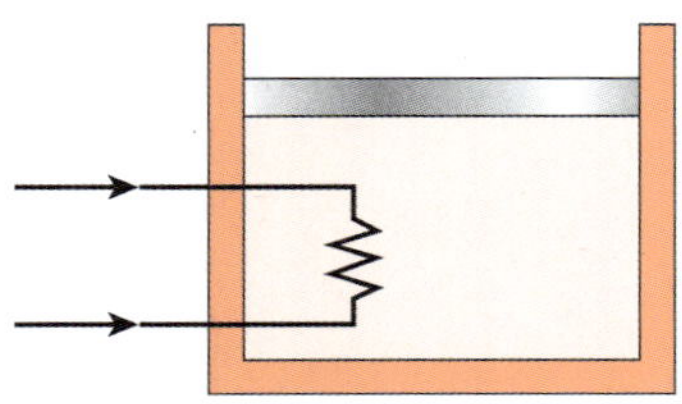

[문제 4.83]

24) 몰비열이 $3R/2$, $5R/2$로 정의되었으므로 여기에서 주어진 R은 일반기체상수이다.

84 그림과 같이 서로 다른 질량유량($\dot{m}_1$, $\dot{m}_2$)과 온도(T_1, T_2)를 갖는 동일한 이상기체가 단열 혼합장치에 유입되어 완전하게 혼합된 후 평형 상태 온도(T_3)에서 일정한 질량유량($\dot{m}_3$)으로 배출된다. 혼합 기체의 출구 온도(T_3)를 구하여 다음과 같은 형태로 나타내어라. 여기에서 $\dot{m}_3$는 혼합 기체 전체의 총질량유량이다.

[문제 4.84]

$$T_3 = f\left(\frac{\dot{m}_1}{\dot{m}_3}, \frac{\dot{m}_2}{\dot{m}_3}, T_1, T_2\right)$$

***85** 정압비열과 정적비열의 정의 식으로부터 이상기체에 대한 정압비열과 정적비열의 관계식을 유도하고, 정적비열과 정압비열을 비열비(k)를 이용하여 나타내시오. [국가공무원 5급(기술) 제2차시험]

***86** 다음 그림과 같이 2kmol의 단원자 기체가 $P-T$ 선도에서 사이클 과정을 겪는다. $T_1 = 300$ K, $P_1 = 200$kPa, $T_3 = 1800$K, $P_3 = 400$kPa일 때, 사이클당 발생 일을 구하시오. 단, 과정 4-1과 과정 2-3은 각각 정압과정이고 일반 기체상수 $\overline{R} = 8.3144$kJ/kmol · K 이다. [국가공무원 5급(기술) 제2차시험]

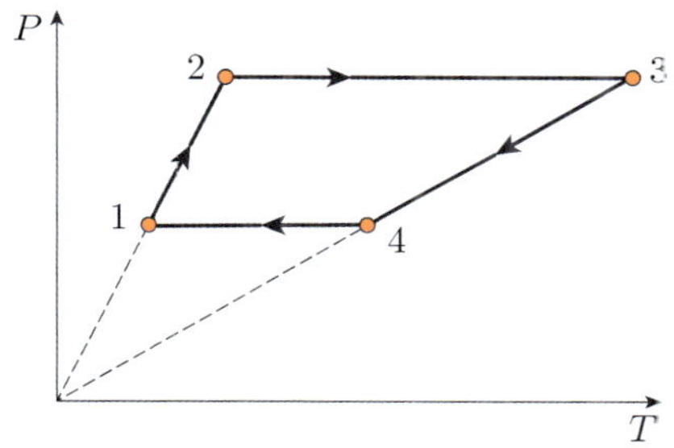

[문제 4.86]

***87** 실린더와 피스톤으로 구성된 장치 내에 이상기체 0.1kg이 들어 있다. 피스톤 위에는 일정 질량의 추가 놓여 있어서 기체의 압력은 0.2MPa로 일정하게 유지된다. 실린더와 피스톤의 벽을 통하여 서서히 열을 가하여 정압과정의 팽창실험을 실시하고 이 과정의 데이터를 분석하여 이 기체의 비열을 계산해 보려고 한다. 열전달 과정 전에 기체의 온도는 50℃ 였고, 체적은 0.01m^{3}이었으며 10kJ의 열을 가한 후 기체의 체적은 2배로 증가하였고, 측정된 온도는 150℃ 였다. [국가공무원 5급(기술) 제2차시험]

(1) 정압비열은 얼마인가? (2) 정적비열은 얼마인가?

(3) 기체상수는 얼마인가?

(4) 일반기체상수를 8.31kJ/kmol · K 라고 할 때 분자량은 얼마로 추정할 수 있는가?

제5장 열역학 제2법칙

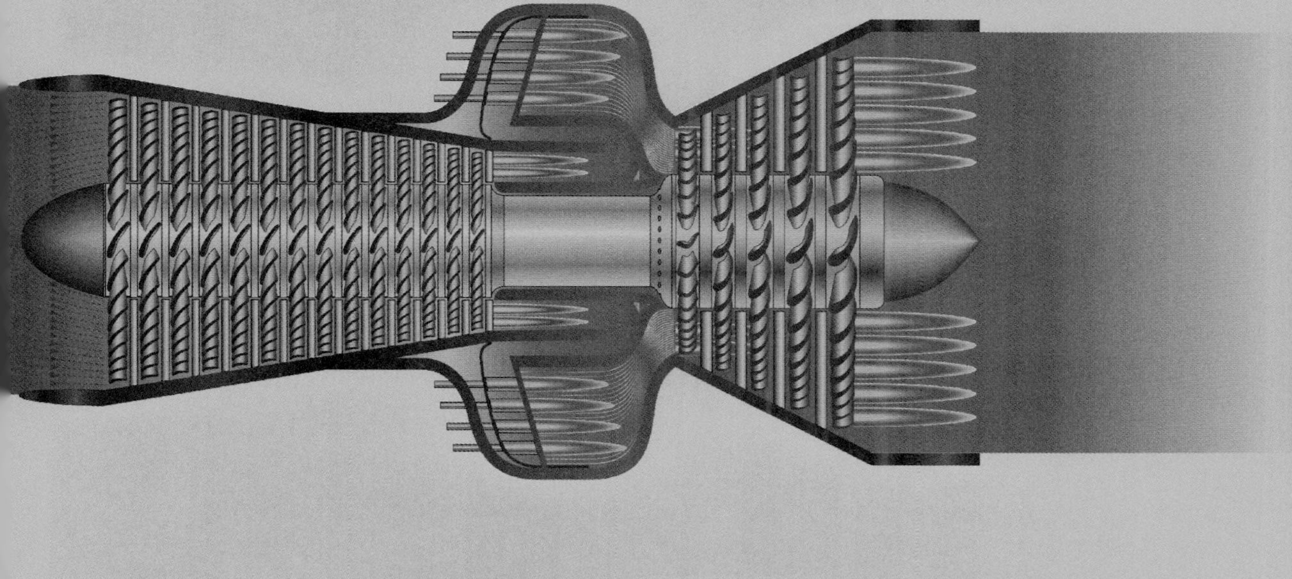

5.1 방향성을 갖는 현상과 열역학 제2법칙

3장에서는 밀폐계에서 일어나는 과정에 대해 열역학 제1법칙을 적용하여 열과 일 사이의 관계를 살펴보았다. 열역학 제1법칙은 에너지 보존법칙을 말하며, 에너지는 보존되는 물리량이므로 열역학 제1법칙을 위반하는 현상은 일어나지 않는다. 그러나 열역학 제1법칙을 만족한다고 하여도 다음과 같이 실제로는 일어날 수 없는 현상이 많다.

1 온도 차이에 의한 열전달

온도가 서로 다른 두 물체가 접촉하고 있을 때, 온도가 높은 물체로부터 온도가 낮은 물체로의 열전달이 일어나며, 그 반대의 현상은 일어나지 않는다는 것을 일상생활에서 잘 알고 있다.

예를 들어 방 안에 있는 공기보다 더 뜨거운 물체는 공기로 열을 빼앗겨서 결국에는 식게 된다[그림 5.1]. 이 과정에서 물체가 잃은 에너지와 주위 공기가 얻은 에너지는 같고 이것은 열역학 제1법칙을 만족한다.

이 현상과 반대 방향의 과정, 즉 방 안의 공기로부터 물체가 열을 전달받아 공기브다 뜨거운 물체가 더욱 더 뜨거워지는 과정을 생각해 보자. 이 과정은 공기가 잃은 에너지의 양은 물체가 받은 에너지의 양과 같으므로 열역학 제1법칙을 만족시킨다. 그러나 이런 현상은 일어나지 않는다.

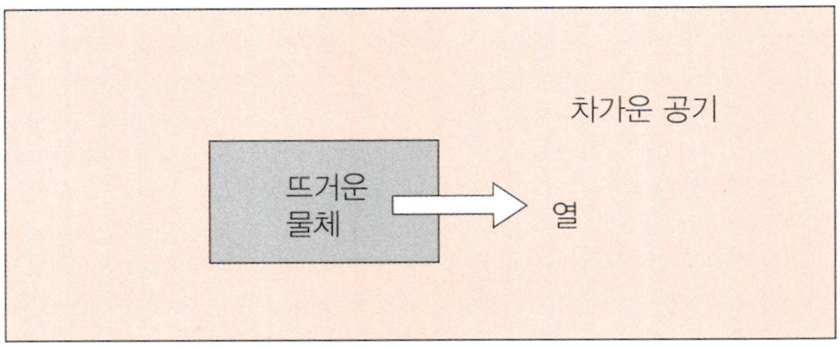

[그림 5.1] 뜨거운 물체가 차가운 공기로부터 열을 받아 더 뜨겁게 되지는 않는다.

2 전기와 열

니크롬선과 같은 전기저항체에 전류를 흘려 열을 발생하는 전열기를 살펴보자[그림 5.2]. 전열기를 켜면 저항체에 공급된 전기에너지는 열로 바뀌어 공기에 전달된다. 이때 소모된 전기에너지는 공기로 전달된 에너지의 양과 같으므로 이 과정은 열역학 제1법칙을 만족한다.

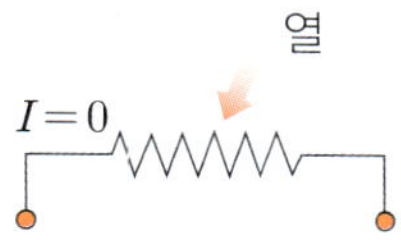

[그림 5.2] 전열선을 가열하여도 전기가 흐르지 않는다.

그러나 이 과정을 거꾸로 되돌리는 현상은 일어나지 않는다. 즉 저항체를 가열하여도 저항체에는 전류가 흐르지 않는다. 공기가 저항체에 공급한 열과 저항체에 발생하는 전기에너지가 같으면 이 과정은 열역학 제1법칙을 만족하지만 이와 같은 일은 일어나지 않는다.

3 마찰

고체와 고체 사이의 마찰이나 유체 유동에서의 마찰은 기계적인 에너지를 열에너지 형태로 소산시킨다. 그러나 발생된 열에너지가 자연스럽게 기계적인 일로 변환되고 원래의 상태로 되돌아가는 일은 일어나지 않는다.

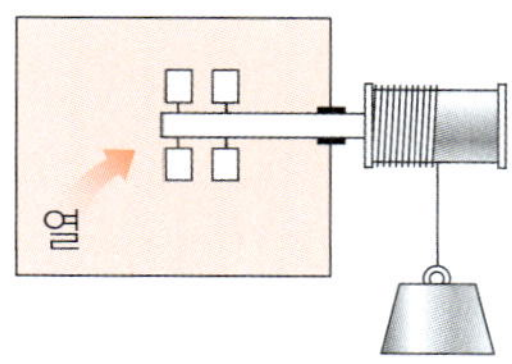

[그림 5.3] 날개에 열을 가해도 축이 회전하지 않는다.

예를 들어 [그림 5.3]과 같이 물체를 낙하시켜 날개바퀴를 돌리는 장치를 생각해보자. 물체가 낙하하면 회전하는 날개바퀴가 용기 안에 있는 유체를 휘젓게 되고 날개와 유체 사이에서 마찰열이 발생한다. 이 과정에서 에너지 보존법칙에 의해 물체의 위치에너지는 감소하고 유체의 내부에너지는 증가한다. 그러나 이 과정을 거꾸로 되돌리는 과정, 즉 유체에서 날개바퀴에 열을 전달하여 물체를 본래의 위치로 들어 올리는 과정은 열역학 제1법칙을 만족하여도 자연적으로 일어나지는 않는다.

4 자유팽창과 혼합 및 확산

[그림 5.4]와 같이 단열된 용기를 얇은 막으로 분리한 후, 한쪽에만 기체를 넣었다가 막을 파괴하면 기체는 용기 전체에 고르게 분산된다. 즉 처음의 기체 부피는 V이고 나중 부피는 $2V$가 된다. 이와 같은 것을 자유팽창이라고 하며 용기 내부 전체를 하나의 계로 생각하면 외부로의 열전달이 없으므로 계의 내부 에너지는 막의 파괴 전후에 동일하고 대부분의 저압기

체에서 온도 변화도 거의 없다. 여기에서 기체가 다시 원래의 부피(V)로 저절로 압축된다는 것은 상상하기 어려우며 아직 그러한 경우가 관찰된 바는 없다.

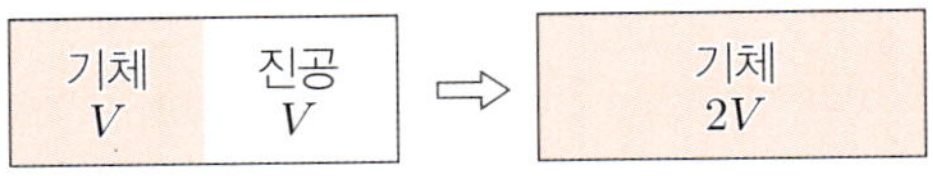

[그림 5.4] 기체의 자유팽창

이와 비슷한 예는 막의 좌우에 서로 다른 두 기체가 있는 경우이다. [그림 5.4]와 같이 막을 파괴하면 두 기체는 자연스럽게 혼합된다. 그러나 혼합된 후 저절로 두 기체가 분리되어 원상태로 되돌아가는 일은 일어나지 않는다. 또한 잉크를 물에 떨어뜨렸을 때 잉크는 물속에서 자연스럽게 확산된다. 그러나 확산된 잉크가 저절로 모여서 다시 원상태로 되돌아가는 일은 일어나지 않는다.

5 열역학 제2법칙

이상에서 살펴본 바와 같이 자연계에서 일어나는 과정은 어떤 정해진 방향성을 가지고 있다. 이러한 방향성으로 인하여 열역학 제1법칙을 만족하지만 실제 자연에서는 일어날 수 없는 현상이 많이 있으며 이러한 경험과 실험결과 등을 일반화하여 열역학 제2법칙이라 부른다.

열역학 제2법칙은 단순히 열을 일로 변환하는 경우를 한정하여 표현하는 것이 아니라 모든 자연현상이 어떤 제한(방향성)을 받고 있는 것을 나타낸다. 즉, 자연현상은 어떤 정해진 방향으로 일어나고 그 과정을 거꾸로 되돌리는 일은 스스로 일어나지 않는다.

5.2 열역학 제2법칙 서술

열역학 제2법칙은 여러 사람들에 의해 여러 가지로 서술되었는데, 대표적인 것은 켈빈-플랑크(Kelvin-Plank) 서술과 클라시우스(Clausius)서술이다.

1 Kelvin-Plank 서술

"하나의 열원(heat source)으로부터 열을 전달받아 사이클의 과정으로 열을 일로 변환시키는 열기관을 만들 수 없다."

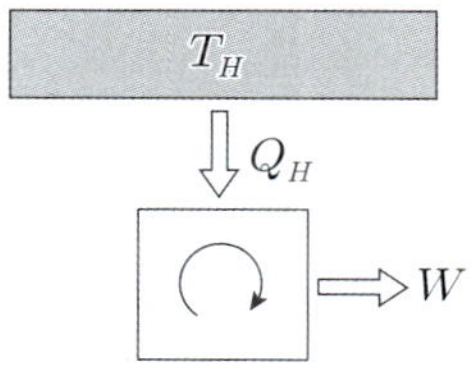

[그림 5.5] Kelvin-Planck 서술

이 말은 어떤 열원으로부터 전달받은 열의 일부가 일로 교환되고 나머지의 열은 다른 낮은 온도의 열원으로 방출해야 한다는 것을 의미한다. 즉, 열효율 100%의 열기관은 존재하지 않는다는 것을 뜻하고 있다.

열효율이 100%인 기관을 제2종 영구기관이라 한다. 이것은 공급된 열을 모두 일로 바꾸는 기관으로 열역학 제2법칙에 어긋나므로 만들 수 없다.

† Kelvin-Plank 서술에 의하면 하나의 열원과 열 교환을 하면서 사이클을 수행하는 시스템은 그 주변에 순 일(net work)을 발생시킬 수 없다. 즉, 사이클의 순 일(W_{cycle})은 양(+)이 될 수 없다는 것이므로 이것을 식으로 표현하면 다음과 같다.

$$W_{cycle} \leq 0 \quad (\text{ 열원이 하나일 때 })$$

2 Clausius 서술

"낮은 온도의 물체로부터 그보다 높은 온도의 물체로 열을 전달하는 것 외에 다른 어떠한 변화도 남기지 않고 사이클로 작동하는 장치를 만들 수 없다."

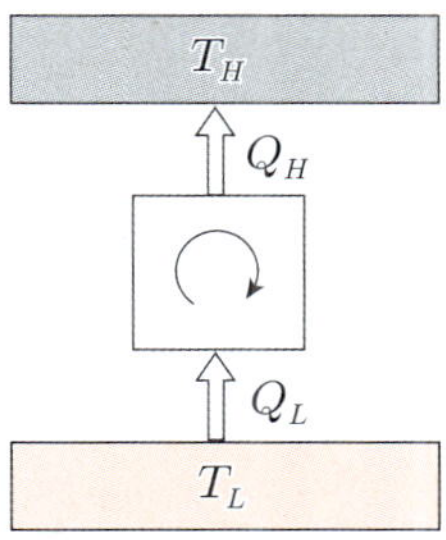

[그림 5.6] Clausius 서술

이 말은 냉동기나 열펌프와 관련이 있다. 즉, 열은 고온부로부터 저온부로 이동하지만 자연적으로 저온부에서 고온부로 흐르지 않는다. 따라서 주위로부터 냉동기로의 일의 전달이 있어야 냉동기를 사용하여 저온의 물체로부터 고온의 물체로 열을 전달할 수 있다는 것을 의미한다.

5.3 열기관

높은 온도의 열원으로부터 열을 공급받아 일부의 열을 상대적으로 낮은 온도의 열원으로 전달하고 일을 발생시키는 장치를 열기관(heat engine)이라 한다.

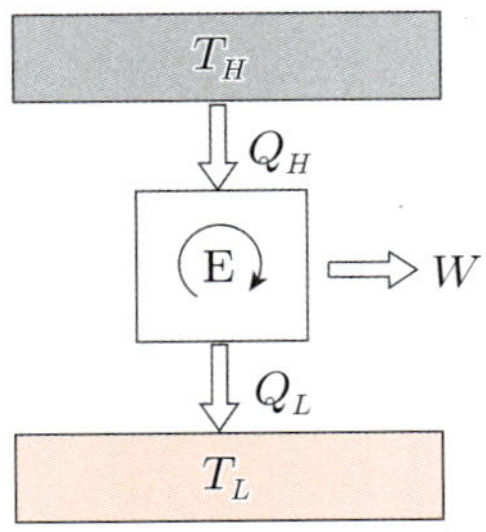

[그림 5.7] 두 열원 사이에서 작동하는 열기관

열기관은 일반적으로 다음과 같은 특징을 가진다.

(1) 사이클로 작동한다.
(2) 높은 온도의 열원(heat source; 연소, 태양에너지, 핵반응 등)으로부터 열을 받는다.
(3) 받은 열의 일부를 일로 변환한다.
(4) 낮은 온도의 열 침전원(heat sink; 강, 대기 등)에 남은 열을 방출한다.

하나의 열원과의 열 교환만으로 작동하는 열기관은 없으므로 열기관을 구성하기 위해서는 [그림 5.7]과 같이 최소한 두 개의 열원이 필요하다. [그림 5.7]의 열기관 E는 온도 T_H인 고온 열원으로부터 Q_H의 열을 공급받아서 W의 일을 하고, 온도 T_L의 저온 열원으로 Q_L의 열을 방출한다. 열역학 제1법칙에 의해

$$Q_H = W + Q_L \qquad \cdots (5.1)$$

$$W = Q_H - Q_L \qquad \cdots (5.2)$$

이다. 공급된 열량(Q_H)에 대하여 열기관이 하는 일(W)의 비를 열기관의 열효율(thermal efficiency)이라 한다. 열효율

$$\eta = \frac{W}{Q_H} = \frac{Q_H - Q_L}{Q_H} = 1 - \frac{Q_L}{Q_H} \qquad \cdots (5.3)$$

이다. 열기관의 열효율은 1보다 작다($\eta < 1$).

예제 5.1 한 사이클 동안에 2000 cal의 열을 공급받아서 4000 J의 일을 하는 열기관의 열효율은 얼마인가? 단, 1 cal = 4.2 J이다.

풀이 한 사이클 동안 공급받은 열량 $Q_H = 2000\,\text{cal} = 2000 \times 4.2\text{J} = 8400\text{J}$이고, 기관이 한 일 $W = 4000\text{J}$이므로 열기관의 열효율(η)은 다음과 같다.

$$\eta = \frac{W}{Q_H} = \frac{4000}{8400} = 0.476 = 47.6\,[\%]$$

예제 5.2 한 사이클 동안에 고온 열원으로부터 5000cal의 열을 공급받아서 저온 열원으로 2000 cal의 열을 방출하는 열기관의 열효율을 구하여라.

풀이 공급받은 열량 $Q_H = 5000\,\text{cal}$, 방출한 $Q_L = 2000\,\text{cal}$이므로 열효율(η)은 다음과 같다.

$$\eta = \frac{W}{Q_H} = \frac{Q_H - Q_L}{Q_H} = 1 - \frac{Q_L}{Q_H} = 1 - \frac{2000}{5000} = 0.6 = 60\,[\%]$$

예제 5.3 한 사이클 동안에 5 kJ의 일을 하고 저온 열원으로 2 kcal의 열을 방출하는 열기관의 열효율을 구하여라. 단, 1 cal = 4.2 J이다.

풀이 한 사이클 동안 열기관이 한 일 $W = 5\,\text{kJ}$, 방출한 열량 $Q_L = 2\,\text{kcal}$이다. 열역학 제1법칙에 의해 한 사이클당 고온열원으로부터 공급받은 열량은

$$Q_H = W + Q_L$$

이므로 열기관의 열효율(η)은 다음과 같다.

$$\eta = \frac{W}{Q_H} = \frac{W}{W + Q_L} = \frac{5}{5 + 2 \times 4.2} = 0.373 = 37.3\,[\%]$$

예제 5.4 가열로로부터 40MW의 열이 열기관에 전달되고 있다. 강에 방출되는 폐기 열이 25MW일 때 열기관의 순 출력과 열효율을 구하여라.

풀이 가열로는 고온 열원, 강은 저온 열원으로 볼 수 있다. 이때 열기관이 공급받은 동력($\dot{Q}_H$)과 방출한 동력($\dot{Q}_L$)은 각각

$$\dot{Q}_H = 40\text{MW}, \quad \dot{Q}_L = 25\,\text{MW}$$

이므로, 열기관의 순 출력($\dot{W}$)과 열효율(η)은 다음과 같다.

$$\dot{W} = \dot{Q}_H - \dot{Q}_L = 40 - 25 = 15\,[\text{MW}]$$

$$\eta = \frac{\dot{W}}{\dot{Q}_H} = \frac{15}{40} = 0.375 = 37.5\,[\%]$$

5.4 냉동기와 열펌프

1 냉동기

높은 온도의 물체로부터 낮은 온도의 물체로 흐르는 열전달 과정은 어떠한 장치도 없이 자연적으로 일어난다. 그러나 낮은 온도의 물체로부터 높은 온도의 물체로 열을 전달하기 위해서는 특별한 장치가 필요한데, 이와 같은 일을 하는 장치를 냉동기(refrigerator)라 한다. 냉동기도 열기관처럼 사이클 장치이며 냉동 사이클에 사용되는 작업유체를 냉매(refrigerant)라 한다.

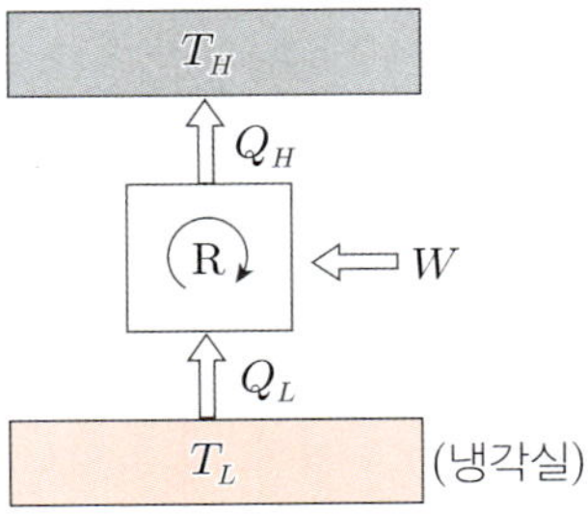

[그림 5.8] 두 열원 사이에서 작동하는 냉동기

[그림 5.8]에 두 열원 사이에서 작동하는 냉동기의 구조를 나타내었다. 냉동 사이클은 열기관 사이클을 역으로 작동시킨 것으로 생각할 수 있다. [그림 5.8]은 두 열원 사이에서 W의 일을 외부로부터 공급받아 온도 T_L의 저온 열원에서 Q_L의 열을 흡수하고, 온도 T_H의 고온 열원에 Q_H의 열을 방출하는 냉동 사이클을 나타낸다. 이 과정에서 열역학 제1법칙에 의해

$$Q_H = Q_L + W \qquad \cdots (5.4)$$

가 성립한다. 냉동기의 효율은 성능계수(coefficient of performance)로 표현되며 일반적으로 COP_R으로 나타낸다. 냉동기에서 저온열원은 냉각실(냉동실)에 해당되고, 냉동기의 목적은 냉각실로부터 열(Q_L)을 제거하는 것이며 이를 위하여 일(W)을 투입해야 한다. 따라서 냉동기의 성능계수(COP_R)는 다음과 같이 정의한다.

$$\text{COP}_\text{R} = \frac{Q_L}{W} \qquad \cdots (5.5)$$

여기에서

$$W = Q_H - Q_L \qquad \cdots (5.6)$$

이므로 성능계수는 다음과 같이 쓸 수 있다.

$$\mathrm{COP_R} = \frac{Q_L}{Q_H - Q_L} = \frac{1}{Q_H/Q_L - 1} \qquad \cdots (5.7)$$

열기관의 열효율과는 달리 냉동기의 성능계수는 1보다 큰 값이 될 수 있다.

2 열펌프

냉동 사이클의 방열부 열(Q_H)을 목적으로 사용할 때 이 장치를 열펌프(heat pump)라 한다. 열펌프는 일을 투입하여 외부로부터 열량 Q_L을 흡수하고 Q_H를 방출하여 실내 등의 난방을 하는 장치이다. 열펌프의 성능계수($\mathrm{COP_H}$)는

$$\mathrm{COP_H} = \frac{Q_H}{W} = \frac{Q_H}{Q_H - Q_L} = \frac{1}{1 - Q_L/Q_H} \qquad \cdots (5.8)$$

로 정의한다. 식 (5.5)와 (5.8)에서 Q_H와 Q_L이 고정된 값이면

$$\mathrm{COP_H} = \mathrm{COP_R} + 1 \qquad \cdots (5.9)$$

이 된다. 여기에서 $\mathrm{COP_R}$이 양의 값이므로 이 관계식으로부터 이상적인 열펌프의 성능계수는 항상 1보다 크다는 것을 알 수 있다.

예제 5.5 [냉장고 열 방출] 2kW의 전력을 투입하여 6kW의 열을 냉각실로부터 흡수하는 냉장고가 있다. 냉장고의 성능계수와 냉장고로부터 냉장고가 설치되어 있는 방에 방출하는 열량을 구하여라.

풀이 단위 시간당 투입되는 일 $\dot{W} = 2\text{kW}$, 제거하는 열량 $\dot{Q}_L = 6\text{kW}$이다.

(1) 성능계수($\mathrm{COP_R}$): $\mathrm{COP_R} = \dfrac{\dot{Q}_L}{\dot{W}} = \dfrac{6}{2} = 3$

(2) 냉장고가 설치되어 있는 방에 방출하는 열량: 저온부는 냉각실이고, 고온부는 방이 되므로 방(고온부)에 방출하는 열량은 $\dot{Q}_H$가 된다.

$$\dot{Q}_H = \dot{Q}_L + \dot{W} = 6 + 2 = 8\,[\mathrm{kW}]$$

† 이 문제로부터 냉각실에서 제거된 열($\dot{Q}_L$)과 냉장고에 공급된 전기에너지($\dot{W}$)가 모두($\dot{Q}_H$) 방안의 공기로 전달된다는 것을 알 수 있다. 즉, 냉장고를 켜 두면 계속하여 방 안의 내부에너지가 증가하므로 그만큼 방 안 온도가 올라간다는 것에 주의하자.

예제 5.6 [열펌프에 의한 난방] 방 안으로 30kW의 열을 공급하여 난방을 하는 열펌프가 있다. 열펌프의 성능계수가 2.5일 때 열펌프의 소비전력과 열펌프가 실외 공기로부터 흡수하는 열량을 구하여라.

풀이 고온 열원은 방 안이 되고 저온 열원은 실외가 된다. 여기에서 고온 열원부에 보내는 열량 $\dot{Q}_H = 30\mathrm{kW}$, 성능계수 $\mathrm{COP_H} = 2.5$이다.

(1) 소비전력($\dot{W}$): 열펌프의 성능계수 $\mathrm{COP_H} = \dfrac{\dot{Q}_H}{\dot{W}}$이므로

$$\dot{W} = \frac{\dot{Q}_H}{\mathrm{COP_H}} = \frac{30}{2.5} = 12\,[\mathrm{kW}]$$

(2) 실외 공기로부터 흡수하는 열량($\dot{Q}_L$): 열역학 제1법칙으로부터

$$\dot{Q}_L = \dot{Q}_H - \dot{W} = 30 - 12 = 18\,[\mathrm{kW}]$$

5.5 가역과정과 비가역과정

주위에 아무런 변화(흔적)도 남기지 않고 원래의 상태(처음 상태)로 되돌아갈 수 있는 과정을 가역과정(reversible process)이라 하고, 그렇지 않은 과정을 비가역과정(irreversible process)이라 한다.

가역과정은 항상 역학적 및 열적으로 평형 상태를 유지하면서 이루어지는 변화이므로 어떠한 마찰도 수반되지 않는다. 공기 저항이 없는 진공 중의 단진자 운동이나 마찰이 없는 피스톤-실린더 장치에서의 기체의 준평형 팽창과 압축 등은 가역 과정의 예이다. 가역과정은 실제로 자연계에서는 일어나지 않는 현상이며 실제 과정을 단순화시킨 이상적인 과정(ideal process)

이다. 실제 장치로 가역과정에 매우 가깝게 만들 수는 있지만 결코 완전한 가역과정을 만들 수는 없다. 즉, 자연현상에서 일어나는 과정은 모두 비가역과정이다.

비가역 과정은 한쪽 방향으로는 저절로 일어나지만 반대 방향으로는 저절로 일어나지 않는 과정을 말한다. 다음은 알기 쉬운 비가역과정의 예이다.

① 온도가 다른 물체를 접촉시켜 놓을 때 고온의 물체로부터 저온의 물체로 열이 이동하는 현상.
② 방의 한쪽에서 향수병을 열어 놓았을 때 향수 냄새가 방 전체로 퍼지는 현상.
③ 잉크를 물에 떨어뜨렸을 때 잉크가 물속에서 확산되는 현상.
④ 기체의 자유 팽창과정.
⑤ 진동하던 추가 공기와의 마찰 저항으로 마침내 정지하는 현상.

5.6 카르노 사이클과 카르노 열기관

열기관은 사이클 장치이며, 열기관의 작업유체는 각 사이클의 끝에서 초기 상태로 되돌아간다. 열기관의 일은 사이클의 특정 부분에서 작업유체에 의해 발생하며, 사이클의 다른 부분에서는 작업유체에 일(열량)이 가해진다. 열기관의 효율은 사이클을 이루는 각 과정이 어떻게 수행되는가에 따라 결정된다. 어떠한 마찰도 수반되지 않는 가역과정에서 정미 일(net work)이 최대가 되므로 가장 효율이 좋은 사이클은 모든 과정이 가역과정으로 이루어진 가역사이클이다.

가역 열기관과 비가역(실제) 열기관에 열효율에 대한 것으로 다음과 같은 카르노원리(Carnot principle)가 있다.

(1) 두 개의 열원(열저장조) 사이에서 작동하는 비가역 열기관의 효율은 동일한 두 열저장조 사이에서 작동하는 가역 열기관의 효율보다 항상 낮다.
(2) 동일한 두 열저장조 사이에서 작동하는 모든 가역 열기관의 효율은 같다.

두 열원으로 구성되는 사이클 중에서 열효율이 최대인 사이클을 카르노 사이클(Carnot cycle)이라 하고, 이 사이클에서 작동하는 열기관을 카르노 기관이라 한다.[25] 고온 열원과 저온 열원의 절대온도를 각각 T_H, T_L이라 하면 카르노 기관의 열효율은

25) 카르노 사이클의 특성을 잘 알아두도록 한다.

$$\eta_c = \frac{W}{Q_H} = 1 - \frac{Q_L}{Q_H} = 1 - \frac{T_L}{T_H} \quad \cdots (5.10)$$

이다. 가역 사이클인 경우 열전달의 비 $(Q_H/Q_L)_{rev} = T_H/T_L$이 된다. 이와 같은 온도 눈금을 Kelvin 눈금이라 부르며, 이 눈금에 의한 온도를 절대온도라 한다. 식 (5.10)은 카르노 효율이라고 하며, 이 효율은 절대온도가 T_H와 T_L인 열에너지 저장조 사이에서 작동하는 열기관이 가질 수 있는 가장 높은 효율이다. 절대온도 T_H와 T_L 사이에서 작동하는 모든 실제(비가역) 열기관의 효율은 카르노 효율보다 낮다. 실제 열기관은 실제 사이클에 관련된 모든 비가역성을 완전히 제거할 수는 없으므로 최대 이론 효율(카르노 효율)에 도달할 수 없다.

카르노 사이클의 $P-V$ 선도는 [그림 5.9]와 같다.

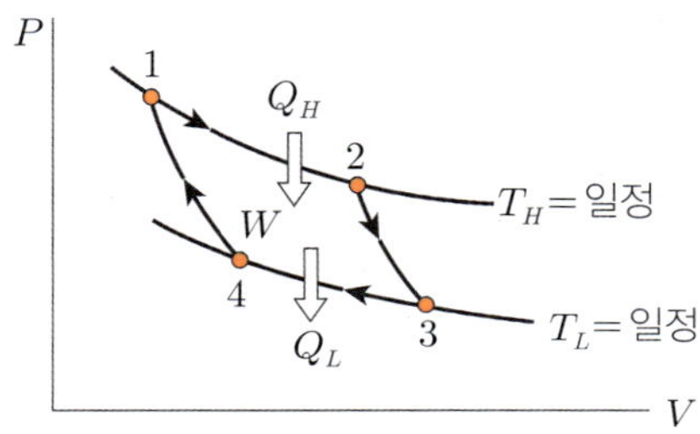

[그림 5.9] 카르노 사이클 $P-V$ 선도

카르노 사이클은 다음 네 과정으로 구성된다[그림 5.10].

(1) **[가역 등온팽창]**: 과정 1→2, 온도 T_H = 일정. 고온열원과 접촉하여 기체가 서서히 팽창하는 과정이며 고온열원으로부터 Q_H의 열을 공급받는다.

(2) **[가역 단열팽창]**: 과정 2→3, 단열과정. 주위와 열 교환이 없이 기체는 주위에 일을 하면서 온도가 T_L로 낮아질 때까지 서서히 팽창한다.

(3) **[가역 등온압축]**: 과정 3→4, 온도 T_L = 일정. 저온열원과 접촉하여 기체가 압축되면서 저온열원으로 Q_L의 열을 방출한다.

(4) **[가역 단열압축]**: 과정 4→1, 단열과정. 기체는 가역적인 방법으로 압축되어 초기 상태로 되돌아간다. 이 과정에서 온도가 T_L로부터 T_H로 높아지고 하나의 사이클이 완성된다.

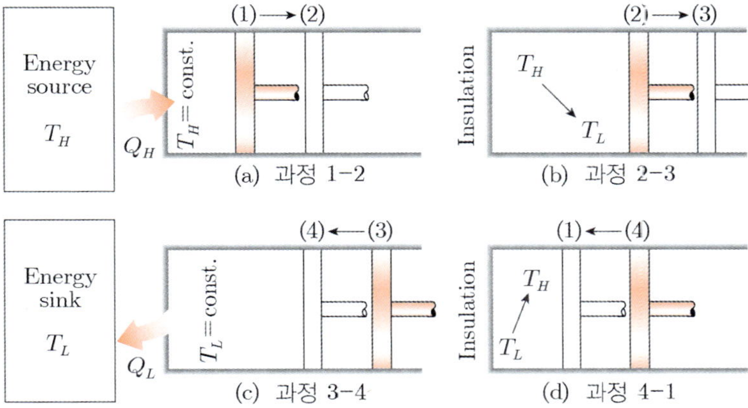

[그림 5.10] 카르노 사이클 4 과정

작업유체(working fluid)가 여러 가지 변화를 거쳐 다시 처음의 상태로 되돌아가는 일련의 과정을 사이클(cycle)이라 하고, 사이클을 구성하는 모든 과정이 가역인 사이클을 가역 사이클(reversible cycle)이라 한다. 카르노 사이클(Carnot cycle)은 주어진 두 열원 사이에서 존재하는 열기관 사이클 중 가장 효율이 좋은 이상적인 가역사이클이다. 카르노 기관은 1824년 프랑스의 물리학자 카르노(Sadi Carnot)가 제시하였는데 열기관의 작업유체로 이상기체를 사용한 이상적인 열기관이다.

카르노 기관의 열효율은 작업유체의 종류와는 무관하고 고온열원과 저온열원의 온도만으로 결정되며, 효율을 높이기 위해서는 두 열원의 온도 차이를 크게 해야 한다. 그러나 저온열원의 온도가 절대온도 0 K 는 될 수 없으므로 열효율 100% 인 열기관은 존재하지 않는다. 실제 열기관의 효율은 마찰 등의 비가역적인 요인에 의한 손실 때문에 카르노 사이클의 효율보다 언제나 작다.

예제 5.7 고온열원 온도 $T_H = 250\,℃$, 저온열원 온도 $T_L = 30\,℃$ 사이에서 작동하는 카르노 사이클의 열효율을 구하여라.

풀이 $T_H = 250 + 273.2 = 523.2\text{K}$, $T_L = 30 + 273.2 = 303.2\text{K}$이므로 카르노기관의 열효율($\eta$)은 다음과 같다.

$$\eta = 1 - \frac{T_L}{T_H} = 1 - \frac{303.2}{523.2} = 0.42 = 42\,[\%]$$

Note 카르노 기관의 열효율 식에서 온도(T_L, T_H)는 절대온도[K]라는 것에 주의한다. 섭씨 온도[℃]를 그대로 대입하여

$$\eta = 1 - \frac{T_L}{T_H} = 1 - \frac{30}{250} = 0.88$$

로 하지 않도록 한다. 단, 절대온도 차이는 섭씨온도 차이와 같으므로 다음과 같이 온도 차이 $T_H - T_L$에는 섭씨온도를 그대로 사용해도 된다.

$$\eta = \frac{T_H - T_L}{T_H} = \frac{250 - 30}{250 + 273.2} = 0.42$$

예제 5.8 카르노 열기관이 500℃의 고온열원으로부터 열을 받아서 한 사이클당 400kJ의 일을 하고 30℃의 저온열원으로 열을 방출한다. 한 사이클당 방출하는 열량을 구하여라.

풀이 고온열원 온도 $T_H = 500℃$, 저온열원 온도 $T_L = 30℃$, 한 사이클당 기관이 하는 일 $W = 400\text{kJ}$이다. 카르노기관의 열효율 식으로부터 고온열원으로부터 받은 열량 (Q_H)은

$$\eta = \frac{W}{Q_H} = \frac{T_H - T_L}{T_H}$$

$$\therefore \quad Q_H = \left(\frac{T_H}{T_H - T_L}\right) W = \left(\frac{500 + 273.2}{500 - 30}\right) \times 400 = 658\,[\text{kJ}]$$

이다. 따라서 저온열원으로 방출한 열량(Q_L)은 다음과 같다.

$$Q_L = Q_H - W = 658 - 400 = 258\,[\text{kJ}]$$

예제 5.9 카르노 열기관이 500K의 고온열원과 300K의 저온열원 사이에서 작동하고 있다. 고온열원으로부터 400kJ의 열을 공급받을 때 기관이 하는 일을 구하여라.

풀이 고온열원 온도 $T_H = 500\text{K}$, 저온열원 온도 $T_L = 300\text{K}$, 고온열원으로부터 공급받는 열량 $Q_H = 400\text{kJ}$이다. 카르노기관의 열효율 식으로부터 기관이 하는 일(W)은 다음과 같다.

$$\eta = \frac{W}{Q_H} = \frac{T_H - T_L}{T_H}$$

$$\therefore \quad W = \left(\frac{T_H - T_L}{T_H}\right) Q_H = \left(\frac{500 - 300}{500}\right) \times 400 = 160\,[\text{kJ}]$$

예제 5.10 그림은 열효율이 0.25인 카르노 열기관이 절대온도 T_1의 고열원에서 Q_1의 열을 흡수하여 W의 일을 하고, 절대온도 T_2의 저열원으로 Q_2의 열을 방출하는 것을 나타낸 것이다. 여기에서 $Q_2 = 6Q$, $T_1 = 8T$일 때, Q_1과 T_2를 구하여 Q와 T로 나타내어라. [공무원 임용시험]

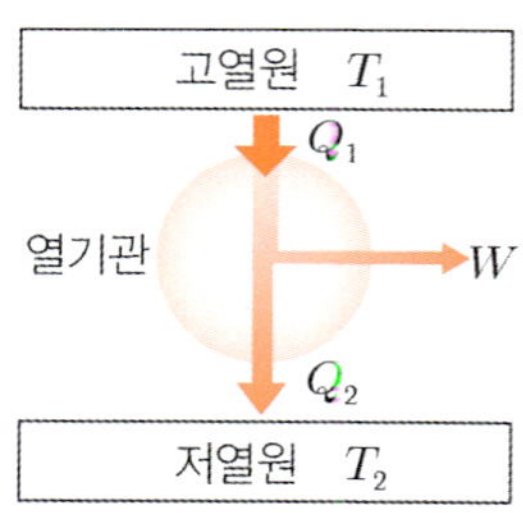

[그림 5.11] 카르노 열기관

풀이 열기관이 한 일 $W = Q_1 - Q_2$이므로 열효율 $\eta = 0.25$로부터 Q_1은

$$\eta = \frac{W}{Q_1} = \frac{Q_1 - Q_2}{Q_1}$$

$$Q_1 \eta = Q_1 - Q_2$$

$$Q_1(1-\eta) = Q_2$$

$$\therefore \; Q_1 = \frac{Q_2}{1-\eta} = \frac{6Q}{1-0.25} = 8Q$$

이고, 같은 방법으로 T_2는 다음과 같다.

$$\eta = \frac{W}{Q_1} = \frac{Q_1 - Q_2}{Q_1} = \frac{T_1 - T_2}{T_1}$$

$$T_1 \eta = T_1 - T_2$$

$$\therefore \; T_2 = T_1(1-\eta) = 8T(1-0.25) = 6T$$

5.7 카르노 냉동기와 카르노 열펌프

카르노 사이클은 가역 사이클이므로 사이클의 모든 과정을 역으로 되돌릴 수 있다. [그림 5.11]에 도시된 역 카르노 사이클의 $P-V$ 선도는 과정의 방향이 역이라는 점을 제외하고는 카르노 사이클의 $P-V$ 선도 [그림 5.9]와 같다.

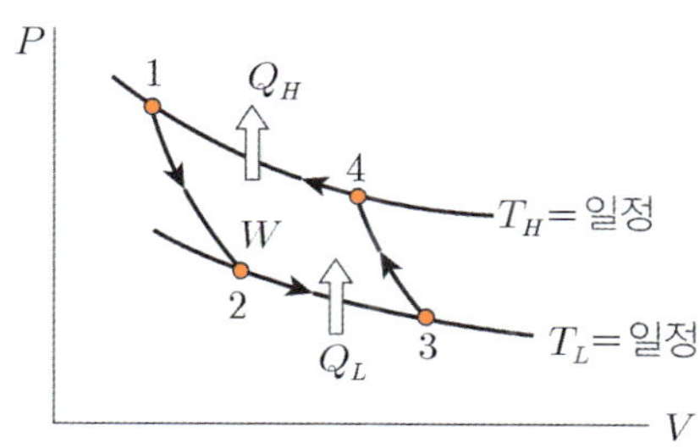

[그림 5.12] 역 카르노 사이클

이와 같이 역 카르노 사이클로 작동하는 냉동기와 열펌프를 각각 카르노 냉동기와 카르노 열펌프라 하며, 성능계수는 다음과 같다.

$$\mathrm{COP_R} = \frac{Q_L}{W} = \frac{Q_L}{Q_H - Q_L} = \frac{T_L}{T_H - T_L} = \frac{1}{T_H / T_L - 1} \quad \cdots (5.11)$$

$$\mathrm{COP_H} = \frac{Q_H}{W} = \frac{Q_H}{Q_H - Q_L} = \frac{T_H}{T_H - T_L} = \frac{1}{1 - T_L / T_H} \quad \cdots (5.12)$$

식 (5.11)과 (5.12)의 성능계수는 온도 T_H와 T_L 사이에서 작동하는 냉동기나 열펌프가 가질 수 있는 이론적인 최대 성능계수이다. 이 두 온도 사이에서 작동하는 모든 실제 냉동기나 열펌프는 이보다 더 낮은 성능계수를 가진다.

예제 5.11 25℃와 4℃ 사이에서 역 카르노 사이클로 작동하는 냉동기의 성능계수를 구하여라.

풀이 고온열원 온도 $T_H = 25℃$, 저온열원 온도 $T_L = 4℃$ 이므로 냉동기의 성능계수는 다음과 같다.

$$\mathrm{COP_R} = \frac{Q_L}{W} = \frac{T_L}{T_H - T_L} = \frac{4 + 273.2}{25 - 4} = 13.2$$

예제 5.12 역 카르노 사이클로 작동하는 냉장고가 있다. 냉장실은 −10℃로 유지되고 이곳으로부터 15kW의 열이 사이클로 흡수된다. 사이클로부터 20℃의 대기로 열이 전달될 때 냉장고를 작동시키는데 필요한 동력을 구하여라.

풀이 고온열원 온도 $T_H = 20℃$, 저온열원 온도 $T_L = -10℃$, 저온열원(냉장실)로부터 흡수하는 열량 $\dot{Q}_L = 15\mathrm{kW}$이다. 냉장고의 성능계수로부터 다음과 같이 냉장고를 작동시키는데 필요한 동력($\dot{W}$)이 구해진다.

$$\mathrm{COP_R} = \frac{\dot{Q}_L}{\dot{W}} = \frac{T_L}{T_H - T_L}$$

$$\therefore \quad \dot{W} = \dot{Q}_L \times \frac{T_H - T_L}{T_L} = 15 \times \frac{20 - (-10)}{273.2 + (-10)} = 1.71\,[\mathrm{kW}]$$

예제 5.13 25℃와 −10℃ 사이에서 역 카르노 사이클로 작동하는 열펌프의 성능계수를 구하여라.

풀이 고온열원 온도 $T_H = 25℃$, 저온열원 온도 $T_L = -10℃$ 이므로 열펌프의 성능계수($\mathrm{COP_H}$)는 다음과 같다.

$$\mathrm{COP_H} = \frac{Q_H}{W} = \frac{T_H}{T_H - T_L} = \frac{25 + 273.2}{25 - (-10)} = 8.52$$

예제 5.14 겨울에 집을 난방하기 위해 열펌프를 사용하고 있다. 바깥 온도가 −10℃일 때 집 안을 20℃로 유지하기 위해서는 40kW의 열을 집 안으로 공급해야 한다. 열펌프를 가동하는데 필요한 최소 전력을 구하여라.

풀이 고온열원 온도 $T_H = 20℃$, 저온열원 온도 $T_L = -10℃$, 고온열원(방 안)으로 공급해야 할 열량 $\dot{Q}_H = 40\,\mathrm{kW}$이다. 카르노 열펌프를 사용할 때 최소 전력이 되므로 다음과 같이 카르노 열펌프의 성능계수($\mathrm{COP_H}$)로부터 열펌프를 가동하는데 필요한 최소 전력($\dot{W}$)이 구해진다.

$$\mathrm{COP_H} = \frac{\dot{Q}_H}{\dot{W}} = \frac{T_H}{T_H - T_L}$$

$$\therefore \quad \dot{W} = \dot{Q}_H \times \frac{T_H - T_L}{T_H} = 40 \times \frac{20-(-10)}{273.2+20} = 4.1\,[\mathrm{kW}]$$

예제 5.15 기온이 35℃인 더운 여름에 에어컨을 사용하여 냉방하고 있다. 실내 온도를 20℃와 25℃로 유지하는 경우에 대한 에어컨의 성능계수를 각각 구하여 비교하여라. 단, 에어컨은 이상적인 역 카르노 사이클로 작동한다고 가정한다.

풀이 에어컨은 고온 열원 실외(T_H)와 저온 열원 실내(T_L) 사이에서 역카르노 사이클로 작동하고 있다. 여기에서 고온 열원 온도 $T_H = 35℃$이고, 저온 열원 온도 $T_L = 20℃$ 및 25℃일 때의 성능계수는 각각 다음과 같다.

$$\mathrm{COP_{R,20℃}} = \frac{T_L}{T_H - T_L} = \frac{20+273.2}{35-20} = 19.55 \quad \cdots ①$$

$$\mathrm{COP_{R,25℃}} = \frac{T_L}{T_H - T_L} = \frac{25+273.2}{35-25} = 29.82 \quad \cdots ②$$

①, ②를 비교하면 실내 온도(저온열원 온도)를 5℃ 올리면 에어컨의 성능계수가 약 1.5배가 된다. 이 결과로부터 여름에 실내온도를 조금만 올려도 전력소모($\dot{W}_{in} = \dot{Q}_L/\mathrm{COP_R}$)를 크게 줄일 수 있다는 것을 알 수 있다. 1년 내내 가동되는 냉장고도 마찬가지이다. 냉동실의 온도를 너무 낮게 하여 많은 전력을 소모하지 않도록 한다.

예제 5.16 열펌프를 사용하여 집 안 온도를 23℃로 일정하게 유지하려 한다. 집 안에 있는 사람들과 조명 장치 및 여러 기구 등에 의해 6,000kJ/h의 열이 발생하는 한편 벽과 창문을 통해 60,000kJ/h의 열이 집 밖으로 빠져나가고 있다. 성능계수 $\mathrm{COP_H} = 2.5$인 열펌프를 사용할 때 열펌프에 공급해야할 동력[kW]을 구하여라.

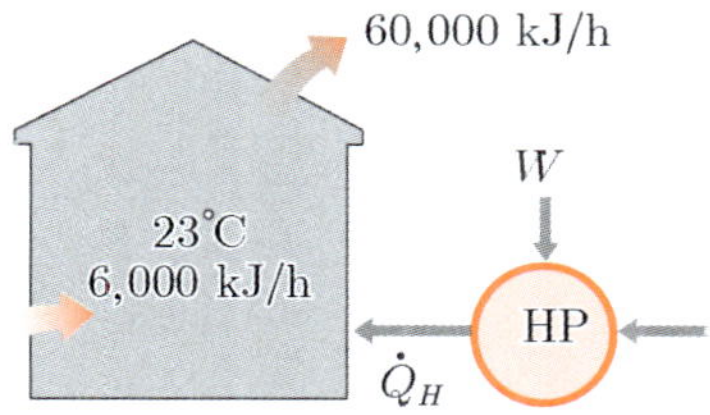

[그림 5.13]

풀이 집 안 온도를 일정하게 유지하기 위해 열펌프가 집 안에 공급해야할 열량은

$$\dot{Q}_H = 60,000 - 6,000 = 54,000[\text{kJ/h}]$$

이다. 따라서 열펌프 성능계수 $\text{COP}_\text{H} = \dfrac{\dot{Q}_H}{\dot{W}}$이므로 열펌프에 공급해야할 동력 [kW]은 다음과 같다.

$$\dot{W} = \frac{\dot{Q}_H}{\text{COP}_\text{H}} = \frac{54,000}{2.5} = 21,600[\text{kJ/h}] = \frac{21,600\text{kJ}}{3,600\text{s}} = 6[\text{kW}]$$

예제 5.17 [그림 5.14]와 같이 온도 T_1과 T_2 $(T_1 > T_2)$ 사이에서 작동되는 카르노 기관이 온도 T_3와 T_4 $(T_3 > T_4)$ 사이에서 동작하는 카르노 냉동기를 작동시킨다. 고온 열원에서 방출하고(Q_1) 흡수하는(Q_3) 열량의 비 Q_3/Q_1을 T_1, T_2, T_3, T_4의 항으로 나타내어라.

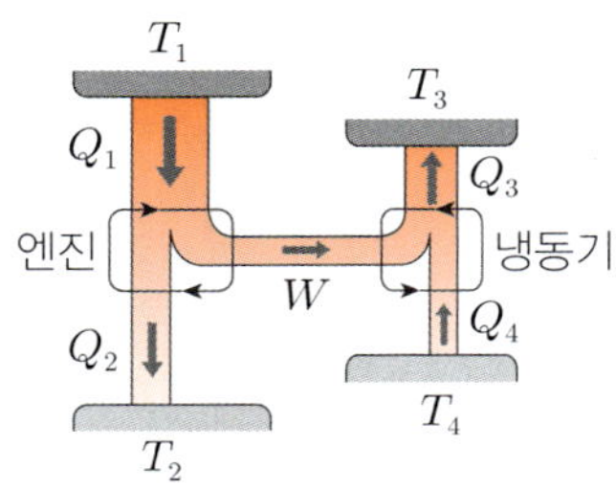

[그림 5.14]

풀이 주어진 시스템에서 카르노 기관의 열효율과 카르노 냉동기의 성능계수는 다음과 같다.

$$\eta_c = \frac{W}{Q_1} = \frac{T_1 - T_2}{T_1} \quad \cdots ①$$

$$\text{COP}_\text{R} = \frac{Q_4}{W} = \frac{T_4}{T_3 - T_4} \quad \cdots ②$$

냉동기에서 $W + Q_4 = Q_3$이므로 $Q_4 = Q_3 - W$이고 이 식을 ②에 대입하면

$$\frac{Q_4}{W} = \frac{Q_3 - W}{W} = \frac{Q_3}{W} - 1 \quad \cdots ③$$

이다. 따라서 식 ②, ③의 우변으로부터

$$\frac{Q_3}{W} - 1 = \frac{T_4}{T_3 - T_4}$$

$$\therefore \quad \frac{Q_3}{W} = \frac{T_4}{T_3 - T_4} + 1 = \frac{T_3}{T_3 - T_4} \quad \cdots ④$$

이 된다. ①×④를 하면 다음과 같이 열량의 비 Q_3/Q_1이 구해진다.

$$\frac{Q_3}{Q_1} = \left(\frac{T_1 - T_2}{T_1}\right)\left(\frac{T_3}{T_3 - T_4}\right) = \frac{1 - T_2/T_1}{1 - T_4/T_3} \quad \cdots ⑤$$

연습문제 5

01 다음 중 열역학 제2법칙의 대한 표현이 아닌 것을 모두 고르면?

① 열효율 100 %의 열기관은 존재하지 않는다.
② 열은 높은 온도의 물체로부터 낮은 온도의 물체로 흐른다.
③ 에너지의 공급이 없이 영원히 작동하는 영구기관을 만들 수 없다.
④ 어떤 고립된 계의 총 에너지는 항상 일정하다.

02 다음 중 열역학 제2법칙에 해당하는 것을 모두 고르면?

① 열역학적 계에 열을 가하면 계의 내부에너지가 증가한다.
② 역학적인 일은 전부 열로 바꿀 수 있지만 열을 전부 일로 바꿀 수는 없다.
③ 방 안에 퍼진 향수 기체의 입자들은 자연적으로 한 곳에 모이지 않는다.
④ 물체 A와 B가 각각 제 3의 물체 C와 열평형 상태에 있으면 A와 B는 서로 열평형 상태에 있다.

03 다음 중 가역 과정에 가장 가까운 것을 고르면?

① 폭포의 물이 아래로 떨어진다.
② 나무를 마찰시키면 마찰열이 발생한다.
③ 전열기에 전기를 흐르게 하면 열이 발생한다.
④ 진공 중에서 벽시계의 추가 단진자 운동을 한다.
⑤ 온도가 높은 물체로부터 온도가 낮은 물체로 열이 흘러간다.

04 1초당 고온열원으로부터 1000 J의 열을 공급받아서 300J의 일을 하고 저온열원으로 700 J의 열을 방출하는 열기관의 열효율은 얼마인가?

05 1 kcal의 열을 흡수하여 1680 J의 일을 하는 열기관의 열효율은 얼마인가?

06 열효율이 30 %인 열기관에 10 kcal의 열을 공급하면 열기관은 몇 kJ의 일을 하는가?

07 성능계수가 1.5인 냉장고가 냉장실로부터 180kJ/min의 열을 제거한다. 냉장고의 소비전력과 외부에 방출한 단위시간당 열전달량을 구하여라.

08 소비하는 동력 1kW당 168 kJ/min의 열량을 냉장실에서 제거하는 냉동기의 성능계수를 구하여라. 또 단위 시간당 외부에 방출하는 열량은 몇 kW인가?

09 소비하는 동력 1kW당 84kJ/min의 열량을 집 안에 공급하는 열펌프의 성능계수를 구하여라. 또 외부로부터 단위 시간당 흡수하는 열량은 몇 kW인가?

10 다음과 같이 온도 1000K의 고온열원으로부터 열을 공급받아 일을 하고 500K의 저온열원으로 열을 방출하는 두 개의 열기관이 있다. 두 열기관에 대하여 열역학 제1법칙과 제2법칙을 검토하여 이와 같은 열기관이 가능한가를 각각 판정하여라.

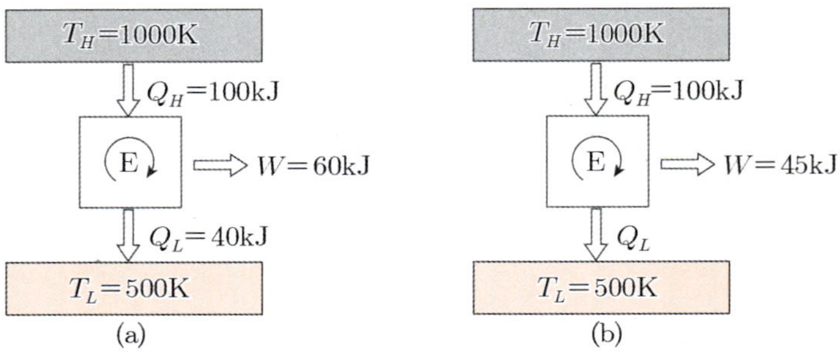

[문제 5.10]

11 고온열원 227℃, 저온열원 27℃에서 작동하는 카르노 사이클의 열효율은 얼마인가?

12 127℃의 고온열원으로부터 에너지를 공급받고, 27℃의 저온열원으로 에너지를 방출하는 열기관의 최대 효율은 얼마인가?

13 카르노 열기관이 250℃의 고온 열원으로부터 한 사이클당 50kcal의 열을 공급받아서 20℃의 저온열원으로 열을 방출한다. 한 사이클당 기관이 하는 일과 사이클의 효율을 구하여라.

14 20℃와 −10℃ 사이에서 역 카르노 사이클로 작동하는 냉동기와 열펌프의 성능계수를 각각 구하여라.

15 어떤 사람이 온도가 20℃인 실내에서 작동하고 냉장실을 4℃로 유지하며 성능계수가 20인 냉장고를 개발하였다고 한다. 이 주장이 타당한가를 검토하여라.

16 냉동실을 −10℃로 유지하기 위하여 냉동실로부터 5kJ/s의 열을 제거하는 냉동기가 있다. 외부 온도가 25℃일 때 냉동기에 공급해야할 최소의 동력을 구하여라.

17 역 카르노 사이클로 작동하는 공기조화시스템이 집안의 온도를 25℃로 유지하기 위해 집으로부터 12kJ/s의 열을 외부로 방출하고 있다. 바깥 온도가 35℃일 때 공기조화 시스템을 작동하는데 필요한 동력을 구하여라.

18 겨울에 집 안의 온도를 25℃로 일정하게 유지하기 위해 카르노 열펌프를 사용하려 한다. 바깥 온도가 −5℃이고 집 안의 열 손실률이 1200kJ/min일 때 열펌프를 가동하는데 필요한 전력을 구하여라.

19 이상적인 Carnot 사이클의 과정이 아닌 것은? [중등교사 임용시험-기계]

① 등온 압축 ② 단열 팽창
③ 단열 압축 ④ 정압 팽창

20 가역 과정에 대한 설명 중 옳은 것은? [중등교사 임용시험-기계]

① 과정 간에 체적 또는 압력이 일정한 과정
② 과정 간에 온도 및 열의 변동이 없는 과정
③ 계가 경계를 통하여 이동할 때 주위에 어떠한 변화도 남기지 않는 과정
④ 계가 경계를 통하여 이동할 때 평형이 유지되지 않는 과정

21 열역학 제2법칙을 옳게 설명한 것은? [중등교사 임용시험-기계]

① 에너지 보존법칙이다.
② 저온 물체에서 고온 물체로 열을 전달하는 장치를 만들 수 없다.
③ 제2종 영구기관은 실현될 수 없다.
④ 어떤 방법으로도 계를 절대온도 0K에 이르게 할 수 없다.

22 냉동 사이클과 카르노 사이클(Carnot cycle)에 관한 설명에서 (가)와 (나)에 들어갈 알맞은 식은? [중등교사 임용시험-기계·금속]

○ 냉동기가 저온체로부터 열량 Q_2를 흡수하여 고온체로 열량 Q_1을 방출할 때 성적계수(성능계수)는 (가)이다. ○ 고온 T_1 상태에서 유체를 등온 팽창시키고 저온 T_2 상태에서 유체를 등온 압축하는 카르노 사이클 기관의 열효율은 (나)이다. 단, T_1, T_2는 절대온도이다.

① (가) $\dfrac{Q_2}{Q_1-Q_2}$, (나) $\dfrac{T_1-T_2}{T_1}$ ② (가) $\dfrac{Q_2}{Q_1-Q_2}$, (나) $\dfrac{T_2}{T_1-T_2}$

③ (가) $\dfrac{Q_2}{Q_2-Q_1}$, (나) $\dfrac{T_1-T_2}{T_2}$ ④ (가) $\dfrac{Q_1-Q_2}{Q_1}$, (나) $\dfrac{T_2}{T_1-T_2}$

23 이상기체 1mol로 Carnot 동력 사이클을 수행하는데, 1회 사이클당 고온 측 열저장체로부터 94.3J의 열을 공급받으며 이 사이클의 효율은 40%이다. 이 사이클 과정 중 가역등온 팽창이 끝났을 때 압력은 0.41 atm, 체적은 100ℓ이었다. 다음 물음에 답하시오. [중등교사 임용시험-기계·금속]

(1) 가역등온 팽창이 끝났을 때 내부에너지 변화량(ΔU)을 계산하시오.
(2) 가역단열 팽창이 끝났을 때의 온도를 계산하시오.
(3) 1회 사이클이 끝났을 때 이 계가 외부에 한 일의 양을 계산하시오. 단, 단위는 J로 표시하시오.

24 높은 열원의 온도를 T_H, 낮은 열원의 온도를 T_L이라 하고, 이 두 열원 사이에서 가역적으로 작동하는 엔진(동력 사이클)이 있다. 이 엔진의 효율은 80%이다. $T_H = 2000\,\text{K}$일 때 받은 에너지는 Q_H이며 순환 과정을 거쳐 한 일은 250kJ이다. Q_H와 T_L을 구하고 낮은 열원에 방출한 에너지 Q_L을 구하시오. [중등교사 임용시험-기계·금속]

25 카르노 열기관에서 사이클마다 213.5kgf · m의 일을 하기 위하여 열량 1kcal가 공급된다. 저열원의 온도가 27℃이면 고열원의 온도는 몇 도[℃]인지 계산식을 세우고 답을 구하시오. 열의 일당량은 1kcal = 427kgf · m로 한다. [중등교사 임용시험-기계 · 금속]

26 800℃와 200℃ 사이에서 작동하는 열기관이 가질 수 있는 최대 효율에 가장 가까운 것은? [공무원 임용시험]

① 25% ② 33% ③ 56% ④ 76%

27 어느 냉동 장치의 증발기 온도가 250K, 응축기 온도는 300K이다. 열이 초당 1.5kJ 유출되고, 성능계수는 카르노 성능계수의 60%일 때, 이 냉동기의 성능계수(ω)와 가동에 필요한 일(W)은 얼마인가? [공무원 임용시험]

① $\omega = 2$, $W = 2\,\text{kW}$
② $\omega = 3$, $W = 0.5\,\text{kW}$
③ $\omega = 5$, $W = 0.5\,\text{kW}$
④ $\omega = 6$, $W = 2\,\text{kW}$

28 어떤 Carnot 냉동기에서 고열원의 온도는 300K이고 저열원의 온도는 250K이다. 저온에서 흡수된 열량이 150J일 때, 이 계에 가해주어야 할 일[J]은? [공무원 임용시험]

① 30 ② 40 ③ 50 ④ 100

29 열역학 제2법칙에 대한 표현으로 옳지 않은 것은? [공무원 임용시험]

① 계에 의해 흡수된 열이 계에 의해 수행된 일로만 전환하는 장치는 없다.
② 한 온도에서 높은 온도로 열을 전달하는 것만으로 구성된 공정은 없다.
③ 총 에너지는 일정하며 한 에너지 상태에서 다른 에너지 상태로 전환될 뿐이다.
④ 계에 의해 흡수된 열이 계에 의해 수행되는 일로 완전히 전환되는 순환공정은 없다.

30 원자력 발전소를 원자력 반응기의 온도와 강물의 온도 사이에서 운전되는 열기관으로 볼 때, 반응기의 온도가 500K이고 강물의 온도가 300K이며 1200MW의 순 일(net work)을 생산한다면 강물로 버려져야 할 최소 열[MW]은? [공무원 임용시험]

① 800 ② 1800 ③ 2000 ④ 3000

31 열 흡수 온도가 283K이고 열 방출 온도가 300K인 Carnot 냉동기의 성능계수는? [공무원 임용시험]

① 13.6 ② 14.6 ③ 15.6 ④ 16.6

32 $T_H = 450\text{K}$의 고온 열원으로부터 10.0kJ을 흡수한 열기관이 열을 방출한 후 $T_C = 350\text{K}$가 되었다. 이 Carnot 순환기관에서 열이 일로 전환되는 효율(η)은? 단, 작동유체는 이상기체이다. [공무원 임용시험]

① 0.12 ② 0.22 ③ 0.32 ④ 0.42

33 그림은 고열원에서 500kJ의 열을 흡수하여 W의 일을 하고 저열원으로 300kJ의 열을 방출하는 열기관을 도식적으로 나타낸 것이다. 이 열기관의 열효율[%]은? [공무원 임용시험]

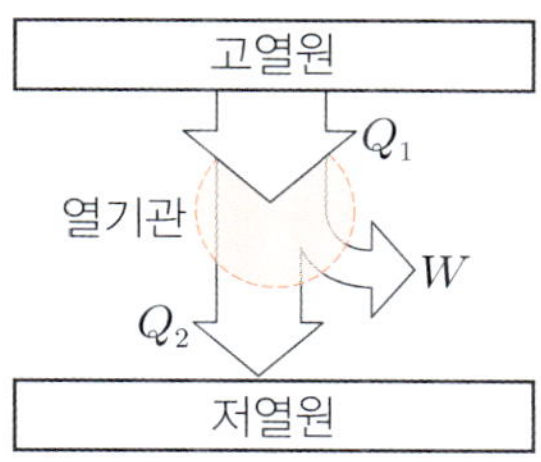

[문제 5.33]

① 20 ② 30 ③ 40 ④ 50

34 고열원에서 열을 흡수하여 외부에 일을 하고 저열원으로 열을 방출하는 열기관이 있다. 이 열기관의 열효율이 40%이고 저열원으로 방출한 열이 600J일 때 열기관이 외부에 한 일[J]은? [공무원 임용시험]

① 200 ② 240 ③ 360 ④ 400

35 열효율이 0.4인 어떤 열기관이 고온 열원에서 열을 흡수하여 한 순환과정 동안 일을 한 후 저온 열원으로 600J의 열을 방출한다. 이 과정에서 열기관이 수행한 일은? [공무원 임용시험]

① 200J ② 300J ③ 400J ④ 500J

36 그림 (가)는 내부에 열원이 장치된 단열 실린더에 이상 기체를 넣고 P의 위치에 정지되어 있던 피스톤에 힘을 가하여 Q의 위치까지 이동시키는 모습을 나타내고, 그림 (나)는 (가)에서 Q의 위치에 피스톤을 고정시킨 상태로 기체에 열을 가하는 모습을 나타내며, 그림 (다)는 (나)에서 피스톤을 가만히 놓았더니 피스톤이 오른쪽으로 움직이고 있는 모습을 나타낸 것이다. 이에 대한 설명으로 옳은 것은? 단, 피스톤과 실린더 사이의 마찰은 무시한다. [공무원 임용시험]

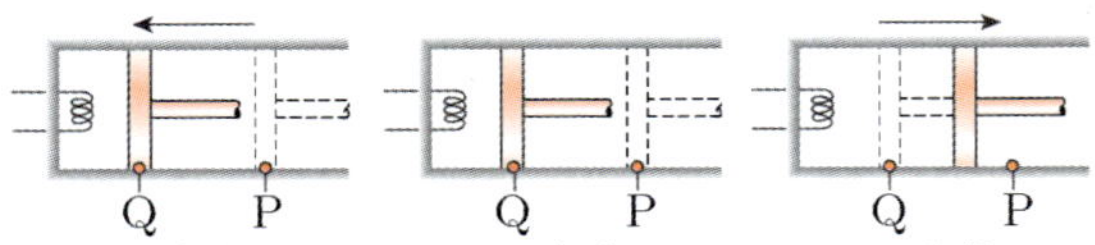

[문제 5.36]

① (가)에서 기체의 온도는 감소한다.
② (나)에서 기체가 흡수한 열량은 기체의 내부 에너지 증가량과 같다.
③ (나)에서 기체 분자가 피스톤 벽에 작용하는 압력은 변하지 않는다.
④ (다)에서 기체는 외부로부터 일을 받는다.

37 어떤 열기관이 시간당 150kJ의 일을 하면서 낮은 온도의 열원으로 시간당 350kJ의 열을 방출한다. 이 열기관의 열효율[%]은? [공무원 임용시험]

① 20　　② 30　　③ 40　　④ 50

38 그림은 온도 T_1인 고열원에서 Q_1의 열을 흡수하여 W의 일을 하고 온도 T_2인 저열원으로 Q_2의 열을 방출하는 열기관을 나타낸 것이다. 이에 대한 설명으로 옳은 것은? [공무원 임용시험]

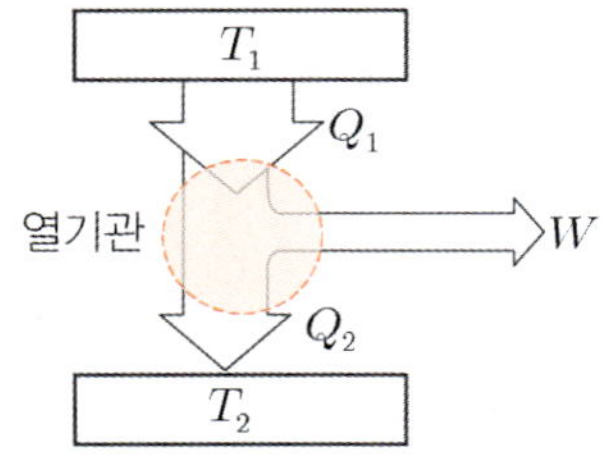

[문제 5.38]

① $Q_1 < Q_2$이다.
② $Q_2 = 0$인 열기관을 만들 수 있다.
③ $\frac{Q_1 - Q_2}{Q_1}$가 작을수록 열효율이 좋다.
④ $W = Q_1 - Q_2$이다.

39 내부 온도가 10K로 유지되는 카르노 냉동기가 있다. 냉동기의 내부에서 2J의 열을 흡수하여 온도가 300K로 유지되는 외부로 배출하기 위해 냉동기에 가해야 하는 일[J]은? [공무원 임용시험]

① 28　② 38　③ 48　④ 58

40 열역학 제2법칙에 해당하는 설명을 보기에서 고른 것은? [중등교사 임용시험 - 기계·금속]

ㄱ. 열과 일은 모두 에너지이며 열과 일은 상호 전환이 가능하다. ㄴ. 외부에서 일이 가해지지 않으면 열은 저온에서 고온으로 흐를 수 없다. ㄷ. 효율 100%의 열기관을 만들기가 불가능하다는 것을 의미하는 법칙이다. ㄹ. 밀폐계가 임의의 사이클을 이룰 때 열전달의 총합은 이루어진 일의 총합과 같다.

① ㄱ, ㄴ　② ㄱ, ㄹ　③ ㄴ, ㄷ　④ ㄴ, ㄹ

41 다음 중 카르노 사이클에 대한 설명으로 옳은 것은? [공무원 임용시험]

① 이상적인 2개의 등온과정 + 이상적인 2개의 단열과정
② 이상적인 2개의 정압과정 + 이상적인 2개의 정적과정
③ 이상적인 2개의 정압과정 + 이상적인 2개의 단열과정
④ 이상적인 2개의 등온과정 + 이상적인 2개의 정압과정

42 Carnot 냉동기에서 성능계수(COP)를 나타내는 식은? (단, $T_2 > T_1$) [공무원 임용시험]

① $\dfrac{T_2 - T_1}{T_2}$　② $\dfrac{T_2 - T_1}{T_1}$　③ $\dfrac{T_1}{T_2 - T_1}$　④ $\dfrac{T_2}{T_2 - T_1}$

43 가역적으로 운전되는 어떤 열기관이 500℃에서 500kJ의 열을 흡수하여 일을 하고 100℃에 남은 열을 배출한다고 한다. 이 열기관이 행한 일은? [공무원 임용시험]

① 약 60kJ　② 약 100kJ　③ 약 160kJ　④ 약 260kJ

44 623K의 고열원으로부터 1MW의 열량을 받아서 223K의 대기 중으로 450kW의 열량을 방출하는 열기관이 있다. 이 열기관의 효율은? [공무원 임용시험]

① 0.40　② 0.45　③ 0.50　④ 0.55

45 가역 이상 냉동 사이클에서 고온체의 온도가 30℃, 저온체의 온도가 5℃일 때 성적계수(coefficient of performance)는? [공무원 임용시험]

① 0.17　② 0.20　③ 6.00　④ 11.13

46 냉동속도를 4kJ/s로 하기 위하여 냉동시스템은 2kW의 동력을 필요로 한다. 열 방출이 27℃에서 일어나면 계가 유지할 수 있는 최저 가능 온도[℃]는? [공무원 임용시험]

① -13℃　② -33℃　③ -53℃　④ -73℃

47 어떤 특정한 동력장치가 350℃의 열원 저장고와 50℃의 열싱크 저장고 사이에서 운전된다. 이 장치의 열효율은 같은 온도 사이에서 운전되는 Carnot 엔진이 갖는 열효율의 60%이다. 이 장치의 열효율은 얼마인가? 단, 소수점 둘째자리에서 반올림한다. [공무원 임용시험]

① 0.3 ② 0.4 ③ 0.5 ④ 0.6

48 고열원의 온도가 327℃, 저열원의 온도가 27℃인 증기기관의 카르노(Carnot)효율(이상적인 열효율)은? 단, 소수점 둘째 자리에서 반올림한다. [공무원 임용시험]

① 0.1 ② 0.5 ③ 0.9 ④ 1.1

49 전기로 동작하는 카르노 열펌프를 난방기로 사용하여 건물 내부의 온도를 300K로 유지하고 있다. 건물 외부의 온도는 250K로 일정하고, 건물 내부에서 외부로 새어 나가는 열에너지가 초당 9kJ일 때, 카르노 열펌프에 공급하고 있는 전력의 크기는? [공무원 임용시험]

① 500W ② 1,500W ③ 3,000W ④ 6,000W

50 카르노(Carnot) 기관이 두 온도 $T_H = 600\text{K}$, $T_L = 300\text{K}$ 사이에서 작동하고, 한 순환과정당 1,200J의 일을 한다. 매 순환과정마다 고온과 저온의 열저장고에서 뽑아내는 열에너지 Q_H와 Q_L 각각의 크기는? [공무원 임용시험]

① 1,200J, 800J ② 2,400J, 1,200J

③ 3,000J, 1,600J ④ 3,600J, 1,800J

51 다음 현상 중, 열역학 제2법칙과 밀접한 관련이 있는 현상은? [공무원 임용시험]

① 잉크 방울을 물에 떨어뜨리면 결국 고르게 퍼지게 되지만, 고르게 퍼져있던 잉크분자들이 모여서 잉크방울로 뭉치지는 않는다.

② 자전거 바퀴에 공기를 팽팽하게 주입하고 나면 바퀴가 따뜻해진다.

③ 주전자 속의 물을 가열하면 물의 온도가 올라간다.

④ 압축 공기가 들어 있는 스프레이를 사용하고 나면 스프레이 통이 차가워진다.

52 찬 물과 뜨거운 물을 섞으면 미지근한 물이 되지만, 미지근한 물이 저절로 찬 물과 뜨거운 물로 나누어지지는 않는다. 이 현상을 설명하는 법칙은?

① 열역학 제0법칙 ② 열역학 제1법칙

③ 열역학 제2법칙 ④ 열역학 제3법칙

53 제2종 영구기관에 대한 설명으로 가장 옳은 것은?

① 열역학 제1법칙을 만족하지 못한다.

② 열역학 제1법칙을 만족하므로 만들 수 있다.

③ 열효율 0%인 열기관이다.

④ 열효율 100%인 열기관이다.

54 카르노 사이클(Carnot cycle)의 순환과정으로 옳은 것은? [공무원 임용시험]

① 등온팽창 → 단열팽창 → 등온압축 → 단열압축
② 단열팽창 → 등온팽창 → 단열압축 → 등온압축
③ 등온팽창 → 등온압축 → 단열압축 → 단열팽창
④ 단열팽창 → 단열압축 → 등온팽창 → 등온압축

55 역 카르노 사이클(Carnot cycle)의 순환과정으로 옳은 것은? [공무원 임용시험]

① 등온팽창 → 단열팽창 → 등온압축 → 단열압축
② 단열팽창 → 등온팽창 → 단열압축 → 등온압축
③ 등온팽창 → 등온압축 → 단열압축 → 단열팽창
④ 단열팽창 → 단열압축 → 등온팽창 → 등온압축

56 그림은 온도 T_c와 T_h 사이에서 작동하는 카르노 순환 과정을 나타내는 PV도표이다. 일상생활에서 접할 수 있는 열역학 현상 중 $D \rightarrow A$과정과 가장 관련이 있는 현상은? [공무원 임용시험]

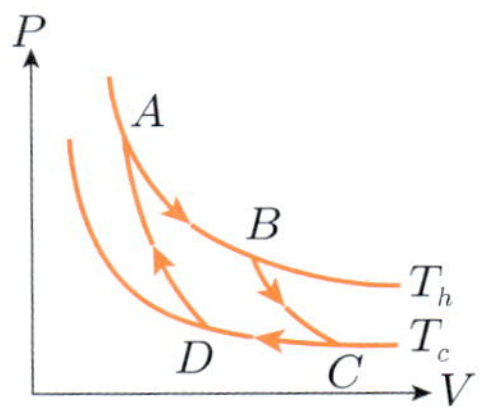

[문제 5.56]

① 차가운 생수병 주변에 물방울이 맺힌다.
② 뜨거운 음료가 담긴 컵이 매끄러운 탁자 위에서 미끄러진다.
③ 자전거 타이어의 공기를 주입하는 동안 타이어가 뜨거워진다.
④ 소화기에서 뿜어져 나온 기체가 매우 차다.

57 온도가 T_1, T_2인 두 열원 사이에서 작동하는 카르노 기관이 있다. 이 기관의 효율이 가장 높은 두 열원의 온도[K] 조합은? [국가공무원 7급(2020)]

① $T_1 = 50$, $T_2 = 200$ ② $T_1 = 100$, $T_2 = 300$
③ $T_1 = 200$, $T_2 = 500$ ④ $T_1 = 300$, $T_2 = 600$

58 그림은 온도가 T_1인 고열원으로부터 Q_1의 열을 흡수하여 W의 일을 하고, 온도가 T_2인 저열원으로 Q_2의 열을 방출하는 열기관을 모식적으로 나타낸 것이다. 이에 대한 설명으로 <보기>에서 옳은 것만을 모두 고르면? [국가공무원 9급(2021)]

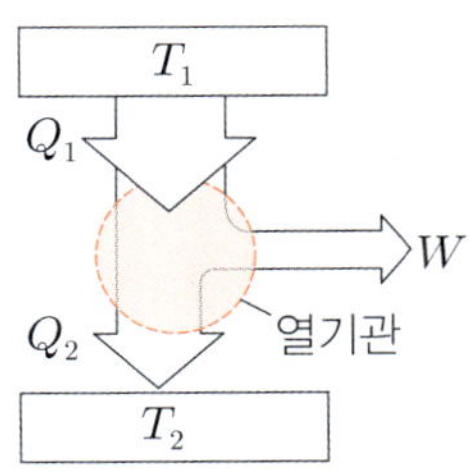

[문제 5.58]

ㄱ. $W = Q_1 - Q_2$이다.
ㄴ. 열효율이 100%인 열기관은 만들 수 없다.
ㄷ. Q_1이 일정할 때, W가 클수록 열기관의 열효율이 낮다.

① ㄱ ② ㄷ ③ ㄱ, ㄴ ④ ㄴ, ㄷ

59 냉장고 안 온도를 $-8℃$로 유지하기 위해 냉장고로부터 300kJ/min의 열을 방출해야 한다. 냉장고 밖 대기온도가 25℃일 때 냉장고에 투입해야 할 최소 동력[kW]을 구하여라.

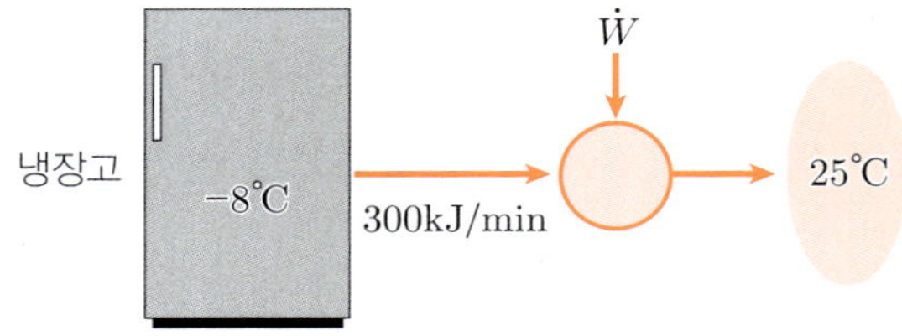

[문제 5.59]

60 대기온도가 2℃인 날에 집 안 온도를 22℃로 유지하게 위해 열펌프를 사용한다. 집 안으로부터 밖으로 빠져나가는 열량은 110,000kJ/h이고 열펌프가 작동할 때 3kW의 동력을 소모한다. 열펌프가 이 작업을 수행할 수 있는지 판정하여라.

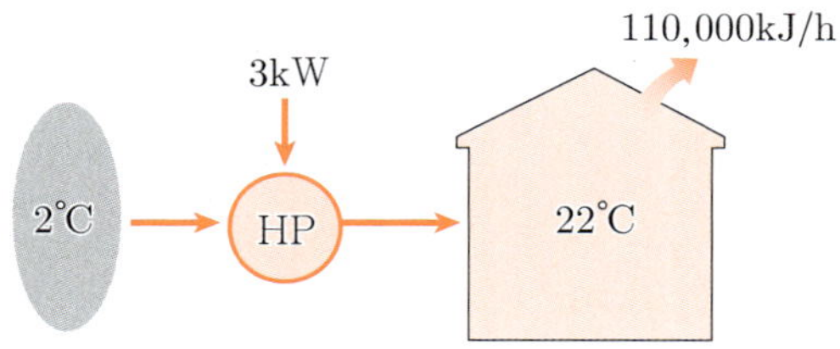

[문제 5.60]

61 이상적인 역카르노 사이클로 작동하는 에어컨을 사용하여 실내 온도를 12℃로 일정하게 유지하고자 한다. 실외 온도가 32℃이고 1초에 570cal의 열이 실내로 유입되고 있을 때 다음을 구하여라. 단, 1cal=4.2J이다.

(1) 1초당 외부로 배출하는 열량[cal]

(2) 에어컨을 구동하는데 필요한 동력[W]

62 고열원 온도 310K에서 작동하는 카르노 냉동기가 있다. 저열원 온도 260K에서 냉동기를 구동하는데 필요한 일은 저열원 온도가 290K일 때 소요되는 일의 몇 배인가? 단, 냉동기에 유입되는 열량은 동일하다.

63 고열원 900K와 저열원 300K 사이에서 작동하는 카르노열기관이 1분당 1800kJ의 열량을 공급받고 있을 때 열기관의 동력[kW]을 구하여라.

64 성능계수가 4인 냉동기로써 7,200[kJ/h]의 속도로 냉동할 때 필요한 동력[kW]을 구하여라.

65 카르노 열기관이 900℃ 열원으로부터 800kJ/min의 열을 받아 일을 하고 27℃ 대기로 열을 방출한다. 카르노 열기관의 일은 전부 −5℃ 냉장실로부터 열을 제거하여 동일한 27℃ 대기로 열을 방출하는 냉동기를 가동하는 데 사용된다. 냉장실에서 최대 열 제거율과 대기로 방출되는 총 열량의 비율을 구하여라.

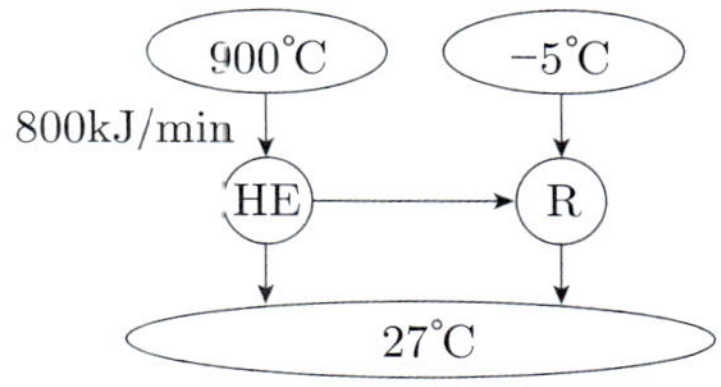

[문제 5.65]

66 그림과 같이 두 열원(T_1, T_2) 사이에서 두 개의 카르노기관이 연결되어 작동하고 있다. 첫 번째 기관과 두 번째 기관이 하는 일이 각각 W_1, W_2일 때 기관의 전체 열효율을 구하여라. 단, 기관의 전체 열효율은 첫 번째 기관이 흡수한 열량(Q_1)에 대한 전체 일($W_1 + W_2$)의 비로 정의한다.

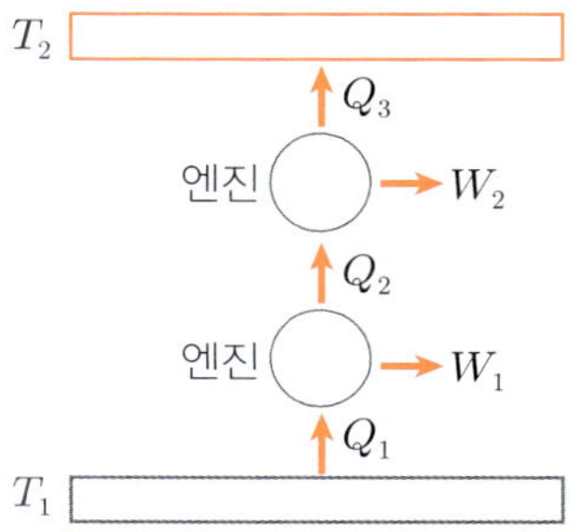

[문제 5.66]

67 열효율 30%인 화력발전소가 360MW의 전력을 생산하고 있을 때 다음을 구하여라.

(1) 1초당 발전소에 공급해야 할 열량[MJ]

(2) 1초당 발전소에서 방출하는 열량[MJ]

(3) 발전소의 냉각수로 1초당 100ton의 강물을 사용할 때 사용된 강물의 온도 상승[℃]. 단, 1cal=4.2J이다.

68 그림과 같이 온도 1000K와 250K의 두 열원 사이에서 카르노 사이클로 작동하는 열기관 두 개가 직렬로 연결되어 있다. 두 열기관의 열효율이 같을 때 중간에 있는 열원의 온도 T[K]를 구하여라.

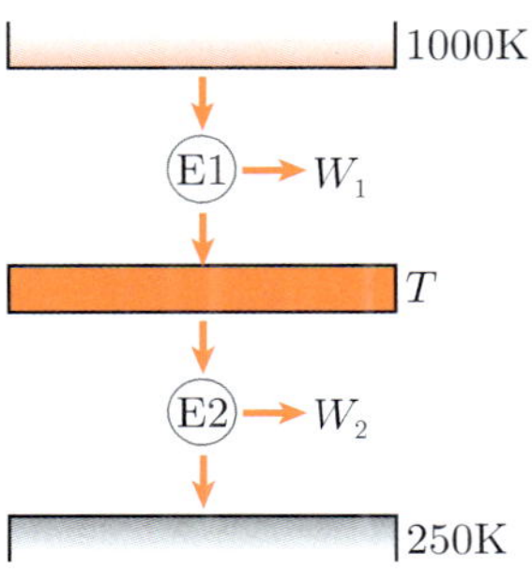

[문제 5.68] 두 개의 카르노 열기관

***69** 대기온도(T_0)가 30℃일 때 냉동기를 사용하여 냉동실의 온도(T_L)를 −30℃로 유지하고자 한다. 이 냉동기를 구동하기 위해 고온열원($T_H = 200$℃)과 대기 사이에서 작동하는 열기관의 출력 일을 이용한다. 모든 열역학적 과정은 가역적이라고 가정한다. [국가공무원 5급(기술) 제2차시험]

(1) 고온열원, 대기, 냉동실의 온도를 표시하고, 열과 일의 출입이 표시된 열기관-냉동기 복합 시스템을 그림으로 나타내시오.

(2) 냉동기가 흡수한 열량에 대한 열기관으로 전달된 열량의 비를 구하시오.

***70** 카노(Carnot) 열기관이 800°C의 열저장조로부터 10kW의 열을 받아 이 중 일부를 일로 변환하고, 나머지는 27°C의 주위 공기로 열을 방출한다. 이 열기관의 일은 카노 냉동기를 구동하는 데 사용되며, 냉동기는 −16°C인 냉동실에서 열을 흡수하여 27°C의 주위 공기로 열을 방출한다. 다음 물음에 답하시오. [국가공무원 5급(기술) 제2차시험(2019)]

(1) 냉동실에서 최대로 얻을 수 있는 열제거율[kW]을 구하시오.

(2) 이 열기관과 냉동기로부터 27°C 주위 공기로 방출되는 전체 열량[kW]을 구하시오.

제6장 엔트로피

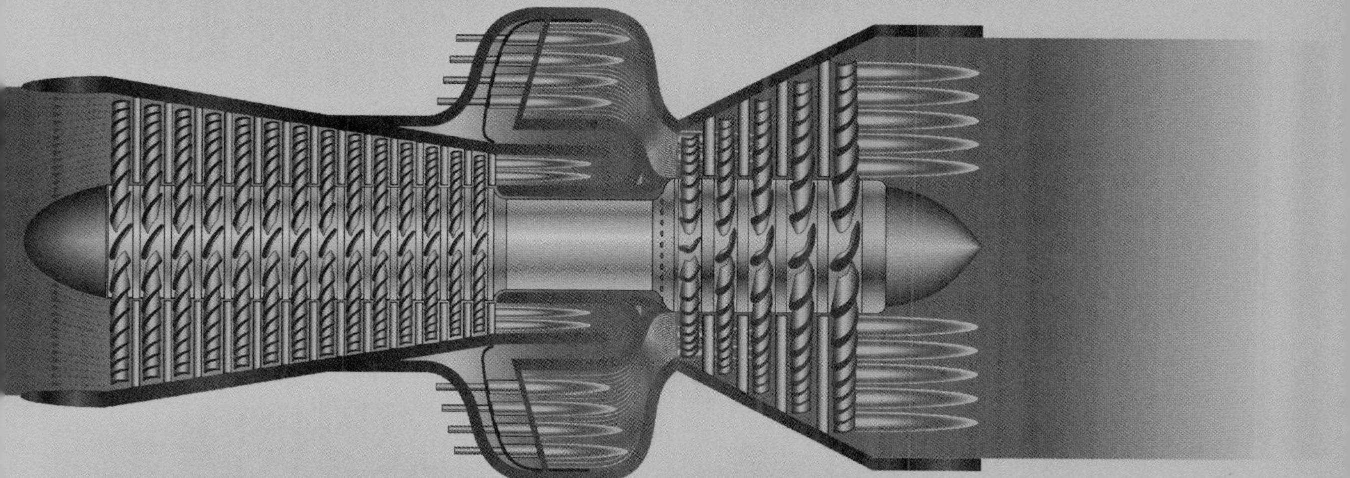

6.1 클라시우스 부등식

열역학 제2법칙에서는 부등식을 사용한 표현을 종종 사용한다. 예를 들어 실제 열기관의 효율은 동일한 두 열 저장조 사이에서 작동하는 가역 열기관의 효율보다 작다. 마찬가지로 비가역 냉동기나 열펌프의 성능계수는 동일한 온도 한계 사이에서 작동하는 가역 냉동기나 열펌프의 성능계수보다 작다.

열역학에서 중요한 하나의 부등식으로 클라시우스 부등식(Clausius inequality)이 있다. 클라시우스 부등식은 모든 열역학적 사이클에 대해 다음과 같이 표현된다.[26]

$$\oint \left(\frac{\delta Q}{T} \right) \le 0 \qquad \cdots (6.1)$$

여기에서 δQ는 사이클의 한 부분 동안 시스템 경계의 일부분에서의 열전달을 나타내며, T는 경계 부분의 온도이다. 기호 $\oint$는 적분이 전체 사이클과 전체 경계에서 수행된다는 것을 나타낸다. 시스템으로부터 또는 시스템에 전달되는 열량은 미소 열전달의 합으로 볼 수 있으므로 $\delta Q/T$의 사이클 적분은 미소 열전달을 경계면의 절대온도로 나눈 값들의 합이 된다.

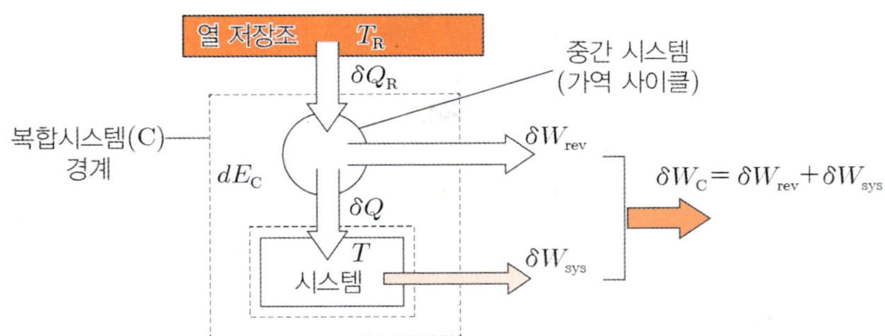

[그림 6.1] 클라시우스 부등식 증명

클라시우스 부등식은 [그림 6.1]의 시스템을 이용하여 증명할 수 있다. 그림의 아래에 있는 시스템은 외부로부터 δQ의 에너지를 받아 δW_{sys}의 일을 한다. 여기에서 δQ의 에너지는 온도 T_R의 열원으로부터 전달받는다. 열원(T_R)과 시스템 사이의 열전달 결과로 비가역성이 개입되지 않는다는 것을 확실하게 하기 위해 가역 사이클을 수행하는 하나의 중간 시스템을 통해 열전달이 이루어진다고 한다. 그림과 같이 중간 시스템은 열원으로부터 δQ_R을 공급받아 δW_{rev}의 일을 하고 δQ의 열을 시스템으로 전달한다.

---

26) 증명은 참고로 하고 클라시우스 부등식 (6.1)과 (6.2), (6.3)을 알아두도록 한다.

사이클 장치가 가역 장치이므로 켈빈온도 측도의 정의로부터

$$\frac{\delta Q_R}{T_R} = \frac{\delta Q}{T} \qquad \cdots ①$$

이다. [그림 6.1]에서 점선으로 그려진 복합 시스템에 에너지 보존 법칙을 적용하면

$$\delta W_C = \delta Q_R - dE_C \qquad \cdots ②$$

이다. 여기에서 δW_C는 복합 시스템의 총 일이다.

$$\delta W_C = \delta W_{rev} + \delta W_{sys} \quad \cdots ③$$

그리고 dE_C는 복합 시스템의 총 에너지 변화를 나타낸다. 식 ①에서

$$\delta Q_R = \delta Q \frac{T_R}{T} \qquad \cdots ④$$

이므로 이 식을 식 ②에 대입하면 다음 식이 얻어진다.

$$\delta W_C = T_R \frac{\delta Q}{T} - dE_C \quad \cdots ⑤$$

중간 시스템이 정수 개의 사이클을 수행하는 동안에 시스템이 하나의 사이클을 수행한다고 하자. 한 사이클에서 에너지 변화량은 0이므로 복합 시스템의 총 에너지 사이클 적분 $\oint dE_C = 0$이다. 따라서 복합 시스템의 전체 일은 다음과 같이 된다.

$$\oint \delta W_C = \oint \left(T_R \frac{\delta Q}{T} - dE_C \right)$$

$$\therefore \quad W_C = T_R \oint \left(\frac{\delta Q}{T} \right) \quad \cdots ⑥$$

복합 시스템의 일부가 사이클을 수행하기 때문에 복합 시스템도 사이클을 수행한다. 이상에서 살펴본 복합 시스템은 하나의 열원(T_R)과 열전달에 의해 에너지를 주고받아서 한 사이클 동안에 W_C의 일을 하고 있다.

그런데 하나의 열저장조와 열 교환을 하는 사이클로 작동하면서 정미 일(순 일, net work)을 생산하는 시스템은 없다는 열역학 제2법칙에 대한 Kelvin-Planck 서술에 의하면, W_C는 출력 일이 될 수 없고 양의 값이 될 수 없다($W_C \le 0$). 따라서 T_R은 절대온도로서 양의 값이므로 다음과 같은 부등식을 얻는다.

$$\oint \left(\frac{\delta Q}{T} \right) \le 0$$

이 부등식을 Clausius 부등식이라 한다. 이 부등식은 냉동 사이클을 포함하여 모든 열역학적 사이클에 적용된다. 여기에서 등호는 가역 사이클에 대해 성립하고 부등호는 비가역 사이클에 대해 성립한다.

$$\oint\left(\frac{\delta Q}{T}\right)=0 \text{ (가역 사이클)} \qquad \cdots(6.2)$$

$$\oint\left(\frac{\delta Q}{T}\right)<0 \text{ (비가역 사이클)} \qquad \cdots(6.3)$$

6.2 엔트로피-시스템 상태량

두 상태 사이에서의 값의 변화량이 그 변화 과정과 무관한 물리량을 상태량이라 한다. 클라시우스 부등식과 [그림 6.2]를 이용하여 엔트로피(entropy)라 부르는 시스템의 상태량이 도출됨을 보일 수 있다.[27)]

[그림 6.2]는 두 가역 사이클을 나타낸다. 한 사이클은 가역경로 A를 따라 상태 1에서 2로 간 후, 가역 경로 B를 따라 상태 2에서 1로 되돌아온다. 이 사이클은 가역 사이클이므로 다음과 같이 쓸 수 있다.

$$\oint\left(\frac{\delta Q}{T}\right)=\oint_1^2\left(\frac{\delta Q}{T}\right)_A+\oint_2^1\left(\frac{\delta Q}{T}\right)_B=0$$

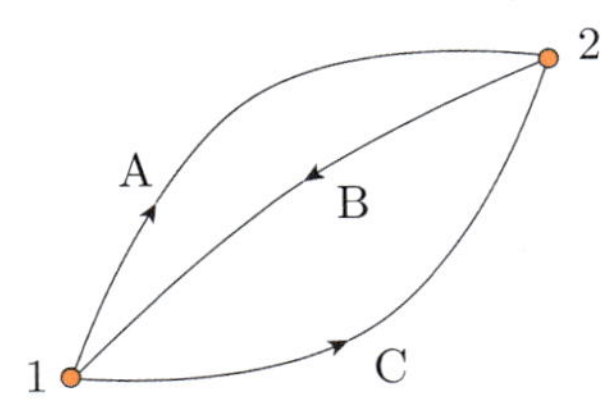

[그림 6.2] 두 가역 사이클: A→B, C→B

두 번째 사이클은 가역경로 C를 따라 상태 1에서 2로 간 후, 가역 경로 B를 따라 상태 2에서 1로 되돌아온다. 이 사이클에 대해서도 다음과 같이 쓸 수 있다.

$$\oint\left(\frac{\delta Q}{T}\right)=\oint_1^2\left(\frac{\delta Q}{T}\right)_C+\oint_2^1\left(\frac{\delta Q}{T}\right)_B=0$$

27) 엔트로피가 상태량이라는 사실에 대한 증명은 참고로 하고 엔트로피의 정의 식 (6.4)를 알아두도록 한다.

위의 첫 번째 식에서 두 번째 식을 빼면 다음 식을 얻는다.

$$\oint_1^2 \left(\frac{\delta Q}{T}\right)_A = \oint_1^2 \left(\frac{\delta Q}{T}\right)_C$$

이 식으로부터 상태 1과 2를 연결하는 모든 가역 경로에 대해 $\oint\left(\frac{\delta Q}{T}\right)$는 같은 값을 가진다는 것을 알 수 있다. 따라서 $\frac{\delta Q}{T}$는 경로에 무관하며 양 끝의 상태에 따라 결정되는 함수이므로 이 양은 상태량이다. 이 상태량을 엔트로피(entropy)라 부르며 S로 표시한다. 엔트로피는 물질의 상태량으로서 다음 식으로 정의한다.

$$dS = \left(\frac{\delta Q}{T}\right)_{rev} \quad \cdots (6.4)$$

엔트로피(S)는 종량적 상태량이고 단위는 kJ/K이다. 단위 질량당 엔트로피를 비엔트로피(specific entropy)라 하며 s로 나타낸다. 비엔트로피의 단위는 kJ/kg·K이다. 두 상태 1과 2의 엔트로피 차이는

$$S_2 - S_1 = \int_1^2 \left(\frac{\delta Q}{T}\right)_{rev} \quad \cdots (6.5)$$

$$s_2 - s_1 = \int_1^2 \left(\frac{\delta q}{T}\right)_{rev} \quad \cdots (6.6)$$

이다. q는 단위 질량당 열량을 나타낸다.

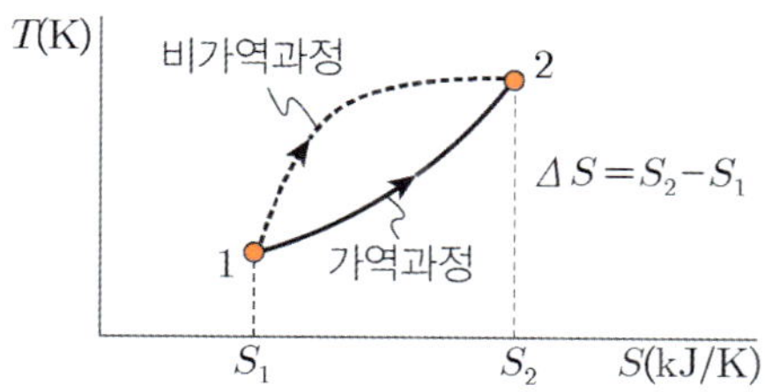

[그림 6.3] 두 상태 사이의 엔트로피 변화는 과정의 경로에 관계없이 같다.

식 (6.5)를 적분하기 위해서는 과정 중의 Q와 T의 관계를 알아야 한다. 여기에서 엔트로피는 상태량이며, 다른 모든 상태량과 같이 어떤 정해진 상태에서는 어떤 정해진 값을 가진다는 사실이 중요하다. 그러므로 어떤 두 상태 사이의 엔트로피 변화(엔트로피 차이)는 가역이든 비가역이든 과정의 경로에 관계없이 같은 값을 가진다[그림 6.3].

6.3 등온과정에서 열전달과 엔트로피 변화[28)]

온도 $T = T_0$로 일정한 계에서 Q의 열전달이 일어난 후 ΔS의 엔트로피 변화가 생겼다면 ΔS와 Q는 다음과 같다.

$$\Delta S = \frac{Q}{T_0} \quad [\mathrm{kJ/K}] \qquad \cdots (6.7a)$$

$$Q = T_0 \Delta S \quad [\mathrm{kJ}] \qquad \cdots (6.7b)$$

설명 상태변화 과정에서 계의 경계 안에서 비가역성이 일어나지 않는 과정을 내적가역(internally reversible) 과정이라 한다. 내적가역 과정 동안에 계는 일련의 평형상태를 거치며 과정을 되돌릴 때에도 정확하게 평형상태를 밟는다. 즉, 내적가역 과정은 어떤 과정과 그 과정을 되돌려서 원 상태로 돌아가는 과정의 경로가 일치한다. 준평형 과정은 내적 가역과정의 한 예이다. 등온과정 동안에 계의 내부는 준평형 과정을 거치므로 등온 열전달 과정은 내적가역 과정이 된다. 이때의 엔트로피 변화는 엔트로피 정의 식을 적분하여 구할 수 있다.

$$dS = \left(\frac{\delta Q}{T}\right)_{rev}$$

$$\therefore \quad \Delta S = S_2 - S_1 = \int_1^2 \frac{\delta Q}{T_0} = \frac{1}{T_0}\int_1^2 \delta Q = \frac{{}_1Q_2}{T_0}$$

상태변화(1→2) 과정에서 계로 전달된 열량 ${}_1Q_2$를 Q로 나타내면

$$\Delta S = \frac{Q}{T_0} \quad [\mathrm{kJ/K}]$$

이다. 여기에서 T_0는 일정한 절대온도이다. 이 식은 일정한 온도로 열을 공급하거나 흡수하는 열저장조의 엔트로피와 열전달을 구하는 데 특히 유용하다. 단위 질량당 전달열량이 $q[\mathrm{kJ/kg}]$이면 단위 질량당 엔트로피 변화는 다음과 같다.

$$\Delta s = \frac{q}{T_0} \quad [\mathrm{kJ/kg \cdot K}]$$

---

28) 엔트로피는 계로 전달되는 열량을 쉽게 구할 수 있게 하는 편리한 물리량이다. 식 (6.7a), (6.7b)는 꼭 알아두도록 한다.

예제 6.1 [그림 6.4]와 같이 피스톤-실린더 장치에 온도 300 K 인 물의 액체와 수증기 혼합물이 들어 있다. 피스톤 장치에 의해 실린더 내의 압력을 일정하게 유지하면서 1200kJ의 열이 실린더 벽을 통하여 물로 전달되었다. 물이 완전히 증발하지 않고 남아 있을 때 이 과정에서 일어나는 실린더 내 물(액체+수증기)의 엔트로피 변화를 구하여라.

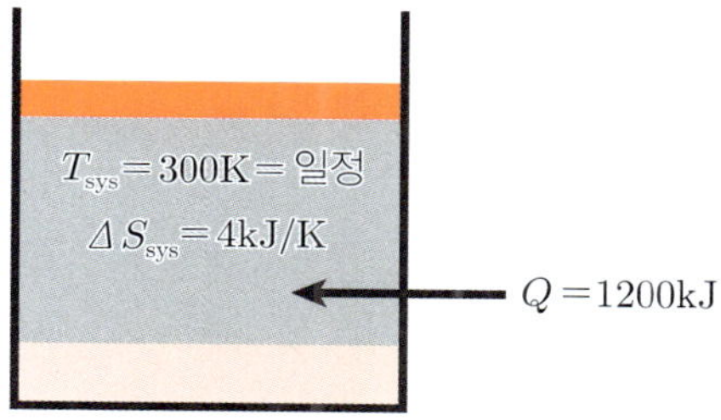

[그림 6.4] 열전달로 인한 계의 엔트로피 증가

풀이 물이 증발하고 있는 중에는 온도가 300K 로 일정하다. 즉, 물(액체+수증기) 전체를 하나의 계로 보면 계의 온도는 일정한 온도 $T_{sys} = 300\text{K}$ 이고, 계로 전달된 열량 $Q = 1200\,\text{kJ}$ 이므로 계의 엔트로피 변화(ΔS_{sys})는 다음과 같다.

$$\Delta S_{sys} = \frac{Q}{T_{sys}} = \frac{1200\,\text{kJ}}{300\,\text{K}} = 4\,[\text{kJ/K}]$$

계로 열이 유입되었으므로 계의 엔트로피 변화는 양(+)이다. 즉, 계의 엔트로피가 4 [kJ/K] 증가하였다.

예제 6.2 온도 200 ℃ 의 증기가 800 kJ/kg의 열을 받으면서 가역과정으로 등온 팽창할 때 단위 질량당 증기의 엔트로피 변화를 구하여라.

풀이 일정온도 $T_0 = 200\,℃$, 단위질량당 열전달량 $q = 800\,\text{kJ/kg}$ 이다. 온도가 일정하므로 가역과정에서 단위 질량당 엔트로피 변화(Δs)는 다음과 같다.

$$\Delta s = \frac{q}{T_0} = \frac{800}{273.2 + 200} = 1.69\,[\text{kJ/kg} \cdot \text{K}]$$

예제 6.3 온도 100 ℃ 의 이상기체 1 kg이 등온 팽창하여 외부에 1400kJ의 일을 하였다. 이 과정에서 기체의 엔트로피 변화를 구하여라.

풀이 기체의 온도 $T_0 = 100℃$, 기체가 한 일 $W = 1400\text{kJ}$ 이다. 등온 팽창이므로 온도가 일정하고, 이상기체의 내부에너지 변화 $\Delta U = 0$ 이다. 따라서 열역학 제1법칙에서 기체로 전달된 열량(Q)은

$$Q = \Delta U + W = W = 1400\,[\text{kJ}]$$

이고, 기체의 엔트로피 변화(ΔS)는 다음과 같다.

$$\Delta S = \frac{Q}{T_0} = \frac{1400}{273.2 + 100} = 3.75\ [\mathrm{kJ/K}])$$

기체는 외부로부터 열을 받았으므로 엔트로피가 증가하였다.

예제 6.4 출력이 4kW인 기관을 1시간 동안 제동 실험하여 발생한 마찰열이 모두 대기 중으로 전달되었을 때 대기의 엔트로피 변화를 구하여라. 단, 대기 온도는 20℃이다.

풀이 출력이 4kW인 기관을 1시간 동안 제동 실험할 때 발생한 마찰열(Q)은

$$Q = 4\mathrm{kW} \times 1\mathrm{h} = 4\frac{\mathrm{kJ}}{\mathrm{s}} \times 3600\mathrm{s} = 14,400\ [\mathrm{kJ}]$$

이고, 대기는 아주 크므로 온도가 $T_0 = 20℃$로 일정하다고 볼 수 있다. 이때 대기의 엔트로피 변화(ΔS)는 다음과 같다.

$$\Delta S = \frac{Q}{T_0} = \frac{4 \times 3600}{273.2 + 20} = 49.1[\mathrm{kJ/K}]$$

예제 6.5 온도 500K와 300K의 두 열원 사이에서 작동하는 카르노 열기관이 있다. 이 기관의 등온팽창 과정에서 엔트로피가 4kJ/K 증가하였을 때, 고온 열원으로부터 사이클로 유입된 열량을 구하여라.

풀이 카르노 사이클에서 고온 열원 온도 $T_H = 500\mathrm{K}$이고, T_H가 일정하게 유지되면서 고온 열원으로부터 Q_H의 열량을 전달받아서 기체가 팽창된다. 팽창과정에서 엔트로피 증가량 $\Delta S = 4\mathrm{kJ/K}$이므로 사이클로 유입된 열량($Q_H$)은 다음과 같다.

$$\Delta S = \frac{Q_H}{T_H}$$

$$\therefore\ Q_H = T_H \Delta S = 500 \times 4 = 2000\ [\mathrm{kJ}]$$

한편, 이 문제에서 온도 $T_L = 300\mathrm{K}$인 저온열원으로 방출한 열량(Q_L)은 다음과 같다.

$$Q_L = T_L \Delta S = 300 \times 4 = 1200\ [\mathrm{kJ}]$$

6.4 엔트로피 증가의 원리

[그림 6.5]와 같이 두 개의 과정으로 이루어지는 사이클을 고려한다. 여기에서 과정 1→2는 임의의 과정(가역 또는 비가역 과정)이며 2→1은 가역과정이다.[29)]

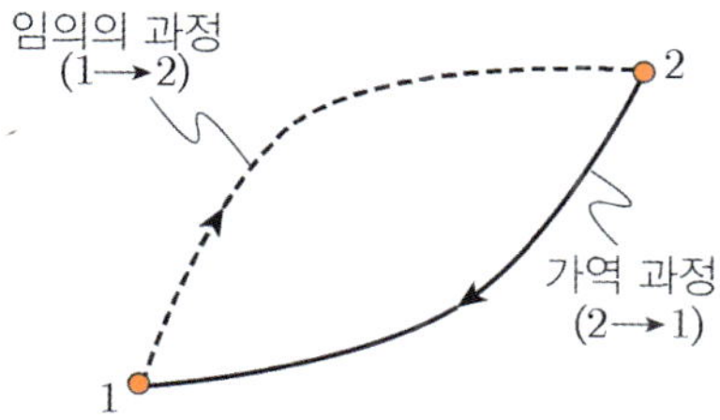

[그림 6.5] 가역과정과 비가역과정으로 이루어진 사이클

[그림 6.5]에서 과정 1→2→1은 하나의 사이클을 이루므로 클라시우스 부등식에 의해

$$\oint\left(\frac{\delta Q}{T}\right) \leq 0$$

이다. 이 식을 두 개의 경로 1→2, 2→1로 나누어 적분하면

$$\int_1^2 \frac{\delta Q}{T} + \int_2^1 \left(\frac{\delta Q}{T}\right)_{rev} \leq 0 \ \cdots (*)$$

이고, 여기에서 엔트로피의 정의에 의해 두 번째 적분

$$\int_2^1 \left(\frac{\delta Q}{T}\right)_{rev} = S_1 - S_2$$

이므로 식 (*)는 다음과 같이 된다.

$$\int_1^2 \frac{\delta Q}{T} + S_1 - S_2 \leq 0$$

$$S_2 - S_1 \geq \int_1^2 \frac{\delta Q}{T} \qquad \cdots (6.8)$$

식 (6.8)을 미분형으로 쓰면 다음과 같다.

$$dS \geq \frac{\delta Q}{T} \qquad \cdots (6.9)$$

여기에서 등호는 가역과정에서 성립하고, 부등호는 비가역 과정에서 성립한다. 식 (6.9)로부터 비가역과정의 밀폐계의 엔트로피 변화는 그 과정에 대한 $\delta Q/T$의 적분보다 크며, 가역과정에서는 $\delta Q/T$의 적분과 같아진다는 것을 알 수 있다.

---

29) 식의 유도 과정은 참고로 하고 결과 식 (6.9)와 (6.11)을 알면 된다.

가역과정인 경우 계의 엔트로피 변화 ΔS는 열전달에 의한 엔트로피 전달 $\int_1^2 \frac{\delta Q}{T}$와 같다. 그러나 비가역 과정인 경우에는 밀폐계의 엔트로피 변화가 항상 엔트로피 전달보다 크게 된다. 이와 같이 임의의 과정 중에 생성된 엔트로피를 엔트로피 생성(S_{gen})이라 한다. 밀폐계의 엔트로피 변화와 엔트로피 전달의 차이를 엔트로피 생성이라 하면 식 (6.8)은 다음과 같이 쓸 수 있다.

$$\Delta S = S_2 - S_1 = \int_1^2 \frac{\delta Q}{T} + S_{gen} \quad (S_{gen} \geq 0) \qquad \cdots (6.10)$$

엔트로피 생성(S_{gen})은 항상 양(+)의 값이거나 0이라는 사실은 열역학에서 큰 의미를 가지고 있다. 시스템과 주위 사이에 상호 작용이 없는 고립계(isolated system) 또는 단열된 밀폐계에서 열전달은 0이므로 식 (6.10)을 다음과 같이 쓸 수 있다.

$$\Delta S_{\text{isolated system}} \geq 0 \qquad \cdots (6.11)$$

이 방정식은 과정 중에 고립계의 엔트로피는 항상 증가하거나, 가역 과정인 경우에만 일정하다는 것을 나타낸다. 즉, 고립계의 엔트로피는 결코 감소하지 않는다. 이것을 엔트로피 증가의 원리라고 한다. 엔트로피 증가의 원리는 실제 자연 현상의 비가역성을 설명해 준다.

하나의 고립계는 여러 개의 계를 포함할 수 있다. 예를 들면 [그림 6.6]과 같이 계와 그 주위를 열과 일과 물질 전달이 없는 임의의 큰 경계로 둘러쌀 수 있으므로 하나의 계와 그 주위는 고립계를 구성한다. 여기에서 계와 그 주위는 고립계를 구성하는 계이므로, 고립계의 엔트로피 변화는 계와 그 주위의 엔트로피 변화의 합이 된다. 또한 고립계로는 엔트로피 전달이 없으므로 고립계의 엔트로피 변화는 엔트로피 생성과 같다. 따라서 다음 관계식이 구해진다.

$$S_{gen} = \Delta S \qquad \cdots (6.12)$$

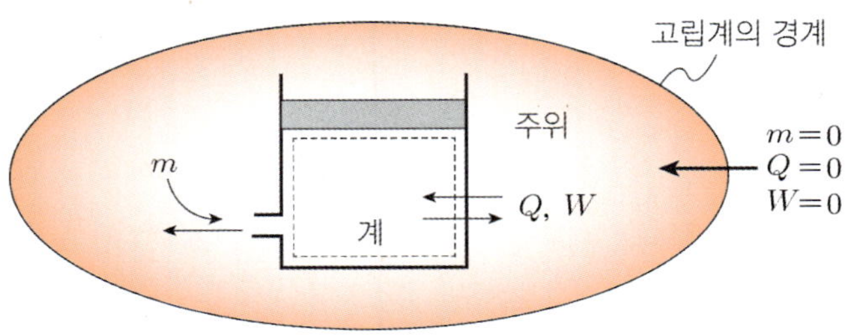

[그림 6.6] 계와 계의 주위는 하나의 고립계를 구성한다.

식 (6.12)에서 ΔS_{surr}은 계 주위의 엔트로피 변화를 나타낸다. 등호는 가역과정에서 성립하고 부등호는 비가역과정에서 성립한다. 엔트로피 증가의 원리는 계의 엔트로피가 감소할 수 없다는 것을 의미하지 않는다. 계와 주위를 포함하는 전체 엔트로피는 감소할 수 없지만 계의 엔트로피는 감소할 수 있다. 즉, 계의 엔트로피 변화(ΔS_{sys})는 과정 중에 음의 값일 수 있지만 엔트로피 생성(S_{gen})은 음의 값이 될 수 없다. 엔트로피 증가의 원리를 요약하면 다음과 같다.

$$S_{gen}\begin{cases} >0 & \text{비가역과정} \\ =0 & \text{가역과정} \\ <0 & \text{불가능한 과정} \end{cases}$$

지금까지 살펴본 엔트로피의 성질을 정리하면 다음과 같다.[30]

(1) 과정은 정해진 방향으로 일어나며, 엔트로피 증가의 원리($S_{gen} \geq 0$)를 따르는 방향으로 진행된다.

(2) 일반적으로 엔트로피는 비보존적인 상태량이다. 어떤 비가역 현상이 일어나면 엔트로피가 생성된다. 엔트로피는 이상적인 가역과정에서 보존되지만 모든 실제 과정에서는 총 엔트로피가 증가한다.

(3) 고립계가 여러 개(N개)의 하부계(subsystem)로 구성될 때 고립계의 총엔트로피는 증가하거나 일정하다(ΔS). 그러나 고립계를 구성하는 하부계의 엔트로피(ΔS_i)는 증가하거나 감소할 수 있다.

무질서와 엔트로피 증가의 법칙

한편으로는 계의 무질서 정도를 나타내는 양을 엔트로피라 정의하고, 통계열역학에서는 확률을 이용하여 엔트로피를 정의한다. 즉, 질서 있는 상태로 갈수록 엔트로피가 작아지고, 무질서한 상태로 갈수록 엔트로피는 증가한다. 엔트로피 증가의 법칙에 따라 자연계의 모든 현상은 엔트로피가 증가하는 방향으로 진행되므로, 엔트로피가 증가한다는 말은 시간이 지날수록 자연은 점점 무질서하게 변한다는 것을 의미한다. 또한 '자연 현상은 확률이 높은 쪽으로 진행된다'라는 뜻을 포함하고 있다. 따라서 조금 더 의미를 확장하면, 우리가 살고 있는 지구는 점점 더 오염되고, 세상은 점점 더 복잡하고 시끄러워진다는 것을 알 수 있다.

엔트로피와 엔트로피 증가의 법칙은 많은 의미를 포함하고 있으므로, 공학뿐만 아니라 경제학, 환경공학, 철학, 신학 등의 여러 분야에서 관심의 대상이 된다.

30) 엔트로피 증가의 법칙을 잘 이해하도록 한다.

예제 6.6 온도가 800K인 열저장조 A로부터 온도가 300K인 열저장조 B로 1200kJ의 열이 전달될 때 각각의 엔트로피 변화와 전체 엔트로피 변화를 구하여라. 단, 두 열저장조의 온도는 일정하다고 가정한다.

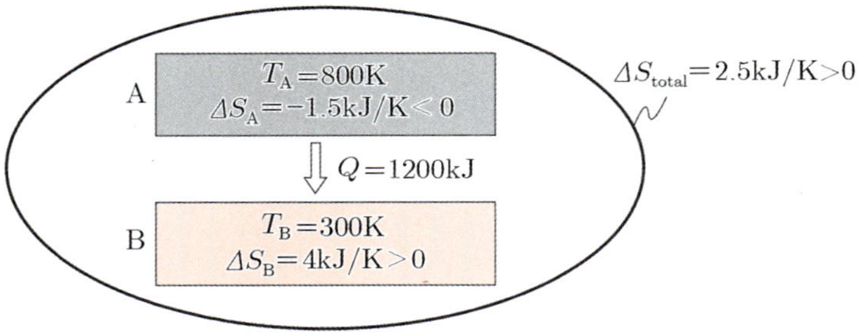

[그림 6.7] 열전달에 따른 엔트로피의 증가와 감소 및 전체 엔트로피의 증가

풀이 열저장조 A에서는 1200kJ의 열이 방출되고(−), B는 1200kJ의 열을 전달받는다(+). 따라서 A와 B의 엔트로피 변화는 다음과 같고,

$$\Delta S_A = \frac{Q_A}{T_A} = \frac{-1200\,\text{kJ}}{800\,\text{K}} = -1.5\,[\text{kJ/K}]$$

$$\Delta S_B = \frac{Q_B}{T_B} = \frac{1200\,\text{kJ}}{300\,\text{K}} = 4\,[\text{kJ/K}]$$

전체 엔트로피 변화(ΔS_{total})는

$$\Delta S_{total} = \Delta S_A + \Delta S_B = -1.5 + 4 = 2.5\,[\text{kJ/K}]$$

이다. [그림 6.7]에 전체 시스템을 나타내었다. 이 예제로부터 열을 방출한 A는 엔트로피가 감소하고, 열을 흡수한 B는 엔트로피가 증가한다는 것을 알 수 있다. 그러나 전체 엔트로피 변화는 양(+)이다. 즉, A에서 B로의 열전달이 일어남으로써 2.5kJ/K의 엔트로피가 생성되었다. 엔트로피는 비보존적인 상태량이다.[31)]

6.5 열역학 제3법칙

"절대온도 0도(T= 0K)에 있는 순수 결정체는 완전한 질서 상태에 있으며 이때의 엔트로피는 0이다."라는 것을 열역학 제3법칙이라 한다.

31) 이 예제를 통하여 열의 흡수와 방출에 따른 엔트로피의 증가와 감소 현상을 잘 이해하도록 한다.

열역학 제3법칙은 20세기 초에 공식화되었다. 초기의 연구는 주로 W. H. Nernst(1864 ~ 1941)와 M. Planck(1858 ~ 1947)에 의해 수행되었다. 통계적인 관점에서 엔트로피는 분자의 무작위성의 척도, 즉 어느 순간에서 분자의 위치에 대한 불확정성이다. 고체 상태에서도 물체의 분자는 지속적으로 진동하며 그 위치에 대한 불확정성을 가지고 있다. 그러나 이 진동은 온도가 낮아짐에 따라 점점 약해지며 절대 0도에서 분자의 운동은 완전히 멈추게 된다. 이것은 궁극적인 분자의 질서 상태를 나타낸다. 그러므로 온도가 절대 0도인 순수 결정체는 분자의 상태에 대한 불확정성이 없으므로 절대 0도인 순수 결정체의 엔트로피는 0이다.

순수 결정체가 아닌 물질의 엔트로피는 절대온도 0도에서 0이 아님에 주의하자. 이것은 물질의 미시적인 상태에 대하여 어떤 불확정성이 개입되게 하는 한 개 이상의 분자 구성이 있기 때문이다.

열역학 제1법칙과 2법칙으로부터 내부에너지와 엔트로피라는 상태량을 각각 이끌어낸 것과는 달리 제3법칙에서는 절대 0도에서의 엔트로피에 대한 문제만을 다룬다.

열역학 제3법칙은 엔트로피를 정하는 절대 기준점을 제공한다. 이 기준점을 기준으로 결정된 엔트로피를 절대 엔트로피라 부르며 화학 반응의 열역학적 해석에서 매우 유용하다.

6.6 엔트로피 관계식

이상적인 과정에 적용되는 $dS=\left(\dfrac{\delta Q}{T}\right)$은 열역학 제1법칙 $\delta Q = dU + PdV$와 결합하여 다음과 같은 유용한 관계식을 제공해 준다.[32)]

$$TdS = dU + PdV \qquad \cdots (6.13)$$

$$TdS = dH - VdP \qquad \cdots (6.14)$$

위 식을 단위 질량에 대해 쓰면 다음과 같다.

$$Tds = du + Pdv \qquad \cdots (6.15)$$

32) 이 식들은 모두 기억하도록 한다. 일반적인 시험에 나오는 엔트로피 문제는 이 식들로써 거의 다 풀린다고 할 수 있다. 식 (6.13)과 (6.14)를 Gibbs 방정식이라 한다.

$$Tds = dh - v\,dP \qquad \cdots (6.16)$$

s, u, h, v는 각각 비엔트로피, 비내부에너지, 비엔탈피, 비체적이다.

설명 정지해 있거나 중력의 영향을 받지 않는 밀폐계에 대한 에너지 식은

$$\delta Q = dU + \delta W$$

이다. 여기에서 부피의 압축과 팽창만이 관계되는 단순시스템에서 일

$$\delta W = P\,dV$$

이고,

$$\delta Q = TdS$$

이므로 두 식을 에너지 식에 대입하면

$$TdS = dU + P\,dV \quad \cdots ①$$

가 된다. 그리고 엔탈피 $H = U + PV$를 미분하면

$$dH = dU + P\,dV + V\,dP$$

이고, 이 식으로부터

$$dU + P\,dV = dH - V\,dP$$

이다. 따라서 식 ①은 다음과 같이 표현된다.

$$TdS = dH - V\,dP \quad \cdots ②$$

6.7 이상기체의 엔트로피 변화

1 이상기체의 엔트로피 변화에 대한 미분식

정적비열 C_v, 정압비열 C_p를 사용하면 이상기체의 단위 질량당 엔트로피(s)에 대한 다음의 유용한 관계식을 얻는다.

$$Tds = C_v dT + P\,dv \qquad \cdots (6.17)$$

$$ds = C_v \frac{dT}{T} + R\frac{dv}{v} \qquad \cdots (6.18)$$

$$Tds = C_p dT - v\,dP \qquad \cdots (6.19)$$

$$ds = C_p \frac{dT}{T} - R\frac{dP}{P} \quad \cdots (6.20)$$

설명 이상기체에서 $du = C_v dT$ 이므로

$$Tds = du + Pdv = C_v dT + Pdv$$

이다. 이 식을 T로 나누어주고 상태방정식

$$Pv = RT$$

에서

$$\frac{P}{T} = R \times \frac{1}{v}$$

을 구하여 대입하면

$$ds = C_v \frac{dT}{T} + \frac{P}{T} dv = C_v \frac{dT}{T} + R\frac{dv}{v} \quad \cdots ①$$

가 된다. 또한 $dh = C_p dT$ 이므로

$$Tds = dh - vdP = C_p dT - vdP$$

이고, 이 식을 T로 나누어주고 상태방정식 $Pv = RT$에서 $v/T = R/P$을 구하여 대입하면

$$ds = C_p \frac{dT}{T} - \frac{v}{T} dP = C_p \frac{dT}{T} - R\frac{dP}{P} \quad \cdots ②$$

가 된다. 정적비열(C_v)과 정압비열(C_p)은 일반적으로 온드의 함수이다. 따라서 함수 $C_v(T)$, $C_p(T)$를 알면 식 ①, ②를 적분하여 엔트로피 변화를 구할 수 있다.

† 이상기체의 내부에너지와 엔탈피는 온도만의 함수[$u = u(T)$, $h = h(T)$]이지만 식 ①, ②는 이상기체의 엔트로피가 온도만의 함수가 아님을 보여준다.

2 이상기체의 엔트로피 변화

식 (6.18) 또는 (6.20)을 이용하면 이상기체의 엔트로피 변화를 쉽게 구할 수 있다. 식 (6.18)에서

$$ds = C_v \frac{dT}{T} + R\frac{dv}{v}$$

이므로 이 식을 적분하면

$$\Delta s = s_2 - s_1 = \int_1^2 C_v \frac{dT}{T} + R\ln\left(\frac{v_2}{v_1}\right) \quad \left[\frac{\text{kJ}}{\text{kg} \cdot \text{K}}\right] \quad \cdots (6.21)$$

이다. 그리고 식 (6.20)을 이용하면

$$ds = C_p \frac{dT}{T} - R\frac{dP}{P}$$

$$\Delta s = s_2 - s_1 = \int_1^2 C_p \frac{dT}{T} - R\ln\left(\frac{P_2}{P_1}\right) \quad \left[\frac{\mathrm{kJ}}{\mathrm{kg \cdot K}}\right] \qquad \cdots (6.22)$$

이다. 일반적으로 이상기체의 비열은 온도의 함수이다. 식 (6.21), (6.22)에서 정적비열(C_v)과 정압비열(C_p)이 일정한 경우

$$\int_1^2 \frac{dT}{T} = \ln\left(\frac{T_2}{T_1}\right)$$

이므로 엔트로피 변화(Δs, ΔS)는 다음과 같다.

$$\begin{aligned} \Delta s = s_2 - s_1 &= C_v \ln\left(\frac{T_2}{T_1}\right) + R\ln\left(\frac{v_2}{v_1}\right) \quad \left[\frac{\mathrm{kJ}}{\mathrm{kg \cdot K}}\right] \\ \Delta S = S_2 - S_1 &= mC_v \ln\left(\frac{T_2}{T_1}\right) + mR\ln\left(\frac{v_2}{v_1}\right) \quad \left[\frac{\mathrm{kJ}}{\mathrm{K}}\right] \end{aligned} \qquad \cdots (6.23)$$

$$\begin{aligned} \Delta s = s_2 - s_1 &= C_p \ln\left(\frac{T_2}{T_1}\right) - R\ln\left(\frac{P_2}{P_1}\right) \quad \left[\frac{\mathrm{kJ}}{\mathrm{kg \cdot K}}\right] \\ \Delta S = S_2 - S_1 &= mC_p \ln\left(\frac{T_2}{T_1}\right) - mR\ln\left(\frac{P_2}{P_1}\right) \quad \left[\frac{\mathrm{kJ}}{\mathrm{K}}\right] \end{aligned} \qquad \cdots (6.24)$$

예제 6.7 이상기체 2 kg이 온도 300 K, 압력 500 kPa에서 온도 700 K, 압력 200 kPa로 변화하였을 때 엔트로피 변화를 구하여라. 단, 정압비열은 1 kJ/kg · K, 기체상수는 0.3 kJ/kg · K이다.[33)]

풀이 질량 $m = 2\,\mathrm{kg}$, 초기상태 온도 $T_1 = 300\,\mathrm{K}$, 압력 $P_1 = 500\,\mathrm{kPa}$이고, 최종상태 온도 $T_2 = 700\,\mathrm{K}$, 압력 $P_2 = 200\,\mathrm{kPa}$이다. 정압비열 $C_p = 1\,\mathrm{kJ/kg \cdot K}$와 압력($P_1$, P_2)가 주어졌으므로 엔탈피와 엔트로피의 관계식

$$Tds = dh - vdP = C_p dT - vdP$$

를 이용한다. $Pv = RT$에서 $v/T = R/P$이므로

$$ds = C_p \frac{dT}{T} - \frac{v}{T}dP = C_p \frac{dT}{T} - R\frac{dP}{P}$$

---

33) 공부할 때는 결과 식을 이용하지 말고 기본 미분 식을 적분하여 구해보도록 한다.

이고, 이 식을 적분하면 단위 질량당 엔트로피 변화(Δs)는

$$\Delta s = \int_1^2 C_p \frac{dT}{T} - R\int_1^2 \frac{dP}{P} = C_p \ln\left(\frac{T_2}{T_1}\right) - R\ln\left(\frac{P_2}{P_1}\right)$$
$$= 1 \times \ln\left(\frac{700}{300}\right) - 0.3 \times \ln\left(\frac{200}{500}\right)$$
$$= 1.12\ [\mathrm{kJ/kg \cdot K}]$$

이고, 총 엔트로피변화(ΔS)는 다음과 같다.

$$\Delta S = m\,\Delta s = 2 \times 1.12 = 2.24\ [\mathrm{kJ/K}]$$

3 기본 과정에서 이상기체의 엔트로피 변화

밀폐계에서 일어나는 기본적인 과정(정적, 정압, 등온, 단열과정)에서의 이상기체의 엔트로피 변화는 다음과 같다. 상태 1에서 상태 2로 변화하며 단위 질량당 엔트로피 변화 $\Delta s = s_2 - s_1$, 전체(총) 엔트로피 변화 $\Delta S = S_2 - S_1$이고, 정적비열(C_v)과 정압비열(C_p)이 일정하다고 가정한다.[34]

[1] 정적과정($dv = 0$)

$$\Delta s = C_v \ln\left(\frac{T_2}{T_1}\right) = C_v \ln\left(\frac{P_2}{P_1}\right) \quad \left[\frac{\mathrm{kJ}}{\mathrm{kg \cdot K}}\right]$$
$$\Delta S = m C_v \ln\left(\frac{T_2}{T_1}\right) = m C_v \ln\left(\frac{P_2}{P_1}\right) \quad \left[\frac{\mathrm{kJ}}{\mathrm{K}}\right] \quad \cdots (6.25)$$

[2] 정압과정($dP = 0$): $v_2/v_1 = V_2/V_1$

$$\Delta s = C_p \ln\left(\frac{T_2}{T_1}\right) = C_p \ln\left(\frac{v_2}{v_1}\right) \quad \left[\frac{\mathrm{kJ}}{\mathrm{kg \cdot K}}\right]$$
$$\Delta S = m C_p \ln\left(\frac{T_2}{T_1}\right) = m C_p \ln\left(\frac{v_2}{v_1}\right) \quad \left[\frac{\mathrm{kJ}}{\mathrm{K}}\right] \quad \cdots (6.26)$$

34) 기사나 공무원 시험 등을 볼 때는 이 결과를 알아두었다가 곧바로 사용하면 된다.

[3] 등온과정($dT=0$): $v_2/v_1 = V_2/V_1$

$$\Delta s = R\ln\left(\frac{v_2}{v_1}\right) = R\ln\left(\frac{P_1}{P_2}\right) \quad \left[\frac{\text{kJ}}{\text{kg}\cdot\text{K}}\right]$$
$$\Delta S = mR\ln\left(\frac{v_2}{v_1}\right) = mR\ln\left(\frac{P_1}{P_2}\right) \quad \left[\frac{\text{kJ}}{\text{K}}\right] \qquad \cdots (6.27)$$

[4] 가역단열과정($\delta q = 0$)

$$\Delta s = 0\,,\ \Delta S = 0 \qquad \cdots (6.28)$$

설명 (1) 정적과정: $ds = C_v\frac{dT}{T} + R\frac{dv}{v}$ 에서 부피가 일정하므로 $dv = 0$이다. 이 식을 적분하면

$$\begin{aligned}\Delta s = s_2 - s_1 &= \int_1^2 C_v\frac{dT}{T} = C_v\,[\ln T\,]_{T_2}^{T_1} \\ &= C_v\,(\ln T_2 - \ln T_1) \\ &= C_v\ln\left(\frac{T_2}{T_1}\right) \\ &= C_v\ln\left(\frac{P_2}{P_1}\right) \ \left(\leftarrow\ v = \text{일정} \ \ \therefore\ \frac{T_1}{P_1} = \frac{T_2}{P_2}\right)\end{aligned}$$

(2) 정압과정: $ds = C_p\frac{dT}{T} - R\frac{dP}{P}$ 에서 압력이 일정하므로 $dP = 0$이고, 이 식을 적분하면

$$\begin{aligned}\Delta s = s_2 - s_1 &= \int_1^2 C_p\frac{dT}{T} \\ &= C_p\ln\left(\frac{T_2}{T_1}\right) \\ &= C_p\ln\left(\frac{v_2}{v_1}\right) \ \left(\leftarrow\ P = \text{일정} \ \ \therefore\ \frac{T_1}{v_1} = \frac{T_2}{v_2}\right)\end{aligned}$$

(3) 등온과정: $ds = C_v\frac{dT}{T} + R\frac{dv}{v}$ 에서 온도가 일정하므로 $dT = 0$이고, 이 식을 적분하면

$$\Delta s = s_2 - s_1 = \int_1^2 R\frac{dv}{v}$$
$$= R\ln\left(\frac{v_2}{v_1}\right)$$
$$= R\ln\left(\frac{P_1}{P_2}\right) \quad (\leftarrow \ T = \text{일정} \ \ \therefore \ P_1 v_1 = P_2 v_2)$$

(4) 가역단열과정: $ds = \dfrac{\delta q}{T}$ 에서 단열이므로 $\delta q = 0 \ \therefore \ \Delta s = 0$

† 가역단열과정(reversible adiabatic process)에서는 엔트로피가 변하지 않는다. 엔트로피가 일정한 과정을 등엔트로피 과정(isentropic process)이라고 한다.

† 비가역 과정의 엔트로피 변화는 δQ와 T가 동일한 가역 과정의 엔트로피 변화보다 크며 $dS = \dfrac{\delta Q}{T} + \delta S_{gen}$으로 표현한다. 여기에서 엔트로피생성 $\delta S_{gen} > 0$이다. 따라서 비가역 단열과정의 엔트로피 변화 $\Delta S > 0$이다.

예제 6.8 [정적과정] 부피가 $2\,m^3$인 밀폐된 견고한 용기 안에 압력 $100\,kPa$, 온도 30℃의 이상기체가 들어있다. 용기를 가열하여 기체의 압력이 $500\,kPa$이 되었을 때 기체의 엔트로피 변화를 구하여라. 단, 기체의 정적비열 $C_v = 0.7\,kJ/kg \cdot K$, 기체상수 $R = 0.3\,kJ/kg \cdot K$이다.

풀이 초기상태 부피 $V_1 = 2m^3$, 압력 $P_1 = 100\,kPa$, 온도 $T_1 = 30$℃이고, 가열 후 최종상태 압력 $P_2 = 500kPa$이다. 먼저 기체의 질량(m)을 구한다.

$$m = \frac{P_1 V_1}{RT_1} = \frac{100 \times 2}{0.3 \times (273 + 30)} = 2.2\ [kg]$$

견고한 용기이므로 부피가 일정하다. 이때 '$T/P =$ 일정'이고 $dv = 0$이다.

$$Tds = du + Pdv = C_v dT$$
$$ds = C_v \frac{dT}{T}$$
$$\therefore \ \Delta S = mC_v \int_1^2 \frac{dT}{T} = mC_v \ln\left(\frac{T_2}{T_1}\right)$$
$$= mC_v \ln\left(\frac{P_2}{P_1}\right)$$
$$= 2.2 \times 0.7 \times \ln\left(\frac{500}{100}\right)$$
$$= 2.48\ [kJ/K]$$

예제 6.9 [정압과정] 비열이 일정한 이상기체 2 kg이 일정한 압력 100 kPa 하에서 20 ℃ 로부터 100 ℃ 로 가열되었을 때 기체의 엔트로피 변화를 구하여라. 단, 기체의 정압비열은 5 kJ/kg · K 이다.

풀이 기체의 질량 $m = 2\,\mathrm{kg}$, 초기상태 압력 $P_1 = 100\,\mathrm{kPa}$, $T_1 = 20\,℃$ 이고, 가열 후 최종상태 온도 $T_2 = 100\,℃$ 이다. 압력이 일정할 때 $dP = 0$이므로

$$Tds = dh - vdP = C_p dT$$

$$\therefore\ ds = C_p \frac{dT}{T}$$

이고, 이 식을 적분하면 기체의 엔트로피 변화(ΔS)는 다음과 같다.

$$\begin{aligned}\Delta S &= mC_p \int_1^2 \frac{dT}{T} = mC_p \ln\left(\frac{T_2}{T_1}\right) \\ &= 2 \times 5 \times \ln\left(\frac{273+100}{273+20}\right) \\ &= 2.41\,[\mathrm{kJ/K}]\end{aligned}$$

예제 6.10 [등온과정] 피스톤-실린더 장치 안에 압력 100 kPa, 온도 20 ℃ 의 이상기체가 들어 있다. 이 기체가 가역 등온과정으로 압축되어 압력이 500 kPa이 되었을 때, 기체의 단위 질량당 엔트로피 변화와 단위 질량당 압축 일을 구하여라. 단, 기체상수 $R = 0.3\,\mathrm{kJ/kg \cdot K}$ 이다.

풀이 기체의 초기상태 압력 $P_1 = 100\,\mathrm{kPa}$, 온도 $T_1 = 20\,℃$ 이고, 압축 된 후 최종상태 압력 $P_2 = 500\mathrm{kPa}$이다. 등온과정이므로 $dT = 0$이고, 이상기체 상태방정식 $Pv = RT$에서 $v/T = R/P$이다. 따라서

$$Tds = dh - vdP = C_p dT - vdP = -vdP$$

$$\therefore\ ds = -\frac{v}{T}dP = -R\frac{dP}{P}$$

이고, 이 식을 적분하면 기체의 단위 질량당 엔트로피 변화(Δs)는

$$\begin{aligned}\Delta s &= -R\int_1^2 \frac{dP}{P} = -R\ln\left(\frac{P_2}{P_1}\right) \\ &= -0.3 \times \ln\left(\frac{500}{100}\right) \\ &= -0.483\,[\mathrm{kJ/kg \cdot K}]\end{aligned}$$

이다. 여기에서 온도가 일정할 때 내부에너지 변화 $\Delta u = 0$이므로 단위 질량당 에너지에 대한 열역학 제1법칙 $q = \Delta u + w = w$로부터 기체가 한 일(w)은 다음과 같다.

$$w = q = T_0 \Delta s = (273+20) \times (-0.483)$$
$$= -141.5\,[\mathrm{kJ/kg}]$$

$w < 0$이므로 기체는 외부로부터 일을 받고 압축되었다. 즉, 압축에 소요된 단위 질량당 일은 141.5 kJ/kg이다.

† 등온과정에서 압력변화가 주어지면 $Tds = -vdP$를 이용하고, 부피변화가 주어지면 $Tds = Pdv$를 이용하는 것이 편리하다.

보충학습 기체의 양이 몰수로 주어질 때

기체의 양이 질량 단위 m[kg]으로 주어지면 기체상수 R[kJ/kg · K], 정적비열 C_v [kJ/kg · K], 정압비열 C_p[kJ/kg · K]를 사용하고, 몰 단위 n[mol]로 주어지면 일반기체상수 $\overline{R}$[kJ/kmol · K], 정적 몰비열 $\overline{C_v}$[kJ/kmol · K], 정압 몰비열 $\overline{C_p}$[kJ/kmol · K]를 사용한다. 모든 개념과 풀이 방법은 똑같다.

[1] 정적과정($dv = 0$)

$$\Delta s = \overline{C_v} \ln\left(\frac{T_2}{T_1}\right) = \overline{C_v} \ln\left(\frac{P_2}{P_1}\right) \quad \left[\frac{\mathrm{kJ}}{\mathrm{kmol \cdot K}}\right]$$
$$\Delta S = n\overline{C_v} \ln\left(\frac{T_2}{T_1}\right) = n\overline{C_v} \ln\left(\frac{P_2}{P_1}\right) \quad \left[\frac{\mathrm{kJ}}{\mathrm{K}}\right]$$

[2] 정압과정($dP = 0$): $v_2/v_1 = V_2/V_1$

$$\Delta s = \overline{C_p} \ln\left(\frac{T_2}{T_1}\right) = \overline{C_p} \ln\left(\frac{v_2}{v_1}\right) \quad \left[\frac{\mathrm{kJ}}{\mathrm{kmol \cdot K}}\right]$$
$$\Delta S = n\overline{C_p} \ln\left(\frac{T_2}{T_1}\right) = n\overline{C_p} \ln\left(\frac{v_2}{v_1}\right) \quad \left[\frac{\mathrm{kJ}}{\mathrm{K}}\right]$$

[3] 등온과정($dT = 0$): $v_2/v_1 = V_2/V_1$

$$\Delta s = \overline{R} \ln\left(\frac{v_2}{v_1}\right) = \overline{R} \ln\left(\frac{P_1}{P_2}\right) \quad \left[\frac{\mathrm{kJ}}{\mathrm{kmol \cdot K}}\right]$$
$$\Delta S = n\overline{R} \ln\left(\frac{v_2}{v_1}\right) = n\overline{R} \ln\left(\frac{P_1}{P_2}\right) \quad \left[\frac{\mathrm{kJ}}{\mathrm{K}}\right]$$

[4] 가역단열과정($\delta q = 0$)

$$\Delta s = 0, \ \Delta S = 0$$

4 폴리트로픽 과정

상태 $1(T_1, v_1, P_1)$에서 상태 $2(T_2, v_2, P_2)$로 변화할 때 이상기체의 단위 질량당 엔트로피 변화(Δs)는 다음과 같다.

$$\Delta s = s_2 - s_1 = C_v \ln\left(\frac{T_2}{T_1}\right) + R\ln\left(\frac{v_2}{v_1}\right) \quad \cdots ①$$

$$\Delta s = s_2 - s_1 = C_p \ln\left(\frac{T_2}{T_1}\right) - R\ln\left(\frac{P_2}{P_1}\right) \cdots ②$$

일반적인 폴리트로픽 과정에서 $Pv^n = C$(일정)이고 이상기체의 상태방정식에서 $Pv = RT$이므로 두 식을 결합하면

$$\frac{v_2}{v_1} = \left(\frac{T_2}{T_1}\right)^{1/(1-n)} \quad \cdots ③$$

$$\frac{P_2}{P_1} = \left(\frac{T_2}{T_1}\right)^{n/(n-1)} \quad \cdots ④$$

가 성립한다. 식 ③, ④를 식 ①, ②에 각각 대입하면 폴리트로픽 과정에서의 엔트로피 변화가 온도(T_1, T_2)의 함수로서 다음과 같이 구해진다.

$$\begin{aligned} \Delta s = s_2 - s_1 &= C_v \ln\left(\frac{T_2}{T_1}\right) + R\ln\left(\frac{v_2}{v_1}\right) \\ &= C_v \ln\left(\frac{T_2}{T_1}\right) + R\ln\left(\frac{T_2}{T_1}\right)^{1/(1-n)} \\ &= \left(C_v - \frac{R}{n-1}\right)\ln\left(\frac{T_2}{T_1}\right) \end{aligned}$$

$$\Delta s = s_2 - s_1 = \left(C_v - \frac{R}{n-1}\right)\ln\left(\frac{T_2}{T_1}\right) \quad \left[\frac{\text{kJ}}{\text{kg} \cdot \text{K}}\right] \qquad \cdots (6.29)$$

$$\begin{aligned}\Delta s = s_2 - s_1 &= C_p \ln\left(\frac{T_2}{T_1}\right) - R\ln\left(\frac{P_2}{P_1}\right)\\ &= C_p \ln\left(\frac{T_2}{T_1}\right) - R\ln\left(\frac{T_2}{T_1}\right)^{n/(n-1)}\\ &= \left(C_p - \frac{nR}{n-1}\right)\ln\left(\frac{T_2}{T_1}\right)\end{aligned}$$

$$\Delta s = s_2 - s_1 = \left(C_p - \frac{nR}{n-1}\right)\ln\left(\frac{T_2}{T_1}\right) \quad \left[\frac{\mathrm{kJ}}{\mathrm{kg \cdot K}}\right] \qquad \cdots (6.30)$$

가역단열과정인 경우 $n = k$(비열비), $C_v = \dfrac{R}{k-1}$, $C_p = \dfrac{kR}{k-1}$이므로 식 (6.29)와 (6.30)에서 엔트로피 변화 $\Delta s = 0$이 된다는 것을 알 수 있다.

예제 6.11 상태 변화 과정이 $Pv^2 = C$(C는 상수)의 관계를 따르는 단원자 이상기체가 있다. 이 기체 1 kg의 온도가 T_1에서 T_2로 변화할 때의 엔트로피 변화를 구하여라. 기체상수는 R이고 단원자 이상기체의 정적비열 $C_v = \dfrac{3}{2}R$이다.

풀이 폴리트로픽 지수 $n = 2$, 정적비열 $C_v = \dfrac{3}{2}R$을 식 (6.29)에 대입하면 단위 질량당 엔트로피 변화(Δs)는 다음과 같다.

$$\begin{aligned}\Delta s = s_2 - s_1 &= \left(C_v - \frac{R}{n-1}\right)\ln\left(\frac{T_2}{T_1}\right)\\ &= \left(\frac{3R}{2} - \frac{R}{2-1}\right)\ln\left(\frac{T_2}{T_1}\right)\\ &= \frac{1}{2}R\ln\left(\frac{T_2}{T_1}\right)\end{aligned}$$

여기에서 $C_p - C_v = R$이므로 정압비열 $C_p = \dfrac{5}{2}R$이다. 식 (6.30)으로도 같은 결과가 얻어짐을 확인하여라.

6.8 고체와 액체의 엔트로피 변화

비압축성 물질에서 비열 $C = C_v = C_p$이므로 엔트로피 관계식은 다음과 같다. 상태 1에서 상태 2로 변화하며 $\Delta s = s_2 - s_1$, $\Delta S = S_2 - S_1$이고, m은 질량, C_{avg}는 두 상태 사이의 평균 비열을 나타낸다.

$$ds = \frac{du}{T} = C\frac{dT}{T} \quad \left[\frac{\text{kJ}}{\text{kg}\cdot\text{K}}\right] \qquad \cdots(6.31)$$

$$\Delta s = \int_1^2 C(T)\frac{dT}{T} = C_p \ln\left(\frac{T_2}{T_1}\right) \quad \left[\frac{\text{kJ}}{\text{kg}\cdot\text{K}}\right] \qquad \cdots(6.32)$$

$$dS = \frac{dU}{T} = mC\frac{dT}{T} \quad \left[\frac{\text{kJ}}{\text{K}}\right] \qquad \cdots(6.33)$$

$$\Delta S = m\int_1^2 C(T)\frac{dT}{T} = mC_p \ln\left(\frac{T_2}{T_1}\right) \quad \left[\frac{\text{kJ}}{\text{K}}\right] \qquad \cdots(6.34)$$

설명 고체와 액체는 비체적이 거의 일정($dv = 0$)하게 유지되므로 체적변화에 의한 일은 무시할 수 있다. 따라서 이 경우에는 흡수한 열량이 모두 내부에너지 변화로 전환된다. 따라서

$$\delta q = Tds = du + Pdv = du = C(T)\,dT$$

이므로 단위질량당 엔트로피 변화(Δs)에 대한 식은 다음과 같이 된다.

$$ds = C(T)\frac{dT}{T} \quad \cdots①$$

$$\Delta s = s_2 - s_1 = \int_1^2 C(T)\frac{dT}{T}$$

$$= C_{avg}\ln\left(\frac{T_2}{T_1}\right)$$

$$= C_p\ln\left(\frac{T_2}{T_1}\right)$$

C_{avg}는 고려하는 온도 범위에서의 물질의 평균비열인데, 고체와 액체에서 $C_{avg} \approx C_p$이다. 식 ①로부터 비압축성 물질의 엔트로피 변화는 온도만의 함수라는 것을 알 수 있다.

예제 6.12 물 20kg을 1기압 하에서 30℃부터 70℃로 가열할 때 엔트로피 변화를 구하여라. 단, 물의 정압비열 $C_p = 4.2\,\text{kJ/kg}\cdot\text{K}$이다.

풀이 물의 질량 $m = 20\text{kg}$, 초기상태 온도 $T_1 = 30℃$, 가열 후 최종상태 온도 $T_2 = 70℃$이다. 물은 거의 비압축성 물질이므로 식 (6.34)에서 물의 엔트로피변화(ΔS)는 다음과 같다.

$$\Delta S = mC_p \ln\left(\frac{T_2}{T_1}\right) = 20 \times 4.2 \times \ln\left(\frac{70+273.2}{30+273.2}\right) = 10.4\,[\text{kJ/K}]$$

예제 6.13 질량이 m이고 비열이 C인 두 개의 동일한 금속이 있다. 초기 상태에서 두 금속의 온도는 각각 T_1, T_2이다. 외부와 단열된 상태에서 두 금속을 접촉시키고 열평형 상태에 도달했을 때 두 금속의 온도와 총 엔트로피 변화를 구하여라. 단, 비열 C는 일정하다.

풀이 단열된 밀폐계에서의 열역학 제1법칙에 의하여 시스템 전체의 총 열전달은 $Q = \Delta_{total} = 0$이다. 따라서 열평형 상태의 온도를 T_f라 하면 비열이 일정할 때 $\Delta U = mC\Delta T$이므로

$$mC(T_f - T_1) + mC(T_f - T_2) = 0$$

이다. 이 식을 풀면 평형온도(T_f)는

$$T_f = \frac{T_1 + T_2}{2}$$

가 된다. 여기에서 금속의 부피가 일정($dV = 0$)하므로

$TdS = dU + PdV = dU = mCdT$

$$\therefore\ dS = mC\frac{dT}{T}$$

이다. 이 식을 적분하면 초기온도 T_1인 물체의 엔트로피 변화는

$$(\Delta S)_1 = (S_f - S_i)_1 = \int_{T_1}^{T_f} mC\frac{dT}{T} = mC\ln\left(\frac{T_f}{T_1}\right)$$

이고, 초기온도 T_2인 물체의 엔트로피 변화는

$$(\Delta S)_2 = (S_f - S_i)_2 = \int_{T_2}^{T_f} mC\frac{dT}{T} = mC\ln\left(\frac{T_f}{T_2}\right)$$

이다. 따라서 총 엔트로피변화는 다음과 같다.

$$(\Delta S)_{total} = (\Delta S)_1 + (\Delta S)_2 = mC\ln\left(\frac{T_f}{T_1}\right) + mC\ln\left(\frac{T_f}{T_2}\right)$$

$$= mC\ln\left(\frac{T_f}{T_1} \times \frac{T_f}{T_2}\right) = mC\ln\left[\frac{(T_1 + T_2)^2}{4T_1T_2}\right]$$

6.9 카르노 사이클의 T-S 선도

카르노 사이클을 온도-엔트로피($T-S$) 선도에 나타내면 사이클로 공급된 열량(Q_H), 사이클에서 방출한 열량(Q_L), 사이클이 한 순 일(W)을 쉽게 구할 수 있다.

카르노 사이클은 두 개의 가역단열과정과 두 개의 등온과정으로 구성된다. 등온과정에서 온도

$$`T = \text{일정}'$$

이고, 가역단열과정에서 사이클로 전달되는 열이 없으므로 엔트로피 변화

$$dS = T\delta Q = 0, \text{ 즉 엔트로피 } `S = \text{일정}'$$

이다. 따라서 카르노 사이클은 [그림 6.8]과 같이 $T-S$ 선도에서 하나의 직사각형을 이룬다. 여기에서 1→2는 **가역 등온 팽창과정**, 2→3은 **가역 단열 팽창과정**, 3→4는 **가역 등온 압축과정**, 4→1은 **가역 단열 압축과정**이다.

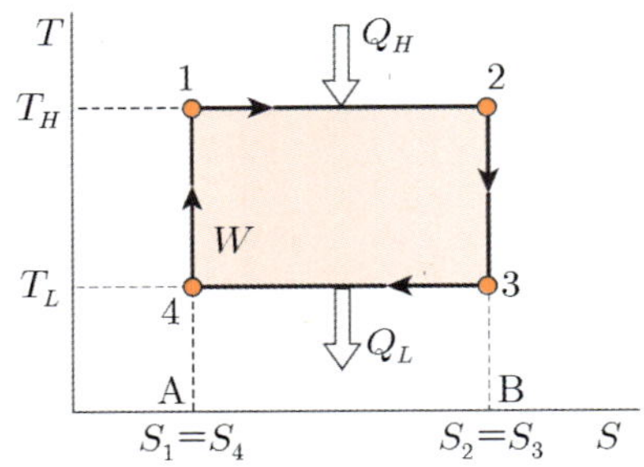

[그림 6.8] 카르노 사이클: 동력 사이클

엔트로피 변화를 $\Delta S = S_2 - S_1 = S_3 - S_4$로 나타내면, 한 사이클을 수행하였을 때 사이클로 공급된 열량(Q_H)은

$$Q_H = T_H \Delta S \quad \cdots (6.35)$$

이고, 사이클에서 방출된 열량(Q_L)은

$$Q_L = T_L \Delta S \quad \cdots (6.36)$$

이며, 사이클이 한 일(W)은

$$W = Q_H - Q_L = (T_H - T_L)\Delta S \quad \cdots (6.37)$$

이다. 식 (6.35)~(6.37)은 $T-S$ 선도에서

$$Q_H = \text{사각형}\ (1-2-B-A)\ \text{의 면적}$$
$$Q_L = \text{사각형}\ (4-3-B-A)\ \text{의 면적}$$
$$W = \text{사각형}\ (1-2-3-4)\ \text{의 면적}$$

과 같다. 식 (6.35)~(6.37)로부터 카르노 사이클의 열효율(η)은 다음과 같이 표현된다.

$$\eta = \frac{W}{Q_H} = \frac{(T_H - T_L)\Delta S}{T_H \Delta S} = \frac{T_H - T_L}{T_H} = 1 - \frac{T_L}{T_H} \quad \cdots (6.38)$$

예제 6.14 온도가 각각 20℃와 400℃인 두 열원 사이에서 작동되는 카르노 사이클의 등온팽창과정에서 작업유체의 엔트로피가 50J/K 증가하였다. 한 사이클을 완료하였을 때 사이클로 공급된 열량, 사이클에서 방출된 열량, 사이클이 한 순 일(net work), 사이클의 열효율을 각각 구하여라.

풀이 고온열원 온도 $T_H = 400℃ = 673\text{K}$, 저온열원 온도 $T_L = 20℃ = 293\text{K}$이고, 등온팽창과정의 엔트로피 변화량 $\Delta S = 50\text{J/K}$이다. 구하는 값은 각각 다음과 같다.

(1) 공급된 열량 Q_H

$$\begin{aligned} Q_H = T_H \Delta S &= 673\text{K} \times 50\frac{\text{J}}{\text{K}} \\ &= 33,650\,\text{J} \\ &= 33.65\,\text{kJ} \end{aligned}$$

(2) 방출된 열량 Q_L

$$\begin{aligned} Q_L = T_L \Delta S &= 293\text{K} \times 50\frac{\text{J}}{\text{K}} \\ &= 14,650\,\text{J} \\ &= 14.65\,\text{kJ} \end{aligned}$$

(3) 순 일(net work) W

$$W = (T_H - T_L)\Delta S = (673 - 293)\text{K} \times 50\frac{\text{J}}{\text{K}} = 19,000\,\text{J} = 19\,\text{kJ}$$

혹은, $W = Q_H - Q_L = 33.65 - 14.65 = 19\,[\text{kJ}]$

(4) 열효율 η

$$\eta = 1 - \frac{T_L}{T_H} = 1 - \frac{293}{673} = 0.565$$

혹은, $\eta = \frac{W}{Q_H} = \frac{19}{33.65} = 0.565$

예제 6.15 공기 0.4kg의 밀폐계에서 수행되는 카르노 사이클이 있다. 사이클의 최고 온도와 최저 온도는 각각 800K와 300K이고, 최고 압력은 2000kPa이다. 등온 팽창의 결과로 압력이 1000kPa로 떨어질 때 사이클로 전달된 열량과 사이클이 한 일을 구하여라. 단, 공기의 기체상수는 0.287kJ/kg · K이다.

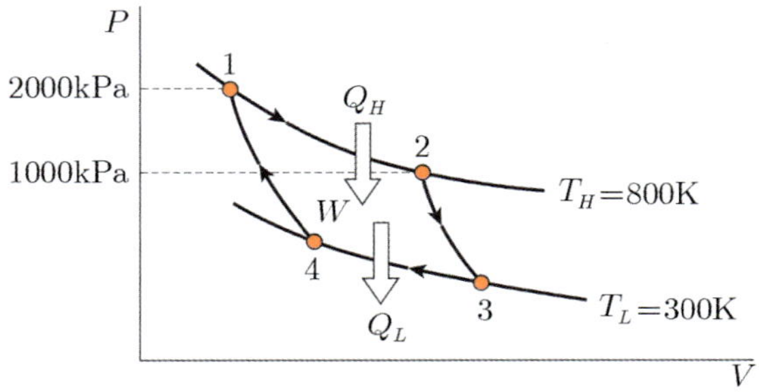

[그림 6.9] 카르노 사이클 $P-V$ 선도

풀이 카르노 사이클의 $P-V$ 선도는 [그림 6.9]와 같다. 선도에서 고온열원 온도 $T_H = 800\text{K}$, 저온열원 온도 $T_L = 300\text{K}$이고, 최고 압력 $P_1 = 2000\text{kPa}$이다. 공기는 1→2의 과정에서 Q_H의 열을 흡수하고 등온 팽창하여 압력이 $P_2 = 1000\text{kPa}$로 낮아진다. 공기 질량 $m = 0.4\text{kg}$이다. 1→2의 과정은 등온 과정($dT = 0$)이므로 엔트로피 변화(ΔS)는 다음과 같다.

$$\Delta S = mR\ln\left(\frac{P_1}{P_2}\right) = 0.4 \times 0.287 \times \ln\left(\frac{2000}{1000}\right) = 0.0796\ [\text{kJ/K}]$$

따라서 고온 열원으로부터 전달받은 열량(Q_H)은

$$Q_H = T_H \Delta S = 800 \times 0.0796 = 63.7\ [\text{kJ}]$$

이고, 사이클의 효율(η_c)은

$$\eta_c = \frac{W}{Q_H} = 1 - \frac{T_L}{T_H} = 1 - \frac{300}{800} = 0.625$$

이므로 사이클이 한 일(W)은 다음과 같다.

$$W = \eta_c Q_H = 0.625 \times 63.7 = 39.8\ [\text{kJ}]$$

혹은, 등온과정에서 $\Delta U = 0$이므로 열역학 제1법칙에서

$$\begin{aligned} Q_H &= \Delta U + {}_1W_2 = 0 + {}_1W_2 = \int_1^2 PdV \\ &= \int_1^2 \frac{mRT}{V} dV = mRT\ln\left(\frac{V_2}{V_1}\right) = mRT\ln\left(\frac{P_1}{P_2}\right) \\ &= 0.4(0.287)(800)\ln\left(\frac{2000}{1000}\right) \\ &= 63.7[\text{kJ}] \end{aligned}$$

6.10 역카르노 사이클의 T-S 선도

카르노 사이클은 가역 사이클이므로 사이클의 모든 과정을 역으로 되돌릴 수 있다. [그림 6.10]에 도시된 역카르노 사이클의 $T-S$ 선도는 과정의 방향이 역이라는 점을 제외하고는 카르노 사이클의 선도와 같다. 이와 같이 역카르노 사이클로 작동하는 냉동기를 카르노 냉동기라 한다.

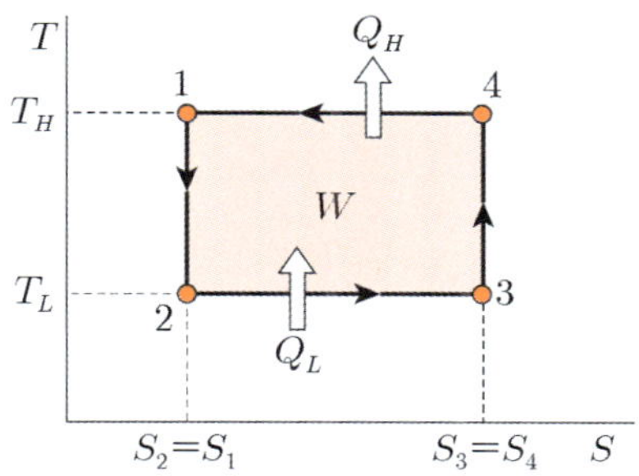

[그림 6.10] 역카르노 사이클의 $T-S$ 선도

엔트로피 변화를 $\Delta S = S_3 - S_2$로 나타내면, 한 사이클을 수행하였을 때 고온 열원으로 방출한 열량 Q_H, 저온 열원으로부터 흡수한 열량(냉각열량) Q_L, 압축기 투입일 W는 다음과 같다.

$$Q_H = T_H \Delta S \quad \cdots (6.39)$$

$$Q_L = T_L \Delta S \quad \cdots (6.40)$$

$$W = Q_H - Q_L = (T_H - T_L)\Delta S \quad \cdots (6.41)$$

따라서 카르노 냉동기의 성능계수는 다음과 같이 구해진다.

$$\mathrm{COP_R} = \frac{Q_L}{W} = \frac{Q_L}{Q_H - Q_L} = \frac{T_L}{T_H - T_L} = \frac{1}{T_H / T_L - 1} \qquad \cdots (6.42)$$

식 (6.42)의 성능계수는 온도 T_H와 T_L 사이에서 작동하는 냉동기가 가질 수 있는 이론적인 최대 성능계수이다.

예제 6.16 [그림 6.11]과 같은 역카르노 사이클로 작동하는 냉동기가 있다. 작업유체가 한 사이클을 완료할 때 다음을 구하여라. (1) 고온 열원으로 방출한 열량 Q_H (2) 저온 열원으로부터 흡수한 열량 Q_L (3) 압축기 투입일 W (4) 냉동기의 성능계수 $\mathrm{COP_R}$

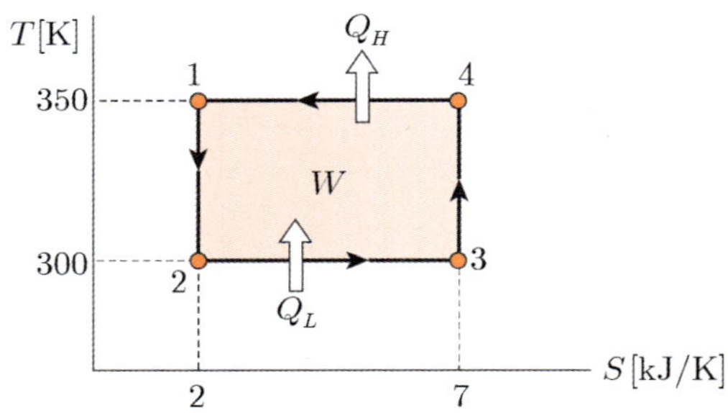

[그림 6.11] 역카르노 사이클의 $T-S$ 선도

풀이 고온열원 온도 $T_H = 350\,\mathrm{K}$, 저온열원 온도 $T_L = 300\mathrm{K}$이고, 등온과정의 엔트로피 변화량 $\Delta S = 7 - 2 = 5\,[\mathrm{kJ/K}]$이다.

(1) 고온 열원으로 방출한 열량 Q_H

$$Q_H = T_H \Delta S = 350\mathrm{K} \times 5\frac{\mathrm{kJ}}{\mathrm{K}} = 1750\,[\mathrm{kJ}]$$

(2) 저온 열원으로부터 흡수한 열량 Q_L

$$Q_L = T_L \Delta S = 300\mathrm{K} \times 5\frac{\mathrm{J}}{\mathrm{K}} = 1500\,[\mathrm{kJ}]$$

(3) 압축기 투입일 W

$$W = (T_H - T_L)\Delta S = (350 - 300)\mathrm{K} \times 5\frac{\mathrm{J}}{\mathrm{K}} = 250\,[\mathrm{kJ}]$$

혹은, $W = Q_H - Q_L = 1750 - 1500 = 250\,[\mathrm{kJ}]$

(4) 냉동기의 성능계수 $\mathrm{COP_R}$

$$\mathrm{COP_R} = \frac{Q_L}{W} = \frac{1500}{250} = 6$$

혹은, $\mathrm{COP_R} = \dfrac{T_L}{T_H - T_L} = \dfrac{300}{350 - 300} = 6$

6.11* 가용에너지와 비가용에너지

열역학 제2법칙에 의해 효율 100%의 열기관은 존재할 수 없으므로 사이클을 이루는 열기관은 반드시 일정량의 열을 저온 열원으로 버려야 한다. 이에 따라 에너지를 우리가 이용할 수 있는 가용에너지(available energy, 유효에너지)와 버려지는 비가용에너지(unavailable energy, 무효에너지)로 나눌 수 있다.

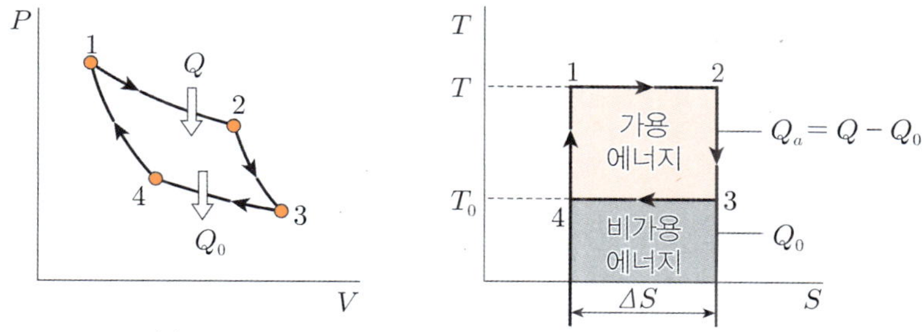

[그림 6.12] 가용에너지와 비가용에너지

먼저 절대온도 T의 고온 열원으로부터 열량 Q를 받아서 일을 하는 이상적인 카르노 열기관을 고려한다. [그림 6.12]에서 온도 T_0인 저온 열원으로 버려지는 방열량을 Q_0라 하면 일로 변환되어 유효하게 사용되는 열량(Q_a)은

$$Q_a = Q - Q_0$$

가 된다. 여기에서 열원의 열용량이 아주 크고, 또 연속적으로 열을 공급하여 온도가 일종하게 유지된다고 하면 고온 열원의 엔트로피 변화량은

$$\Delta S = \frac{Q}{T} = \frac{Q_0}{T_0}$$

이고, 이 식으로부터 방열량(무효에너지, Q_0)은

$$Q_0 = Q \times \frac{T_0}{T} = T_0 \Delta S \qquad \cdots (6.43)$$

이다. 따라서 유효하게 사용되는 열량(유효 에너지, Q_a)은 다음과 같이 표현된다.

$$Q_a = Q\left(1 - \frac{T_0}{T}\right) = Q - T_0 \Delta S \qquad \cdots (6.44)$$

이 식에서 일반적으로 $T_0 < T$이므로 열량 Q의 일부분이 유효하게 일로 바뀐다는 것을 알 수 있다. 여기에서 Q_a를 가용에너지(유효에너지 또는 유용에너지), Q_0을 비가용에너지(무효에너지 또는 무용에너지)라 한다.

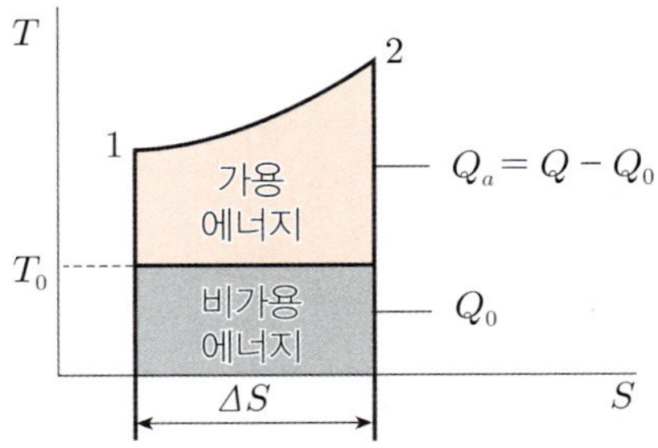

[그림 6.13] 열원의 온도가 변화하는 경우

다음에는 [그림 6.13]과 같이 열원의 온도가 변화하는 경우의 가용에너지를 고려한다. 고온 열원의 온도가 T_1에서 T_2로 변화할 때 작업 유체가 고온 열원으로부터 받는 열량(Q)은

$$Q = \int_1^2 \delta Q$$

이다. 이 과정 중에 기관이 한 가역 일은

$$\begin{aligned} Q_a &= \int_1^2 \delta Q_a = \int_1^2 (\delta Q - \delta Q_0) \\ &= \int_1^2 \delta Q \left(1 - \frac{T_0}{T}\right) \\ &= \int_1^2 \delta Q - T_0 \int_1^2 \frac{\delta Q}{T} \\ &= Q - T_0 \int_1^2 \frac{\delta Q}{T} \end{aligned}$$

이다. 여기에서 상태 1과 2 사이의 고온 열원의 엔트로피 변화는 부호를 고려하지 않고

$$\Delta S = \int_1^2 \frac{\delta Q}{T}$$

로 쓸 수 있다. 따라서

$$Q_a = Q - T_0 \Delta S \qquad \cdots (6.45)$$

가 되며, 이 식은 식 (6.44)와 같다.

이와 같이 고온 열원이 가지고 있는 열에너지는 이상적인 카르노 사이클을 사용하여도 전부 일로 변환할 수 없으며, 우리가 이용하지 못하는 비가용에너지(무효에너지)를 포함하고 있다.

예제 6.17 공기 1kg이 카르노 기관의 실린더 내에서 온도 100℃에서 200kJ의 열량을 받고 등온 팽창하였다. 주위 온도가 20℃일 때 비가용에너지를 구하여라.

풀이 고온 열원의 온도 $T=100℃$, 공기가 받은 열량 $Q=200\,\mathrm{kJ}$, 저온 열원의 온도 $T_0=20℃$ 이므로 식 (6.43)으로부터 비가용에너지(Q_0)는 다음과 같이 구해진다.

$$Q_0 = Q\times\frac{T_0}{T} = 200\times\frac{20+273.2}{100+273.2} = 157.1\,[\mathrm{kJ}]$$

예제 6.18 카르노 기관에서 일정량의 이상기체가 1300kJ의 열량을 받고 등온 팽창한 후 엔트로피가 2kJ/K 증가하였다. 저온 열원의 온도가 15℃일 때 1300kJ의 열량 중 가용에너지를 구하여라.

풀이 고온 열원으로부터 받은 열량 $Q=1300\,\mathrm{kJ}$, 저온 열원의 온도 $T_0=15℃$, 팽창 후 엔트로피 변화량 $\Delta S=2\,\mathrm{kJ/K}$ 이다. 식 (6.45)로부터 가용에너지(Q_a)는 다음과 같다.

$$Q_a = Q - T_0\Delta S = 1300-(15+273.2)\times 2 = 723.6\,[\mathrm{kJ}]$$

연습문제 6

01 온도 127℃의 증기 2kg이 500kJ/kg의 열을 받으면서 가역과정으로 등온 팽창할 때 증기의 엔트로피 변화를 구하여라.

02 출력이 10PS인 기관을 2시간 동안 제동 실험하여 발생한 마찰열이 모두 대기 중으로 전달되었을 때 대기의 엔트로피 변화[kJ/K]를 구하여라. 단, 대기 온도는 15℃이다.

03 운석이 바다에 떨어져 바닷물의 엔트로피가 80kJ/K 증가하였다. 운석의 충돌로 인하여 바닷물에 전달된 마찰열은 몇 kcal인가? 바닷물의 온도는 5℃이다.

04 이상기체 1kg이 밀폐된 견고한 용기 내에서 가열되어 20℃로부터 500℃까지 온도가 올라갔다. 다음을 구하여라. 단, 정적비열 $C_v = 0.7\,\text{kJ/kg}\cdot\text{K}$이다.

(1) 기체가 받은 열량 (2) 엔트로피 변화

05 이상기체 2kg을 일정한 압력 하에서 가열하여 온도를 20℃에서 80℃로 높였다. 다음을 구하여라. 단, 정압비열 $C_p = 5\,\text{kJ/kg}\cdot\text{K}$이다.

(1) 기체가 받은 열량 (2) 기체의 엔트로피 변화량

06 이상기체 0.2kg을 일정한 압력 120kPa 하에서 가열하여 온도를 300℃로 높였다. 기체의 처음 부피가 $0.15\,\text{m}^3$일 때 엔트로피 변화를 구하여라. 단, 정압비열 $C_p = 1\,\text{kJ/kg}\cdot\text{K}$, 기체상수 $R = 0.3\,\text{kJ/kg}\cdot\text{K}$이다.

07 처음 온도 t_1인 이상기체 2kg을 일정한 압력 하에서 가열하여 온도를 2배로 높였다 ($t_2 = 2t_1$). 이때 기체가 받은 열량이 300kJ이면 기체의 엔트로피 변화는 얼마인가? 단, t_1은 섭씨온도이고, 정압비열 $C_p = 1.5\,\text{kJ/kg}\cdot\text{K}$이다.

08 그림과 같이 외부로부터 단열시킨 탱크를 칸막이로 이등분하여 한 쪽에만 이상기체를 채우고 반은 진공으로 만들었다.

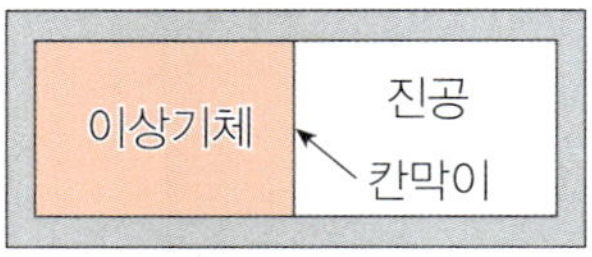

[문제 6.8]

(1) 칸막이를 치웠을 때 나타나는 현상으로 옳은 것을 모두 고르면?

① 외부에 일을 해 준다. ② 내부에너지가 증가한다.

③ 비가역 과정이다. ④ 기체의 온도가 내려간다.

⑤ 기체의 온도는 변하지 않는다.

(2) 칸막이를 제거하면 기체가 탱크의 전 공간을 채우게 되는데 이때 기체의 단위 질량당 엔트로피 변화를 구하여라. 단, 기체상수 $R = 0.3\,\mathrm{kJ/kg \cdot K}$이다.

09 압력 500 kPa의 이상기체 2 kg이 외부로부터 열을 받고 등온과정으로 팽창하여 압력이 100 kPa이 되었다. 팽창 과정에서 300 kJ의 일을 하였을 때 다음을 구하여라. 단, 기체상수 $R = 0.3\,\mathrm{kJ/kg \cdot K}$이다.

(1) 처음 상태의 온도와 부피 (2) 최종 상태의 부피

(3) 기체가 받은 열량 (4) 엔트로피 변화

10 부피 $2\,\mathrm{m^3}$, 압력 200 kPa의 이상기체가 등온과정으로 팽창하여 부피가 $5\,\mathrm{m^3}$이 되었다. 팽창 후의 압력과 단위질량당 엔트로피 변화를 구하여라. 단, 기체상수 $R = 0.3\,\mathrm{kJ/kg \cdot K}$이다.

11 그림과 같은 피스톤-실린더 장치에 들어있는 이상기체에 10 kJ의 열을 공급하였다. 초기상태에서 기체의 압력이 200 kPa, 온도가 20 ℃ 일 때 다음을 구하여라. 단, 피스톤과 실린더 사이의 마찰은 무시하며 정압비열 $C_p = 1\,\mathrm{kJ/kg \cdot K}$, 정적비열 $C_v = 0.7\,\mathrm{kJ/kg \cdot K}$이다.

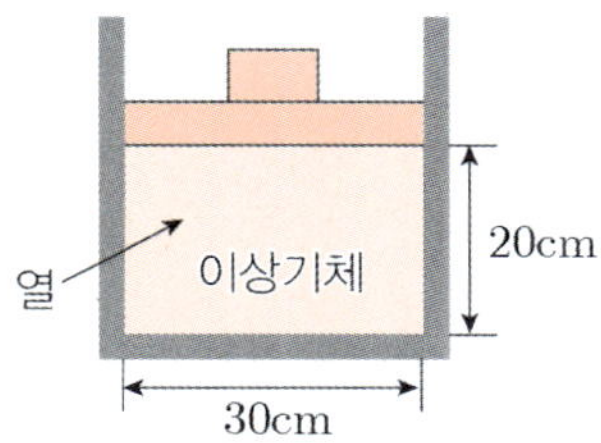

[문제 6.11]

(1) 기체의 질량 (2) 기체의 최종 온도

(3) 기체가 한 일 (4) 기체의 엔트로피 변화

† 마찰이 없으므로 기체의 압력은 피스톤의 무게에 의한 압력과 대기압의 합과 평형을 이룬다. 따라서 이 과정은 정압과정이다.

12 이상기체 10 kg이 초기상태 100 kPa, 온도 20 ℃ 에서 500 kPa, 100 ℃ 로 압축되었을 때 엔트로피 변화를 구하여라. 기체상수 $R = 0.3\,\mathrm{kJ/kg \cdot K}$, 비열비 $k = 1.4$이다.

13 물 5kg을 20℃부터 80℃로 가열할 때 엔트로피 변화를 구하여라. 단, 물의 정압비열은 4.2kJ/kg・K이다.

14 10℃ 물 40kg과 90℃ 물 60kg이 대기압 하에서 혼합될 때 엔트로피 변화를 구하여라. 단, 물의 정압비열은 4.2kJ/kg・K이다.

15 카르노 열기관이 527℃인 고온열원으로부터 한 사이클당 400kJ의 열을 흡수하여 27℃의 저온열원으로 열을 방출한다. 다음 물음에 답하여라.

(1) 열기관 사이클을 $T-S$ 선도 위에 나타내어라.

(2) 기관이 한 일과 사이클의 열효율을 구하여라.

(3) 고온열원과 저온열원의 엔트로피 변화(ΔS)를 구하여라.

16 그림과 같은 사이클로 작동하는 카르노기관이 있다. 작업유체가 한 사이클을 완료할 때 다음을 구하여라.

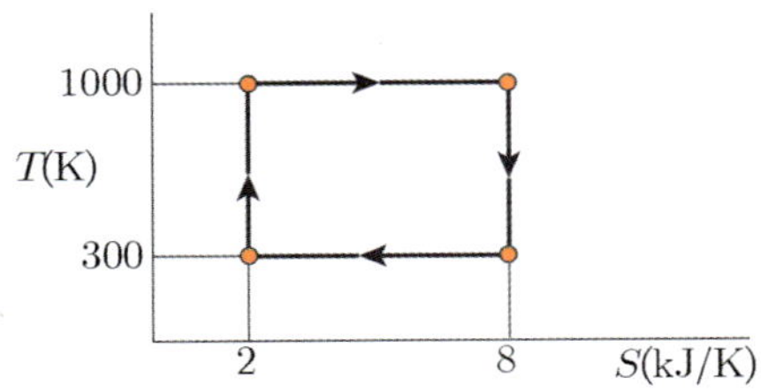

[문제 6.16]

(1) 기관이 흡수한 열량

(2) 기관에서 외부로 방출한 열량

(3) 기관이 한 일

(4) 기관의 열효율

17 저온 열원의 온도가 20℃이고, 500℃인 고온 물체로부터 등온 과정으로 1200kJ의 열량을 받을 때 비가용에너지를 구하여라.

18 등엔트로피 변화는? [중등교사 임용시험-기계]

① 단열 변화

② 등온 변화

③ 등압 변화

④ 등적 변화

19 완전가스의 엔탈피(h)와 엔트로피(s)에 대하여 다음 관계식 중 옳은 것은? [중등교사 임용시험-기계]

① $Tds = dh + vdp$

② $Tds = dh - vdp$

③ $Tds = dh - pdv$

④ $Tds = dh + pdv$

20 가역 사이클에서 성립되는 클라우시우스의 적분은 다음 표현 중 어느 것이 옳은가? [중등교사 임용시험-기계]

① $\oint \frac{dQ}{T} > 0$ ② $\oint \frac{dQ}{T} = 0$

③ $\oint \frac{dQ}{T} < 0$ ④ $\oint \frac{dQ}{T} \geq 0$

21 온도 $298\,\mathrm{K}$에서 마찰이 없는 실린더 내의 이상기체 1몰이 부피 $0.3\,\mathrm{m}^3$에서 가역등온 팽창하여 부피 $0.5\,\mathrm{m}^3$으로 증가하였다. 이 기체의 엔트로피 변화량(ΔS)과 엔탈피 변화량(ΔH)은? 단, R은 기체 상수이다. [중등교사 임용시험-기계·금속]

① $\Delta S = R\ln\frac{0.5}{0.3}$ $\Delta H = 0$

② $\Delta S = R\ln\frac{0.5}{0.3}$ $\Delta H = 298\,R\ln\frac{0.5}{0.3}$

③ $\Delta S = 0$ $\Delta H = 0$

④ $\Delta S = -R\ln\frac{0.5}{0.3}$ $\Delta H = 0$

⑤ $\Delta S = 0$ $\Delta H = 298\,R\ln\frac{0.5}{0.3}$

22 열역학 상태량인 엔탈피와 엔트로피에 대한 설명으로 옳은 것만을 보기에서 있는 대로 고른 것은? [중등교사 임용시험-기계·금속]

ㄱ. 실제과정에서 엔트로피는 비 보존적 상태량이다.
ㄴ. 교축과정(throttling process)에서 엔탈피는 증가한다.
ㄷ. 가역단열과정(adiabatic process)에서 엔트로피는 항상 일정하다.
ㄹ. 엔탈피는 내부에너지(internal energy)와 유동일의 합으로 정의된다.

① ㄱ, ㄴ ② ㄱ, ㄷ ③ ㄴ, ㄹ ④ ㄱ, ㄷ, ㄹ

23 T_1의 온도에서 이상기체 $1\,\mathrm{mol}$이 부피 V_1에서 V_2로 가역 팽창하였다. 다음 물음에 답하시오. [중등교사 임용시험-기계·금속]

(1) 엔트로피 변화량(ΔS)을 계산하시오.
(2) 엔탈피 변화량(ΔH)을 계산하시오.
(3) 이때 한 일과 동일한 일을 T_1, V_1에서 가역 단열적으로 팽창한 경우 최종 온도(T_2)를 계산하시오.

24 외부로부터 고립된 두 계(system)가 열적 접촉을 하고 있다. 온도 500K인 계에서 250J의 열이 온도 250K인 계로 이동하였을 때, 두 계의 총 엔트로피 변화는? 단, 열이 이동하는 과정에서 두 계의 온도 변화는 없다. [공무원 임용시험]

① 0.5J/K만큼 감소 ② 1.0J/K만큼 감소
③ 0.5J/K만큼 증가 ④ 1.0J/K만큼 증가

25 100℃의 물 0.5kg이 끓어 모두 100℃의 수증기가 되었다. 이 과정에서 물의 엔트로피 변화량은? 단, 물의 기화열은 2,260kJ/kg이다. [공무원 임용시험]

① 약 3kJ/K ② 약 6kJ/K
③ 약 11.3kJ/K ④ 약 22.6kJ/K

26 다음 설명 중 옳지 않은 것은? [공무원 임용시험]

① 열은 항상 뜨거운 물체에서 차가운 물체로 흐른다.
② 모든 가역 과정에서 총 엔트로피 변화량은 항상 양(+)의 값을 가진다.
③ 두 개의 열원을 이용하여 구동되는 열기관의 효율은 카르노 기관보다 높을 수 없다.
④ 내부 에너지 변화량(ΔU)은 초기 상태와 최종 상태의 값만으로 계산이 가능하다.

27 비압축성 유체에 대한 설명으로 옳지 않은 것은? [공무원 임용시험]

① 엔탈피는 온도와 압력 모두의 함수이다.
② 엔트로피는 온도와 압력 모두의 함수이다.
③ 정압비열(C_p)은 온도만의 함수이며 압력과는 무관하다.
④ 부피팽창률의 값은 0이다.

28 이상기체 1몰(mol)이 200K, 1기압에서 400K, 0.5기압으로 가역 팽창할 때 엔트로피 변화는? 단, R은 기체상수이며, 이상기체의 열용량 $C_p = 2.5R$이다. [공무원 임용시험]

① $1.5R\ln 2$ ② $-1.5R\ln 2$ ③ $3.5R\ln 2$ ④ $-2.5R\ln 2$

29 항상 400K로 유지되는 열원이 300K의 주위로 12,000kJ의 열을 방출할 때 발생되는 전체 엔트로피 변화(kJ/K)는? [공무원 임용시험]

① 10 ② 30 ③ 40 ④ 70

30 강성적 상태량(intensive property)이 아닌 것은? [공무원 임용시험]

① 온도 ② 압력 ③ 표면장력 ④ 엔트로피

31 다음 가역 과정 중에서 1기압, 273℃의 이상기체 1몰로 구성된 계(system)의 엔트로피가 감소하는 것은? [공무원 임용시험]

① 단열과정으로 압력이 2기압으로 증가.
② 등압과정으로 온도가 546℃로 증가.
③ 단열과정으로 온도가 546℃로 증가.
④ 등온과정으로 압력이 2기압으로 증가.

32 27℃, 1기압의 질소 1몰을 일정 체적에서 압력이 2기압이 되도록 가역적으로 가열할 때 엔트로피 변화(cal/K)는? 단, ln2 = 0.7이고, 질소를 정압비열이 7cal/mol·K인 이상기체라고 가정한다. [공무원 임용시험]

① 3.5　　② 4.9　　③ 7.0　　④ 9.8

33 10몰(mol)의 이상기체가 온도 300K, 압력 10^6J/m^3, 부피 0.025m^{3}에서 등온 팽창하여 압력 10^5J/m^{3}으로 변한 계(system)에 대한 설명으로 옳은 것은? 단, 기체상수와 온도의 곱 RT = 2,500J/mol, ln10 = 2.3으로 한다. [중등교사 임용시험 - 화공·섬유]

① 주위에서 계로 열이 흡수된다.
② 비가역과정에서 일은 −57.5kJ로 계산된다.
③ 비가역과정에서 전체 엔트로피 변화(ΔS)는 0이다.
④ 가역과정에서 주위의 엔트로피 변화(ΔS_{surr})는 0이다.
⑤ 가역과정에서 계의 열 변화는 비가역과정에서 계의 열 변화보다 작다.

† 압력의 단위 J/m^3 = N·m/m^3 = N/m^2 = Pa이다. 화공 분야에서는 주로 몰[mol] 단위로 계산하기 때문에 대개 일반기체상수(universal gas constant)를 간단하게 기체상수(gas constant)라 부르고 사용하는 모양이다. 그러나 모든 이상 기체에 대해 동일한 값을 갖는 일반기체상수와 각 기체마다 다른 값을 갖는 (특정)기체상수는 분명히 다른 것이므로 명확하게 구분하여 사용하는 것이 좋고, 기계 분야에서는 이들을 구분하여 사용하고 있다.

34 단열된 용기가 내부의 칸막이에 의해 두 부분으로 나뉘어 있다. 한 부분에는 이상기체 X가 1몰, 다른 부분에는 이상기체 Y가 3몰 들어 있다. 두 기체는 온도가 같고 압력도 동일하다. 용기 내부의 칸막이를 치워 두 기체가 섞이도록 한 후 평형 상태가 되었을 때, 이 계의 엔트로피 증가량은? (단, 기체 상수는 R이고, 기체 X와 Y는 서로 다른 종류로서 화학 반응을 하지 않으며, 용기의 모양은 변하지 않고 칸막이의 부피는 무시한다) [공무원 임용시험]

① $2R\ln2$　　② $8R\ln2 - 3R\ln3$
③ $2R\ln2 + R\ln3$　　④ $8R\ln2 + 5R\ln3$

35 1기압, 300 K의 일원자의 이상기체 1몰을 다음과 같이 각각 가역적으로 변화시켰다. [중등교사 임용시험-화학]

> <과정 A> 일정한 부피에서 600 K로 가열하였다.
> <과정 B> 일정한 압력에서 600 K로 가열하였다.
> <과정 C> 3기압, 600 K로 압축 및 가열하였다.

이에 대한 설명으로 옳은 것만을 보기에서 있는 대로 고른 것은? 단, R은 기체상수이다.

> ㄱ. <과정 A>에서 계의 내부 에너지 증가량과 흡수된 열은 같다.
> ㄴ. <과정 B>에서 계의 엔탈피 증가량은 내부 에너지 증가량보다 크다.
> ㄷ. <과정 C>에서 계의 엔트로피 증가량은 $\frac{3}{2}R\ln 2 - R\ln 3$이다.

① ㄱ ② ㄷ ③ ㄱ, ㄴ ④ ㄴ, ㄷ

† 문제 35에서 주어진 R은 일반기체상수($\overline{R}$)를 의미한다.

† 단원자 분자 기체의 정적비열 $\overline{C_v} = \frac{3}{2}\overline{R}$, 정압비열 $\overline{C_p} = \frac{5}{2}\overline{R}$이다.

36 그림은 이상적인 열기관에 사용된 단원자 분자 이상기체의 상태가 A→B→C→D→A의 경로를 따라 변할 때, 기체의 부피 V와 절대온도 T의 관계를 나타낸 것이다. A→B와 C→D는 등온과정이고, B→C와 D→A는 단열과정이며, T_H와 T_L은 각각 고온열원과 저온열원의 절대온도이다. 이 열기관에 대한 설명으로 옳은 것만을 <보기>에서 모두 고른 것은? [중등교사 임용시험-물리]

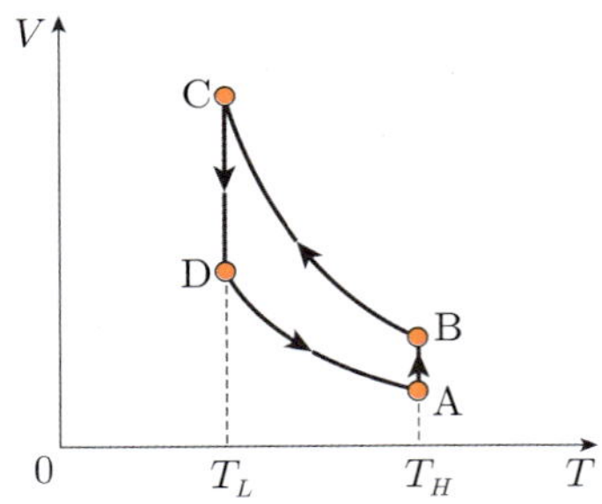

[문제 6.36]

> ㄱ. A→B에서 증가한 기체의 엔트로피는 C→D에서 감소한 기체의 엔트로피와 같다.
> ㄴ. 열기관의 효율은 $1 - \frac{T_L}{T_H}$이다.
> ㄷ. 이상기체가 A→B→C에서 한 일은 C→D→A에서 외부로부터 받은 일과 같다.

① ㄱ ② ㄴ ③ ㄱ, ㄴ ④ ㄱ, ㄷ

37 그림과 같이 온도 $T_A = 400\,\text{K}$인 열원 A에서 온도 $T_B = 300\,\text{K}$인 열원 B로 1200 J의 열이 이동하였다. 각 열원의 온도는 변화가 없다. [중등교사 임용시험-물리]

(1) 열원 A와 열원 B의 엔트로피 변화 ΔS_A와 ΔS_B를 각각 구하시오.

(2) 위 (1)의 결과를 이용하여 열역학 제2법칙을 설명하시오.

38 이상기체의 엔트로피 변화가 <보기>와 같은 식으로 표현될 수 있는 공정으로 가장 옳은 것은? [공무원 임용시험]

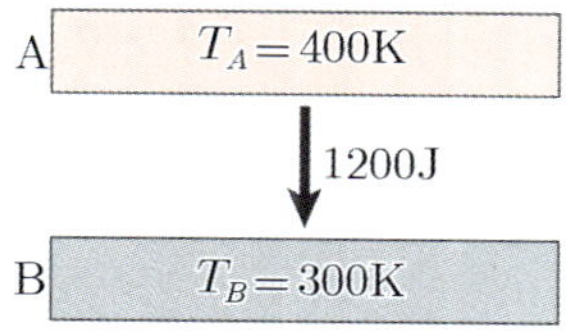

[문제 6.37]

$$\Delta S = mC_v \ln(T_2/T_1)$$

① 일정압력 가열　　② 일정부피 가열
③ 단열압축　　④ 가열압축

39 다음의 열역학적 관계식 중 잘못된 것은? [공무원 임용시험]

① $dG = -SdT + VdP$　　② $dA = -SdT - PdV$
③ $dH = TdS - VdP$　　④ $dU = TdS - PdV$

40 27℃, 0.5atm의 이상기체인 질소 4mol을 일정부피에서 압력이 두 배가 되도록 가열할 때 ΔS(cal/K)는? (단, 질소의 $C_p = 5$cal/mol·K, $R = 2$cal/mol·K, ln2=0.7, ln3=1.1이다) [공무원 임용시험]

① 0　　② 1.4　　③ 2.8　　④ 8.4

41 300K인 이상기체 2kg을 일정 압력 하에서 600K으로 가열하였을 때, 엔트로피 변화[J/K]는? (단, 기체의 C_p[J/kg·K]$= 30 + 5 \times 10^{-3}T$이고 $\ln 2 = 0.7$로 한다.) [공무원 임용시험]

① 22.5J/K　　② 30J/K　　③ 45J/K　　④ 60J/K

42 이상기체 1kg이 부피 V_1 상태에서 부피 V_2 상태로 내부에너지가 변화하지 않고 자유팽창했다면, 이 과정에서 증가한 엔트로피는? (단, R은 기체상수, T는 온도이다.) [공무원 임용시험]

① $R\ln\left(\frac{V_2}{V_1}\right)$　　② $R\ln\left(\frac{V_1}{V_2}\right)$　　③ $RT\ln\left(\frac{V_2}{V_1}\right)$　　④ $RT\ln\left(\frac{V_1}{V_2}\right)$

43 <보기>에서 엔트로피가 증가하는 중인 계(System)를 모두 고른 것은? [공무원 임용시험]

ㄱ. 일정한 온도를 유지하며 부피가 늘어나는 이상기체
ㄴ. 서로 접촉하여 온도가 높은 쪽에서 낮은 쪽으로 열이 이동하고 있는 두 물체
ㄷ. 일정한 압력을 유지하며 온도가 올라가는 이상기체

① ㄱ, ㄴ　　② ㄱ, ㄷ
③ ㄴ, ㄷ　　④ ㄱ, ㄴ, ㄷ

44 카르노 열기관 A는 절대온도 900K의 열원에서 열에너지를 흡수하여 일을 하고 절대온도 800K의 열원으로 남은 열에너지를 방출한다. 카르노 열기관 B는 절대온도 800K의 열원에서 열에너지를 흡수하여 일을 한 후 절대온도 700K의 다른 열원으로 남은 열에너지를 방출한다. 열기관 A가 600J의 열에너지를 흡수하여 작동한 후 방출한 열에너지를 열기관 B가 모두 흡수하여 작동하였다. 열기관들이 작동한 후, 절대온도가 700K인 열원의 엔트로피 증가량은? [공무원 임용시험]

① $\frac{2}{3}$J/K　② $\frac{3}{4}$J/K

③ $\frac{6}{7}$J/K　④ $\frac{7}{9}$J/K

45 정압비열이 C_p, 정적비열이 C_v인 1kg의 이상기체가 그림과 같은 과정을 거쳐 A에서 B상태로 변화했을 때, 엔트로피 변화 $S_B - S_A$ 는? (단, $k = C_p/C_v$라 한다.) [공무원 임용시험]

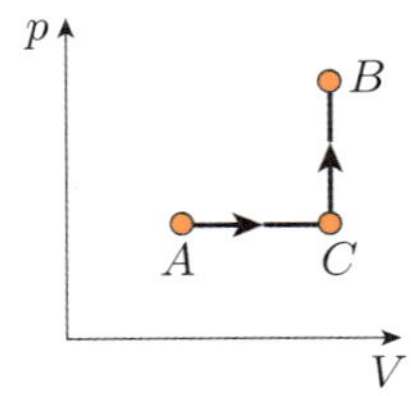

[문제 6.45]

① $C_v \ln \frac{p_B V_B^k}{p_A V_A^k}$　② $C_p \ln \frac{p_B V_B^k}{p_A V_A^k}$

③ $C_v \ln \frac{p_A V_A^k}{p_B V_B^k}$　④ $C_p \ln \frac{p_A V_A^k}{p_B V_B^k}$

46 0℃, 2g의 얼음이 같은 온도에서 물로 바뀌었다면, 이때 엔트로피 변화량[J/K]은? (단, 잠열은 335J/g이다.) [공무원 임용시험]

① 3.35　② $\frac{670}{273}$　③ $\frac{335}{273}$　④ $\frac{33.5}{273}$

47 100℃의 수증기 4kg이 100℃의 물로 응축되었을 때 수증기의 엔트로피 변화량(kJ/K)은? 단, 물의 증발잠열은 2256.5kJ/kg · K이다. [공무원 임용시험]

① −16.4　② 13.2　③ −24.2　④ 22.6

48 절대온도 0도(0K)에 대한 설명으로 가장 옳은 것은?

① 모든 액체가 기체로 되는 상태의 온도
② 모든 기체가 액체로 되는 상태의 온도
③ 이상기체의 분자 운동이 무한히 활발한 상태의 온도
④ 이상기체의 분자 운동이 완전히 멈추는 상태의 온도

49 피스톤-실린더 장치에 들어있는 온도 27℃의 이상기체가 1200J의 일을 받아서 등온 압축되었다. 피스톤의 마찰을 무시할 때 기체의 엔트로피 변화량[J/K]을 구하여라.

50 피스톤-실린더 장치에 있는 이상기체가 온도 27℃에서 600J의 일을 받아서 등온과정으로 압축되었을 때 기체의 엔트로피 변화량(J/K)을 구하여라.

51 온도 900K인 매우 큰 고온 물체와 온도 300K인 매우 큰 저온 물체가 접촉하고 있다. 36kJ의 열이 한 물체에서 다른 물체로 흐를 때 총 엔트로피 변화량(J/K)을 구하여라. 단, 두 물체의 온도는 일정하고 비가역과정이다.

52 질량 27.3kg, 온도 0℃의 물이 얼어서 전부 0℃의 얼음으로 바뀔 때 엔트로피 변화량[kJ/K]을 구하여라. 단, 얼음의 융해열은 334kJ/kg이다.

53 질량 300kg, 온도 600K의 납이 전부 녹았을 때 엔트로피 변화량[kJ/K]을 구하여라. 단, 납의 융해열은 23kJ/kg이다.

54 단열된 용기 안에서 온도 300K, 질량 10kg의 금속 A가 온도 400K, 질량 10kg의 금속 B와 접촉되었다. 최종 열평형 온도(K)와 총 엔트로피 변화(kJ/K)를 구하여라. 금속 A의 비열은 0.4kJ/kg·K, 금속 B의 비열은 1kJ/kg·K이다.

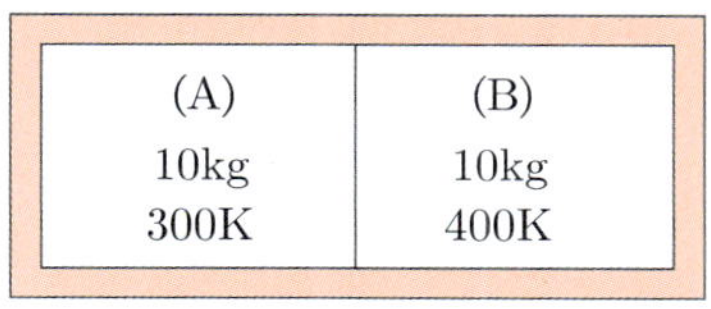

[문제 6.54]

55 그림과 같이 질량(m)과 비열(C)이 같은 두 물체가 열기관의 열저장조로 사용되고 있다. 초기 상태에서 두 물체의 온도는 각각 T_1, T_2($T_1 > T_2$)이다. 열기관은 온도 T_1의 물체로부터 열을 흡수하여 일을 하고 나머지 열을 온도 T_2의 물체로 방출한다. 이와 같은 과정은 두 물체의 온도가 T_f로 같아질 때까지 계속된다. 열기관이 하는 일이 최대가 될 때 $T_f = \sqrt{T_1 T_2}$임을 보여라. 단, T_1, T_2는 절대온도이다.

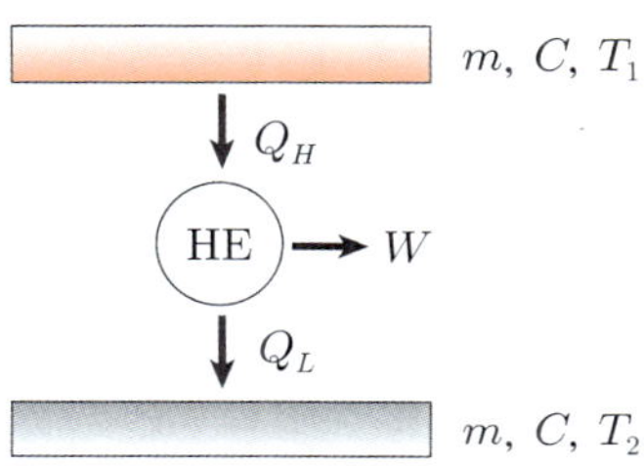

[문제 6.55] 열기관

56 그림과 같은 피스톤-실린더 장치에 130kPa, 300K인 2kg의 이상기체가 들어있다. 이 기체가 $PV^{1.3}=C$인 폴리트로픽 과정으로 천천히 압축되어 최종 체적이 처음 체적의 1/2로 감소하였을 때 엔트로피 변화를 구하여라. 단, 기체의 정적비열 $C_v=0.7\text{kJ/kg}\cdot\text{K}$, 기체상수 $R=0.3\text{kJ/kg}\cdot\text{K}$이다.

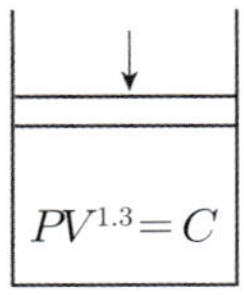

[문제 6.56]

57 공기 1kg이 카르노 기관의 실린더 내에서 온도 400K에서 200kJ의 열량을 받고 등온 팽창하였다. 주위온도가 300K일 때 비가용에너지(unavailable energy)는? [기사시험]

① 100J ② 120J ③ 140J ④ 150J

58 그림은 온도가 T_L인 계 S와 온도가 T_H인 고온 열원 R 사이에서 카르노 순환과정에 따라 작동하는 냉방기에 의하여, 순환과정의 주기 τ 동안 S에서 열 Q_L이 제거되고 R로 열 Q_H가 방출되는 것을 도식적으로 나타낸 것이다. W는 냉방기에 연결된 전기가 τ 동안 냉방기에 해 주는 일이다. τ 동안 S에서 열 $k(T_H-T_L)$이 유입되지만 냉방기가 제거하는 Q_L과 상쇄되어 S의 온도 T_L은 일정하게 유지된다.

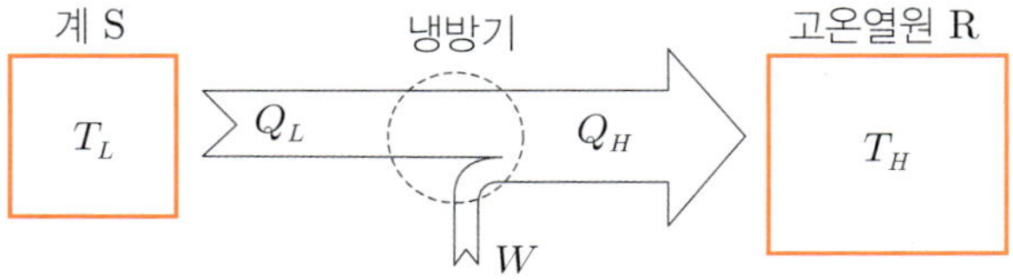

[문제 6.58]

엔트로피는 카르노 순환과정의 엔트로피 변화만을 고려할 때, W는? 단, k는 양의 상수이고, $T_L < T_H$이며, 고온 열원은 충분히 커서 T_H의 변화를 무시한다. [중등교사 임용시험-물리]

① $k\dfrac{T_H^2-T_L^2}{T_H}$ ② $k\dfrac{T_H(T_H-T_L)}{T_L}$

③ $k\dfrac{T_L(T_H-T_L)}{T_H}$ ④ $k\dfrac{(T_H-T_L)^2}{T_L}$

59 다음은 300 K와 1,000 K 사이에서 작동하는 카르노 기관의 순환 과정을 압력-부피 그래프로 나타낸 것이다. 이에 대한 설명으로 옳은 것만을 모두 고르면? [국가공무원 7급(2021)]

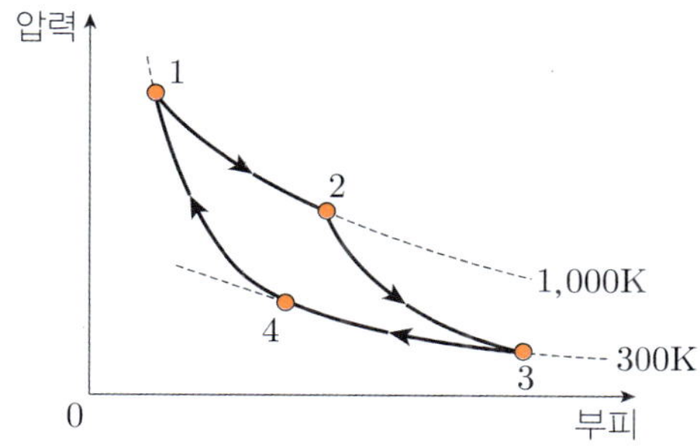

[문제 6.59]

> ㄱ. 이 기관의 효율은 0.7이다.
> ㄴ. 1→2 과정은 열을 흡수한다.
> ㄷ. 2→3 과정은 엔트로피가 증가한다.

① ㄱ, ㄴ ② ㄱ, ㄷ ③ ㄴ, ㄷ ④ ㄱ, ㄴ, ㄷ

60 그림은 1몰의 단원자 이상 기체의 순환 과정을 보여 주는 그래프이다. 이에 대한 설명으로 옳은 것만을 모두 고른 것은? (단, R은 일반 기체 상수이다)

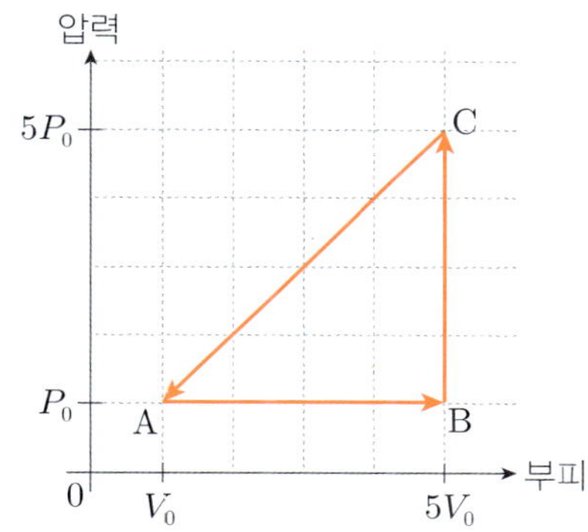

[문제 6.60]

> ㄱ. A→B→C→A의 순환 과정 동안 기체가 외부에 한 일은 $8P_0V_0$이다.
> ㄴ. B→C에서 내부 에너지 변화량은 $30P_0V_0$이다.
> ㄷ. B→C에서 엔트로피 변화량은 $\frac{3}{2}R\ln 5$이다.

① ㄱ ② ㄴ ③ ㄱ, ㄷ ④ ㄴ, ㄷ

61 상태방정식이 $(P+a)(v-b)=RT$로 주어지는 1mol의 기체가 있다. P, v, T는 각각 압력, 부피, 온도이고 R는 기체상수이며 a, b는 양의 상수이다. 엔트로피의 변화는 다음 방정식을 만족한다.

$$Tds = c_v dT + T\left(\frac{\partial P}{\partial T}\right)_v dv$$

여기서 s, c_v는 각각 1mol에 대한 엔트로피와 정적비열이다. 이 기체가 온도 T_0에서 가역 등온과정을 통해 부피가 v_1에서 v_2로 변했을 때, 기체가 한 일을 구하고, 이때 기체의 엔트로피 변화를 위 식을 사용하여 풀이 과정과 함께 구하시오. [중등교사 임용시험–물리]

62 그림 (가)는 실린더에 들어 있는 이상 기체 X의 초기 상태를, (나)는 (가)의 고정 장치를 제거한 후 X가 팽창하여 도달한 상태를 나타낸 것이다. 실린더 외부 온도는 400K, 압력은 1.0bar로 각각 일정하다.

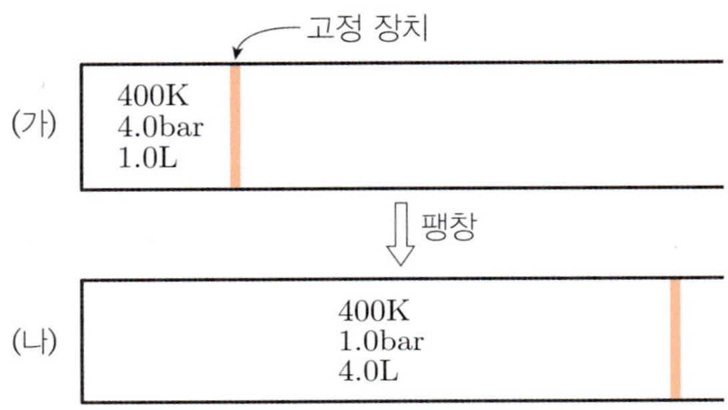

[문제 6.62]

이 변화에서 X가 외부에 한 일의 양($|w|$)과 흡수한 열(q)을 J 단위로 계산하시오. 또한, 실린더 안의 엔트로피 변화($\Delta S_{계}$)와 밖의 엔트로피 변화($\Delta S_{주위}$)를 J/K 단위로 각각 계산하시오. 단, 피스톤의 질량과 마찰은 무시하고, $1\text{bar} = 10^2 \text{J/L}$, $\ln 2 = 0.69$이다. [중등교사 임용시험-화학]

***63** 어느 발명가가 다음과 같이 주장하였다. 피스톤-실린더 시스템 안에서 0.029kg의 공기가 상태 1(250℃, 300kPa)에서 상태 2(80℃, 100kPa)로 팽창한다. 이때 주위로 열이 전달되고, 총 2kJ의 일을 한다. 공기는 이상기체, 정압비열(C_p)은 1.004kJ/kg・K, 기체상수는 0.287kJ/kg・K, 주위온도는 30℃이다. [국가공무원 5급(기술) 제2차시험]

(1) 주위로 전달된 열량을 구하시오.

(2) 시스템의 엔트로피 변화량을 구하시오.

(3) 주위의 엔트로피 변화량을 구하시오.

(4) 위 주장의 타당성을 판단하시오.

***64** 그림에 나타난 바와 같이 가역 엔진이 3개의 등온 열저장조와 열교환을 하며 일을 한다. 3개의 저장조는 각각 1000K, 300K, 500K로 유지된다. 엔진이 저장조 1로부터 400kJ의 열을 받아 100kJ의 일을 할 때, 다른 저장조와의 열전달량(Q_2, Q_3)과 열전달이 일어나는 방향을 구하시오. [국가공무원 5급(기술) 제2차시험]

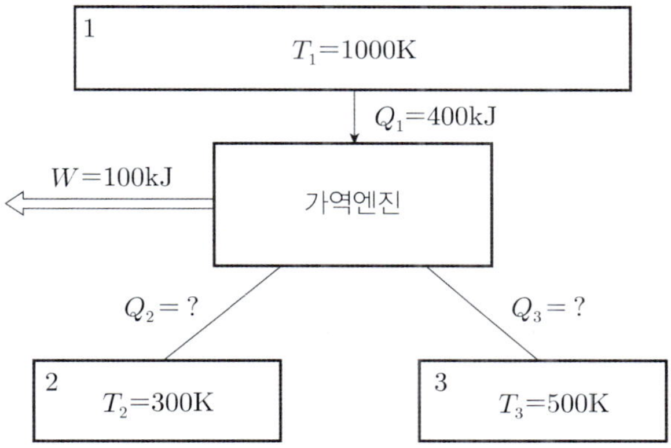

[문제 6.64]

***65** 다음의 사이클은 일을 하지 않고 냉동 효과를 제공한다. 이 사이클은 고열원 T_H와 저열원 T_L로부터 Q_H와 Q_L을 각각 얻고 온도가 T_0인 주변 대기에 Q_0를 잃는다. 여기서 $T_H > T_0 > T_L$이고, 이 장치의 성능계수는 Q_L/Q_H로 정의된다. $T_H = 400\text{K}$, $T_0 = 293\text{K}$, $T_L = 270\text{K}$일 때, 최대 성능계수를 구하시오. [국가공무원 5급(기술) 제2차시험]

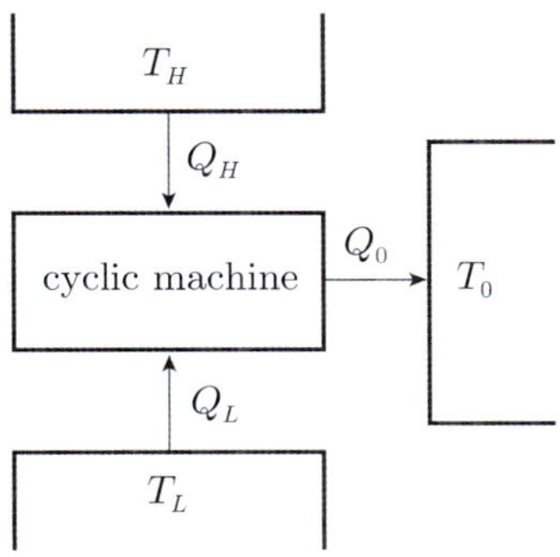

[문제 6.65]

***66** 어떤 발명가가 지하 온천수를 이용하여 일을 하는 열기관을 설계했다. 온천수는 비 혼합형 열교환기 안에서 작동유체와 연속적으로 열 교환을 하면서 냉각되어 흐른다. 정상상태에서 열기관의 열교환기 입구와 출구에서 온천수의 온도는 각각 50°C와 30°C이다. 대기조건 25°C, 0.1MPa에서, 이 열기관은 온천수 유량 2L/s에서 12kW의 출력을 낸다고 한다. 발명가가 이 열기관의 실용화를 위한 연구비 지원을 신청했다. 연구비 지원 여부를 결정하고 그 근거를

제시하시오. 단, 온천수의 비열은 $c = 4.184\mathrm{kJ/kg \cdot K}$이며, 밀도는 $\rho = 1000\mathrm{kg/m^3}$이다. [국가공무원 5급(기술) 제2차시험]

67 부피가 $30\mathrm{m^3}$인 견고한 탱크에 들어있는 압력 420kPa, 온도 600K의 공기를 고온 열원으로 하여 온도 300K의 대기로 방열하는 카르노 열기관을 작동한다. 탱크 속 공기의 온도가 400K로 떨어질 때까지 열기관을 작동할 때, 열기관에서 얻을 수 있는 이론적 최대 일의 양을 구하여라. 단, 대기 온도와 공기의 비열은 일정하고 공기의 정적비열 $C_v = 0.7\mathrm{kJ/kg \cdot K}$, 기체상수 $R = 0.3\mathrm{kJ/kg \cdot K}$이다.

***68** 질량 10kg, 비열 $0.4\mathrm{kJ/kg \cdot K}$인 두 개의 금속막대 온도가 40℃이다. 가역 냉동기는 한 금속막대로부터 열을 받아 나머지 다른 금속막대에 열을 방출한다. 두 금속막대의 온도 차를 100℃로 만들기 위해 요구되는 일의 양을 계산하시오. [국가공무원 5급(기술) 제2차시험]

제7장 기체동력 사이클[35)]

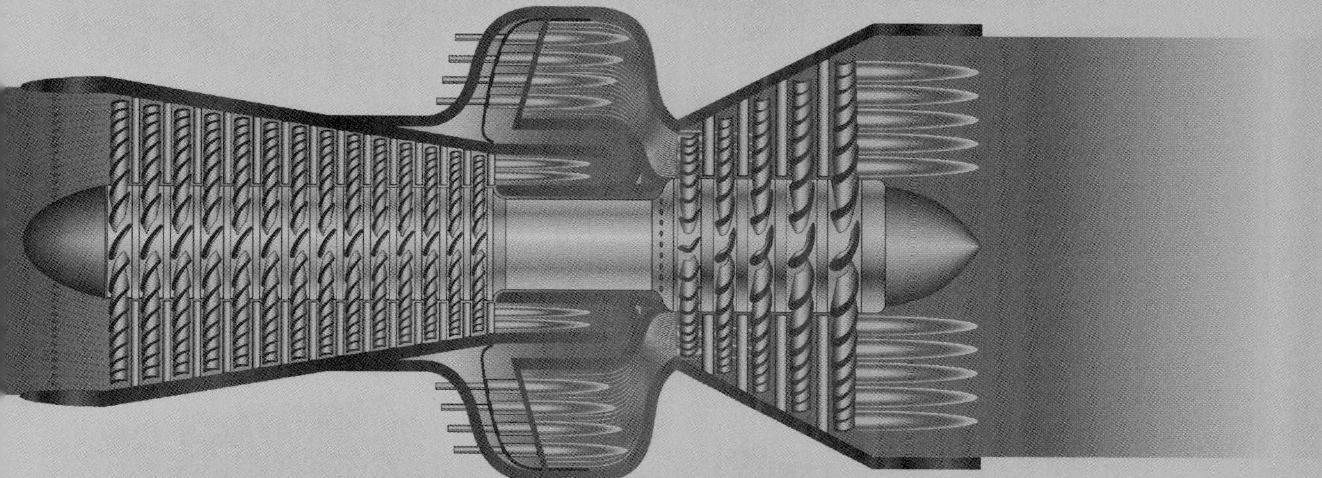

35) 지금까지 배운 기초 개념들이 종합적으로 응용/적용되는 단원이다. 예제와 연습문제를 풀어보고 이해함으로써 열역학 기초 개념을 다시 한번 정립하도록 한다.

7.1 내연기관 개요

1 서론

열에너지를 기계적 일로 변환시키는 장치를 열기관이라 한다. 열에너지는 보통 연료의 연소에 의해 발생시키지만 물질의 화학 반응에 의한 열, 자연에 존재하는 태양열과 지열, 핵반응에 의한 열 등을 이용할 수 있다.

열기관에서 열을 일로 변환하는 데에는 매개 역할을 하는 유체, 즉 작동유체(working fluid)가 필요하다. 이 작동유체의 가열방법에 따라 열기관을 내연기관과 외연기관으로 나눈다. 외연기관은 증기기관과 같이 연료의 연소에 의해 발생한 열이 보일러 벽을 통해 물에 전달되어 증기를 발생하고 이 증기에 의해 일을 얻는 것으로서, 작동유체인 증기와 연소가스가 서로 다른 기관이다. 이에 반해 내연기관은 가솔린기관과 같이 실린더 내에서 연료의 연소에 의해 발생한 고온 고압가스에 의해 직접 일을 하는 것으로서 연소 생성물 자체가 작동유체의 역할을 한다.

내연기관은 비교적 소형으로써 큰 출력을 얻을 수 있으며 열효율이 높고 취급하기가 쉬우므로 자동차, 항공기, 선박 등의 원동기로 널리 사용되고 있다.

2 내연기관 작동 원리

내연기관(internal combustion engine)이란 기관 내부에서 연료를 연소시켜 고온 고압의 가스를 만들고, 그 열에너지를 기계적인 일로 변환시키는 열기관을 말한다. 내연기관에서는 연소가스 자체가 작동 유체의 역할을 하므로 액체나 기체 연료가 주로 사용된다.

가솔린기관이나 디젤기관과 같은 왕복 운동 기관에서는 연소가스가 팽창하면서 원통형 실린더 내에서 피스톤에 에너지를 전달하여 동력을 발생한다. 한편 가스터빈, 제트기관, 로켓기관과 같은 속도형 기관은 연소가스를 고속으로 분출시켜 동력을 얻는다.

3 내연기관 종류

[1] 왕복 운동 기관

왕복 운동 기관은 피스톤이 실린더 안을 왕복 운동하면서 동력을 발생시키는 장치이므로 피스톤 기관이라고도 하며, 점화 방식에 따라 불꽃 점화 기관, 압축 착화 기관, 소구 기관으로 나눈다.

(1) 불꽃 점화 기관: 불꽃 점화 기관(spark ignition engine, SI 엔진)은 실린더 안으로 연료와 공기의 혼합기를 흡입하고 이것을 압축한 다음 전기 불꽃을 사용하여 점화시키는 기관이다. 사용하는 연료에 따라 가솔린기관, 가스 기관, 등유 기관으로 나누어진다. 이 중 가솔린을 연료로 하는 가솔린기관은 구조가 간단하고 높은 출력을 얻을 수 있으므로 가장 많이 사용되고 있다.

(2) 압축 착화 기관: 압축 착화 기관(compression ignition engine, CI 엔진)은 공기를 실린더 안으로 흡입하고 압축하여 고온 고압의 압축 공기를 만든 다음 연료를 분사하여 자연 발화시키는 기관이다. 연료로는 경유와 중유를 사용하며, 열효율이 높으므로 가솔린기관 다음으로 많이 사용되고 있다. 디젤기관(diesel engine)이 대표적인 압축 착화 기관이다.

(3) 소구 기관: 소구 기관(hot bulb engine)은 소구라고 불리는 점화 장치를 시동 버너로써 가열하여 적열된 상태로 되게 하고 이것을 이용하여 분사된 연료를 점화시키는 기관이다. 소형 선박의 동력원으로 사용되었으나 현재는 거의 사용되지 않고 있다.

[2] 가스터빈

가스터빈(gas turbine)은 공기를 압축하여 연소기로 보내고, 그 속에 연료를 분사하여 생성되는 고온 고압의 연소가스로써 터빈을 회전시켜 동력을 얻는 기관이다. 연료로는 경유를 이용하며 주로 항공기나 발전소 등에 사용된다.

[3] 제트기관

제트기관은 기관 안으로 공기를 흡입하여 압축하고 연료를 분사시켜 얻은 고온 고압의 연소가스를 기관의 뒤쪽으로 분사시켜 그 반동력으로 추진력을 얻는 기관이다. 항공기용 기관으로 많이 사용되고 있다.

[4] 로켓 기관

로켓 기관은 연료와 함께 연소에 필요한 산소를 가지고 있어서 공기가 없는 공간에서도 비행이 가능하도록 만든 기관이다. 제트기관과 같이 연소가스를 분사시켜 추진력을 얻는다. 공기가 없는 공간에서도 비행할 수 있으므로 대기권 밖을 비행하는 인공위성이나 우주선 등의 분사 추진 기관으로 사용되고 있다.

7.2 엔진에 관한 용어

[그림 7.1]에 내연기관의 왕복 운동 기관에 사용되는 엔진의 개략적인 구조를 나타내었다.

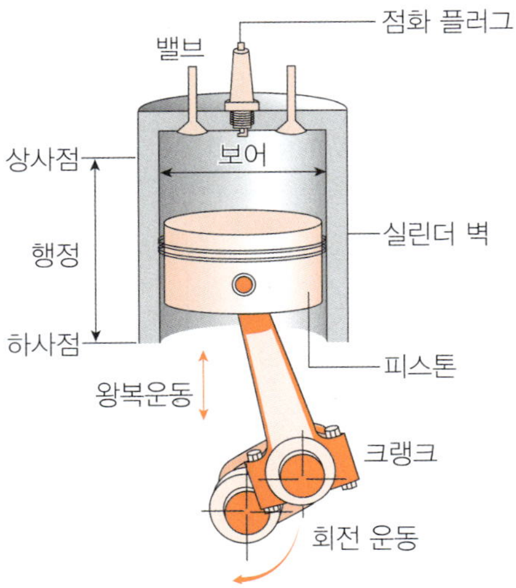

[그림 7.1] 왕복 운동 기관의 엔진

[그림 7.1]은 두 개의 밸브가 장착된 실린더 내에서 상하로 왕복 운동할 수 있는 피스톤(piston)을 보여주고 있다. 실린더의 머리 부분에 설치된 점화 플러그는 가솔린기관에서 사용되며, 디젤기관에서는 그림의 점화 플러그 대신 연료 분사기(fuel injector)를 장착하여 사용한다. 공기 또는 공기와 연료의 혼합물이 흡기밸브(intake valve)를 통해 실린더 안으로 유입되고, 연소가스는 배기밸브(exhaust valve)를 통해 실린더 밖으로 배출된다.

엔진에서의 주요 용어는 다음과 같다.[36]

(1) 보어(D): 실린더 안지름 또는 피스톤 지름을 보어(bore)라 하는데, 실린더 안지름 또는 내경이라고 그대로 부르기도 한다. 이상적으로 실린더 안지름은 피스톤 지름과 같다[그림 7.2(a)].

(2) 상사점(TDC): 피스톤이 실린더의 가장 위쪽에 있을 때 피스톤 헤드 부분의 위치를 상사점(top dead center)이라 한다. 왕복 운동하는 피스톤이 상사점에 있을 때 실린더 내부 체적이 최소가 된다[그림 7.2(b)].

36) 엔진에 대한 용어의 정의를 모두 알아두도록 한다.

(3) 하사점(BDC): 피스톤이 실린더의 가장 아래쪽에 있을 때 피스톤 헤드 부분의 위치를 하사점(bottom dead center)이라 한다. 피스톤이 하사점에 있을 때 실린더 내부 체적이 최대가 된다[그림 7.2(c)].

(4) 행정(S): 피스톤은 실린더 내 두 지점(상사점과 하사점)을 왕복 운동하므로 상사점과 하사점 사이의 거리는 피스톤이 한 방향으로 움직일 수 있는 최대 거리이며 이것을 행정(stroke)이라 한다[그림 7.2(a)].

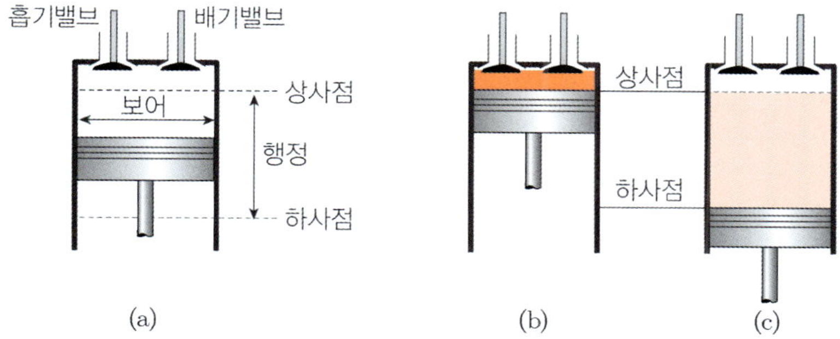

[그림 7.2] 왕복 운동 기관의 구성 요소 명칭

(5) 틈새체적, 연소실체적 (V_c): 피스톤이 상사점에 도달하여 실린더 내부 체적이 최소가 되었을 때 이를 틈새체적(간극체적, 통극체적, clearance volume) 또는 연소실 체적이라고 한다[그림 7.2(b)].

(6) 배기체적(배기량), 행정체적(V_s): 피스톤이 하사점에서 상사점으로 이동하면서 피스톤이 밀어낸 체적을 배기체적 또는 행정체적이라 한다. 피스톤 지름이 D, 행정이 S이면 배기체적은 다음과 같다.

$$V_s = \frac{\pi}{4} D^2 S \qquad \cdots (7.1)$$

(7) 총 행정체적(총 배기량, V): 기관의 총 행정체적을 말하며 행정체적과 실린더 수(Z)의 곱과 같다.

$$V = V_s Z = \frac{\pi}{4} D^2 S Z \qquad \cdots (7.2)$$

총 행정체적은 총 배기량을 말하며 기관의 크기를 나타내는 일반적인 척도로 사용된다.[37]

37) 일상생활에서는 대개 총 배기량을 간단하게 배기량이라고 한다.

(8) 압축비(r): 실린더 내에 형성되는 최대 체적과 최소 체적의 비를 압축비라 한다. [그림 7.2(b),(c)]에서 최대체적 $V_{\max} = V_c + V_s$, 최소 체적은 연소실 체적 V_c이므로 압축비는 다음과 같다.

$$r = \frac{V_{\max}}{V_c} = \frac{V_c + V_s}{V_c} = 1 + \frac{V_s}{V_c} \quad \cdots (7.3)$$

여기에서 압축비는 압력비가 아니라는 것에 주의한다.

(9) 평균유효압력(MEP, P_{me}): 전 동력 행정을 하는 동안 평균유효압력(mean effective pressure)이 피스톤에 작용하면, 실제 사이클 동안 발생하는 순 일(net work, W_{net})과 동일한 크기의 일을 생성하는 압력으로 정의한다[그림 7.3]. 이를 식으로 표현하면 다음과 같다.

$$W_{\mathrm{net}} = \text{힘} \times \text{거리} = (P_{\mathrm{me}} \times \text{피스톤면적}) \times \text{행정} = P_{\mathrm{me}} \times V_s$$

$$P_{\mathrm{me}} = \frac{W_{\mathrm{net}}}{V_{\max} - V_{\min}} = \frac{W_{\mathrm{net}}}{V_s} \quad \cdots (7.4)$$

여기에서 W_{net}는 한 사이클 동안 기관이 한 순 일이다. 평균 유효압력은 동일한 크기의 왕복운동 기관의 성능을 비교하는 매개 변수로 사용된다.[38] 같은 배기량의 두 기관에서 높은 평균유효압력을 가진 것이 더 큰 순 일을 생산하므로 기관의 속도가 같다면 더 큰 동력을 생산하게 될 것이다.

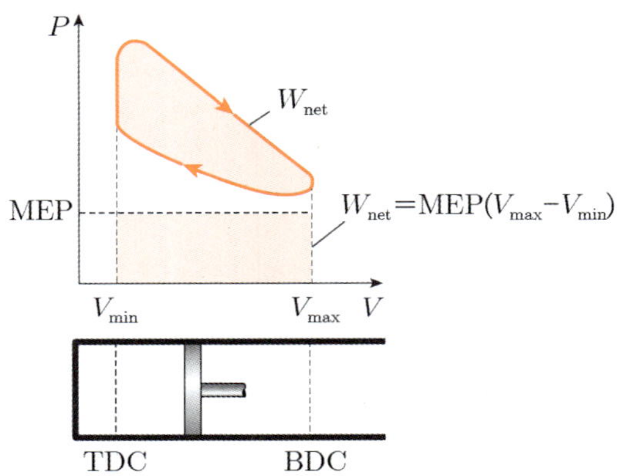

[그림 7.3] 평균유효압력(MEP)과 사이클의 순 일(W_{net})

38) 실제 기관의 지압선도에서 구한 평균유효압력을 도시평균유효압력(indicated mean effective pressure)라고도 한다.

[그림 7.3]과 같이 기관의 압력(P)과 실린더 체적(V)의 관계를 나타낸 $P-V$ 선도를 지압 선도(indicator diagram)라 한다. 그림에서 $V_{\max}-V_{\min}$은 행정체적 V_s이고, $V_{\min}$은 연소실 체적 V_c가 된다.

예제 7.1 실린더 안지름이 90mm, 행정이 80mm, 실린더 수가 4개인 왕복 운동 기관이 있다. 연소실 체적이 60cm^{3}일 때 다음을 구하여라.

(1) 행정체적[cm^3]　　(2) 압축비　　(3) 총배기량[cm^3]

풀이 실린더 안지름 $D=9$cm, 행정 $S=8$cm, 실린더 수 $Z=4$, 연소실 체적 $V_c=$ 60cm^{3}이다.

(1) 행정체적: $V_s=\frac{\pi}{4}D^2S=\frac{\pi}{4}\times 9^2\times 8=508.9\,[\text{cm}^3]$

(2) 압축비: $r=1+\frac{V_s}{V_c}=1+\frac{508.9}{60}=9.48$

(3) 총배기량: $V=V_sZ=508.9\times 4=2035.6\,[\text{cm}^3]$

예제 7.2 최대 체적이 600cm^{3}이고 행정체적이 550cm^{3}인 가솔린기관의 연소실 체적과 압축비를 구하여라.

풀이 최대 체적 $V_{\max}=600\text{cm}^3$, 행정체적 $V_s=550\text{cm}^3$이다.

(1) 연소실 체적(V_c): $V_{\max}=V_c+V_s$

$$\therefore\ V_c=V_{\max}-V_s=600-550=50\,[\text{cm}^3]$$

(2) 압축비: $r=\frac{V_{\max}}{V_c}=\frac{600}{50}=12$

예제 7.3 실린더 안지름이 80mm, 행정이 90mm인 왕복 운동 기관의 평균유효압력이 200kPa일 때 한 사이클당 순 일[J]을 구하여라.

풀이 MKS 단위로 통일하여 순 일을 구한다. 실린더 안지름 $D=0.08$m, 행정 $S=0.09$m, 평균유효압력 $P_{me}=200\text{kPa}=200\times 10^3\text{Pa}$이므로

$$W_{net}=P_{me}\times V_s=P_{me}\times\frac{\pi}{4}D^2\times S$$

$$=(200\times 10^3)\times\frac{\pi}{4}\times 0.08^2\times 0.09\,[\text{J}]$$

$$=90.5\,[\text{J}]$$

7.3 4행정 사이클 가솔린기관

가솔린기관은 가솔린과 공기의 혼합기체를 실린더 안으로 공급하고 점화시켜 동력을 얻는 왕복 피스톤식 기관이다. 4행정 가솔린기관은 흡입행정, 압축행정, 팽창행정, 배기행정을 순서대로 반복하면서 작동한다. 이들 4개 행정의 순환 과정을 1사이클이라 한다.

[그림 7.4]에 4행정 가솔린기관의 작동 순서를 나타내었다.

(1) 흡입행정: 흡기 밸브가 열리고, 피스톤이 하강하면서 새로운 혼합기를 실린더 안으로 흡입하는 행정이다[그림 7.4(a)].

(2) 압축행정: 모든 밸브가 닫히고 피스톤이 상승하면서 흡입된 혼합기를 압축하는 행정이다. 흡입된 물질의 온도와 압력을 높이기 위해 피스톤이 실린더 내부에 일을 하게 된다[그림 7.4(b)].

(3) 팽창행정: 압축행정 다음에 점화 플러그에 의하여 점화하면 혼합기는 급격히 연소하여 고온 고압의 연소가스가 되어 팽창하면서 피스톤을 밀어 동력을 발생시킨다[그림 7.4(c)]. 기체의 팽창에 의해 동력이 발생하므로 동력행정이라고도 한다.

(4) 배기행정: 팽창 행정이 끝난 후에 배기 밸브를 열고 연소가스를 실린더 밖으로 배출시키는 행정이다[그림 7.4(d)]. 배기행정이 끝나면 기관의 상태는 다시 처음 상태로 되돌아가게 된다.

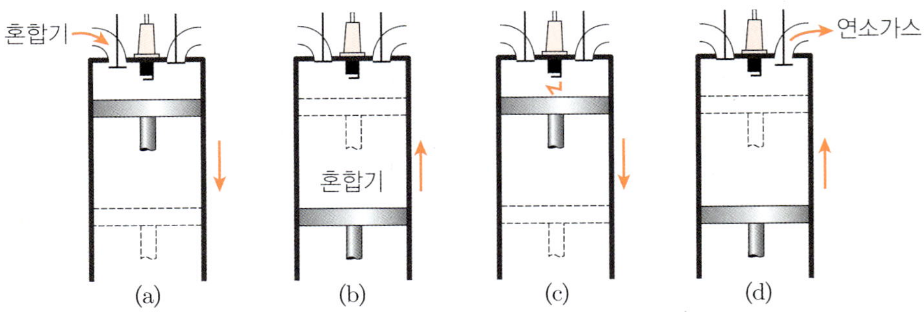

[그림 7.4] 4행정 사이클 기관의 작동순서 : (a) 흡입행정 (b) 압축행정 (c) 팽창행정 (d) 배기행정

7.4 공기 표준 해석

내연기관의 기체 동력 사이클에서 작동유체는 전 사이클에 걸쳐 기체 상태를 유지한다. 불꽃 점화기관, 디젤기관, 가스터빈 등이 이에 해당된다. 이들 기관에서 에너지는 연료의 연소에 의해 공급된다. 이 연소 과정 때문에 사이클 과정 동안에 작동 유체의 조성이 공기와 연료의 혼합기에서 연소 생성물로 변화한다. 그러나 공기가 연소실에서 거의 화학적 반응을 일으키지 않는 질소로 구성되어 있다고 생각하면 작동유체는 거의 공기와 유사하다고 볼 수 있다.

왕복 운동 내연기관에서는 피스톤이 매 회전의 끝에서 출발 위치로 되돌아오므로 하나의 기계적인 사이클을 구성한다. 그러나 작동유체는 완전한 열역학적 사이클을 이루지 못한다. 사이클의 어떤 시점에서 작동유체는 초기 상태로 복원되지 않고 기관 밖으로 배출된다. 이와 같이 실제 기체 동력 사이클은 다소 복잡하다. 따라서 이론적인 해석을 용이하게 하기 위해 다음과 같은 공기표준 가정을 사용한다.[39)]

(1) 작동유체는 일정량의 공기이고 밀폐 시스템을 이루거나 정상상태 유동에 의하여 사이클을 구성한다.
(2) 공기는 이상기체라고 가정한다.
(3) 연소 과정은 외부 열원에 의한 가열 과정으로 대체된다. 즉, 고온 열원으로부터 사이클로 열이 전달된다.
(4) 배기과정은 저온 열원으로의 열전달로 대체된다.
(5) 사이클을 구성하는 모든 과정은 내부적으로 가역 과정이며 운등에너지와 위치에너지는 무시한다.

해석을 더욱 단순하게 하기 위해 사용하는 또 하나의 가정은 공기의 비열은 일정하며 그 값은 실온(25℃)에서의 값이라는 것이다. 이와 같은 가정을 공기표준 가정 또는 냉공기표준 가정이라 부른다. 공기표준 가정을 적용할 수 있는 사이클을 공기표준 사이클이라 부른다. 공기표준 가정은 해석을 매우 단순화시켜 주고, 이 단순화된 모형은 주요 변수들이 실제 기관의 성능에 미치는 영향을 정성적으로 연구할 수 있게 한다. 그러나 이와 같은 공기표준 해석이 내연기관에 대한 연구를 매우 간편화시켰지만 계산된 평균유효압력, 작동온도, 압력에 대한 값들은 대부분 실제 엔진의 값과는 차이가 있다.

39) 기체동력 사이클 해석은 지금까지 공부한 이상기체에 대한 지식을 종합적으로 적용하여 수행된다고 볼 수 있다.

7.5 카르노 사이클

2개의 가역등온과정과 2개의 가역단열과정으로 구성되는 카르노 사이클은 이미 앞에서 설명하였다. [그림 7.5]에 카르노 사이클의 $P-V$ 선도와 $T-S$ 선도를 도시하였다. 이상기체를 카르노 사이클의 작업유체로 사용하였을 경우 다음과 같이 사이클의 열효율(η_c)이 구해진다.

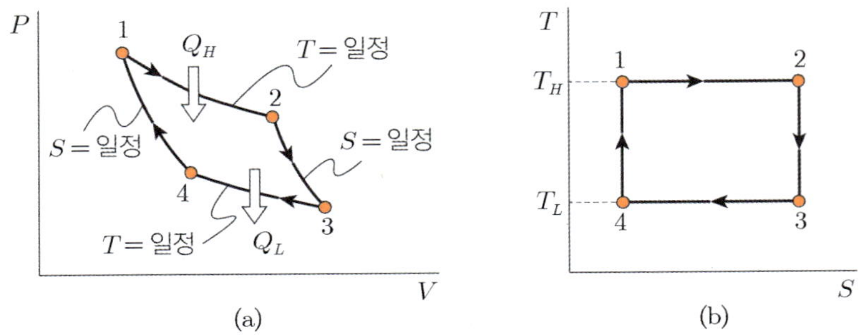

[그림 7.5] 이상기체의 카르노 사이클: (a) $P-V$ 선도 (b) $T-S$ 선도

사이클은 등온과정 1→2에서 Q_H의 열을 흡수하여 등온과정 3→4에서 Q_L의 열을 방출하고 $W=Q_H-Q_L$의 일을 한다.

작업유체의 양을 $m\,[\mathrm{kg}]$, 고온 열원과 저온 열원의 온도를 각각 $T_H[\mathrm{K}]$, $T_L[\mathrm{K}]$라 한다. 등온과정의 열전달 식 (4.41a)로부터

$$Q_H = mRT_1 \ln\left(\frac{V_2}{V_1}\right) \quad \cdots ①$$

$$Q_L = mRT_4 \ln\left(\frac{V_3}{V_4}\right) \quad \cdots ②$$

이다. 여기에서 $T_1 = T_2 = T_H$, $T_3 = T_4 = T_L$이다. 과정 2→3, 4→1은 가역단열과정(등엔트로피 과정)이므로 $TV^{k-1}=C$ 이다. 따라서

$$\frac{T_3}{T_2} = \frac{T_L}{T_H} = \left(\frac{V_2}{V_3}\right)^{k-1} \quad \cdots ③$$

$$\frac{T_4}{T_1} = \frac{T_L}{T_H} = \left(\frac{V_1}{V_4}\right)^{k-1} \quad \cdots ④$$

이다. 식 ③, ④에서

$$\frac{V_2}{V_3} = \frac{V_1}{V_4}$$

$$\therefore \quad \frac{V_2}{V_1} = \frac{V_3}{V_4} \quad \cdots ⑤$$

이 되므로 식 ①, ②로부터

$$\frac{Q_L}{Q_H} = \frac{mRT_4 \ln\left(\frac{V_3}{V_4}\right)}{mRT_1 \ln\left(\frac{V_2}{V_1}\right)} = \frac{T_4}{T_1} = \frac{T_L}{T_H} \quad \cdots ⑥$$

이다. 따라서 카르노 사이클의 열효율(η_c)은 다음과 같이 표현된다.

$$\eta_c = \frac{W}{Q_H} = \frac{Q_H - Q_L}{Q_H} = 1 - \frac{Q_L}{Q_H} = 1 - \frac{T_L}{T_H} \quad \cdots (7.5)$$

식 ④, ⑤, ⑥을 이용하여 열효율을 등엔트로피 압축비

$$r_{vs} = \frac{V_4}{V_1} = \frac{V_3}{V_2} \quad \cdots (7.6)$$

로 나타내면 다음과 같다.

$$\eta_c = 1 - \left(\frac{1}{r_{vs}}\right)^{k-1} = 1 - (r_{vs})^{1-k} \quad \cdots (7.7)$$

식 (7.5)로부터 이상기체를 작업유체로 하는 카르노 사이클의 열효율은 두 열원의 온도만으로 결정된다는 것을 알 수 있다. 이와 같이 카르노 기관의 열효율이 작업유체의 종류와 무관하게 온도만으로 결정되므로, 이 성질을 이용하여 물질의 성질에 의존하지 않는 온도 눈금을 생각할 수 있다. 이렇게 하여 정한 것이 열역학적 절대온도눈금(Kelvin 눈금, K)이다.

식 (7.5)에서 T_H와 T_L은 이상기체의 고온과 저온이 된다. 이 식에서 카르노 사이클의 효율이 100%가 되기 위해서는 $T_L = 0$이 되어야 한다. 그런데 물질의 온도를 절대온도 0K로 낮출 수 없다고 알려져 있으므로 효율 100%의 열기관은 불가능하다.

지금까지 살펴본 카르노 사이클의 성질을 정리하면 다음과 같다.

(1) 동일한 열원을 사용하는 모든 카르노 열기관의 열효율은 작업유체에 관계없이 모두 동일하다.

(2) 사용하는 열원이 같을 때 비가역 열기관의 열효율은 카르노 기관의 열효율보다 높을 수 없다.

예제 7.4 고온열원 온도 300℃, 저온열원 온도 10℃ 사이에서 작동하는 카르노 기관의 열효율을 구하여라.

풀이 고온열원 온도 $T_H = 300℃$, 저온열원 온도 $T_L = 10℃$일 때 카르노 기관의 열효율(η_c)은 다음과 같다.

$$\eta_c = 1 - \frac{T_L}{T_H} = 1 - \frac{10 + 273.2}{300 + 273.2} = 0.506$$

예제 7.5 공기표준 카르노 사이클에서 고온부에서 공급한 열량이 1500kJ/kg이고, 등엔트로피 압축비가 8일 때 사이클의 열효율과 출력 일[kJ/kg]을 구하여라. 공기의 비열비 $k = 1.4$이다.

풀이 공급한 열량 $Q_H = 1500\,\mathrm{kJ/kg}$, 등엔트로피 압축비 $r_{vs} = 8$, 비열비 $k = 1.4$이므로 다음과 같이 열효율(η_c)과 출력일(W)이 구해진다.

$$\eta_c = \frac{W}{Q_H} = 1 - (r_{vs})^{1-k} = 1 - (8)^{1-1.4}$$

$$= 0.565$$

$$\therefore \quad W = \eta_c Q_H = 0.565 \times 1500 = 847.5\,[\mathrm{kJ/kg}]$$

7.6 오토 사이클

오토 사이클(Otto cycle)은 전기점화식 왕복 운동 기관의 이상적인 사이클이다. 대부분의 전기점화 기관에서는 피스톤이 실린더 내부에서 4개의 행정을 실행하고 각각의 열역학적 사이클마다 크랭크축은 2번의 회전을 하게 된다. 이러한 기관을 4행정 내연기관이라 하는데 실제의 4행정 사이클을 열역학적으로 해석하기는 쉬운 일이 아니다. 그러나 공기표준 가정을 이용하면 매우 간단하게 해석할 수 있다. 이와 같이 실제 작동 사이클과 매우 유사하며 단순화된 사이클이 바로 이상적인 오토 사이클이다.

피스톤-실린더 장치에서의 오토 사이클의 작동을 [그림 7.6]에 도시하였고, 이에 대응하는 $P-V$ 선도와 $T-S$ 선도를 [그림 7.7]에 나타내었다. [그림 7.7]에서 볼 수 있듯이 오토 사이클은 다음과 같은 2개의 단열과정과 2개의 정적과정으로 이루어져 있다.

(1) 1→2: **[가역단열 압축]** 등엔트로피 압축. 압축비 V_1/V_2로 압축한다.

(2) 2→3: **[정적 가열]** 일정한 체적에서 기체로 열이 전달되어 기체의 온도가 상승한다. 실제 기관에서는 정적 연소가 일어난다.

(3) 3→4: **[가역단열 팽창]** 등엔트로피 팽창. 체적 $V_4 = V_1$까지 팽창한다.

(4) 4→1: **[정적 방열]** 일정한 체적에서 열을 방출하고 기체의 온도가 내려간다.

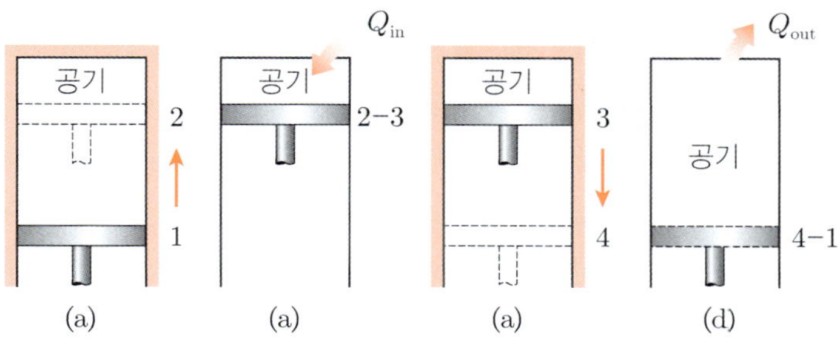

[그림 7.6] 오토사이클: (a) 단열압축 (b) 열 흡수 (c) 단열팽창 (d) 열 방출

[그림 7.7]에 실제 기관의 피스톤 위치를 나타내었다. 그림에서 V_2는 연소실 체적이고, $V_s = V_1 - V_2$는 행적체적을 나타낸다. 여기에서 압축 전후의 부피 비

$$r = \frac{V_1}{V_2} = \frac{V_4}{V_3} \quad \cdots (7.8)$$

을 압축비라 한다.

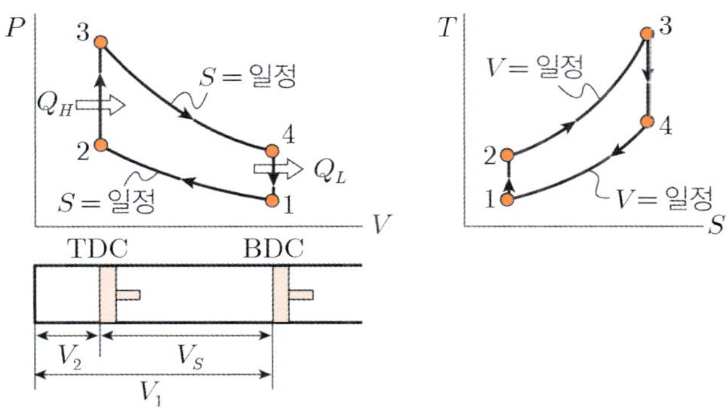

[그림 7.7] 오토사이클의 $P-V$ 선도와 $T-S$ 선도

사이클은 정적과정 2→3에서 Q_H의 열을 흡수하여 정적과정 4→1에서 Q_L의 열을 방출하고 $W = Q_H - Q_L$의 일을 한다.

작업유체의 양을 $m\,[\mathrm{kg}]$이라 하고, 각 점의 온도를 T_1, T_2, T_3, T_4라 한다. 오토 사이클에서는 열의 출입이 모두 일정 체적($V_3 = V_2$, $V_4 = V_1$)에서 이루어지므로 다음과 같이 흡수된

열과 방출된 열 및 일이 구해진다.[40)]

$$Q_H = mC_v(T_3 - T_2) \qquad \cdots (7.9)$$

$$Q_L = mC_v(T_4 - T_1) \qquad \cdots (7.10)$$

$$W = Q_H - Q_L = mC_v[(T_3 - T_2) - (T_4 - T_1)] \qquad \cdots (7.11)$$

다음에 가역단열 과정을 이용하여 각 점의 온도 사이의 관계를 구한다. 즉, 등엔트로피 과정인 1→2, 3→4의 과정에서는 $TV^{k-1} = C$의 관계가 성립하므로

$$\frac{T_2}{T_1} = \left(\frac{V_1}{V_2}\right)^{k-1} = r^{k-1} \qquad \cdots (7.12)$$

$$\frac{T_3}{T_4} = \left(\frac{V_4}{V_3}\right)^{k-1} = \left(\frac{V_1}{V_2}\right)^{k-1} = r^{k-1} \qquad \cdots (7.13)$$

이다. 여기에서 $V_3 = V_2$, $V_4 = V_1$이다. 식 (7.12), (7.13)의 우변이 같으므로 다음과 같은 온도 사이의 관계식이 얻어진다.

$$\frac{T_2}{T_1} = \frac{T_3}{T_4}$$

$$\therefore \frac{T_3}{T_2} = \frac{T_4}{T_1} \qquad \cdots (7.14)$$

이 식을 이용하면 다음과 같이 오토 사이클의 이론 열효율(η_{th})이 구해진다.

$$\begin{aligned}\eta_{th} &= \frac{W}{Q_H} = \frac{Q_H - Q_L}{Q_H} = 1 - \frac{Q_L}{Q_H} \\ &= 1 - \frac{mC_v(T_4 - T_1)}{mC_v(T_3 - T_2)} = 1 - \frac{T_4 - T_1}{T_3 - T_2} \\ &= 1 - \frac{T_1}{T_2}\frac{(T_4/T_1 - 1)}{(T_3/T_2 - 1)} \\ &= 1 - \frac{T_1}{T_2} \quad (\leftarrow T_3/T_2 = T_4/T_1) \\ &= 1 - \frac{1}{r^{k-1}}\end{aligned}$$

40) 사이클 문제는 여러 가지를 구해야 하므로 외관상 매우 복잡해 보인다. 그러나 선도를 그려놓고 하나하나 구해나가면 크게 어려운 것이 없다. 모두가 기본적인 정적, 정압, 등온, 단열 과정으로 구성되어 있다.

$$\eta_{th} = 1 - \frac{T_1}{T_2} = 1 - \frac{1}{r^{k-1}} = 1 - r^{1-k} \qquad \cdots (7.15)$$

식 (7.15)의 결과로부터 오토 사이클의 열효율은 압축비(r)와 비열비(k)만의 함수라는 것을 알 수 있다. 압축비 $r > 1$이므로 압축비가 일정하면 비열비가 클수록 열효율이 증가한다. 비열비가 일정하면 압축비가 클수록 열효율이 높아진다[그림 7.8]. 그러나 실제 오토 사이클 기관에서는 압축비가 너무 클 경우에는 노킹(knocking)이라는 이상 폭발 현상이 일어나므로 압축비는 제한을 받게 된다. 일반적으로 많이 사용하는 압축비의 범위는 $6 \sim 12$이다.

한편 $\eta_{th} = 1 - T_1/T_2 = 1 - T_4/T_3$이므로 최저온도($T_1$)가 낮을수록, 최고온도($T_3$)가 높을수록 열효율($\eta_{th}$)이 증가한다.

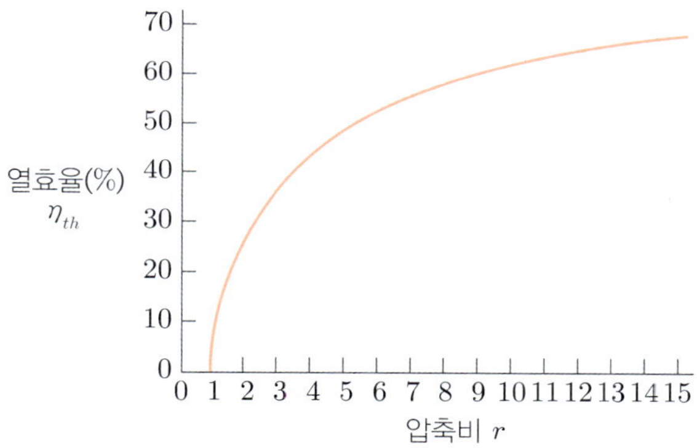

[그림 7.8] 오토사이클의 열효율 ($k = 1.4$)

예제 7.6 압축비가 8인 공기표준 오토 사이클의 최고 온도가 1500K이고, 최저 온도가 300K일 때 다음을 구하여라. 단, 공기의 정적비열 $C_v = 0.7\text{kJ/kg}\cdot\text{K}$이고, 비열비 $k = 1.4$이다.

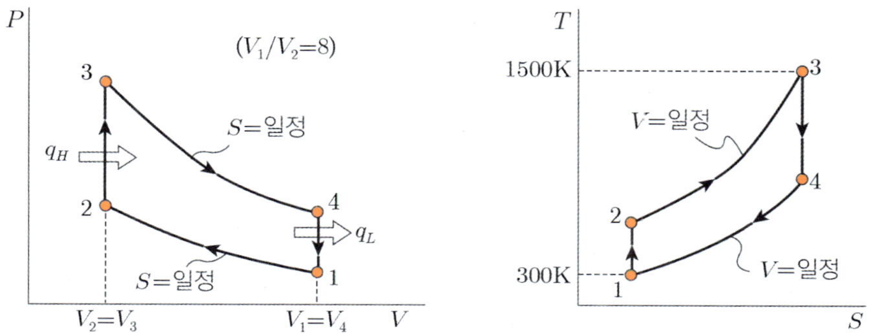

[그림 7.9] 오토사이클의 $P-V$ 선도와 $T-S$ 선도

(1) 압축 행정이 끝난 후의 공기 온도[K]

(2) 한 사이클당 공급된 열량[kJ/kg]

(3) 한 사이클당 순 일[kJ/kg]

풀이 [그림 7.9]에 주어진 사이클의 $P-V$ 선도와 $T-S$ 선도를 나타내었다. 두 선도에서 주어진 값은 다음과 같다.[41)]

$$\text{최고 온도 } T_3 = 1500\text{K}, \text{ 최저 온도 } T_1 = 300\text{K}$$

$$\text{압축비 } r = V_1/V_2 = 8$$

(1) 1→2에서 등엔트로피 과정($TV^{k-1} = C$)으로 압축되므로 압축 행정이 끝난 후 (점 2)의 공기 온도(T_2)는 다음과 같다.

$$\frac{T_2}{T_1} = \left(\frac{V_1}{V_2}\right)^{k-1} = r^{k-1}$$

$$\therefore \quad T_2 = T_1 r^{k-1} = 300 \times 8^{1.4-1} = 689.2\,[\text{K}]$$

(2) 2→3의 정적과정에서 열이 전달되므로 한 사이클당 공급된 단위 질량당 열량($q_H = q_{23}$)은 다음과 같다.

$$q_{23} = C_v(T_3 - T_2) = 0.7 \times (1500 - 689.2) = 567.6\,[\text{kJ/kg}]$$

(3) 사이클의 열효율(η_{th})은

$$\eta_{th} = \frac{w}{q_{23}} = 1 - \frac{1}{r^{k-1}} = 1 - \frac{1}{8^{1.4-1}} = 0.565$$

이므로 한 사이클당 일(w)은 다음과 같다.

$$w = \eta_{th} q_{23} = 0.565 \times 567.6 = 320.7\,[\text{kJ/kg}]$$

예제 7.7 압축비가 9인 공기표준 오토 사이클이 있다. 압축 초기 온도와 압력이 각각 300K, 100kPa이고, 사이클당 700kJ/kg의 열을 공급받을 때 다음을 구하여라. 공기의 정적비열은 0.7kJ/kg · K, 기체상수 $R = 0.3$kJ/kg · K, 비열비 $k = 1.4$라고 가정한다.

(1) 각 과정이 완료된 후의 온도[K]와 압력[kPa]

(2) 사이클이 한 순 일(net work) w_{net}[kJ/kg]

(3) 기관의 이론 열효율(η_{th})

(4) 평균유효 압력[MEP]

41) 사이클 문제는 $P-V$ 선도와 $T-S$ 선도를 그려놓으면 이해가 쉬워진다.

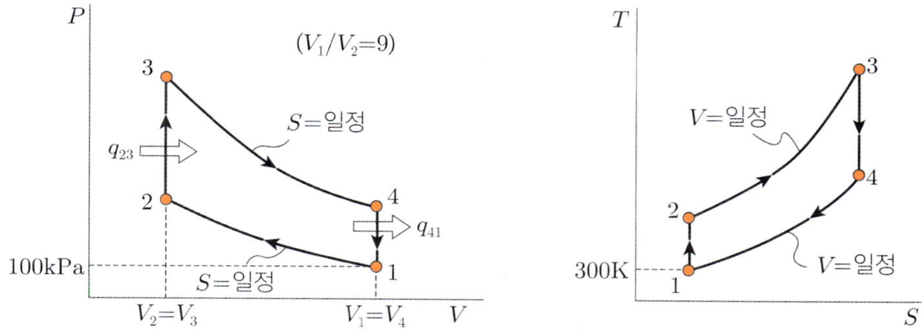

[그림 7.10] 오토사이클의 $P-V$ 선도와 $T-S$ 선도

풀이 주어진 사이클의 $P-V$ 선도와 $T-S$ 선도는 [그림 7.10]과 같다. 그림의 선도에서 정적과정으로 흡수하는 열량 $q_H = q_{23} = 700\,[\text{kJ/kg}]$이고, 점 1에서의 온도와 압력은 각각 $T_1 = 300\text{K}$, $P_1 = 100\text{kPa}$이며, 압축비 $r = V_1/V_2 = V_4/V_3 = 9$이다.

(1) ○ 1→2는 등엔트로피 과정($TV^{k-1} = C$, $PV^k = C$)이다.

$$\frac{T_2}{T_1} = \left(\frac{V_1}{V_2}\right)^{k-1} = r^{k-1}$$

$$\therefore\ T_2 = T_1 r^{k-1} = 300 \times 9^{1.4-1} = 722.5\,[\text{K}] \qquad \cdots ①$$

$$\frac{P_2}{P_1} = \left(\frac{V_1}{V_2}\right)^{k} = r^{k}$$

$$\therefore\ P_2 = P_1 r^{k} = 100 \times 9^{1.4} = 2167.4\,[\text{kPa}] \qquad \cdots ②$$

○ 2→3의 과정은 정적과정($P/T = C$)이고 $q_{23} = 700\,(\text{kJ/kg})$의 열량을 전달받는다.

$$q_{23} = C_v(T_3 - T_2)$$

$$\therefore\ T_3 = T_2 + \frac{q_{23}}{C_v} = 722.5 + \frac{700}{0.7} = 1722.5\,[\text{K}] \qquad \cdots ③$$

$$\frac{P_3}{T_3} = \frac{P_2}{T_2}$$

$$\therefore\ P_3 = P_2 \times \frac{T_3}{T_2} = 2167.4 \times \frac{1722.5}{722.5} = 5167.3\,[\text{kPa}] \qquad \cdots ④$$

○ 3→4는 등엔트로피 과정이다.

$$\frac{T_4}{T_3} = \left(\frac{V_3}{V_4}\right)^{k-1} = \left(\frac{V_2}{V_1}\right)^{k-1} = \left(\frac{1}{r}\right)^{k-1} = r^{1-k}$$

$$\therefore\ T_4 = T_3 r^{1-k} = 1722.5 \times 9^{1-1.4} = 715.3\,[\text{K}] \qquad \cdots ⑤$$

$$\frac{P_4}{P_3} = \left(\frac{V_3}{V_4}\right)^k = \left(\frac{V_2}{V_1}\right)^k = \left(\frac{1}{r}\right)^k = r^{-k}$$

$$\therefore\ P_4 = P_3 r^{-k} = 5167.3 \times 9^{-1.4} = 238.4\,[\text{kPa}] \qquad \cdots ⑥$$

(2) 4→1의 과정에서 방출한 열량(q_{41})은

$$q_{41} = C_v(T_4 - T_1) = 0.7 \times (715.3 - 300) = 290.7\,[\text{kJ/kg}]$$

이므로 사이클이 한 순 일(w_{net})은 다음과 같다.

$$w_{net} = q_{23} - q_{41} = 700 - 290.7 = 409.3\,[\text{kJ/kg}] \qquad \cdots ⑦$$

(3) 기관의 이론 열효율(η_{th})

$$\eta_{th} = 1 - \frac{1}{r^{k-1}} = 1 - \frac{1}{9^{1.4-1}} = 0.585 \qquad \cdots ⑧$$

또는, $\eta_{th} = \dfrac{w_{net}}{q_{23}} = \dfrac{409.3}{700} = 0.585$

(4) 이상기체의 상태방정식에서

$$v_1 = \frac{RT_1}{P_1} = \frac{0.3 \times 300}{100} = 0.9\,[\text{m}^3/\text{kg}] \qquad \cdots ⑨$$

이고, 압축비 $r = \dfrac{V_1}{V_2} = \dfrac{V_1/m}{V_2/m} = \dfrac{v_1}{v_2}$ 에서

$$v_2 = \frac{v_1}{r} = \frac{0.9}{9} = 0.1\,[\text{m}^3/\text{kg}] \qquad \cdots ⑩$$

이므로 평균유효 압력[MEP]은 다음과 같다.

$$\text{MEP} = \frac{w_{net}}{v_1 - v_2} = \frac{409.3}{0.9 - 0.1} = 511.6\,[\text{kPa}] \qquad \cdots ⑪$$

† 오토 사이클 기관에 대해서 다음과 같은 평균유효압력(P_{me}) 식이 유도된다.

$$\begin{aligned}
P_{me} &= \frac{W}{V_1 - V_2} = \frac{Q_H \eta_{th}}{V_1 - V_2} = \frac{Q_H}{V_1} \times \frac{1}{(1 - V_2/V_1)} \times \eta_{th} \\
&= \frac{Q_H}{V_1} \times \frac{1}{(1 - 1/r)} \times \eta_{th} \quad \left(\leftarrow\ r = \frac{V_1}{V_2}\right) \\
&= \frac{P_1 Q_H}{mRT_1} \times \frac{r}{r-1} \times \left[1 - \frac{1}{r^{k-1}}\right] \quad (\leftarrow\ P_1 V_1 = mRT_1) \\
&= \frac{q_H P_1}{RT_1} \times \frac{r}{r-1} \times \left[1 - \frac{1}{r^{k-1}}\right] \quad \left(\leftarrow\ q_H = \frac{Q_H}{m}\right) \qquad \cdots ①
\end{aligned}$$

[예제 7.7]에 식 ①을 적용하면 다음 값이 얻어진다.

$$P_{me} = \frac{700 \times 100}{0.3 \times 300} \times \frac{9}{9-1} \times \left[1 - \frac{1}{9^{1.4-1}}\right] = 511.7\,[\text{kPa}]$$

예제 7.8 연소실 체적이 행정체적의 10%인 공기표준 오토 사이클 기관의 이론 열효율을 구하여라. 단, 비열비 $k=1.4$이다.

풀이 연소실 체적을 V_c, 행정체적을 V_s라 하면 $V_c=0.1\,V_s$이다. 따라서 압축비(r)는

$$r=\frac{V_c+V_s}{V_c}=1+\frac{V_s}{V_c}=1+\frac{V_s}{0.1\,V_s}=11$$

이고, 이론 열효율(η_{th})은 다음과 같다.

$$\eta_{th}=1-\frac{1}{r^{k-1}}=1-\frac{1}{11^{1.4-1}}=0.617$$

7.7 디젤 사이클

디젤(Diesel) 기관은 가솔린기관과는 달리 처음에 공기만을 실린더 속에 흡입하여 이것을 높은 압축비로써 단열 압축한다. 이 압축된 공기에 연료를 분사하면 압축된 공기는 고온이므로 자연 발화하여 연료가 연소된다. 즉, 공기의 압축열만으로 연료의 착화온도에 이르게 하므로 폭발에 의한 압력 상승을 피하기 위하여 연료 공급을 적절히 조절하여 일정한 압력 하에서 연소를 하게 한다.

공기표준 디젤 사이클(Diesel cycle)은 압축 점화 내연기관의 이상적인 사이클로서 [그림 7.11]과 같이 2개의 단열과정과 1개의 정압과정 및 1개의 정적과정으로 이루어져 있다.

(1) 1→2: **[가역단열 압축]** 등엔트로피 압축. 압축비 V_1/V_2로 압축한다.

(2) 2→3: **[정압 가열]** 일정한 압력에서 기체로 열이 전달되어 기체의 온도가 상승한다. 실제 기관에서는 정압 연소가 일어난다.

(3) 3→4: **[가역단열 팽창]** 등엔트로피 팽창. 체적 $V_4=V_1$까지 팽창한다.

(4) 4→1: **[정적 방열]** 일정한 체적에서 열을 방출하고 기체의 온도가 내려간다.

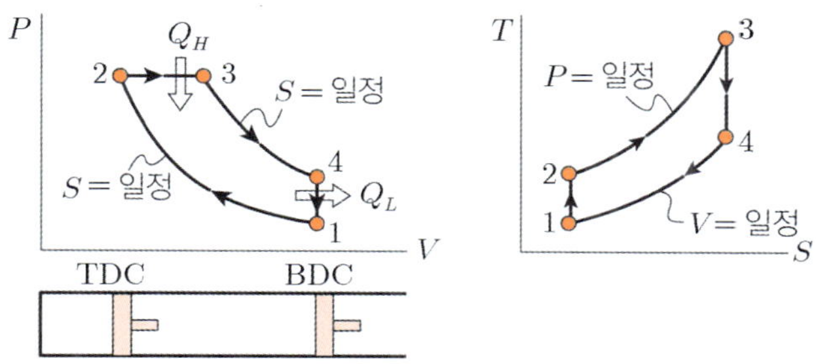

[그림 7.11] 디젤 사이클의 $P-V$ 선도와 $T-S$ 선도

오토 사이클에서는 일정한 체적 하에서 기체로의 열전달이 일어나지만, 디젤 사이클에서는 일정한 압력 하에서 기체로의 열전달이 일어난다. 나머지 세 과정은 같다고 볼 수 있다.

디젤 사이클에서도 다음과 같이 압축비를 정의한다.

$$r = \frac{V_1}{V_2} \quad \cdots (7.16)$$

오토 사이클과 달리 팽창비 V_4/V_3은 압축비 V_1/V_2와 같지 않다. 사이클은 정압과정 $2 \rightarrow 3$에서 Q_H의 열을 흡수하여 정적과정 $4 \rightarrow 1$에서 Q_L의 열을 방출하고 $W = Q_H - Q_L$의 일을 한다.

작업유체의 양을 m(kg)이라 하고, 각 점의 온도를 T_1, T_2, T_3, T_4라 하면 다음과 같이 흡수된 열과 방출된 열 및 일이 구해진다.

$$Q_H = mC_p(T_3 - T_2) = mkC_v(T_3 - T_2) \quad \cdots (7.17)$$

$$Q_L = mC_v(T_4 - T_1) \quad \cdots (7.18)$$

$$W = Q_H - Q_L = mC_v[k(T_3 - T_2) - (T_4 - T_1)] \quad \cdots (7.19)$$

다음에 가역단열 과정을 이용하여 각 점의 온도 사이의 관계를 구한다. 즉, 등엔트로피 과정인 $1 \rightarrow 2$, $3 \rightarrow 4$의 과정에서는 $TV^{k-1} = C$의 관계가 성립하므로

$$\frac{T_2}{T_1} = \left(\frac{V_1}{V_2}\right)^{k-1} = r^{k-1} \quad \cdots (7.20)$$

$$\frac{T_4}{T_3} = \left(\frac{V_3}{V_4}\right)^{k-1} = \left(\frac{V_2}{V_1} \times \frac{V_3}{V_2}\right)^{k-1} = \left(\frac{r_c}{r}\right)^{k-1} \quad \cdots (7.21)$$

이다. 여기에서 다음과 같이 새롭게 정의되는

$$r_c = \frac{V_3}{V_2} \quad \cdots (7.22)$$

을 차단비(단절비, cut-off ratio)라 한다. 디젤 사이클에서는 $V_4 = V_1$, $V_3 \neq V_2$이다. $2 \rightarrow 3$은 정압 과정($P_2 = P_3$)이므로 $V/T = C$에서

$$\frac{T_3}{T_2} = \frac{V_3}{V_2} = r_c \quad \cdots (7.23)$$

이고, 식 (7.20)과 (7.21)을 곱하면

$$\left(\frac{T_2}{T_1}\right)\times\left(\frac{T_4}{T_3}\right)=r^{k-1}\times\left(\frac{r_c}{r}\right)^{k-1}=r_c^{k-1}$$

$$\therefore\ \frac{T_4}{T_1}=\frac{T_3}{T_2}\times r_c^{k-1}=r_c\times r_c^{k-1}=r_c^k \qquad \cdots(7.24)$$

이상의 관계식을 이용하면 다음과 같이 디젤 사이클의 이론 열효율(η_{th})이 구해진다.

$$\eta_{th}=\frac{W}{Q_H}=\frac{Q_H-Q_L}{Q_H}=1-\frac{Q_L}{Q_H}=1-\frac{mC_v(T_4-T_1)}{mkC_v(T_3-T_2)}$$

$$=1-\frac{T_4-T_1}{k(T_3-T_2)}=1-\frac{T_1}{kT_2}\times\frac{(T_4/T_1-1)}{(T_3/T_2-1)}$$

$$=1-\frac{1}{kr^{k-1}}\times\frac{(r_c^k-1)}{(r_c-1)}$$

$$\eta_{th}=1-\frac{1}{r^{k-1}}\left[\frac{r_c^k-1}{k(r_c-1)}\right] \qquad \cdots(7.25)$$

디젤 사이클의 열효율은 압축비(r)뿐만 아니라 차단비(r_c)에도 의존한다. 여기에서 차단비 $r_c>1$이므로 압축비가 동일할 때 디젤 사이클의 열효율이 오토 사이클의 열효율보다 낮다. 또한 차단비가 증가하면 디젤 사이클의 효율은 감소한다[그림 7.12]. 일반적으로 디젤기관에서는 12 ~ 22의 압축비를 사용한다.

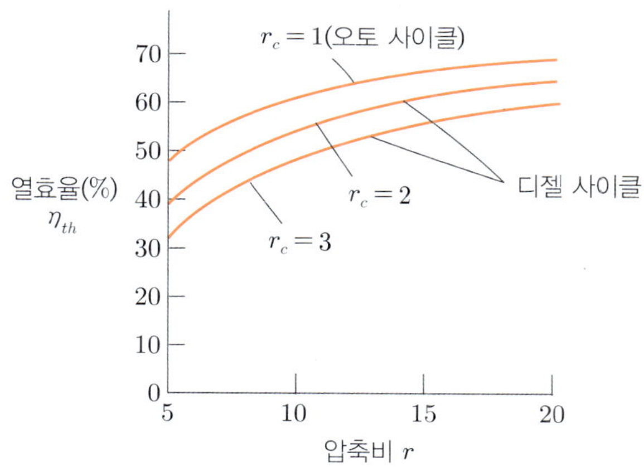

[그림 7.12] 디젤 사이클의 열효율 ($k=1.4$)

예제 7.9 압축비 18, 차단비 2인 공기표준 디젤기관의 열효율을 구하여라. 또, 이 기관의 최저 온도가 300K일 때 이 기관과 같은 온도 범위에서 작동하는 카르노 기관의 열효율을 구하여라. 단, 비열비 $k=1.4$이다.

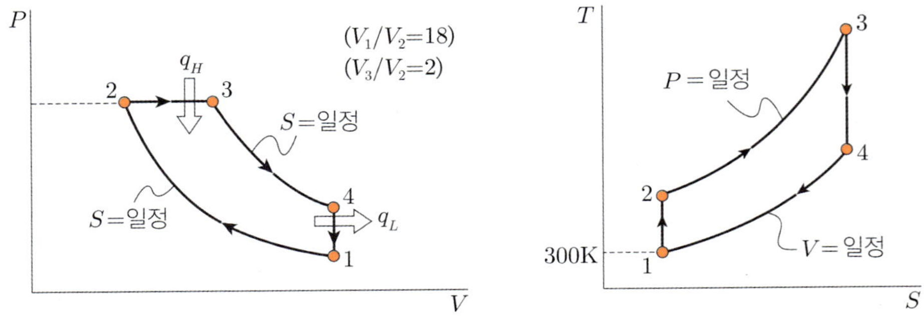

[그림 7.13] 디젤 사이클의 $P-V$ 선도와 $T-S$ 선도

풀이 주어진 사이클의 선도는 [그림 7.13]과 같다.

(1) 공기표준 디젤기관의 열효율(η_{th}): 압축비 $r=18$, 차단비 $r_c=2$, 비열비 $k=1.4$이므로 열효율(η_{th})은

$$\eta_{th}=1-\frac{1}{r^{k-1}}\left[\frac{r_c^k-1}{k(r_c-1)}\right]=1-\frac{1}{18^{1.4-1}}\times\left[\frac{2^{1.4}-1}{1.4\times(2-1)}\right]$$
$$=0.632=63.2\,[\%]$$

(2) 기관의 최저 온도가 300K일 때 이 기관과 같은 온도 범위에서 작동하는 카르노 기관의 열효율(η_c): $r=\dfrac{V_1}{V_2}=18$, $r_c=\dfrac{V_3}{V_2}=2$이다. [그림 7.13]에서 사이클의 최저 온도 $T_1=300\text{K}$이고, 최고온도 T_3을 구한다. 1→2는 가역단열과정이므로

$$T_2=T_1\left(\frac{V_1}{V_2}\right)^{k-1}=T_1 r^{k-1} \qquad \cdots ①$$

이고, 2→3은 정압과정이므로

$$\frac{T_3}{V_3}=\frac{T_2}{V_2}$$
$$\therefore\ T_3=T_2\left(\frac{V_3}{V_2}\right)=T_2 r_c \qquad \cdots ②$$

이다. 식 ①을 ②에 대입하면 다음과 같이 T_3가 구해진다.

$$T_3=T_2 r_c=T_1 r^{k-1}\times r_c$$
$$=300\times 18^{1.4-1}\times 2=1906.6\,[\text{K}]$$

따라서 두 열원 $T_L=T_1$, $T_H=T_3$ 사이에서 작동하는 카르노 사이클의 열효율(η_c)은 다음과 같다.

$$\eta_c = 1 - \frac{T_1}{T_3} = 1 - \frac{300}{1906.6} = 0.843 = 84.3\,[\%]$$

예제 7.10 압축비 18, 차단비 2인 공기표준 디젤 사이클이 있다. 압축 초기 온도, 압력, 부피가 각각 300K, 100kPa, 1900cm^{3}일 때 다음을 구하여라. 공기의 비열비 $k=1.4$, 정적비열은 0.717kJ/kg · K, 공기의 기체상수 $R=0.287$kJ/kg · K이다.

(1) 각 과정의 최종상태의 부피[cm^3], 온도[K], 압력[kPa]

(2) 사이클이 한 순 일(net work) W_{net}[kJ]

(3) 기관의 이론 열효율(η_{th})

(4) 평균유효 압력[MEP]

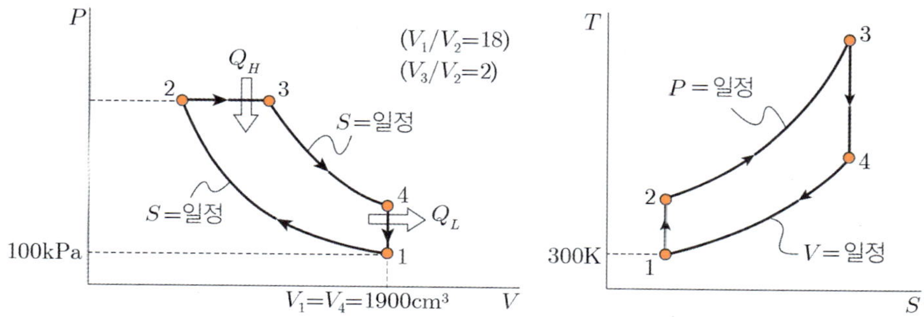

[그림 7.14] 디젤 사이클의 $P-V$ 선도와 $T-S$ 선도

풀이 [그림 7.14]에 주어진 사이클의 $P-V$ 선도와 $T-S$ 선도를 나타내었다. 두 선도에서 주어진 값은 다음과 같다.

$$T_1 = 300\text{K},\ P_1 = 100\text{kPa},\ V_1 = V_4 = 1900\text{cm}^3$$

압축비 $r = V_1/V_2 = 18$, 차단비 $r_c = V_3/V_2 = 2$

(1) 부피는 압축비와 차단비의 정의로부터 구할 수 있다.

$$r = \frac{V_1}{V_2} \quad \therefore\ V_2 = \frac{V_1}{r} = \frac{1900}{18} = 105.6\,[\text{cm}^3] \qquad \cdots ①$$

$$r_c = \frac{V_3}{V_2} \quad \therefore\ V_3 = r_c V_2 = 2 \times 105.6 = 211.2\,[\text{cm}^3] \cdots ②$$

$$V_4 = V_1 = 1900\,[\text{cm}^3]\ (\leftarrow \text{등적 과정}) \qquad \cdots ③$$

○ 1→2는 등엔트로피 과정($TV^{k-1} = C,\ PV^k = C$)이다.

$$\frac{T_2}{T_1} = \left(\frac{V_1}{V_2}\right)^{k-1} = r^{k-1}$$

$$\therefore\ T_2 = T_1 r^{k-1} = 300 \times 18^{1.4-1} = 953.3\,[\text{K}] \qquad \cdots ④$$

$$\frac{P_2}{P_1} = \left(\frac{V_1}{V_2}\right)^k = r^k$$

$$\therefore \quad P_2 = P_1 r^k = 100 \times 18^{1.4} = 5719.8\,[\text{kPa}] \qquad \cdots ⑤$$

○ 2→3의 과정은 정압과정($T/V = C$)이다.

$$P_3 = P_2 = 5719.8\,[\text{kPa}] \qquad \cdots ⑥$$

$$\frac{T_3}{V_3} = \frac{T_2}{V_2}$$

$$\therefore \quad T_3 = T_2 \times \frac{V_3}{V_2} = 953.3 \times 2 = 1906.6\,[\text{K}] \qquad \cdots ⑦$$

○ 3→4는 등엔트로피 과정($TV^{k-1} = C$, $PV^k = C$)이다.

$$\frac{T_4}{T_3} = \left(\frac{V_3}{V_4}\right)^{k-1}$$

$$\therefore \quad T_4 = T_3\left(\frac{V_3}{V_4}\right)^{k-1} = 1906.6 \times \left(\frac{211.2}{1900}\right)^{1.4-1} = 791.8\,[\text{K}] \qquad \cdots ⑧$$

$$\frac{P_4}{P_3} = \left(\frac{V_3}{V_4}\right)^k$$

$$\therefore \quad P_4 = P_3\left(\frac{V_3}{V_4}\right)^k = 5719.8 \times \left(\frac{211.2}{1900}\right)^{1.4} = 264.1\,[\text{kPa}] \qquad \cdots ⑨$$

(2) 작동유체(공기)의 질량(m)은 다음과 같다.

$$m = \frac{P_1 V_1}{RT_1} = \frac{100 \times (1900 \times 10^{-6})}{0.287 \times 300} = 0.00221\,[\text{kg}] \qquad \cdots ⑩$$

2→3의 정압 가열 과정에서 사이클로 전달된 열량은

$$\begin{aligned} Q_H &= mC_p(T_3 - T_2) = mkC_v(T_3 - T_2) \\ &= 0.00221 \times 1.4 \times 0.717 \times (1906.6 - 953.3) \\ &= 2.115\,[\text{kJ}] \end{aligned} \qquad \cdots ⑪$$

이고, 4→1의 정적 방열과정에서 방출된 열량은

$$\begin{aligned} Q_L &= mC_v(T_4 - T_1) \\ &= 0.00221 \times 0.717 \times (791.8 - 300) \\ &= 0.779\,[\text{kJ}] \end{aligned} \qquad \cdots ⑫$$

이므로 사이클이 한 순 일(W)은 다음과 같다.

$$W = Q_H - Q_L = 2.115 - 0.779 = 1.336\,[\text{kJ}] \qquad \cdots ⑬$$

(3) 기관의 이론 열효율(η_{th})

$$\eta_{th} = \frac{W}{Q_H} = \frac{1.336}{2.115} = 0.632 = 63.2\,[\%] \qquad \cdots ⑭$$

(4) 평균유효 압력[MEP]은 다음과 같다.

$$\begin{aligned} \text{MEP} &= \frac{W}{V_{\max} - V_{\min}} = \frac{W}{V_1 - V_2} \\ &= \frac{1.336 \times 10^3}{(1900 - 105.6) \times 10^{-6}} \\ &= 7.445 \times 10^5 \,[\text{Pa}] \\ &= 744.5 \,[\text{kPa}] \end{aligned} \quad \cdots ⑮$$

예제 7.11 공기표준 디젤 사이클 기관에서 공기의 최고 온도가 2000K, 최저 온도가 300K이고, 최고 압력이 5MPa, 최저 압력이 0.1MPa일 때 다음을 구하여라. 단, 공기의 기체상수 $R = 0.287\text{kJ/kg}\cdot\text{K}$, 비열비 $k = 1.4$, 정적비열은 $0.717\text{kJ/kg}\cdot\text{K}$이다.

(1) 압축비 (2) 차단비 (3) 열효율

(4) 사이클이 한 순 일(net work) w_{net}[kJ/kg]

(5) 평균유효 압력[MEP]

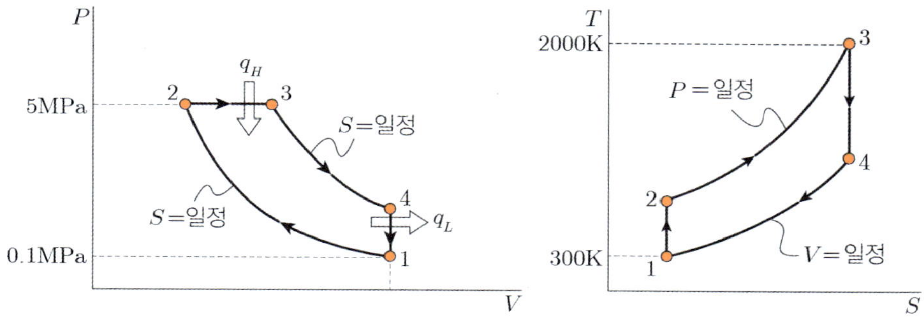

[그림 7.15] 디젤 사이클의 $P-V$ 선도와 $T-S$ 선도

풀이 [그림 7.15]에 주어진 사이클의 $P-V$ 선도와 $T-S$ 선도를 나타내었다. 선도에서 주어진 조건은 다음과 같다.

$$\text{최고온도 } T_3 = 2000\text{K}, \text{ 최저 온도 } T_1 = 300\text{K}$$

$$\text{최고 압력 } P_2 = P_3 = 5\text{MPa}, \text{ 최저압력 } P_1 = 0.1\text{MPa}$$

(1) 압축비(r): 1→2는 등엔트로피 과정이므로

$$P_1 V_1^k = P_2 V_2^k$$

$$\left(\frac{V_1}{V_2}\right)^k = \frac{P_2}{P_1}$$

$$\therefore \; r = \frac{V_1}{V_2} = \left(\frac{P_2}{P_1}\right)^{\frac{1}{k}} = \left(\frac{5}{0.1}\right)^{\frac{1}{1.4}} = 16.35$$

(2) 차단비(r_c): 등엔트로피 과정 1→2로부터 T_2를 먼저 구한다.

$$T_2 = T_1\left(\frac{P_1}{P_2}\right)^{(1-k)/k} = 300\times\left(\frac{0.1}{5}\right)^{(1-1.4)/1.4} = 917.4\,[\mathrm{K}]$$

2→3은 정압과정이므로

$$\frac{T_2}{V_2} = \frac{T_3}{V_3}$$

$$\therefore\ r_c = \frac{V_3}{V_2} = \frac{T_3}{T_2} = \frac{2000}{917.4} = 2.18$$

(3) 열효율: 압축비 $r = 16.35$, 차단비 $r_c = 2.18$, 비열비 $k = 1.4$이므로

$$\begin{aligned}\eta_{th} &= 1-\frac{1}{r^{k-1}}\left[\frac{r_c^k-1}{k(r_c-1)}\right]\\ &= 1-\frac{1}{16.35^{1.4-1}}\times\left[\frac{2.18^{1.4}-1}{1.4\times(2.18-1)}\right]\\ &= 0.609 = 60.9\,[\%]\end{aligned}$$

(4) 사이클이 한 순 일(w_{net}): 2→3의 과정에서 전달된 열량(q_{23})은

$$\begin{aligned}q_{23} &= C_p(T_3-T_2) = kC_v(T_3-T_2)\\ &= 1.4\times0.717\times(2000-917.4)\ [\mathrm{kJ/kg}]\\ &= 1086.7\ [\mathrm{kJ/kg}]\end{aligned}$$

이므로 순 일(w_{net})은 다음과 같다.

$$\eta_{th} = \frac{w_{net}}{q_{23}}$$

$$\therefore\ w_{net} = \eta_{th}\,q_{23} = 0.609\times1086.7 = 661.8\ [\mathrm{kJ/kg}]$$

(5) 평균유효 압력(MEP)

$$\begin{aligned}\mathrm{MEP} &= \frac{w_{net}}{v_1-v_2} = \frac{w_{net}}{v_2(v_1/v_2-1)} = \frac{P_2}{RT_2}\times\frac{w_{net}}{r-1}\\ &= \frac{5000}{0.287\times917.4}\times\frac{661.8}{16.35-1}[\mathrm{kPa}] = 818.7\ [\mathrm{kPa}]\end{aligned}$$

† [예제 7.10], [7.11]에서 각각의 양을 수치로 구하여 평균유효압력을 구하였다. 이와 같은 과정으로 다음과 같은 평균유효압력(P_{me}) 식을 유도할 수 있다.

$$\begin{aligned}P_{me} &= \frac{W}{V_1-V_2} = \frac{Q_H\eta_{th}}{V_1-V_2} = \frac{Q_H}{V_1}\times\frac{1}{(1-V_2/V_1)}\times\eta_{th}\\ &= \frac{Q_H}{V_1}\times\frac{1}{(1-1/r)}\times\eta_{th}\\ &= \frac{Q_H}{V_1}\times\frac{r}{r-1}\left[1-\frac{1}{r^{k-1}}\left\{\frac{r_c^k-1}{k(r_c-1)}\right\}\right] \qquad \cdots①\end{aligned}$$

$$P_{me} = \frac{P_1}{(k-1)(r-1)}\left[r^k k(r_c - 1) - r(r_c^k - 1)\right] \qquad \cdots ②$$

[예제 7.10], [7.11]에 식 ①, ②를 적용하면 다음 값이 구해진다.

$$P_{me} = \frac{2.115(\text{kJ})}{1.9\times 10^{-3}(\text{m}^3)} \times \frac{18}{18-1}\left[1 - \frac{1}{18^{1.4-1}}\left\{\frac{2^{1.4}-1}{1.4\times(2-1)}\right\}\right]$$

$$= 744.4\,[\text{kPa}]$$

$$P_{me} = \frac{100(\text{kPa})}{(1.4-1)(16.35-1)}\left[16.35^{1.4}\times 1.4\times(2.18-1) - 16.35\times(2.18^{1.4}-1)\right]$$

$$= 818.6\,[\text{kPa}]$$

7.8 사바테 사이클

전기점화기관이나 압축착화기관의 실제 $P-V$ 선도에서 일어나는 열 공급은 정적 또는 정압 과정에서 벗어나 있으며, 경우에 따라서는 이들이 복합된 것으로 생각하는 것이 편리하다. 이를 사바테 사이클(Sabathe cycle) 또는 공기표준 복합 사이클(air-standard mixed cycle) 또는 이중 사이클(dual cycle)이라 한다.

[그림 7.16]에 사바테 사이클의 $P-V$ 선도와 $T-S$ 선도를 나타내었다. 고속 디젤기관에서 특히 이 사이클과 유사하게 작동하며, 이 기관에서는 분사된 연료 중 일부가 2→3에서 정적 연소하고, 나머지는 3→4에서 정압 연소한다. 따라서 정적 과정(2→3)에서 Q_V가, 정압과정(3→4)에서 Q_P가 전달되어 전체 공급 열량은 $Q_H = Q_V + Q_P$가 된다.

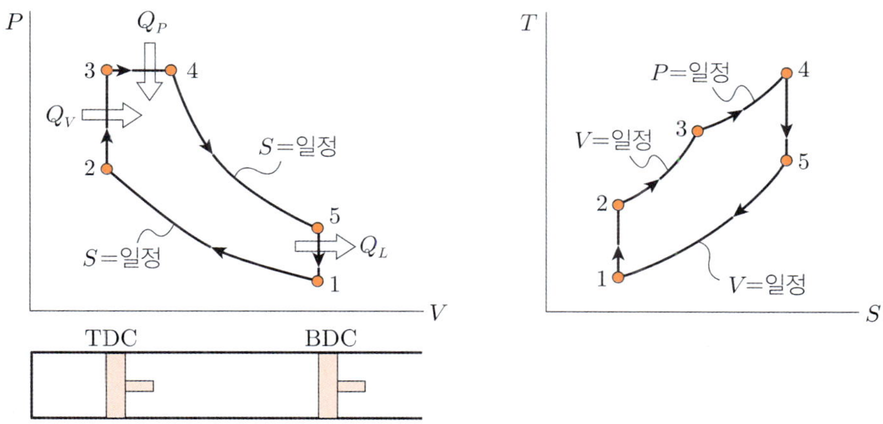

[그림 7.16] 사바테 사이클의 $P-V$ 선도와 $T-S$ 선도

사바테 사이클은 다음 5가지 기본 과정으로 구성된다.

(1) 1→2: **[가역단열 압축]** 등엔트로피 압축. 압축비 V_1/V_2로 압축한다.

(2) 2→3: **[정적가열]** 일정한 체적에서 기체로 열이 전달되어 기체의 온도가 상승한다. 실제 기관에서는 정적 연소가 일어난다.

(3) 3→4: **[정압가열]** 일정한 압력에서 기체로 열이 전달되어 기체의 온도가 상승한다. 실제 기관에서는 정압 연소가 일어난다.

(4) 4→5: **[가역단열 팽창]** 등엔트로피 팽창. 체적 $V_5 = V_1$까지 팽창한다.

(5) 5→1: **[정적방열]** 일정한 체적에서 열을 방출하고 기체의 온도가 내려간다.

[그림 7.16]의 사바테 사이클 선도에서 다음과 같이 압축비(r), 차단비(r_c) 및 압력비(r_p)를 정의한다.

$$r = \frac{V_1}{V_2} = \frac{V_5}{V_3},\ r_c = \frac{V_4}{V_3},\ r_p = \frac{P_3}{P_2} = \frac{P_4}{P_2} \qquad \cdots (7.26)$$

사바테 사이클의 5가지 기본 과정의 상태 변화 식은 다음과 같다.[42]

(1) 1→2: 등엔트로피 과정

$$T_1 V_1^{k-1} = T_2 V_2^{k-1}$$

$$\therefore\ T_2 = T_1\left(\frac{V_1}{V_2}\right)^{k-1} = T_1 r^{k-1} \qquad \cdots (7.27)$$

$$P_1 V_1^k = P_2 V_2^k$$

$$\therefore\ P_2 = P_1\left(\frac{V_1}{V_2}\right)^{k} = P_1 r^{k} \qquad \cdots (7.28)$$

(2) 2→3: 정적과정

$$\frac{T_3}{P_3} = \frac{T_2}{P_2}$$

$$\therefore\ T_3 = T_2\left(\frac{P_3}{P_2}\right) = T_2 r_p \qquad \cdots (7.29)$$

42) 사바테 사이클은 오토사이클과 디젤 사이클에 비해 더 복잡해보이지만 4가지 기본과정을 이해하고 순서대로 적용해나가면 된다. 해석 과정은 모두 같다.

(3) 3→4: 정압과정

$$\frac{T_4}{V_4} = \frac{T_3}{V_3}$$

$$\therefore \; T_4 = T_3\left(\frac{V_4}{V_3}\right) = T_3 r_c \qquad \cdots (7.30)$$

(4) 4→5: 등엔트로피 과정

$$T_5 V_5^{k-1} = T_4 V_4^{k-1}$$

$$\therefore \; T_5 = T_4\left(\frac{V_4}{V_5}\right)^{k-1} \qquad \cdots (7.31)$$

$$P_5 V_5^k = P_4 V_4^k$$

$$\therefore \; P_5 = P_4\left(\frac{V_4}{V_5}\right)^k \qquad \cdots (7.32)$$

이들 식을 이용하면 각 과정이 완료된 후의 온도와 압력을 구할 수 있다. 기본적인 물리량의 관계식은 다음과 같다.

(1) 열량

○ 공급 열량

$$\begin{aligned} Q_H &= Q_V + Q_P \\ &= mC_v(T_3 - T_2) + mC_p(T_4 - T_3) \\ &= mC_v\left[(T_3 - T_2) + k(T_4 - T_3)\right] \end{aligned} \qquad \cdots (7.33)$$

○ 방출 열량

$$Q_L = mC_v(T_5 - T_1) \qquad \cdots (7.34)$$

(2) 온도

○ $T_2 = T_1 r^{k-1}$ $\cdots (7.35)$

○ $T_3 = T_2\left(\frac{P_3}{P_2}\right) = T_2 r_p = T_1 r_p r^{k-1}$ $\cdots (7.36)$

○ $T_4 = T_3\left(\frac{V_4}{V_3}\right) = T_3 r_c = T_1 r_c r_p r^{k-1}$ $\cdots (7.37)$

$$\bigcirc\ T_5 = T_4\left(\frac{V_4}{V_5}\right)^{k-1} = T_4\left(\frac{V_4}{V_3}\frac{V_3}{V_5}\right)^{k-1} = T_4\left(\frac{r_c}{r}\right)^{k-1}$$

$$= \left(T_1 r_c r_p r^{k-1}\right)\frac{r_c^{k-1}}{r^{k-1}}$$

$$= T_1 r_p r_c^k \qquad \cdots (7.38)$$

(3) 압력

$$\bigcirc\ P_2 = P_1 r^k \qquad \cdots (7.39)$$

$$\bigcirc\ P_3 = P_2\left(\frac{P_3}{P_2}\right) = P_2 r_p = P_1 r_p r^k \qquad \cdots (7.40)$$

$$\bigcirc\ P_4 = P_3 = P_1 r_p r^k \qquad \cdots (7.41)$$

$$\bigcirc\ P_5 = P_4\left(\frac{V_4}{V_5}\right)^k = P_4\left(\frac{V_4}{V_3}\frac{V_3}{V_5}\right)^k = P_4\left(\frac{r_c}{r}\right)^k = \left(P_1 r_p r^k\right)\frac{r_c^k}{r^k} = P_1 r_p r_c^k \qquad \cdots (7.42)$$

(4) 이론 열효율(η_{th})[43]

$$\eta_{th} = 1 - \frac{T_5 - T_1}{(T_3 - T_2) + k(T_4 - T_3)}$$

$$= 1 - \frac{1}{r^{k-1}}\left[\frac{r_p r_c^k - 1}{(r_p - 1) + k r_p (r_c - 1)}\right] \qquad \cdots (7.43)$$

(5) 평균유효압력(P_{me})

$$P_{me} = \frac{P_1}{(k-1)(r-1)}\left[r^k\{(r_p - 1) + k r_p (r_c - 1)\} - r(r_p r_c^k - 1)\right]$$

$$= \frac{P_1 Q_H}{m R T_1} \times \left(\frac{r}{r-1}\right) \times \eta_{th}$$

$$= \frac{P_1 Q_H}{m R T_1} \times \left(\frac{r}{r-1}\right)\left[1 - \frac{1}{r^{k-1}}\left\{\frac{r_p r_c^k - 1}{(r_p - 1) + k r_p (r_c - 1)}\right\}\right] \qquad \cdots (7.44)$$

식 (7.43)에서 $r_c = 1$이면 오토사이클의 열효율, $r_p = 1$이면 디젤 사이클의 열효율이 된다. 오토 사이클과 디젤 사이클은 모두 사바테 사이클의 특별한 경우로써 얻어질 수 있다. 압축비가

---

43) 식 (7.43)과 (7.44)의 유도 과정은 [예제 7.13], [예제 7.14]에 있다.

같으면 이론적인 열효율은 오토사이클이 가장 좋고, 사바테 사이클($r_c \neq 1$, $r_p \neq 1$)이 그 다음이며, 디젤 사이클의 열효율이 가장 낮다.

$$\eta_{th,\,\mathrm{Otto}} > \eta_{th,\,\mathrm{Sabatte}} > \eta_{th,\,\mathrm{Diesel}}$$

그러나 세 사이클 모두 압축비가 클수록 열효율이 높아진다.

실제 기관의 열효율

불꽃점화기관(SI 엔진, 가솔린기관)에서 공기와 연료의 혼합기는 연료의 자연발화 온도 이하의 온도까지 압축되고, 점화 플러그의 점화에 의해 연소가 시작된다. 압축착화기관(CI 엔진, 디젤기관)에서는 공기가 연료의 자연 발화 온도 이상까지 압축되고, 이 고온의 공기 속으로 연료가 분사되어 공기와 접촉함으로써 연소가 시작된다. 디젤기관에서는 가솔린기관의 점화플러그 대신 연료 분사기가 설치되어 있다. 이에 따라 가솔린기관에서는 자연 발화 또는 기관 노크의 발생을 억제하기 위해 압축비를 어느 한도 이하로 제한한다. 일반적으로 가솔린기관의 압축비는 7 ~ 10의 범위에 있고, 실제 가솔린기관의 열효율은 25 ~ 30% 정도이다. 그러나 디젤기관의 경우에는 압축행정 동안 공기만 압축되므로 자연 발화 가능성이 없다. 이에 따라 디젤기관은 대개 12 ~ 24의 높은 압축비에서 작동하도록 설계되어 있다. 따라서 디젤기관이 가솔린기관보다 훨씬 더 높은 압축비에서 작동하므로 일반적으로 가솔린기관에 비해 더 효율적이다. 또한 디젤기관은 가솔린기관에 비해 더 낮은 회전수로 작동하기 때문에 연료를 훨씬 더 완전하게 연소시킨다. 따라서 유해 물질인 일산화탄소(CO)가 적게 배출된다. 대형 디젤기관의 열효율은 35 ~ 40% 정도이다. 열효율이 높고 연료비가 적게 들므로 기관차, 대형 선박, 대형 트럭과 같은 큰 동력을 요구하는 기관에서는 디젤기관을 사용하고 있다.

예제 7.12 압축비가 20인 공기표준 사바테 사이클이 있다. 압축 초기 온도와 압력이 각각 300K, 0.1MPa이고, 정적과정에서 500kJ/kg, 정압과정에서 400kJ/kg의 열이 사이클로 전달될 때 다음을 구하여라. 단, 공기의 기체상수 $R = 0.287\,\mathrm{kJ/kg \cdot K}$, 정적비열 $C_v = 0.717\,\mathrm{kJ/kg \cdot K}$, 비열비 $k = 1.4$이다.

(1) 각 과정의 최종상태의 온도와 압력[MPa]

(2) 사이클이 한 순 일(net work) w_{net}[kJ/kg]

(3) 기관의 이론 열효율(η_{th})

(4) 평균유효 압력[MEP]

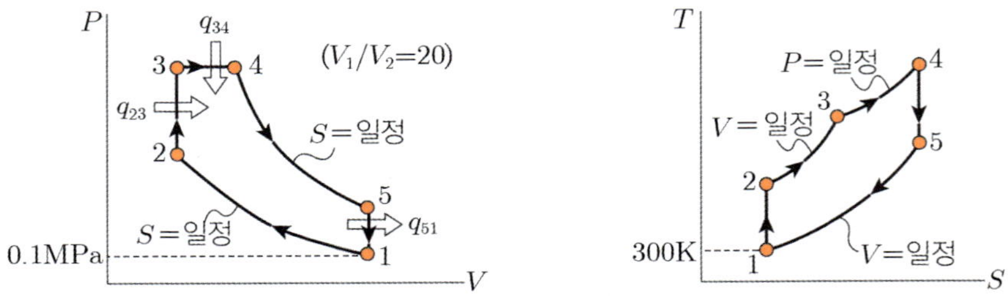

[그림 7.17] 사바테 사이클의 $P-V$ 선도와 $T-S$ 선도

풀이 [그림 7.17]에 주어진 사이클의 선도를 나타내었다. 선도에서 주어진 값은 다음과 같다.

○ 압축 초기 점(1): $T_1 = 300\text{K}$, $P_1 = 0.1\text{MPa}$

○ 사이클로 전달된 열량: $q_V = q_{23} = 500\text{kJ/kg}$, $q_P = q_{34} = 400\text{kJ/kg}$

○ 압축비: $r = \dfrac{V_1}{V_2} = \dfrac{V_5}{V_3} = 20$

(1) ○ $T_2 = T_1 r^{k-1} = 300 \times 20^{1.4-1} = 994.3\,[\text{K}]$ …①

$$P_2 = P_1 r^k = 0.1 \times 20^{1.4} = 6.629\,[\text{MPa}] \quad \cdots②$$

○ 2→3의 과정은 정적과정($P/T = C$)이고 $q_{23} = 500\,[\text{kJ/kg}]$의 열량을 전달받는다.

$$q_{23} = C_v(T_3 - T_2)$$

$$\therefore\ T_3 = T_2 + \frac{q_{23}}{C_v} = 994.3 + \frac{500}{0.717} = 1691.7\,[\text{K}] \quad \cdots③$$

$$\frac{P_3}{T_3} = \frac{P_2}{T_2}$$

$$\therefore\ P_3 = P_2 \times \frac{T_3}{T_2} = 6.629 \times \frac{1691.7}{994.3} = 11.279\,[\text{MPa}] \quad \cdots$$

④ ○ 3→4의 과정은 정압과정($V/T = C$)이고 $q_{34} = 400\,[\text{kJ/kg}]$의 열량을 전달받는다.

$$P_4 = P_3 = 11.279\,[\text{MPa}] \quad \cdots⑤$$

$$q_{34} = C_p(T_4 - T_3) = kC_v(T_4 - T_3)$$

$$\therefore\ T_4 = T_3 + \frac{q_{34}}{kC_v} = 1691.7 + \frac{400}{1.4 \times 0.717} = 2090.2\,[\text{K}] \quad \cdots$$

⑥

$$\frac{V_3}{T_3} = \frac{V_4}{T_4}$$

$$\therefore\ r_c = \frac{V_4}{V_3} = \frac{T_4}{T_3} = \frac{2090.2}{1691.7} = 1.236 \quad \cdots⑦$$

○ 4→5는 등엔트로피 과정이다.

$$T_5 V_5^{k-1} = T_4 V_4^{k-1}$$

$$\therefore \quad T_5 = T_4\left(\frac{V_4}{V_5}\right)^{k-1} = T_4\left(\frac{V_4}{V_3}\frac{V_3}{V_5}\right)^{k-1} = T_4\left(\frac{r_c}{r}\right)^{k-1}$$

$$= 2090.2 \times \left(\frac{1.236}{20}\right)^{1.4-1} = 686.4[\mathrm{K}] \qquad \cdots ⑧$$

5→1은 정적과정($P/T = C$)이므로

$$\frac{P_5}{T_5} = \frac{P_1}{T_1}$$

$$\therefore \quad P_5 = P_1\left(\frac{T_5}{T_1}\right) = 0.1 \times \frac{686.4}{300} = 0.229\,[\mathrm{MPa}] \qquad \cdots ⑨$$

(2) 5→1의 과정에서 방출한 열량(q_{51})은

$$q_{51} = C_v(T_5 - T_1) = 0.717 \times (686.4 - 300) = 277[\mathrm{kJ/kg}] \qquad \cdots ⑩$$

이므로 사이클이 한 순 일(w_{net})은 다음과 같다.

$$w_{net} = (q_{23} + q_{34}) - q_{51} = (500 + 400) - 277 = 623[\mathrm{kJ/kg}] \qquad \cdots ⑪$$

(3) 기관의 이론 열효율(η_{th})

$$\eta_{th} = \frac{w_{net}}{q_H} = \frac{w_{net}}{q_{23} + q_{34}} = \frac{623}{500 + 400} = 0.692 \qquad \cdots ⑫$$

(4) 이상기체의 상태방정식에서

$$v_1 = \frac{RT_1}{P_1} = \frac{0.287 \times 300}{100} = 0.861\,[\mathrm{m^3/kg}] \qquad \cdots ⑬$$

이므로 평균유효 압력[MEP]은 다음과 같다.

$$\mathrm{MEP} = \frac{w_{net}}{v_1 - v_2} = \frac{w_{net}}{v_1(1 - v_2/v_1)} = \frac{w_{net}}{v_1(1 - 1/r)} = \frac{w_{net}}{v_1} \times \frac{r}{r-1}$$

$$= \frac{623}{0.861} \times \frac{20}{20-1}\ [\mathrm{kPa}]$$

$$= 761.7\,[\mathrm{kPa}] \qquad \cdots ⑭$$

[검토] $r = 20,\ r_c = 1.236,\ r_p = \frac{P_3}{P_2} = \frac{11.279}{6.629} = 1.701$ 이므로

$$\eta_{th} = 1 - \frac{1}{r^{k-1}}\left[\frac{r_p r_c^k - 1}{(r_p - 1) + k r_p (r_c - 1)}\right]$$

$$= 1 - \frac{1}{20^{1.4-1}}\left[\frac{1.701 \times 1.236^{1.4} - 1}{(1.701 - 1) + 1.4 \times 1.701 \times (1.236 - 1)}\right]$$

$$= 0.692(\mathrm{OK})$$

예제 7.13 사바테 사이클의 이론 열효율 식 (7.43)을 유도하여라.

풀이 식 (7.35) ~ (7.38)에서 T_2, T_3, T_4, T_5를 모두 T_1으로 표현하면

$T_2 = T_1 r^{k-1}$, $T_3 = T_1 r_p r^{k-1}$, $T_4 = T_1 r_c r_p r^{k-1}$, $T_5 = T_1 r_p r_c^k$

이므로 다음과 같이 이론 열효율(η_{th})이 구해진다.

$$\begin{aligned}
\eta_{th} &= 1 - \frac{Q_L}{Q_H} = 1 - \frac{mC_v(T_5 - T_1)}{mC_v[(T_3 - T_2) + k(T_4 - T_3)]} \\
&= 1 - \frac{T_5 - T_1}{(T_3 - T_2) + k(T_4 - T_3)} \\
&= 1 - \frac{T_1 r_p r_c^k - T_1}{(T_1 r_p r^{k-1} - T_1 r^{k-1}) + k(T_1 r_c r_p r^{k-1} - T_1 r_p r^{k-1})} \\
&= 1 - \frac{T_1 (r_p r_c^k - 1)}{T_1 r^{k-1}[(r_p - 1) + kr_p(r_c - 1)]} \\
&= 1 - \frac{1}{r^{k-1}}\left[\frac{r_p r_c^k - 1}{(r_p - 1) + kr_p(r_c - 1)}\right]
\end{aligned}$$

예제 7.14 사바테 사이클의 평균유효압력 식 (7.44)를 유도하여라.

풀이 먼저 일(W)을 구한 다음 평균유효압력(P_{me})을 구한다.

$$\begin{aligned}
W &= Q_H - Q_L \\
&= mC_v[(T_3 - T_2) + k(T_4 - T_3)] - mC_v(T_5 - T_1) \\
&= mC_v[(T_3 - T_2) + k(T_4 - T_3) - (T_5 - T_1)] \\
&= mC_v[(T_1 r_p r^{k-1} - T_1 r^{k-1}) + k(T_1 r_c r_p r^{k-1} - T_1 r_p r^{k-1}) - (T_1 r_p r_c^k - T_1)] \\
&= mT_1 C_v\left[r^{k-1}(r_p - 1) + kr_p r^{k-1}(r_c - 1) - (r_p r_c^k - 1)\right] \\
&= mT_1 C_v\left[r^{k-1}\{(r_p - 1) + kr_p(r_c - 1)\} - (r_p r_c^k - 1)\right]
\end{aligned}$$

이므로 평균유효압력의 정의에서

$$\begin{aligned}
P_{me} &= \frac{W}{V_1 - V_2} = \frac{W}{V_1(1 - V_2/V_1)} \\
&= \frac{W}{V_1(1 - 1/r)} = \frac{W}{V_1} \times \frac{r}{r-1} \\
&= \frac{mT_1 C_v}{V_1} \times \left[r^{k-1}\{(r_p - 1) + kr_p(r_c - 1)\} - (r_p r_c^k - 1)\right] \times \frac{r}{r-1}
\end{aligned}$$

이다. 여기에서 $C_v = \dfrac{R}{k-1}$, $mRT_1 = P_1 V_1$이므로

$$\frac{mT_1C_v}{V_1} = \frac{mT_1}{V_1} \times \frac{R}{k-1}$$
$$= \frac{P_1V_1}{V_1} \times \frac{1}{k-1}$$
$$= \frac{P_1}{k-1}$$

이다. 따라서 평균유효압력(P_{me})은 다음과 같다.

$$P_{me} = \frac{P_1}{(k-1)(r-1)}\left[r^k\{(r_p-1)+kr_p(r_c-1)\} - r(r_pr_c^k-1)\right]$$

한편 이론 열효율(η_{th})의 정의($\eta_{th} = W/Q_H$)와 이상기체 상태방정식($PV=mRT$)으로부터

$$W = \eta_{th}Q_H, \quad V_1 = \frac{mRT_1}{P_1}$$

이므로, 이 식을 이용하면 평균유효압력은 다음과 같이 표현된다.

$$P_{me} = \frac{W}{V_1} \times \frac{r}{r-1} = \frac{\eta_{th}Q_H}{V_1} \times \frac{r}{r-1} = \frac{P_1Q_H}{mRT_1} \times \left(\frac{r}{r-1}\right) \times \eta_{th}$$
$$= \frac{P_1Q_H}{mRT_1} \times \left(\frac{r}{r-1}\right)\left[1 - \frac{1}{r^{k-1}}\left\{\frac{r_pr_c^k-1}{(r_p-1)+kr_p(r_c-1)}\right\}\right]$$

7.9 스털링 사이클과 에릭슨 사이클

온도 T_H인 고온열원과 T_L인 저온열원 사이에서 작동하는 열기관 중 가장 효율이 높은 기관은 카르노 사이클이다. 스털링 사이클(Stirling cycle)과 에릭슨 사이클(Ericsson cycle)은 카르노 사이클과 같이 T_H에서 등온가열과정과 T_L에서 등온방열과정을 포함하고 있다. 두 사이클이 카르노 사이클과 다른 점은 카르노 사이클의 등엔트로피 과정이 스털링 사이클에서는 정적과정으로 대체되고, 에릭슨 사이클에서는 정압과정으로 대체된다는 점이다.[44)]

두 사이클의 정적과정과 정압과정에서는 재생(regeneration)을 이용한다. 재생은 사이클의 일부 기간 동안 작동유체로부터 열에너지 저장기(재생기, regenerator)로 열이 전달되고, 또 다른 일부 기간 동안 그 저장 장치에서 작동 유체로 열을 되돌려 주는 과정이다. 즉, 재생기는

44) 스털링 사이클과 에릭슨 사이클이 카르노 사이클과 같이 2개의 등온과정을 갖는다는 것을 알아두도록 한다. 그리고 스털링 사이클은 2개의 정적과정, 에릭슨 사이클은 2개의 정압과정을 갖는다.

사이클의 어느 기간 동안 작동유체로부터 에너지를 받아서 저장해 두었다가 또 다른 기간에 저장한 에너지를 작동유체로 되돌려 주는 장치이다.

[그림 7.18]과 같이 스털링 사이클(Stirling cycle)은 **'2개의 등온과정과 2개의 정적과정'**으로 이루어진다.

(1) 1→2: **[등온압축]** 작업유체가 압축되고 외부로 열을 방출한다.
(2) 2→3: **[정적가열]** 일정한 체적에서 내부(재생기)로부터 열량을 공급받는다.
(3) 3→4: **[등온팽창]** 작업유체가 외부로부터 열량을 공급받고 팽창한다.
(4) 4→1: **[정적방열]** 일정한 체적에서 내부(재생기)로 열이 방출된다.

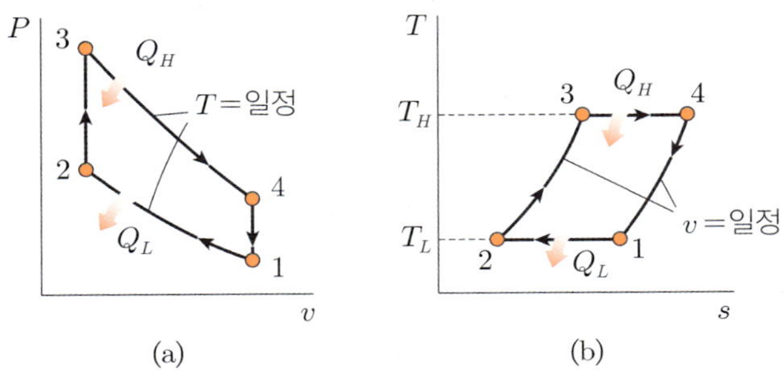

[그림 7.18] 스털링 사이클 : (a) $P-v$ 선도 (b) $T-s$ 선도. 이상적인 경우 $T-s$ 선도에서 $2-3$ 아래의 면적과 $1-4$ 아래의 면적이 같으면 스털링 사이클의 열효율은 카르노 사이클의 열효율과 같다.

에릭슨 사이클(Ericsson cycle)은 정적과정이 정압과정으로 대치되는 것 외에는 스털링 사이클과 동일한 과정으로 작동한다. [그림 7.19]와 같이 에릭슨 사이클은 **'2개의 등온과정과 2개의 정압과정'**으로 구성되어 있다.

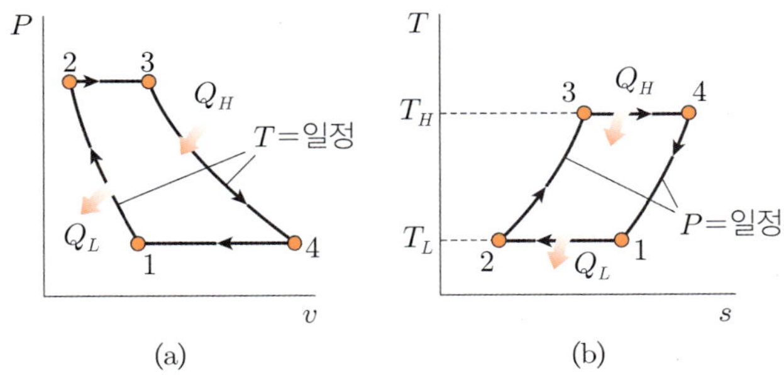

[그림 7.19] 에릭슨 사이클 : (a) $P-v$ 선도 (b) $T-s$ 선도. 이상적인 경우 $T-s$ 선도에서 $2-3$ 아래의 면적과 $1-4$ 아래의 면적이 같으면 에릭슨 사이클의 열효율은 카르노 사이클의 열효율과 같다.

2개의 열원으로 구성되는 사이클 중 가장 효율이 높은 카르노 사이클은 **2개의 등온과정**을 갖는다. 이상에서 살펴 본 바와 같이 스털링 사이클과 에릭슨 사이클은 오토사이클, 디젤 사이클, 사바테 사이클과는 달리 모두 2개의 등온과정을 갖는다는 특징을 가지고 있다.

[그림 7.18(b)]와 [그림 7.19(b)]에서 동일한 온도 사이에 열 공급과정 2→3과 열 방출과정 4→1이 있으므로 과정 4→1과 과정 2→3을 열교환기로 연결시키면(즉, 4→1에서 방출한 열량이 완전히 회수되어 모두 2→3으로 공급된다면), 외부로부터의 열 공급은 고온열원 T_H(과정 3→4)에서, 외부로의 열 방출은 저온열원 T_L(과정 1→2)에서만 일어나게 된다. 따라서 이때 스털링 사이클과 에릭슨 사이클의 열효율은 동일한 두 온도(T_H, T_L) 사이에서 작동하는 카르노 사이클의 열효율과 같게 된다.

$$\eta_{\text{th, Stirling}} = \eta_{\text{th, Ericsson}} = \eta_{\text{th, Carnot}} = 1 - \frac{T_L}{T_H} \quad \text{(이상적인 경우)}$$

스털링 사이클과 에릭슨 사이클을 실제로 적용할 때는 등온압축과 등온팽창을 실현하는 압축기나 기관을 제작하기가 어렵고, 열교환기에서 유한한 온도 차이에 의한 열손실과 유동에 의한 압력 손실이 발생하는 등의 문제점이 있다. 최근에는 두 사이클이 많이 연구되고 있는데 특히 역 스털링 사이클은 He을 냉매로 하는 극저온용 기체 냉동기의 기본 사이클로 관심을 받고 있다.

예제 7.15 [에릭슨 사이클] 이상기체를 작동유체로 하여 온도 T_H인 고온열원과 온도 T_L인 저온열원 사이에서 작동하는 이상적인 에릭슨 사이클의 열효율을 구하여라.

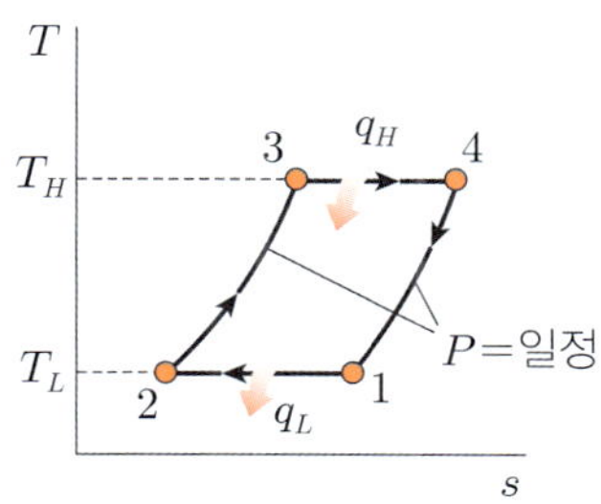

[그림 7.20] 이상적인 에릭슨 사이클의 $T-s$ 선도

풀이 [그림 7.20]에 에릭슨 사이클의 $T-s$ 선도를 나타내었다. 이상적인 에릭슨 사이클에서는 2→3에서 공급받은 열량과 4→1에서 방출한 열량이 같으므로 사이클 전체에서, 3→4에서 열량이 공급되고 1→2에서 열량이 방출된다. 온도(T)가 일정한 과정 1→2, 3→4와 같은 가역등온과정에서 단위 질량당 열전달량(q)은 다음과 같이 엔트로피 변화량(Δs)으로 표현된다.

$$q = T\Delta s$$

등온과정($dT=0$)에서 이상기체의 엔트로피 변화(Δs)를 구하면

$Tds = dh - vdP = C_p dT - vdP = -vdP$

$$\therefore \; ds = -\frac{v}{T}dP = -\frac{R}{P}dP \;\; (\leftarrow \text{ 이상기체에서 } pv = RT)$$

$$\Delta s = \int_i^f ds = -R\int_i^f \frac{dP}{P}$$

$$\therefore \; \Delta s = s_f - s_i = -R\ln\frac{P_f}{P_i}$$

이다. 따라서 [그림 7.20]의 3→4와 1→2에서의 공급된 열량(q_H)과 방출된 열량(q_L)은 다음과 같다.

$$q_H = T_H(s_4 - s_3) = T_H \times \left(-R\ln\frac{P_4}{P_3}\right) = RT_H\ln\frac{P_3}{P_4}$$

$$q_L = T_L(s_1 - s_2) = T_L \times \left(-R\ln\frac{P_1}{P_2}\right) = RT_L\ln\frac{P_2}{P_1}$$

에릭슨 사이클에서 $P_1 = P_4$, $P_2 = P_3$이므로 $\dfrac{P_2}{P_1} = \dfrac{P_3}{P_4}$이다. 따라서 사이클의 열효율($\eta_{th}$)은 다음과 같다.

$$\eta_{th} = \frac{w_{net}}{q_H} = \frac{q_H - q_L}{q_H} = 1 - \frac{q_L}{q_H}$$

$$= 1 - \frac{RT_L\ln(P_2/P_1)}{RT_H\ln(P_3/P_4)}$$

$$= 1 - \frac{T_L}{T_H}$$

이것은 동일한 온도(T_H, T_L)의 두 열원 사이에서 작동하는 카르노 사이클의 열효율(η_c)과 같다.

예제 7.16 [스털링 사이클] 사이클의 최저 온도와 최고 온도가 각각 300K, 2000K이고, 최저압력과 최고압력이 각각 0.1MPa, 5MPa인 이상적인 공기표준 스털링 사이클에서 다음을 구하여라. 공기의 기체상수 $R = 0.287\text{kJ/kg} \cdot \text{K}$이다.

(1) 외부 열원으로부터 사이클로 전달된 열량 q_H[kJ/kg]

(2) 사이클로부터 외부로 방출된 열량 q_L[kJ/kg]

(3) 사이클이 한 순 일(net work) w_{net}[kJ/kg]

(4) 사이클의 이론 열효율(η_{th})

(5) 작동유체의 질량유량 $\dot{m} = 0.8\text{kg/s}$일 때 사이클이 생산하는 순 동력 $\dot{W}_{net}$(kW)

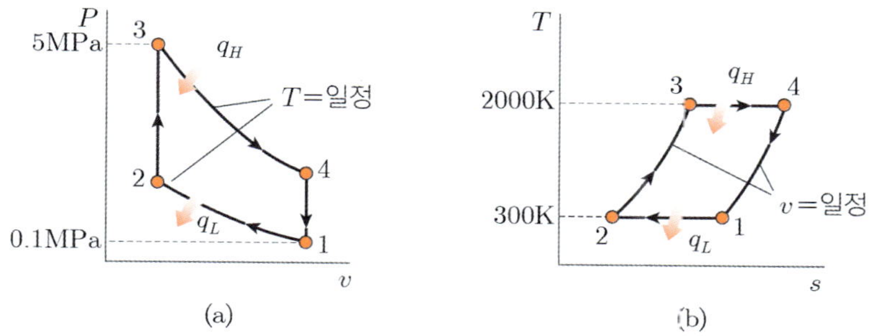

[그림 7.21] 이상적인 스털링 사이클의 $P-v$ 선도(a)와 $T-s$ 선도(b)

풀이 주어진 사이클의 $P-v$ 선도와 $T-s$ 선도는 [그림 7.21]과 같다. 선도에서 주어진 상태량은 다음과 같다.

$$T_1 = T_2 = 300\text{K},\ T_3 = T_4 = 2000\text{K}$$

$$P_1 = 0.1\text{MPa},\ P_3 = 5\text{MPa}$$

- 저온열원 온도 $T_L = 300\text{K}$, 고온열원 온도 $T_H = 2000\text{K}$.

(1) 3→4의 과정은 등온과정($dT=0$)이다. 이 과정에서 이상기체의 엔트로피 변화를 구하면

$$Tds = du + Pdv = C_v dT + Pdv = Pdv$$

$$\therefore\ ds = \frac{P}{T}dv = \frac{R}{v}dv\ \ (\leftarrow \text{ 이상기체에서 } pv = RT)$$

$$\int_3^4 ds = R\int_3^4 \frac{dv}{v}$$

$$\therefore\ s_4 - s_3 = R\ln\frac{v_4}{v_3}$$

이다. 따라서 3→4에서 공급된 열량(q_H)은 다음과 같다.

$$q_H = T_H(s_4 - s_3) = T_H \times \left(R\ln\frac{v_4}{v_3}\right) = RT_H\ln\frac{v_1}{v_3}$$

여기에서 $v_3 = \dfrac{RT_3}{P_3}$, $v_1 = \dfrac{RT_1}{P_1}$ 이므로

$$\frac{v_1}{v_3} = \frac{RT_1/P_1}{RT_3/P_3} = \frac{T_1}{T_3} \times \frac{P_3}{P_1} = \frac{300}{2000} \times \frac{5}{0.1} = 7.5$$

$$\therefore\ q_H = RT_H\ln\frac{v_1}{v_3} = 0.287 \times 2000 \times \ln 7.5\,[\text{kJ/kg}]$$

$$= 1156.6\,[\text{kJ/kg}]$$

(2) 과정 1→2는 등온과정이므로 (1)과 같은 방법에 의해 방출한 열량(q_L)은 다음과 같다.

$$q_L = T_L(s_1 - s_2) = T_L \times \left(R\ln\frac{v_1}{v_2} \right) = RT_L \ln\frac{v_1}{v_3}$$
$$= 0.287 \times 300 \times \ln 7.5\,[\mathrm{kJ/kg}]$$
$$= 173.5\,[\mathrm{kJ/kg}]$$

(3) $w_{net} = q_H - q_L = 1156.6 - 173.5 = 983.1\,[\mathrm{kJ/kg}]$

(4) $\eta_{th} = \dfrac{w_{net}}{q_H} = \dfrac{983.1}{1156.6} = 0.850 = 85.0\,[\%]$

또는, $\eta_{th} = 1 - \dfrac{T_L}{T_H} = 1 - \dfrac{300}{2000} = 0.85 = 85\,[\%]$ (OK)[45]

(5) $\dot{W}_{net} = \dot{m} w_{net} = 0.8[\mathrm{kg/s}] \times 983.1[\mathrm{kJ/kg}] = 786.5[\mathrm{kJ/s}] = 786.5[\mathrm{kW}]$

예제 7.17 [에릭슨 사이클] 이상적인 공기표준 에릭슨 사이클이 있다. 등온압축 초기의 온도와 압력이 각각 300K, 120kPa이고 이 과정에서 150kJ/kg의 열량이 외부로 방출된다. 사이클의 최고 온도가 1200K일 때 다음을 구하여라.

공기의 기체상수 $R = 0.287\mathrm{kJ/kg \cdot K}$이다.

(1) 사이클의 최고 압력[kPa]

(2) 외부 열원으로부터 사이클로 전달된 열량 q_H[kJ/kg]

(3) 사이클이 한 순 일(net work) w_{net}[kJ/kg]

(4) 사이클의 이론 열효율(η_{th})

(5) 작동유체의 질량유량 $\dot{m} = 0.2\mathrm{kg/s}$일 때 사이클이 생산하는 순 동력 $\dot{W}_{net}$[kW]

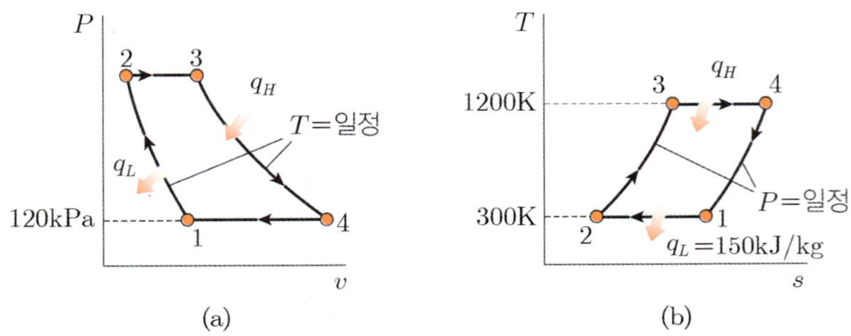

[그림 7.22] 이상적인 에릭슨 사이클의 $P-v$ 선도(a)와 $T-s$ 선도(b)

45) 사이클 문제는 구하는 물리량이 많아서 복잡해 보이고 계산 결과를 확인하는 게 어렵다. 가능한 여러 가지 검산 방법을 찾아서 결과를 비교 검토해 보도록 한다.

풀이 주어진 사이클의 $P-v$ 선도와 $T-s$ 선도는 [그림 7.22]와 같고, 주어진 상태량은 다음과 같다.

$$T_1 = T_2 = 300\text{K},\ T_3 = T_4 = 1200\text{K}$$
$$P_1 = P_4 = 120\,\text{kPa}$$

- 사이클에서 방출된 열량 $q_L = 150\text{kJ/kg}$
- 저온열원 온도 $T_L = 300\text{K}$, 고온열원 온도 $T_H = 1200\text{K}$

(1) 1→2의 과정은 등온과정($dT=0$)이다. 이 과정에서 이상기체의 엔트로피 변화를 구하면

$$Tds = dh - vdP = C_p dT - vdP = -vdP$$

$$\therefore\ ds = -\frac{v}{T}dP = -\frac{R}{P}dP\ \ (\leftarrow \text{ 이상기체에서 } pv = RT)$$

$$\int_1^2 ds = -R\int_1^2 \frac{dP}{P}$$

$$\therefore\ s_2 - s_1 = -R\ln\frac{P_2}{P_1}\ \ \cdots①$$

이다. 따라서 [그림 7.22]의 과정 1→2에서의 방출된 열량으로부터

$$q_L = T_L(s_1 - s_2) = RT_L\ln\frac{P_2}{P_1}$$

$$\therefore\ \ln\frac{P_2}{P_1} = \frac{q_L}{RT_L}\ \ \cdots②$$

의 관계식을 얻는다. 식 ②로부터 사이클 최고압력 $P_{\max} = P_2 = P_3$은 다음과 같이 구해진다.

$$\frac{P_2}{P_1} = \exp\left(\frac{q_L}{RT_L}\right)$$

$$\therefore\ P_{\max} = P_2 = P_1\exp\left(\frac{q_L}{RT_L}\right)$$
$$= 120\times\exp\left(\frac{150}{0.287\times 300}\right)[\text{kPa}]$$
$$= 685.16\,[\text{kPa}]$$

(2) 과정 3→4는 등온과정이므로 (1)과 같은 방법에 의해 외부 열원으로부터 사이클로 전달된 열량(q_H)를 구한다. 식 ①과 같이

$$s_4 - s_3 = -R\ln\frac{P_4}{P_3} = R\ln\frac{P_3}{P_4}$$

이므로 q_H는 다음과 같다.

$$q_H = T_H(s_4 - s_3) = RT_H \ln \frac{P_3}{P_4}$$

$$= RT_H \ln \frac{P_2}{P_1}$$

$$= 0.287 \times 1200 \times \ln\left(\frac{685.16}{120}\right)$$

$$= 600.0\,[\mathrm{kJ/kg}]$$

또는, 가역과정에서 $\dfrac{q_H}{q_L} = \dfrac{T_H}{T_L}$ 이므로

$$q_H = q_L \times \frac{T_H}{T_L} = 150 \times \frac{1200}{300} = 600\,[\mathrm{kJ/kg}] \quad (\mathrm{OK})$$

(3) $w_{net} = q_H - q_L = 600 - 150 = 450\,[\mathrm{kJ/kg}]$

(4) $\eta_{th} = \dfrac{w_{net}}{q_H} = \dfrac{450}{600} = 0.750 = 75.0\,[\%]$

또는, $\eta_{th} = 1 - \dfrac{T_L}{T_H} = 1 - \dfrac{300}{1200} = 0.75 = 75\,[\%]$ (OK)

(5) $\dot{W}_{net} = \dot{m}\,w_{net} = 0.2\,[\mathrm{kg/s}] \times 450\,[\mathrm{kJ/kg}]$

$= 90\,[\mathrm{kJ/s}]$

$= 90\,[\mathrm{kW}]$

7.10 브레이턴 사이클

내연기관에서는 연소가스의 열에너지를 피스톤의 왕복 운동을 통하여 기계적인 일로 변환한다. 이에 반해 가스터빈은 터빈의 날개에 직접 연소가스를 충돌시켜 회전 일을 얻는다. 이와 같은 가스터빈의 기본 요소는 압축기, 연소실, 터빈이며 이 기본 3 요소만을 갖는 것을 단순 가스터빈이라 한다.

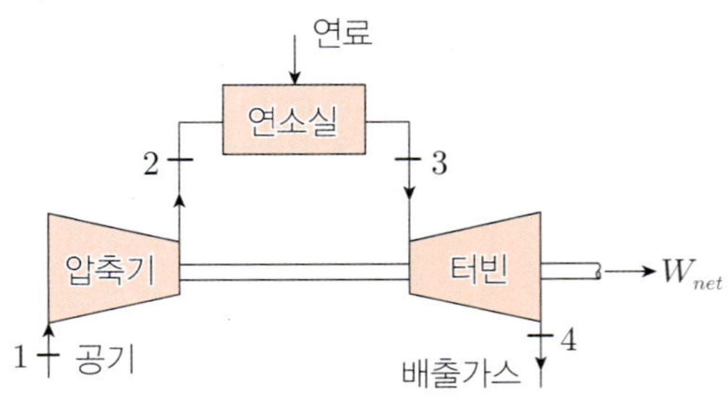

[그림 7.23] 개방형 가스터빈

공기 표준 브레이턴 사이클(Brayton cycle)은 가스터빈에 대한 이상적인 사이클로서 줄 사이클(Joule cycle)이라고도 부른다. [그림 7.23]과 [그림 7.24]에 단순(기본) 개방형 가스터빈과 폐쇄형 가스터빈의 구성을 나타내었다.

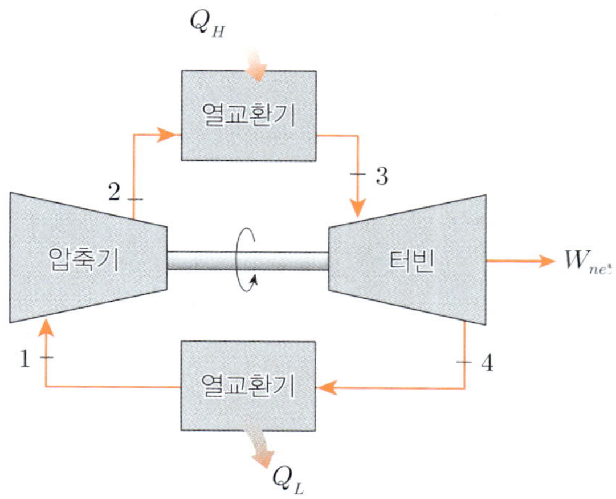

[그림 7.24] 폐쇄형(밀폐형) 가스터빈

공기 표준 브레이턴 사이클은 [그림 7.25]와 같이 **'2개의 단열과정과 2개의 정압과정'**으로 이루어진다.

(1) 1→2: **[가역단열 압축]** 등엔트로피 압축(압축기).

(2) 2→3: **[정압 가열]** 연소기에서 정압 연소가 일어난다. 일정한 압력에서 열을 받고 기체의 온도가 상승한다.

(3) 3→4: **[가역단열 팽창]** 등엔트로피 팽창(터빈).

(4) 4→1: **[정압 방열]** 일정한 압력에서 열을 방출하고 기체의 온도가 내려간다.

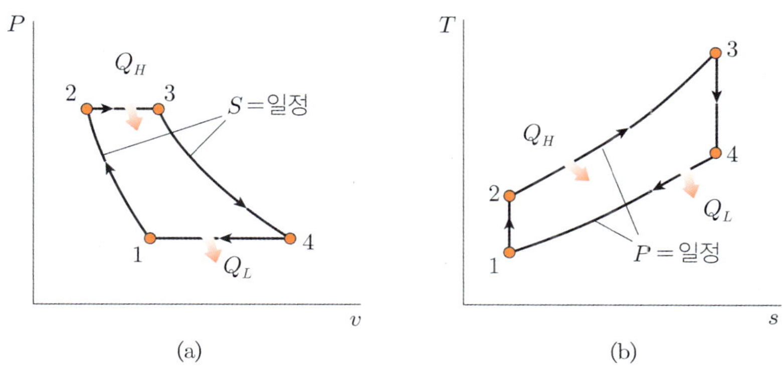

[그림 7.25] 브레이턴 사이클 : (a) $P-v$ 선도 (b) $T-s$ 선도

[그림 7.25]에서 공급열량(Q_H), 방열량(Q_L), 터빈 일(W_t), 압축기 일(W_c) 및 사이클 순일(W_{net})은 다음과 같다.[46]

$$Q_H = H_3 - H_2 = mC_p(T_3 - T_2) \quad \cdots (7.45)$$

$$Q_L = H_4 - H_1 = mC_p(T_4 - T_1) \quad \cdots (7.46)$$

$$W_t = H_3 - H_4 = mC_p(T_3 - T_4) \quad \cdots (7.47)$$

$$W_c = H_2 - H_1 = mC_p(T_2 - T_1) \quad \cdots (7.48)$$

$$W_{net} = Q_H - Q_L = W_t - W_c \quad \cdots (7.49)$$

그리고 사이클의 열효율은 다음과 같다.

$$\eta_{th} = \frac{W_{net}}{Q_H} = \frac{Q_H - Q_L}{Q_H} = 1 - \frac{Q_L}{Q_H} = 1 - \frac{mC_p(T_4 - T_1)}{mC_p(T_3 - T_2)}$$

$$= 1 - \frac{T_1(T_4/T_1 - 1)}{T_2(T_3/T_2 - 1)} \quad \cdots ①$$

여기에서 과정 1→2, 3→4는 등엔트로피 과정이고 $P_3 = P_2$, $P_4 = P_1$이므로

$$\frac{P_2}{P_1} = \left(\frac{T_2}{T_1}\right)^{k/(k-1)} = \frac{P_3}{P_4} = \left(\frac{T_3}{T_4}\right)^{k/(k-1)}$$

$$\therefore \frac{T_2}{T_1} = \frac{T_3}{T_4} \text{ 또는 } \frac{T_3}{T_2} = \frac{T_4}{T_1} \quad \cdots ②$$

이다. 식 ②를 ①에 대입하면 열효율(η_{th})은 다음과 같이 표현된다.

$$\eta_{th} = 1 - \frac{T_1}{T_2} = 1 - \frac{1}{r_p^{(k-1)/k}} \quad \cdots (7.50)$$

여기에서 r_p는 압력비이고, k는 비열비이다.

$$r_p = \frac{P_2}{P_1} = \frac{P_3}{P_4} \quad \cdots (7.51)$$

압축 후와 팽창 후의 온도는 압력비의 함수로서 다음과 같다.

$$T_2 = T_1 r_p^{(k-1)/k}, \quad T_4 = T_3 r_p^{-(k-1)/k} \quad \cdots (7.52)$$

46) 이 식들은 모두 각각의 요소(압축기, 터빈, 연소실, 저온열원)에 대한 에너지 보존 식이다.

브레이턴 사이클의 열효율은 압력비만의 함수이고, $r_p > 1$, $k > 1$이므로 압력비가 증가하면 열효율이 증가한다[그림 7.26].

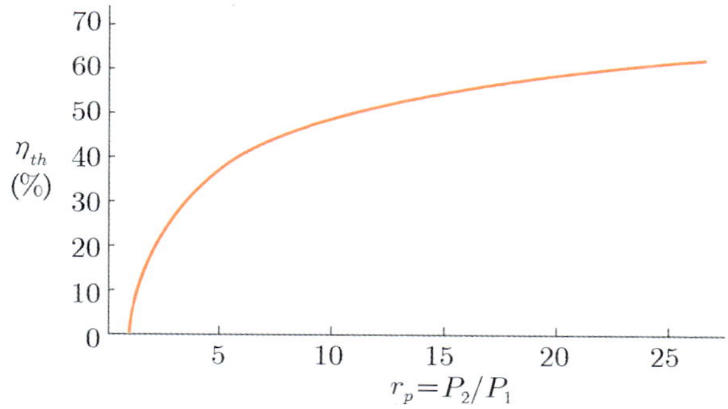

[그림 7.26] 압력비에 따른 브레이턴 사이클의 열효율

예제 7.18 공기 표준 브레이턴 사이클에서 압력 0.1 MPa, 온도 300 K에서 압축기로 유입된 공기가 0.5 MPa로 압축되어 나온다. 사이클의 최고 온도가 1100 K일 때 공기 1 kg에 대하여 다음을 구하여라. 공기의 비열비 $k = 1.4$, 정압비열 $C_p = 1.0035\,\text{kJ/kg}\cdot\text{K}$이다.

(1) 사이클 각 점에서의 온도

(2) 압축기 일 w_c[kJ/kg], 터빈 일 w_t[kJ/kg]

(3) 사이클이 한 순 일(net work) w_{net}[kJ/kg]

(4) 사이클의 열효율(η_{th})

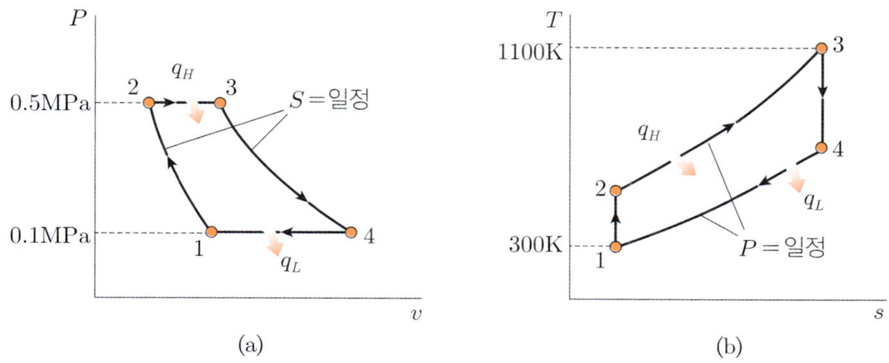

[그림 7.27] 공기 표준 브레이턴 사이클의 $P-v$ 선도와 $T-s$ 선도

풀이 주어진 사이클의 $P-v$ 선도와 $T-s$ 선도는 [그림 7.27]과 같다. 선도로부터 주어진 압력과 온도 및 압력비는 다음과 같다.

$$P_1 = P_4 = 0.1\text{MPa},\ P_2 = P_3 = 0.5\text{MPa}$$

$$T_1 = 300\text{K},\ T_3 = 1100\text{K}$$

$$r_p = P_2/P_1 = 5$$

(1) $T_2 = T_1 r_p^{(k-1)/k} = 300 \times (5)^{(1.4-1)/1.4} = 475.1\,[\text{K}]$

$T_4 = T_3 r_p^{-(k-1)/k} = 1100 \times (5)^{-(1.4-1)/1.4} = 694.5\,[\text{K}]$

(2) $w_c = C_p(T_2 - T_1) = 1.0035 \times (475.1 - 300) = 175.7\,[\text{kJ/kg}]$

$w_t = C_p(T_3 - T_4) = 1.0035 \times (1100 - 694.5) = 406.9\,[\text{kJ/kg}]$

(3) $w_{net} = w_t - w_c = 406.9 - 175.7 = 231.2\,[\text{kJ/kg}]$

(4) $\eta_{th} = 1 - \dfrac{T_1}{T_2} = 1 - \dfrac{300}{475.1} = 0.369 = 36.9\,[\%]$

또는, $\eta_{th} = 1 - \dfrac{1}{r_p^{(k-1)/k}} = 1 - \dfrac{1}{(5)^{(1.4-1)/1.4}} = 0.369 = 36.9\,[\%]$

예제 7.19 [예제 7.18]에서 사이클로 유입된 열량 q_H와 방출한 열량 q_L을 구하여라. 그리고 이들 값으로부터 사이클 순 일 w_{net}를 구한 후 열효율의 정의($\eta_{th} = w_{net}/q_H$)에 의해 η_{th}를 구하여 [예제 7.18]의 결과를 확인하여라.

풀이 (1) $q_H = C_p(T_3 - T_2) = 1.0035 \times (1100 - 475.1) = 627.1\,[\text{kJ/kg}]$

$q_L = C_p(T_4 - T_1) = 1.0035 \times (694.5 - 300) = 395.9\,[\text{kJ/kg}]$

(2) $w_{net} = q_H - q_L = 627.1 - 395.9 = 231.2\,[\text{kJ/kg}]$

$\eta_{th} = \dfrac{w_{net}}{q_H} = \dfrac{231.2}{627.1} = 0.369 = 36.9\,[\%]$ (OK)

7.11* 내연기관의 주요 현상과 변수[47)]

1 내연기관의 주요 현상

[1] 가솔린기관의 노킹

가솔린기관에서 연료와 공기의 혼합기가 불꽃 점화에 의해 연소를 시작하면 점화부로부터 화염이 전파되어 연료 전부가 연소하게 된다. 그러나 실린더 안의 과열에 의해 발생한 고온 부분이 점화원이 되어 조기 점화를 일으키거나, 압축된 미연소가스의 자연 발화 등이 발생하면, 혼합기가 순간적으로 급격하게 연소되어 고온·고압의 충격파가 발생한다. 이때 급격한 가스 진동 및 실린더를 쇠망치로 두드리는 것 같은 현상이 나타나면서 운전 부조화와 기관의 출력 저하 현상이 일어난다. 또 심한 경우에는 피스톤이나 밸브 등이 타서 손상되는 경우도 있다. 이와 같은 이상 연소 현상을 노크(knock) 또는 노킹(knocking)이라 한다.

노크 발생원인은 다음과 같다.

① 흡기온도가 높다.
② 유효압력이 높다.
③ 화염 전파 속도가 느리다.
④ 점화 시기가 너무 빠르다.
⑤ 실린더 벽이 과열되었다.

노킹을 방지하려면, 노크가 잘 일어나지 않는 연료를 사용하거나, 연소 속도를 빠르게 하여 미연소가스가 자연발화하기 전에 정상적으로 연소시켜야 한다. 또한 연소실을 개량하거나 점화 시기 등을 연구하여 노킹을 억제할 수 있다.

가솔린기관의 노크 방지법을 정리하면 다음과 같다.

① 앤티노크성이 큰 연료를 사용한다.
② 화염 전파 거리를 짧게 하고 전파 속도를 빠르게 한다.
③ 흡기 온도와 압력을 낮춘다(미연소가스의 온도와 압력을 낮춘다).
④ 압축비를 낮춘다.
⑤ 실린더 벽이 과열되지 않게 한다(냉각수 온도를 낮춘다).

---

47) 이 단원은 일반적으로 열역학에서는 많이 다루지 않지만 특히 자동차공학과 내연기관의 기초 이론이므로 소개한다. 각종 공공시험에서 많이 취급하는 내용이기도 하다.

노크를 방지하기 위해 일반적으로 많이 선택하는 방법은 노크가 잘 일어나지 않는 연료를 사용하는 것이다. 노크 발생이 잘 일어나지 않는 성질을 앤티노크성이라 하고, 이 앤티노크성을 수치로 나타낸 것이 옥탄가(octane number)이다. 옥탄가가 큰 연료일수록 노크가 일어나기 어렵다.

옥탄가의 표시 방법은 다음과 같다. 앤티노크성이 높은 연료인 이소옥탄(iso-octane, C_8H_{18})은 옥탄가 100, 앤티노크성이 낮은 연료인 노멀헵탄(정헵탄, normal heptane, C_7H_{16})은 옥탄가 0으로 정한다. 이 두 연료를 적당한 비율로 혼합한 것을 표준연료로 하고, 이소옥탄의 체적 비율로써 혼합연료의 옥탄가를 나타낸다. 예를 들어 옥탄가 85인 시험 연료는 이소옥탄 85%, 노멀 헵탄 15%인 표준연료와 동일한 앤티노크성을 가지고 있다.

$$(\text{옥탄가}) = \frac{\text{이소옥탄}(C_8H_{18})}{\text{이소옥탄}(C_8H_{18}) + \text{정헵탄}(C_7H_{16})} \times 100(\%)$$

[2] 디젤기관의 연소 과정

디젤기관에서 압축 행정 후 공기 온도는 400 ~ 700℃에 이르므로 이와 같은 고온의 공기 중에 연료를 분사하면 곧 착화되어 연소하게 된다.

[그림 7.28]은 디젤기관의 연소 과정을 압력과 크랭크 각의 관계로 나타낸 것이다. 이 선도와 같이 디젤기관의 연소 과정은 다음 4 과정으로 나누어진다.

(1) 착화 지연 기간(A ~ B)

연료가 분사되기 시작하는 점 A부터 연소가 시작되는 점 B까지 기간을 말한다. 이 기간은 분사된 연료가 압축된 공기에 의하여 착화온도까지 가열되는 기간이다. 이 기간이 길어지면 착화하기 전에 분사되는 연료량이 많아지고, 축적된 연료가 착화와 동시에 일시에 연소하게 되어 디젤노크의 원인이 된다. 따라서 이 기간은 짧을수록 좋다. 연료의 착화성이 우수하고 공기의 압축압력 및 온도가 높으며 분사된 연료 입자가 미세할수록 착화 지연 기간이 짧아진다.

(2) 급격 연소 기간(폭발 연소 기간, B ~ C)

점 B에서 착화가 일어나고, 이후 분사된 연료의 대부분이 연소되어 실린더 안의 압력이 급격히 상승하는 B ~ C 사이의 기간을 말한다. 이 기간 중 압력 상승은 착화 지연 기간 중에 분사된 연료의 양과 분사된 연료의 무화 상태에 크게 영향을 받는다. (무화 : 분사된 연료 미립자의 크기가 작을수록 착화가 빠르게 이루어지고 연소도 촉진된다. 따라서 연료는 연소가 촉진될 수 있도록 작은 입자로서 무화(atomization)가 잘 이루어져야 한다.)

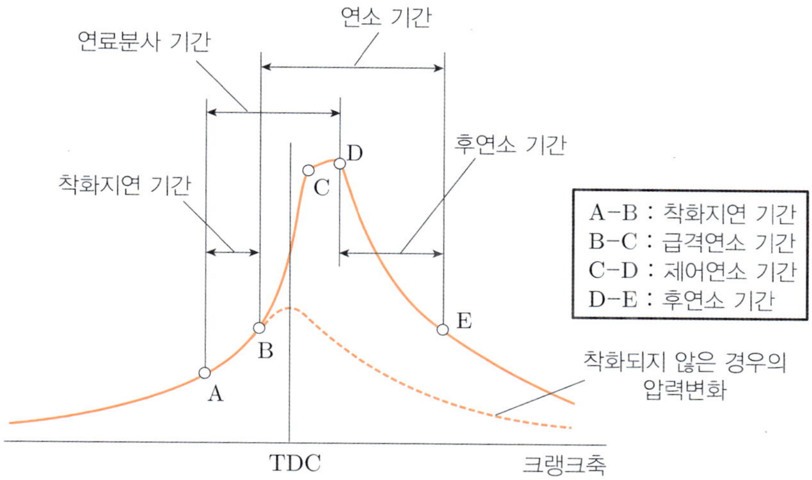

[그림 7.28] 디젤기관의 연소 과정

(3) 제어 연소 기간(직접 연소 기간, C ~ D)

압력 상승 후 점 C로부터 연료 분사가 종료되는 점 D까지 기간이다. 이 기간 동안 분사된 연료는 곧바로 연소되어 압력 상승이 완만하다. 이 기간에서는 분사된 연료가 직접 연소되므로 직접 연소 기간이라고도 한다. 이 시점 이후 압력변화는 분사되는 연료량을 증감함으로써 제어할 수 있다.

(4) 후연소 기간(D ~ E)

연료 분사가 끝나는 점 D로부터 연소되지 않고 남아있는 연료가 연소되는 기간(D ~ E)이다. 연료의 무화가 좋지 않을수록 후 연소기간은 길어지며, 이 기간 중의 연소는 배기 온도를 높게 하고 기관 성능을 떨어뜨리므로 그 기간을 짧게 하는 것이 좋다. 후연소 기간에서도 산소와 미처 결합하지 못한 연료는 매연으로 배출된다.

[3] 디젤 노크와 세탄가

디젤기관에서 착화 지연기간 중에 분사되어 축적된 연료가 화염전파 기간 중에 일시에 연소되어 실린더 내의 압력이 급상승하고 진동과 소음이 발생하는 현상을 디젤노크라 한다. 디젤노크는 기관의 연소 성능을 저해하는 요인이 된다.

디젤 노크의 발생 원인은 다음과 같다.

① 세탄가가 낮은 연료: 착화성이 낮고 착화지연기간이 길어진다.

② 낮은 압축비: 착화지연기간이 길어지으므로 연료량이 증가한다.

③ 낮은 연소실 온도: 착화지연기간이 길어진다.
④ 과다 연료 분사: 잔여 연료가 발생하며, 다음 착화시의 연료량에 더해져 압력상승을 유발한다.

디젤 노크를 방지하는 방법의 핵심은 착화지연 기간을 짧게 하는 것이며, 다음과 같은 것이 있다.

① 착화성이 좋은 연료를 사용한다.
② 착화 지연을 짧게 한다(착화온도를 낮게 한다).
③ 연소실 안의 와류를 증대시킨다.
④ 압축비를 높인다.
⑤ 흡기온도와 압력을 높인다.
⑥ 실린더 벽의 온도를 높인다.

† 가솔린기관 노크를 방지하기 위해서는 압축비, 흡기 온도와 압력, 실린더 벽 온도를 낮추지만, 디젤기관 노크를 방지하기 위해서는 이들을 높인다.

세탄가(cetane number)는 디젤기관의 착화성을 정량적으로 나타낸 것이다. 세탄가가 높은 연료일수록 디젤 노크를 잘 일으키지 않는다. 세탄가의 표시 방법은 다음과 같다.

착화성이 좋은 세탄($C_{16}H_{34}$)은 세탄가 100, 착화성이 나쁜 $\alpha-$메틸나프탈렌(normal heptane, $C_{10}H_7$)은 세탄가 0으로 정한다. 이 두 연료를 적당한 비율로 혼합하고 혼합된 연료 중 세탄의 체적 비율로서 혼합연료의 세탄가를 나타낸다. 이와 같이 세탄과 $\alpha-$메틸나프탈렌을 혼합한 연료를 표준 연료로 하여 노크의 세기를 측정하고, 시험하고자 하는 연료가 표준 연료와 같은 세기의 노크를 발생할 때 표준 연료 중 세탄의 체적 비율(%)이 시험 연료의 세탄가가 된다.

$$(\text{세탄가}) = \frac{\text{세탄}}{\text{세탄} + (\alpha - \text{메틸나프탈렌})} \times 100(\%)$$

2 가솔린기관과 디젤기관의 비교

디젤기관은 공기만을 실린더로 흡입하여 높은 압축비로 압축하고 고온·고압의 공기를 만든 후 연료를 분사하여 자연 착화시키는 기관이다. 압축 착화를 일으켜 연료를 연소시키므로 가솔린기관에 장착된 전기점화 장치가 없으며, 연료 분사 노즐에서 연료를 분사한다. 따라서 디젤기관은 연소가스 압력이 높아서 가솔린기관보다 견고하게 제작되므로 제작비가 많이 든다. 이 밖에 디젤기관은 사용하는 연료의 인화점이 가솔린기관 연료보다 높기 때문에 화재의 위험이 적다. 한편 디젤기관에서는 항상 공기 과잉 상태로 운전하므로 일산화탄소(CO)와 탄화수소

(HC)의 배출은 적지만 질소산화물(NO_x)과 매연이 많이 배출된다. 이에 반해 가솔린기관에서는 불완전 연소에 의해 일산화탄소(CO)가 많이 배출된다.

[표 7.1]에 가솔린기관과 디젤기관의 특징을 비교하여 나타내었다.

[표 7.1] 가솔린기관과 디젤기관의 비교

항목	디젤기관	가솔린기관
연료	경유, 중유	가솔린
연료장치	연료분사펌프, 노즐	기화기 또는 인젝터
압축비	높다(15 ~ 23)	낮다(6 ~ 12)
열효율(%)	높다(30 ~ 40)	낮다(25 ~ 30)
최고폭발압력(MPa)	높다(5 ~ 9)	낮다(3 ~ 5)
점화방식	압축열에 의한 자연 착화	전기 불꽃 점화
특징	① 연료가 싸고 연료소비율이 낮다. ② 운전비용이 적다. ③ 제작비가 비싸다(연소실 구조가 복잡하다). ④ 저속에서도 회전 토크가 크다. ⑤ 연료 인화점이 높다(화재위험이 낮다). ⑥ 폭발압력이 크므로 소음진동이 크다. ⑦ 일산화탄소(CO) 배출량이 적다. ⑧ 대형 트럭과 같은 큰 동력을 요구하는 기관에 적합하다.	① 엔진 시동이 용이하다. ② 중량이 가볍다. ③ 제작비가 싸다. ④ 회전속도가 높다. ⑤ 연료 인화점이 낮다(화재위험이 높다). ⑥ 작동 소음이 작다. ⑦ 일산화탄소(CO) 배출량이 많다. ⑧ 연료와 공기의 혼합기체가 압축되므로 압축비가 너무 높으면 노킹이 발생하기 쉽다.
	압축비가 높을수록 이론 열효율이 증가한다.	

3 배출가스 종류

자동차 및 각종 기관으로부터 배출되는 가스를 배출가스라 한다. 배출가스에 의한 대기오염이 심각한 문제를 일으키고 있으므로 이에 대한 대책이 필요하다. 배출가스에는 배기가스, 블로바이 가스(blow-bye gas), 증발가스 등이 있다.

[1] 배기가스

기관의 배기관으로부터 대기 중에 배출되는 연소가스를 배기가스라 한다. 배기가스의 주성분은 수증기(H_2O), 이산화탄소(CO_2), 질소(N_2)와 유해물질인 일산화탄소(CO), 탄화수소(HC), 질소 산화물(NO_x), 납 화합물 등이다.

(1) 일산화탄소(CO): 연료 중의 탄소가 불완전 연소될 때 발생한다. 기관이 가속하거나 공전할 때에는 농후한 혼합기로 연소되므로 일산화탄소가 많이 발생한다. 따라서 공기를 충분

히 공급하여 연료를 완전 연소시키거나 희박 혼합기로 연소시키면 일산화탄소 배출량을 줄일 수 있다.

(2) 탄화수소(HC): 연료의 일부가 연소되지 않은 상태로 배출되는 것으로 일산화탄소와 같이 농후한 혼합기를 사용할 때 많이 발생한다. 공기를 충분히 공급하면 배출량이 줄어든다.

(3) 질소 산화물: 고온에서 연소될 때 발생하는 가스로서, 대부분이 일산화질소(NO)와 이산화질소(NO_2)이다. 따라서 질소 산화물(NO_x)을 감소시키려면 연소 온도를 낮추어야 한다.

(4) 납 화합물: 연료의 옥탄가를 높이기 위해 연료에 납을 첨가한 경우에 발생한다.

[2] 블로바이 가스

블로바이 가스(blow-by gas)는 실린더 벽과 피스톤 사이의 틈새로부터 크랭크실로 누출되는 가스로서 유해물질인 탄화수소(HC)를 함유하고 있다. 따라서 이 가스는 크랭크 실 안의 윤활유를 변질시키거나 기관을 부식시키는 원인이 되며, 대기 중으로 방출되면 대기를 오염시키게 된다.

[3] 증발 가스

증발가스(vaporization gas)는 연료탱크나 기화기로 등으로부터 연료가 증발하여 발생하는 가스로서 탄화수소(HC)를 함유하고 있기 때문에 대기를 오염시킨다.

[4] 공연비와 유해가스

공연비는 기관으로부터 공급되는 공기와 연료의 중량 비이다. [그림 7.29]와 같이 공연비에 따라 일산화탄소, 탄화수소, 질소 산화물의 발생량이 크게 달라진다.

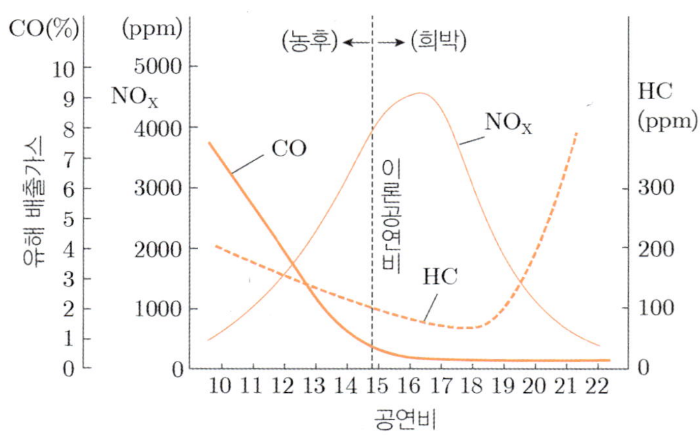

[그림 7.29] 유해가스 배출에 미치는 공연비의 영향

일산화탄소의 배출량은 공연비가 클수록 감소하고 공연비가 작을수록 급격히 증가한다. 탄화수소는 일산화탄소와 달리 공연비가 증가하면 배출량이 줄어들다가 공연비 18 부근에서 공연비가 증가와 함께 배출량이 급격히 증가한다.

그림에서 보는 바와 같이 이론 공연비보다 조금 희박한 혼합비에서 운전하면 일산화탄소와 탄화수소의 배출량을 감소시킬 수 있다. 그러나 이와 반대로 질소 산화물은 이론 공연비부근에서 배출량이 최대가 된다. 혼합기가 아주 희박해지면 질소산화물은 감소하나 탄화수소 배출량이 크게 증가한다.

한편 농후한 혼합기 영역에서는 질소 산화물은 감소하지만 일산화탄소와 탄화수소의 배출량이 증가한다.

4 배출가스 대책

기관으로부터 발생하는 유해한 배출가스를 줄이기 위해 여러 가지 방법과 장치가 개발되고 있다.

[1] 배기가스 재순환(EGR) 장치

배기가스를 완전히 방출시키지 않고 기관 내부에 일부를 잔류시키는 경우를 내부 재순환이라 한다. 배기가스에는 이산화탄소(CO_2)가 많이 포함되어 있으므로 배기가스를 재순환시키면 새 혼합기의 충전율이 낮아진다. 그러나 공기에 비해 산소함유량이 적은 배기가스가 연소에 관여하게 되므로 연소속도가 떨어져서 연소최고온도가 낮아지게 된다. 이에 따라 고온에서 발생하는 질소산화물(NO_x)의 양이 현저하게 줄어든다.

배기가스 재순환(EGR, exhaust gas recirculation) 장치는 연소속드를 느리게 하여 연소온도를 낮춤으로써 질소산화물(NO_x)의 배출량을 감소시키는 장치이다.

[2] 블로바이 가스 환원장치

블로바이 가스 환원 장치는 블로바이 가스를 대기 중으로 방출하지 않고 크랭크 케이스 또는 실린더 헤드 커버로부터 흡기 계통으로 되돌려 보내어 블로바이 가스를 저감시키는 장치이다.

[3] 촉매 컨버터

촉매는 그 자신은 변화하지 않으면서 다른 물질의 화학반응을 촉진시켜 주는 물질이다. 배기관 중에 촉매 컨버터를 장착하며 촉매로는 백금과 로듐 등을 사용하고 있다.

촉매기에서 일어날 수 있는 반응들은 다음과 같다. 질소산화물(NO_x)은 질소(N_2)와 산소(O_2)로 환원된다. 일산화탄소(CO)와 탄화수소(HC)를 산화시켜 이산화탄소(CO_2)와 물(H_2O)로 만든다. 한편 질소산화물(NO_x)은 일산화탄소(CO)와 반응하여 질소(N_2)와 이산화탄소(CO_2)로 변환될 수 있다.

3원 촉매기는 3종류의 유해물질(NO_x, CO, HC)을 동시에 산화 또는 환원 반응시킬 수 있는 장치이다.

촉매컨버터에서는 다음과 같은 환원 또는 산화반응이 일어날 수 있다.

(1) $2NO \rightarrow N_2 + O_2$ (환원)
(2) $2CO + O_2 \rightarrow 2CO_2$ (산화)
(3) $CH_4 + 2O_2 \rightarrow CO_2 + 2H_2O$ (산화)
(4) $2C_2H_6 + 7O_2 \rightarrow 4CO_2 + 6H_2O$ (산화)
(5) $2NO + 2CO \rightarrow N_2 + 2CO_2$ (환원, 산화)

† 탄화수소: 탄소(C)와 수소(H)만으로 이루어진 화합물의 총칭으로 화학식이 C_mH_n인 형태이다. 메탄(CH_4), 에탄(C_2H_6), 프로판(C_3H_8), … 등 여러 종류가 있다.

5 내연기관 변수

[1] 도시출력

엔진은 흡입, 압축, 팽창, 배기의 각 작용을 계속 반복하기 때문에 실린더 내의 압력은 피스톤 행정에 따라 수시로 변화한다. 이와 같은 피스톤 행정에 따른 실린더 압력 변화를 인디케이터(indicator)를 사용하여 기록하고 그림으로 나타낸 것을 인디케이터 선도(indicator diagram)라 한다. 앞서 언급한 실제 기관의 지압선도를 말한다. 이에 따라 기관의 평균유효압력을 **도시평균유효압력**(indicated mean effective pressure)이라고 한다.

도시평균유효압력 P_{mi}[kN/m^2], 실린더 안지름 D[m], 행정 S[m], 행정체적 V_s[m^3], 크랭크축의 회전속도 N[rpm], 실린더 수 Z[개]인 엔진의 도시출력(indicated power)은 다음과 같이 구해진다.

실린더 단면적 $A = \frac{\pi}{4}D^2$이므로 피스톤이 받는 압력 힘(F)은

$$F = \text{압력} \times \text{면적} = P_{mi} \times \frac{\pi}{4}D^2$$

이고, 피스톤이 1행정(S)의 거리를 이동하였을 때 팽창압력이 피스톤에 대해 한 일(W)은

$$W = \text{힘} \times \text{거리} = F \times S = P_{mi} \times \frac{\pi}{4} D^2 S = \frac{\pi}{4} D^2 P_{mi} S$$

이다. 크랭크축의 회전속도가 N[rpm]일 때 4행정 사이클 엔진의 경우에는 크랭크 축 2회전마다 1번의 폭발이 일어나므로 실린더 수 Z인 엔진에서 발생하는 도시출력(indicated power) L_i는 다음과 같이 표현된다.

$$L_i = \frac{W}{t} = \frac{\frac{\pi}{4} D^2 P_{mi} SNZ}{60 \times 2} = \frac{P_{mi} V_s NZ}{60 \times 2} \ [\text{kW}] : [4\text{행정 사이클 엔진}]$$

2행정 사이클 엔진의 경우에는 크랭크축 1회전마다 1번의 폭발이 있으므로 도시출력 L_i는 다음과 같다.

$$L_i = \frac{\frac{\pi}{4} D^2 P_{mi} SNZ}{60} = \frac{P_{mi} V_s NZ}{60} \ [\text{kW}] : [2\text{행정 사이클 엔진}]$$

여기에서 행정체적 $V_s = \frac{\pi}{4} D^2 S$이다. 도시출력을 실린더 단면적 $A = \frac{\pi}{4} D^2$ [m^2]으로 나타내면 다음과 같다.

$$L_i = \frac{P_{mi} ASNZ}{60 \times 2} \ [\text{kW}] ; [4\text{행정 사이클 엔진}]$$

$$L_i = \frac{P_{mi} ASNZ}{60} \ [\text{kW}] ; [2\text{행정 사이클 엔진}]$$

† 기관의 크랭크축에서 실제로 발생하는 출력은 도시출력으로부터 엔진에서의 기계적 손실을 뺀 것이 된다. 이것을 제동마력 또는 축 출력(shaft power)이라 한다. 이와 같이 기관의 실제 출력과 투입된 연료의 연소에 의해 발생하는 출력이 다르기 때문에 이것을 구분하기 위해 도시출력(지시출력)이란 용어를 사용하고 있다.

도시출력 [예]

도시평균유효압력 $P_{mi} = 0.6\,\text{MPa}$, 행정 $S = 80\text{mm}$, 실린더 지름 $D = 90\text{mm}$, 크랭크축 회전속도 $N = 5000\text{rpm}$, 실린더 수 $Z = 4$(개)인 4행정 사이클 엔진의 도시출력(L_i)은 다음과 같이 구해진다.

$$P_{mi} = 0.6\,\text{MPa} = 0.6 \times 1000\,\text{kPa} = 600\,\text{kN/m}^2$$

$$S = 80\,\mathrm{mm} = 80 \times 10^{-3}\,\mathrm{m} = 0.08\,\mathrm{m}$$

$$D = 90\,\mathrm{mm} = 90 \times 10^{-3}\,\mathrm{m} = 0.09\,\mathrm{m}$$

$$N = 5000\mathrm{rpm},\ Z = 4$$

$$\therefore\ L_i = \frac{\frac{\pi}{4} D^2 P_{mi} SNZ}{60 \times 2} = \frac{\frac{\pi}{4} \times (0.09)^2 \times 600 \times (0.08) \times 5000 \times 4}{60 \times 2}$$

$$= 50.89\,[\mathrm{kW}]$$

$$= 69.19\,[\mathrm{PS}]\ (\leftarrow\ 1\mathrm{PS} = 0.7355\,\mathrm{kW})$$

도시출력을 마력[PS]으로 나타낼 때 도시마력이라고도 한다.

[2] 공기 과잉률과 공기비

연료 연소에 필요한 산소는 공기에 의해 공급된다. 연료를 완전 연소시키기 위해 이론적으로 필요한 공기량을 이론 공기량이라 한다. 연료의 단위량을 연소시키는데 필요한 실제 공기량 A와 이론 공기량 A_0와의 비를 공기 과잉률(공기 과잉계수, excess air ratio) 또는 공기비라 한다. 공기비는 실제로 기관이 흡입한 공기량을 기관에 공급된 연료를 완전 연소시키는 데 필요한 이론공기량으로 나눈 값이다.

$$(\text{공기과잉률, 공기비})(\lambda) = \frac{(\text{실제 실린더로 유입된 공기량, kg})}{(\text{완전연소에 필요한 이론 공기량, kg})}$$

$$\lambda = \frac{A}{A_0} = 1 + \frac{(\text{과잉 공기량})}{(\text{이론공기량})}$$

$$\lambda = \frac{(\text{실제로흡입한 공기량})}{(\text{이론 공기량})} = \frac{(\text{실제 공연비})}{(\text{이론 공연비})}$$

보통의 연소에서는 $\lambda = 1.2 \sim 1.4$이다. 공연비(혼합비)는 공기와 연료의 혼합비이다.

[3] 체적효율

체적효율(volumetric efficiency, 용적효율)은 흡입행정 동안 실린더 내에 혼합기가 얼마나 완전하게 채워지는가를 나타낸다. 엔진의 실린더로 흡입되는 혼합기량 또는 공기량은 배기량과 엔진의 회전수로써 이론적으로 계산할 수 있지만 실제 과정에서는 흡입 시의 유동저항 때문에 이론치보다 적어지게 된다. 따라서 기관의 구조, 운전 조건 등에 대한 기관의 흡입능력을 나타내기 위해 체적효율을 사용한다. 체적효율(η_v)은 엔진 1사이클당 실제로 흡입되는 신기(新氣)의 중량을 행적체적으로 계산된 흡입 가능한 신기의 중량으로 나눈 값으로 정의된다.

$$\eta_v = \frac{(\text{1사이클당 실제로 흡입되는 신기의 중량})}{(\text{행정체적을 채우는 신기의 중량})}$$

$$\eta_v = \frac{(\text{1사이클당 흡입체적})}{(\text{행정체적})}$$

체적효율은 기관 운전 당시의 대기상태를 기준으로 하기 때문에 동일 기관, 동일 운전조건에서는 압력과 온도 등의 외기 조건이 달라져도 체적효율은 변화하지 않는다. 체적효율에서 분자와 분모의 기체가 동일 기체임을 생각하면 이해가 쉬워진다. 그리고 다음에 정의되는 충전효율과의 차이도 명확해진다. 여기에서 신기는 가솔린기관에서는 혼합기를, 디젤기관에서는 공기를 의미한다.

[4] 충전효율

충전효율(charging efficiency)은 다른 대기상태에서의 엔진 흡입능력을 표시하는 것으로 기관이 작동되는 대기상태의 온도와 기압에서 흡입되는 신기의 중량을 표준 상태의 온도와 기압에서 흡입 가능한 신기의 중량으로 나눈 값으로 정의된다.

$$\eta_c = \frac{(\text{1사이클당 실제로 흡입되는 신기의 중량})}{(\underline{\text{표준상태에서}}\ \text{행적체적을 채우는 신기의 중량})}$$

충전효율에서 분모는 행정체적과 표준상태 공기(혼합기) 밀도에 의해 정해지므로 일정한 값을 가진다. 그러나 공기(혼합기)의 밀도는 온도와 압력에 따라 변화하므로 분자(실제로 흡입되는 신기 중량)는 외기 조건에 따라 달라진다. 따라서 기관의 운전 조건이 같다고 해도 압력이나 온도가 다른 외기 조건에서 운전하면 충전효율이 달라진다.

흡입되는 신기가 공기이고 공기가 이상기체라고 가정할 때 체적효율(η_v)과 충전효율(η_c) 사이에는 다음 관계식이 성립한다.

$$\rho_0 \eta_c = \rho \eta_v, \quad \eta_c = \left(\frac{\rho}{\rho_0}\right)\eta_v = \left(\frac{P T_0}{P_0 T}\right)\eta_v$$

여기에서 ρ_0, P_0, T_0는 각각 표준상태 공기의 밀도, 압력, 온도이고, ρ, P, T는 각각 현재 상태 흡입 공기의 밀도, 압력, 온도이다.

행정체적을 V_s, 1사이클당 실제로 흡입되는 공기의 중량을 W, 중력가속도를 g라 하면

$$\eta_c = \frac{W}{\rho_0 g V_s}, \ \eta_v = \frac{W}{\rho g V_s}$$

$$\therefore \ \frac{W}{g V_s} = \rho_0 \eta_c = \rho \eta_v$$

이고, 이상기체의 상태방정식은 $\frac{P}{\rho} = RT$이므로 위 관계식이 성립한다.

[5] 피스톤 평균 속도

왕복운동기관에서 상사점과 하사점을 왕복하는 피스톤의 평균 속도이다. 크랭크축이 1회전 할 때 피스톤은 $2S$[m]를 이동하므로 기관의 회전속도가 N[rpm]일 때 피스톤 평균 속도 v_{avg} [m/s]는 다음과 같다.

$$v_{avg} = \frac{2SN}{60} \ [\mathrm{m/s}] \ (\text{행정 } S[\mathrm{m}])$$

연습문제 7

01 실린더 안지름이 85mm, 행정이 100mm, 실린더 수가 4개인 왕복 운동 기관이 있다. 연소실 체적이 50cm^3일 때 다음을 구하여라.

(1) 행정체적[cm^3]

(2) 압축비

(3) 총배기량[cm^3]

02 최대 체적이 800cm^3이고 행정체적이 720cm^3인 가솔린기관의 연소실 체적과 압축비를 구하여라.

03 틈새체적이 행정체적의 8%인 가솔린기관의 압축비를 구하여라.

04 실린더 안지름이 7cm, 행정이 8cm인 왕복 운동 기관의 평균유효압력이 150kPa일 때 한 사이클당 순 일[J]을 구하여라.

05 저열원의 온도가 15℃인 카르노 사이클 기관에서 사이클당 200kJ의 일을 얻기 위해 필요로 하는 열량이 400kJ일 때 고열원의 온도를 구하여라.

06 공기표준 카르노 사이클에서 고온부에서 공급한 열량이 1200kJ/kg이고, 등엔트로피 압축비가 10일 때 다음을 구하여라. 공기의 비열비 $k=1.4$이다.

(1) 사이클의 열효율

(2) 출력 일[kJ/kg]

(3) 방열량[kJ/kg]

07 [오토 사이클] 압축비가 9인 공기표준 오토 사이클에서 압축 초기 온도와 압력이 각각 290K, 200kPa이고, 사이클당 1000kJ/kg의 열을 공급받을 때 다음을 구하여라. 공기의 정적비열은 0.717kJ/kg · K, 기체상수 $R=0.287$kJ/kg · K, 비열비 $k=1.4$라고 가정한다.

(1) 사이클의 각 상태의 온도와 압력

(2) 사이클이 한 순 일(net work)

(3) 기관의 이론 열효율(η_{th})

(4) 평균유효 압력[MEP]

08 행정체적이 연소실체적의 7배인 공기표준 오토 사이클 기관의 이론 열효율을 구하여라. 단, 비열비 $k=1.4$이다.

09 압축비 15, 차단비 2인 공기표준 디젤기관의 열효율을 구하여라. 단, 비열비 $k=1.4$이다.

10 [디젤 사이클] 압축비가 15인 공기표준 디젤 사이클이 있다. 압축 초기 온도와 압력이 각각 300K, 100kPa이고, 사이클당 1200kJ/kg의 열을 공급받을 때 다음을 구하여라. 공기의 정적비열은 0.717kJ/kg · K, 비열비 $k=1.4$라고 가정한다.

(1) 각 과정이 완료된 후의 온도와 압력

(2) 사이클이 한 순 일(net work) w_{net}[kJ/kg]

(3) 기관의 이론 열효율(η_{th})

(4) 평균유효 압력[MEP]

11 공기표준 디젤 사이클 기관에서 공기의 최고 온도가 2070K, 최저 온도가 300K이고, 최고 압력이 4MPa, 최저 압력이 0.1MPa일 때 다음을 구하여라. 단, 공기의 비열비 $k=1.4$이고, 정적비열은 0.717kJ/kg · K, 기체상수 $R=0.287$kJ/kg · K이다.

(1) 압축비

(2) 단절비

(3) 열효율

(4) 사이클이 한 순 일(net work) w_{net}[kJ/kg]

(5) 평균유효 압력[MEP]

12 [사바테 사이클] 압축비가 15인 공기표준 사바테 사이클이 있다. 압축 초기 온도와 압력이 각각 300K, 0.1MPa이고, 정적과정에서 800kJ/kg, 정압과정에서 400kJ/kg의 열이 사이클로 전달될 때 다음을 구하여라. 단, 공기의 정적비열 $C_v=0.717$kJ/kg · K, 기체상수 $R=0.287$kJ/kg · K, 비열비 $k=1.4$이다.

(1) 각 과정의 최종상태의 온도와 압력

(2) 사이클이 한 순 일(net work) w_{net}[kJ/kg]

(3) 기관의 이론 열효율(η_{th})

(4) 평균유효 압력[MEP]

13 실린더 안지름과 행정이 각각 90mm이고, 연소실 체적이 71.5cc인 4행정 1실린더 가솔린 엔진의 압축비를 구하시오. [중등교사 임용시험-기계·금속]

14 그림은 가솔린 엔진의 실린더 내의 공기가 완전가스일 때, 이론공기 사이클을 나타내는 $P-v$ 선도이다. 다음 물음에 답하시오. [중등교사 임용시험-기술]

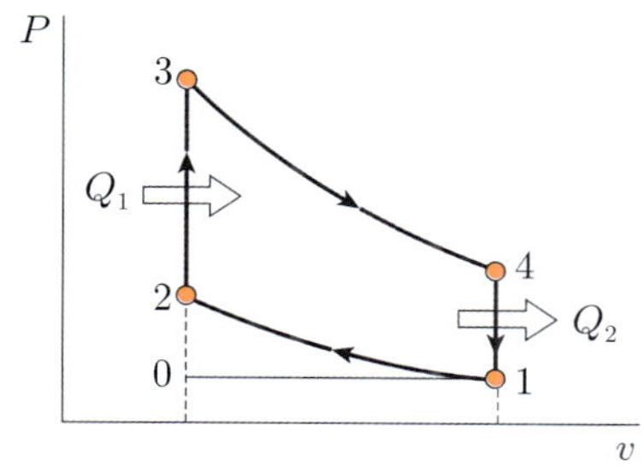

[문제 7.14]

(가) 구간 1→2의 과정명을 쓰시오.

- 구간 1→2:

(나) 이 엔진의 효율 η를 구하시오. 단, 가열량 Q_1[kJ], 배기열량 Q_2[kJ], 공기질량 m[kg], 정적비열 C_v[kJ/kg·K], 정압비열 C_p[kJ/kg·K], $T_1=400$[K], $T_2=1300$[K], $T_3=1500$[K], $T_4=550$[K]이다.

- 풀이과정: $\eta = 1 - $ ________ (열량의 기호를 사용할 것)

  $= 1 - $ ________ (공기질량, 비열, 온도 기호를 사용할 것)

  $= 1 - $ ________

  $= 1 - $ ________

- 답: $\eta =$ ______________

15 다음 그림은 디젤엔진 실린더 내의 공기가 완전가스일 때, 이론공기 사이클을 나타내는 $P-V$ 선도이다. 다음 물음에 답하시오. [중등교사 임용시험-기술]

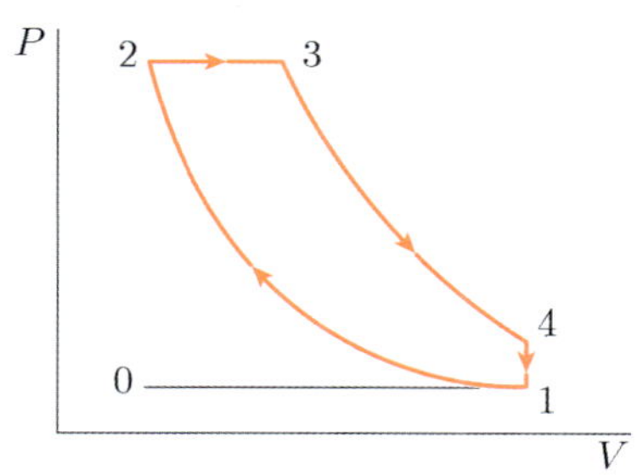

[문제 7.15]

(1) $P-V$ 선도에서 구간 $1-2$와 $2-3$의 행정을 쓰시오.

(2) 디젤기관의 효율을 구하는 식을 쓰시오. 단, 공급 열량을 Q_1, 방출열량을 Q_2, 가스질량을 m, 정적비열은 C_v, 정압비열은 C_p, 비열비는 k로 표시할 것.

(3) 이 엔진의 행정체적이 1400(cc), 압축비가 15일 때 틈새체적(clearance volume)을 구하시오.

16 [스털링 사이클] 이상기체를 작동유체로 하여 온도 T_H인 고온열원과 온도 T_L인 저온 열원 사이에서 작동하는 이상적인 스털링 사이클의 열효율을 구하여라.

17 [스털링 사이클] 헬륨을 작동유체로 하는 이상적 스털링 사이클이 있다. 사이클의 최저 온도와 최고 온도가 각각 300K, 2000K이고, 최저압력과 최고압력이 각각 0.15MPa, 3MPa일 때 다음을 구하여라. 헬륨의 기체상수 $R = 2.077\,\mathrm{kJ/kg \cdot K}$이다.

(1) 외부 열원으로부터 사이클로 전달된 열량 q_H[kJ/kg]

(2) 사이클로부터 외부로 방출된 열량 q_L[kJ/kg]

(3) 사이클이 한 순 일(net work) w_{net}[kJ/kg]

(4) 사이클의 이론 열효율(η_{th})

18 [에릭슨 사이클] 헬륨을 작동유체로 하는 이상적 에릭슨 사이클이 있다. 사이클의 최저 온도와 최고 온도가 각각 300K, 1600K이고, 최저압력과 최고압력이 각각 0.17MPa, 1.4MPa이다. 질량유량이 0.5kg/s일 때 다음을 구하여라. 헬륨의 기체상수 $R = 2.077\,\mathrm{kJ/kg \cdot K}$이다.

(1) 외부 열원으로부터 사이클로 전달된 단위 시간당 열량 $\dot{Q}_H$[kW]

(2) 사이클로부터 외부로 방출된 단위 시간당 열량 $\dot{Q}_L$[kW]

(3) 사이클이 생산하는 순 동력 $\dot{W}_{net}$[kW]

(4) 사이클의 이론 열효율(η_{th})

19 [브레이턴 사이클] 공기 표준 브레이턴 사이클에서 압축기 입구의 온도와 압력이 각각 300K, 0.1MPa이고, 터빈 입구의 온도가 압력이 각각 1300K, 0.8MPa일 때 작업유체인 공기 1kg에 대하여 다음을 구하여라. 공기의 비열비 $k = 1.4$, 정압비열 $C_p = 1.0035\,kJ/kg \cdot K$이다.

(1) 사이클 각 점에서의 온도

(2) 압축기 일 w_c[kJ/kg], 터빈 일 w_t[kJ/kg]

(3) 사이클이 한 순 일(net work) w_{net}[kJ/kg]

(4) 사이클로 유입된 열량 q_H[kJ/kg], 사이클에서 방출한 열량 q_L[kJ/kg]

(5) 사이클의 열효율(η_{th})

20 내연기관의 오토, 디젤, 사바테 사이클의 열효율을 비교한 것으로 옳은 것을 보기에서 고른 것은? 단, 실린더 체적은 모두 동일하다. [중등교사 임용시험-기계·금속]

> ㄱ. 실용기관에서는 오토사이클을 사용하는 기관의 열효율이 가장 높다.
> ㄴ. 이론 사이클에서는 압축비가 높아지면 오토, 디젤, 사바테 사이클 모두 열효율이 높아진다.
> ㄷ. 이론 사이클에서는 초기온도, 초기압력, 공급열량 및 압축비가 같을 때, 오토사이클의 열효율이 가장 높다.
> ㄹ. 이론 사이클에서는 초기온도, 초기압력, 공급열량 및 최고압력이 같을 때, 사바테 사이클의 열효율이 가장 높다.

① ㄱ, ㄴ　　② ㄱ, ㄹ
③ ㄴ, ㄷ　　④ ㄴ, ㄹ

21 공기표준 사이클인 단기통 기관의 $P-V$ 선도이다. 설명으로 옳은 것만을 보기에서 있는 대로 고른 것은? [중등교사 임용시험-기계·금속]

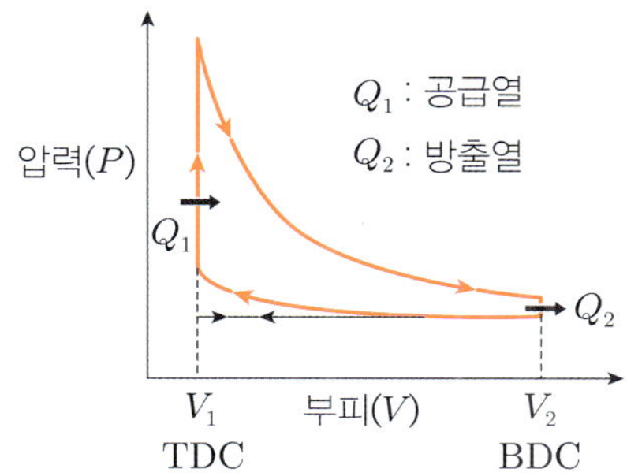

[문제 7.21]

> ㄱ. 배기량은 $V_2 - V_1$이다.
> ㄴ. 압축비(ϵ)는 $1 + \dfrac{V_2}{V_1}$이다.
> ㄷ. 디젤기관(CI engine)의 이론 사이클이다.
> ㄹ. 이론 열효율은 $1 - \dfrac{Q_2}{Q_1}$이므로, $1 - \dfrac{1}{\epsilon^{k-1}}$로 표시할 수 있다. 단, $k = C_p / C_v$이며, C_p는 정압비열, C_v는 정적비열이다.

① ㄱ, ㄴ　　② ㄱ, ㄹ
③ ㄴ, ㄷ　　④ ㄱ, ㄷ, ㄹ

22 그림은 가솔린기관의 이론 표준 사이클인 오토 사이클(Otto cycle)의 P(압력)$-v$(비체적) 선도이다. 점 1, 2, 3, 4에서의 절대온도 사이의 관계와 이론 열효율(η)을 옳게 표현한 것은? 단, 점 1, 2, 3, 4에서의 절대온도는 각각 T_1, T_2, T_3, T_4이며, 점 1, 2에서의 비체적은 각각 v_1, v_2이고, 압축비 $\epsilon = v_1/v_2$, 비열비 $k = C_p/C_v$ (C_p: 정압비열, C_v: 정적비열)이다. [중등교사 임용시험-기계·금속]

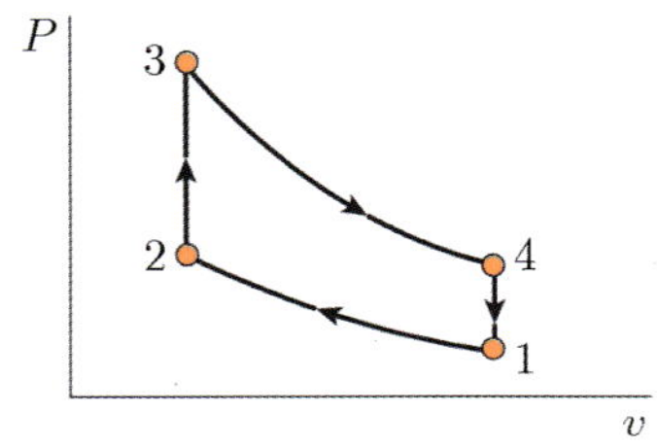

[문제 7.22]

① $T_2 = T_1\epsilon^{1-k}$, $T_1 \times T_4 = T_2 \times T_3$, $\eta = \dfrac{T_1 - T_2 - T_3 + T_4}{T_3 - T_2}$

② $T_2 = T_1\epsilon^{1-k}$, $T_1 \times T_4 = T_2 \times T_3$, $\eta = \dfrac{T_1 - T_2 + T_3 - T_4}{T_3 - T_2}$

③ $T_2 = T_1\epsilon^{1-k}$, $T_1 \times T_3 = T_2 \times T_4$, $\eta = \dfrac{T_1 - T_2 - T_3 + T_4}{T_3 - T_2}$

④ $T_2 = T_1\epsilon^{k-1}$, $T_1 \times T_3 = T_2 \times T_4$, $\eta = \dfrac{T_1 - T_2 + T_3 - T_4}{T_3 - T_2}$

23 그림은 내연기관의 기본 사이클을 나타낸 $P-v$ 선도이다. 이 사이클을 올바르게 설명한 것을 보기에서 고른 것은? [중등교사 임용시험-기술]

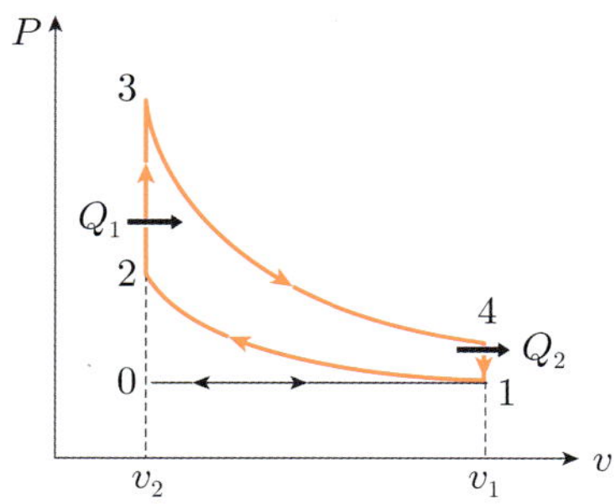

[문제 7.23]

ㄱ. 이 선도는 디젤기관의 기본 사이클이다.
ㄴ. 1→2 과정은 흡·배기 밸브가 닫히고 피스톤이 상사점으로 향하는 단열압축 과정이다.
ㄷ. 3→4 과정은 단열팽창으로, 이 행정에서 동력이 발생한다.
ㄹ. 피스톤이 하사점에서 배출하는 열량 Q_2가 많을수록 열효율은 낮아진다. 단, Q_1은 일정하다.
ㅁ. 이 기관은 4행정 사이클 기관으로 압축 압력과 연소 압력이 높기 때문에 자연발화로 점화 장치가 필요 없다.

① ㄱ, ㄴ, ㄷ　　② ㄱ, ㄷ, ㅁ
③ ㄴ, ㄷ, ㄹ　　④ ㄴ, ㄹ, ㅁ

24 그림은 내연기관의 기본 사이클을 나타낸 선도이다. (가)와 (나)의 사이클에 해당되는 기관에 대한 설명으로 옳은 것만을 보기에서 모두 고른 것은? [중등교사 임용시험-기술]

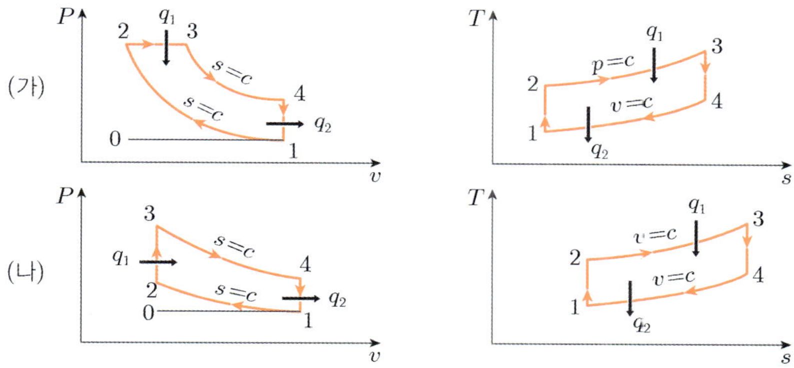

[문제 7.24]

ㄱ. (가)의 선도는 디젤기관의 기본 사이클이다.
ㄴ. (나)의 사이클 2－3은 정적 연소에 해당된다.
ㄷ. (가)는 (나) 기관에 비하여 높은 압축비가 요구된다.
ㄹ. (가)와 (나) 기관의 이론 열효율은 $1-\dfrac{T_4-T_1}{T_3-T_2}$이다.
ㅁ. (나)보다 (가) 기관에서 CO 배출량의 저감 기술이 더 필요하다.

① ㄱ, ㄷ　② ㄴ, ㅁ
③ ㄱ, ㄴ, ㄷ　④ ㄴ, ㄹ, ㅁ

25 1몰[mol]의 일원자 이상기체를 작동물질로 사용하여 다음의 순환과정을 거치는 기관을 작동시켰더니 효율이 0.70이었다. [중등교사 임용시험-화학]

단계 1: 1000K, 5.0L에서 10L로 등온 가역 팽창
단계 2: 단열 가역 팽창
단계 3: 등온 가역 압축
단계 4: 단열 가역 압축

이에 대한 설명으로 옳은 것만을 보기에서 있는 대로 고른 것은?
단, $R=8.3\text{J/mol}\cdot\text{K}$이다.

ㄱ. 단계 2의 최종 온도는 300K이다.
ㄴ. 기관이 고열원으로부터 공급받은 열은 $8.3\times1000\times\ln2$ J이다.
ㄷ. 단계 4에서 증가된 기관의 내부 에너지는 $\dfrac{3}{2}\times8.3\times700$ J이다.

① ㄱ　② ㄴ
③ ㄱ, ㄷ　④ ㄱ, ㄴ, ㄷ

† 단원자(일원자) 이상기체의 정적비열 $C_v=\dfrac{3}{2}R$이다.

26 그림은 어떤 열 사이클을 나타낸 선도이다. 이에 대한 설명으로 옳은 것만을 보기에서 있는 대로 고른 것은? 단, 사이클의 유효 일은 평균 유효 압력 하에서 행하여진다고 가정한다. [중등교사 임용시험-항해·기관]

시스템 내의 공기가 $1-\mathrm{A}-2$의 상태 변화에서 열량 Q_1을 받아 그에 상당하는 팽창 일을 하고, 다시 본래의 상태로 되돌아오는 $2-\mathrm{B}-1$의 상태 변화에서 압축 일에 상당하는 열량 Q_2를 소비하고 $1-\mathrm{A}-2-\mathrm{B}-1$의 사이클을 완성한다.

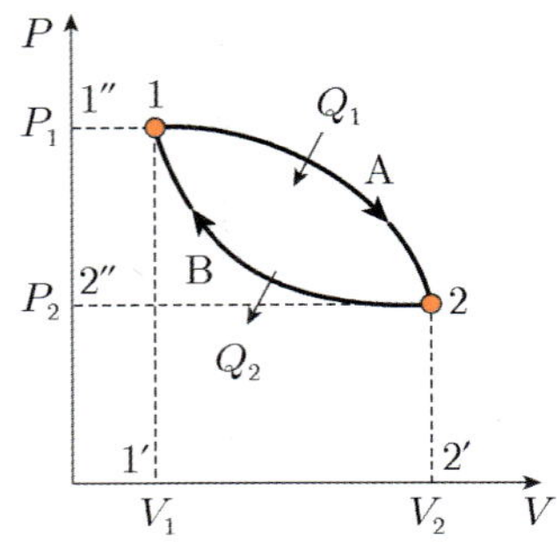

[문제 7.26]

> ㄱ. 열효율은 $1-\dfrac{Q_2}{Q_1}$이다.
> ㄴ. 평균유효압력은 $\dfrac{Q_1-Q_2}{V_2-V_1}$이다.
> ㄷ. 팽창 일은 $P-V$ 선도상의 면적 $1-\mathrm{A}-2-\mathrm{B}-1$에 해당한다.
> ㄹ. 압축 일은 $P-V$ 선도상의 면적 $2-\mathrm{B}-1-1''-2''-2$에 해당한다.

① ㄱ, ㄴ　　② ㄴ, ㄷ
③ ㄱ, ㄴ, ㄹ　　④ ㄱ, ㄷ, ㄹ

27 다음은 내연기관의 3가지 기본 사이클에 대한 $P-V$ 선도이다. (가), (나), (다)는 각각 어떤 사이클에 대한 $P-V$ 선도인가? [중등교사 임용시험-항해·기관]

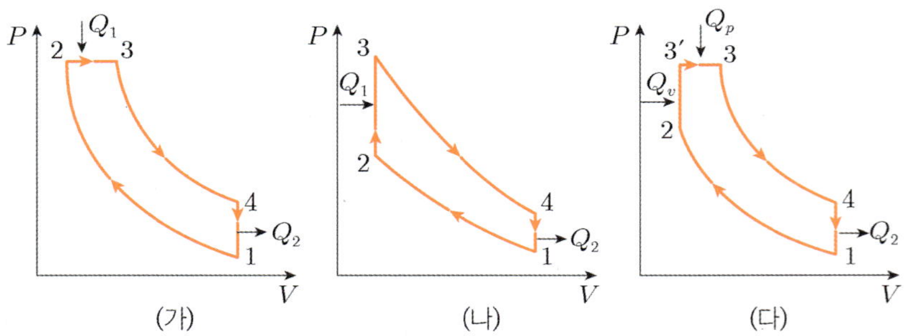

[문제 7.27]

	(가)	(나)	(다)
①	디젤 사이클	사바테 사이클	오토 사이클
②	오토 사이클	사바테 사이클	디젤 사이클
③	사바테 사이클	오토 사이클	디젤 사이클
④	오토 사이클	디젤 사이클	사바테 사이클
⑤	디젤 사이클	오토 사이클	사바테 사이클

28 아래 그림은 내연기관의 기본 사이클 중 하나를 $P-V$ 선도로 나타낸 것이다. 그림을 참조하여 다음 (1) ~ (4) 항에 답하시오. 단, 방출열량 Q_2, 공급열량 $Q_1 = Q_V + Q_P$이다. [중등교사 임용시험-항해·기관]

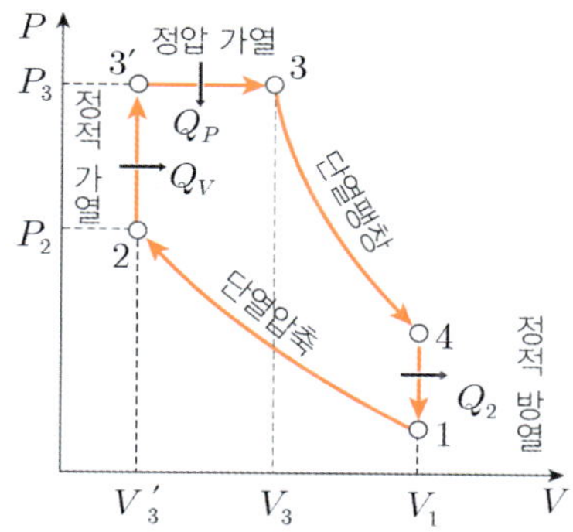

[문제 7.28]

(1) 사이클의 명칭:

(2) 적용되는 기관의 명칭:

(3) 압축비(ϵ):

(4) 열효율(η):

29 그림은 어느 기관의 이론 공기 사이클을 $P-V$ 선도로 나타낸 것이다. 이에 대한 설명으로 옳은 것을 보기에서 고른 것은? [중등교사 임용시험-농공]

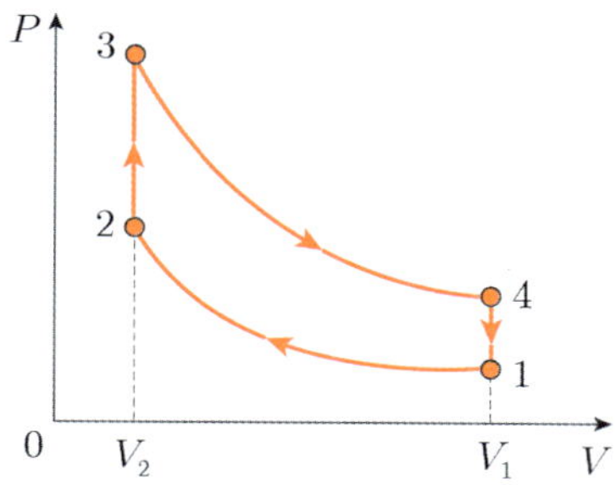

[문제 7.29]

> ㄱ. 저속 디젤기관의 이론 사이클이다.
> ㄴ. 1→2는 단열 압축 과정이다.
> ㄷ. 2→3은 열량이 공급되는 과정이다.
> ㄹ. $\dfrac{V_2}{V_1}$은 기관의 압축비이다.

① ㄱ, ㄴ ② ㄱ, ㄷ

③ ㄴ, ㄷ ④ ㄴ, ㄹ

30 피스톤 지름이 90mm, 행정이 100mm, 연소실 체적이 31cm^3인 4행정 4기통 기관에 대한 아래 물음에 답하시오. 단, $\pi=3$으로 하고, 단, 소수 둘째자리에서 반올림한다. [중등교사 임용시험-농공]

(1) 총 배기량을 계산하는 과정과 답을 쓰시오.

(2) 압축비(ϵ)를 계산하는 과정과 답을 쓰시오.

31 공기 표준 브레이턴 사이클에서 사이클로의 열 공급과 사이클에서의 열 방출에 대한 설명으로 옳은 것은?

① 일정한 압력에서 열이 공급되고 방출된다.

② 일정한 체적에서 열이 공급되고 방출된다.

③ 일정한 압력에서 열이 공급되고, 일정한 체적에서 열이 방출된다.

④ 일정한 체적에서 열이 공급되고, 일정한 압력에서 열이 방출된다.

32 공기 표준 브레이턴 사이클은 어떤 기관(장치)의 이상 사이클인가?

① 불꽃 점화 기관 ② 압축 착화 기관

③ 증기 원동소 ④ 가스터빈

33 공기 표준 사이클의 종류와 작동과정, $T-s$ 선도를 바르게 짝지은 것을 보기에서 모두 고른 것은? 단, p는 압력, v는 비체적, q는 열량, c는 상수이다. [중등교사 임용시험-기술]

종류	작동과정	$T-s$ 선도	종류	작동과정	$T-s$ 선도
ㄱ. 오토 사이클	단열압축(1→2) 정적가열(2→3) 단열팽창(3→4) 정적방열(4→1)	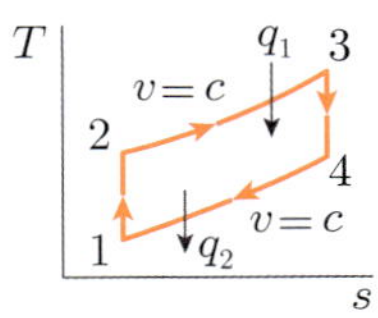	ㄴ. 디젤 사이클	단열압축(1→2) 정압가열(2→3) 단열팽창(3→4) 정적방열(4→1)	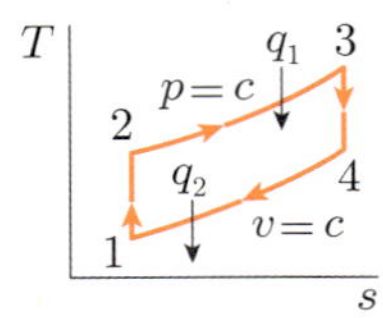
ㄷ. 브레이턴 사이클	등온압축(1→2) 정압가열(2→3) 등온팽창(3→4) 정압방열(4→1)	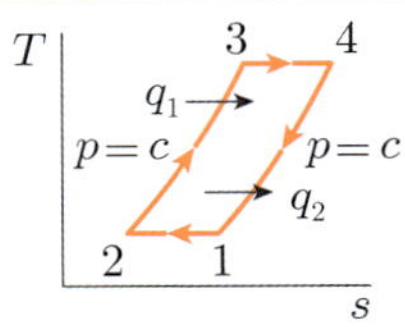	ㄹ. 에릭슨 사이클	단열압축(1→2) 정압가열(2→3) 단열팽창(3→4) 정압방열(4→1)	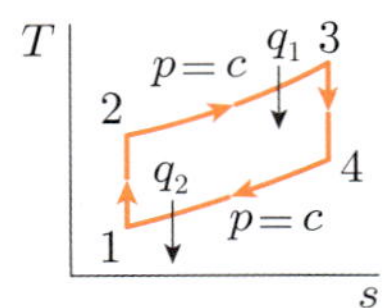
ㅁ. 사바테 사이클	단열압축(1→2) 정적가열(2→3) 정압가열(3→4) 단열팽창(4→5) 정적방열(5→1)	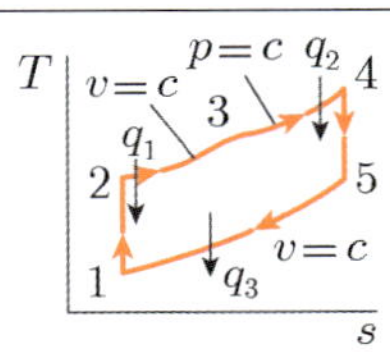			

① ㄱ, ㄴ ② ㄷ, ㄹ ③ ㄱ, ㄴ, ㅁ

④ ㄷ, ㄹ, ㅁ ⑤ ㄱ, ㄴ, ㄹ, ㅁ

34 다음은 $P-\theta$ 선도에 디젤기관 연소 과정의 4단계를 나타낸 것이다. 각 단계의 명칭과 연소 상황을 설명하시오. 단, 그림의 점 A는 분사 시작점, 점선은 압축 선도를 나타낸다. [중등교사 임용시험-항해·기관]

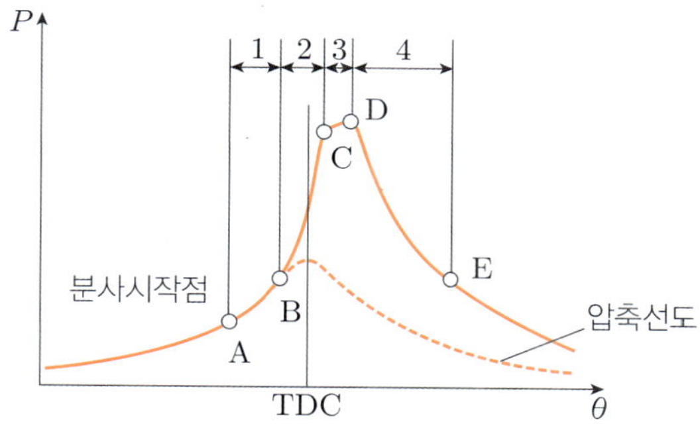

[문제 7.34]

① 제1단계(A-B):
② 제2단계(B-C):
③ 제3단계(C-D):
④ 제4단계(D-E):

35 디젤노킹이 발생하는 원인과 현상, 그리고 기관에 미치는 영향을 각각 2줄 이내로 설명하시오. [중등교사 임용시험-항해·기관]

① 발생원인:
② 현 상:
③ 기관에 미치는 영향:

36 4행정 6실린더 기관에서 각 실린더의 피스톤 면적이 0.5m^2, 피스톤 행정이 1.5m, 크랭크축 회전수가 200rpm이다. 6개의 실린더 중 4개의 도시평균유효압력이 0.5MPa, 2개의 도시평균유효압력은 0.6MPa이다. 이 기관의 도시(지시) 출력[kW]은? [중등교사 임용시험-기계·금속]

① 625　　② 750　　③ 3750　　④ 4000

37 가솔린기관과 비교할 때 디젤기관이 가지는 일반적인 특성을 보기에서 고른 것은? [중등교사 임용시험-기계·금속]

ㄱ. 기관 작동 시 정숙하고 진동이 적다
ㄴ. 압축비가 높다.
ㄷ. 노킹(knocking)이 발생하기 쉽다.
ㄹ. 사용 연료의 범위가 넓고 대출력의 기관을 만드는 것이 용이하다.
ㅁ. 시동이 용이하고 고속회전을 얻기 쉽다.

① ㄱ, ㄷ　　② ㄱ, ㅁ　　③ ㄴ, ㄹ　　④ ㄴ, ㅁ

38 자동차 디젤기관의 특성에 대한 설명으로 옳은 것만을 보기에서 있는 대로 고른 것은? [중등교사 임용시험-기술]

> ㄱ. 연소실의 구조가 가솔린기관보다 복잡하다.
> ㄴ. 고옥탄가의 경유를 연료로 사용하고 시동마력이 크다.
> ㄷ. 가솔린기관보다 압축력과 폭발력이 크고 연료소모율이 적다.
> ㄹ. 실린더에 흡입되는 혼합기체의 양으로 기관의 출력을 조절한다.

① ㄱ, ㄷ ② ㄴ, ㄷ ③ ㄴ, ㄹ ④ ㄱ, ㄴ, ㄹ

39 가솔린기관의 연료에서 옥탄가(octane number)는 무엇과 관계가 있으며, '옥탄가 90'에서 90은 무엇을 의미하는가? [공무원 임용시험]

① 연료의 발열량, 정헵탄 체적[%] ② 연료의 발열량, 이소옥탄 체적[%]
③ 연료의 내폭성, 정헵탄 체적[%] ④ 연료의 내폭성, 이소옥탄 체적[%]

40 가솔린기관과 디젤기관에 대한 비교 설명으로 옳지 않은 것은? [공무원 임용시험]

① 가솔린기관은 압축비가 디젤보다 일반적으로 크다.
② 디젤기관은 혼합기 형성에서 공기만 압축한 후 연료를 분사한다.
③ 열효율은 디젤기관이 가솔린기관보다 상대적으로 크다.
④ 디젤기관이 저속성능이 좋고 회전력도 우수하다.

41 아래 그림은 피스톤 면적 150cm^2, 피스톤 행정 30cm인 단기통 4행정 디젤기관을 1000rpm으로 운전할 때 얻은 지압선도이다. 그림과 같이 분할된 소면적의 평균높이를 이용하여 도시평균유효압력을 구하고, 도시마력을 계산하시오. 단, 지압기의 압력척도는 $1\text{mm} = 1\text{kgf/cm}^2$이다. [중등교사 임용시험-항해·기관]

평균높이 mm	25	13	8.5	5.5	4.5	4	3.5	3	2	1

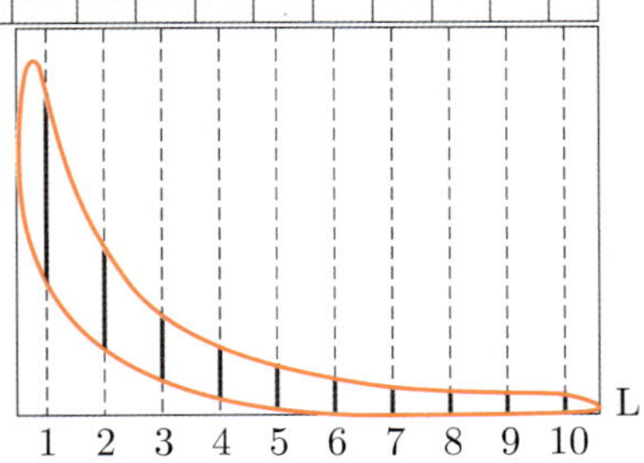

[문제 7.41]

(1) 도시평균유효압력[kgf/cm^2]
㉠ 풀이 과정:
㉡ 답:

(2) 도시마력[PS]
㉠ 풀이 과정:
㉡ 답:

42 그림 (가)는 V6 가솔린 엔진의 실린더 배열을, (나)는 실린더 크기를 보여 준다. 행정(S)이 10cm, 실린더 안지름(D)으로 계산된 면적이 48cm^2, 연소실 체적(V_c)이 60cc일 때, 압축비(ϵ)와 엔진의 총 배기량[cc]을 풀이 과정과 함께 구하시오. 단, <보기>에서 제시된 기호들을 사용할 것. [중등교사 임용시험-기계·금속]

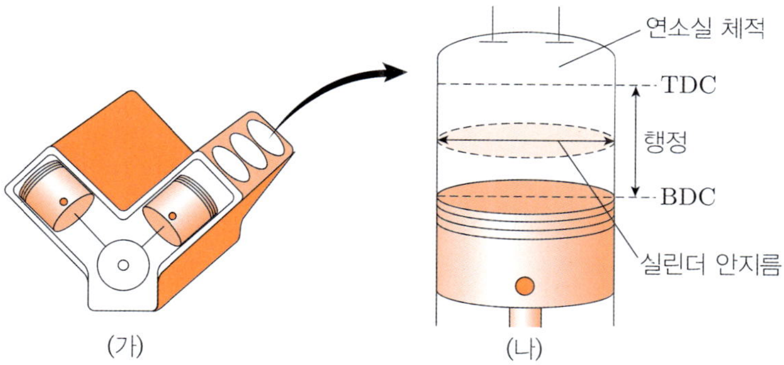

[문제 7.42]

V_s : 행정 체적	V_c : 연소실 체적
V : 실린더 체적	S : 행정
ϵ : 압축비	D : 실린더 안지름
N : 기통 수	V_T : 총 배기량

43 실린더 지름 100mm, 행정 100mm, 실린더 수 4개, 압축비 11인 4행정 사이클 기관의 총배기량(V_{TS})과 간극 체적(V_C)을 구하는 식을 제시하고 각각을 계산하시오. 단, π는 3.14로 계산한다. [중등교사 임용시험-기술]

44 다음은 자동차의 배출가스(emission gas)에 대한 설명이다.

이 물질은 가솔린 엔진(gasoline engine)과 디젤 엔진(diesel engine)에서 주로 발생하며, 혼합기 속의 공기에 함유된 질소(N_2)와 산소(O_2)가 연소실 내에 고온 고압의 화염 속을 통과할 때 발생한다. 이 물질의 명칭을 쓰시오.

가솔린 엔진에서 연료를 완전 연소시키는 데 필요한 '공기 : 연료'의 이론 혼합비(공연비, air fuel ratio)는 무게비로 약 15 : 1이라고 가정한다. 이 경우 실린더에 유입된 실제 혼합비가 18 : 1일 때, 공기비(air ratio) λ를 구하고, 풀이 과정과 함께 쓰시오. [중등교사 임용시험-기계·금속]

45 다음 <조건>에 해당하는 디젤 엔진의 압축비 ϵ과 엔진의 출력 N_b[kW]를 구하고, 풀이 과정과 함께 쓰시오. [중등교사 임용시험-기술]

- 엔진의 기통 수: $Z=4$
- 피스톤 단면적: $A=20\times10^{-4}\mathrm{m}^2$
- 분당 회전수: $n=1{,}500\mathrm{rpm}$
- 제동 평균 유효압력: $p_{mb}=3\mathrm{MPa}$
- 크랭크축 반경: $r_c=0.1\mathrm{m}$
- 행정 체적: V_S [m^3]
- 연소실 또는 틈새 체적(clearance volume): $V_C=25\times10^{-6}\mathrm{m}^3$

46 그림은 어느 열기관의 순환 과정을 온도-엔트로피($T-S$) 도표에서 나타낸 것이다. $a\to b$, $c\to d$ 과정에서 기체의 엔트로피가 일정하고, $b\to c$, $d\to a$ 과정에서 기체의 부피가 일정하다. 이 열기관의 순환 과정에 대한 설명으로 옳은 것은? 단, 열기관의 기체는 이상기체이다. [공무원 임용시험]

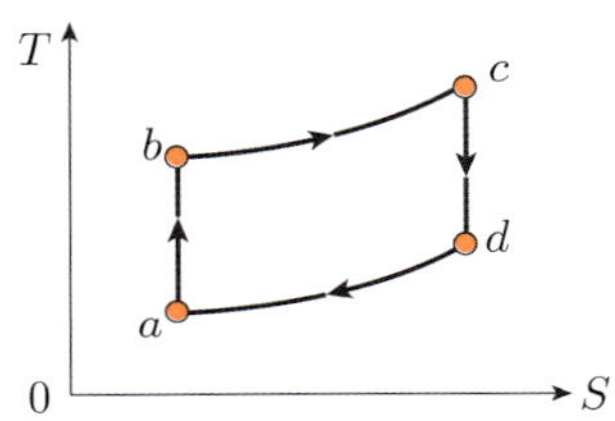

[문제 7.46]

① $a\to b$ 과정에서 기체의 부피가 증가한다.
② $b\to c$ 과정에서 기체의 내부 에너지가 감소한다.
③ $c\to d$ 과정에서 열에너지를 외부로 방출한다.
④ $d\to a$ 과정에서 기체의 압력이 감소한다.

47 가솔린 내연기관의 작동은 압력(P)-부피(V) 도표에서 그림과 같이 나타낼 수 있다. 내연기관이 외부로부터 일을 받는 구간은 어디인가? [공무원 임용시험]

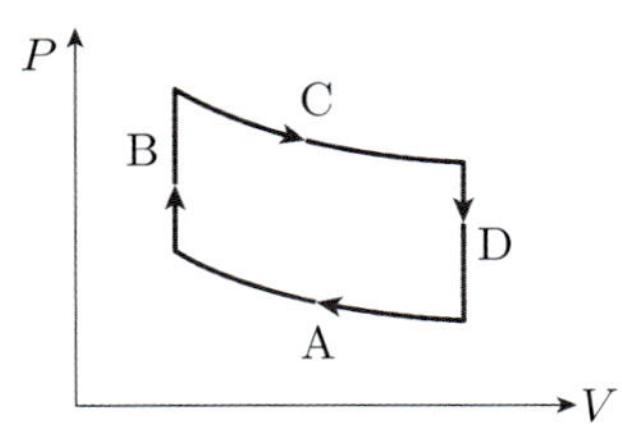

[문제 7.47]

① A ② B ③ C ④ D

48 두 개의 등엔트로피 과정과 두 개의 정적과정으로 이루어진 사이클은? [기사시험]

① 오토 사이클　　② 디젤 사이클
③ 카르노 사이클　　④ 스털링 사이클

49 다음 기체동력 사이클 중 두 개의 정압과정이 포함된 사이클은? [기사시험]

① 디젤 사이클　　② 카르노 사이클
③ 에릭슨 사이클　　④ 스털링 사이클

50 고속디젤기관의 사이클에 가장 가까운 사이클은? [기사시험]

① 오토 사이클　　② 디젤 사이클
③ 사바테 사이클　　④ 에릭슨 사이클

51 이상적인 오토사이클(Otto cycle)의 열효율을 증가시키는 방안으로 모두 맞는 것은? [기사시험]

① 압축비 증가, 비열비 증가　　② 압축비 증가, 비열비 감소
③ 압축비 감소, 비열비 증가　　④ 압축비 감소, 비열비 감소

52 다음 설명 중 옳지 않은 것은? [기사시험]

① 오토사이클의 열효율은 압축비의 함수이다.
② 오토사이클은 전기점화식 내연기관의 이상적인 사이클이다.
③ 디젤 사이클은 압축점화식 내연기관의 이상적인 사이클이다.
④ 압축비가 동일할 때 디젤 사이클의 열효율이 오토사이클의 열효율보다 높다.

53 디젤 사이클에 대한 설명으로 옳지 않은 것은? [기사시험]

① 두 개의 등엔트로피 과정이 포함되어 있다.
② 압축 점화 내연기관의 이상적인 사이클이다.
③ 한 개의 등온과정과 한 개의 정압과정이 포함되어 있다.
④ 압축비가 동일할 때 오토사이클보다 열효율이 낮다.

54 오토사이클(Otto cycle)의 이론열효율(η)은? 단, k는 비열비, ϵ는 압축비이다. [기사시험]

① $\eta = 1 - (\epsilon)^{k-1}$　　② $\eta = 1 - \left(\dfrac{1}{\epsilon}\right)^{k-1}$
③ $\eta = 1 - (\epsilon)^{k}$　　④ $\eta = 1 - \left(\dfrac{1}{\epsilon}\right)$

55 오토사이클(Otto cycle)에서 단열 압축을 할 때 압축 전 압력이 200kPa이고, 압축이 끝났을 때 압력이 1600kPa이면 압축비는? 단, 공기의 비열비 $k=1.4$이다. [기사시험]

① 3.4　② 4.4　③ 5.4　④ 6.4

56 오토사이클의 효율이 54.1%이면 압축비는? 단, 공기의 비열비 $k=1.4$이다. [기사시험]

① 6　② 7　③ 8　④ 9

57 이상적인 디젤 사이클로 작동하는 디젤기관의 압축비가 16이고, 압축 전 공기 온도가 90℃이면 압축 후 공기 온도(℃)는? 단, 공기의 비열비 $k=1.4$이다. [기사시험]

① 1127℃　② 1027℃　③ 927℃　④ 827℃

58 오토 사이클로 작동되는 내연기관에서 연소실체적이 행정체적의 10%이면 기관의 이론 열효율은? 단, 공기의 비열비 $k=1.4$이다. [기사시험]

① 약 52%　② 약 58%　③ 약 62%　④ 약 68%

59 피스톤 지름이 8cm이고 행정이 10cm인 압축기의 지압선도로부터 구한 평균유효압력이 2bar일 때 한 사이클당 압축일[J]은? [기사시험]

① 79.5J　② 83.5　③ 92.5J　④ 100.5J

60 그림은 열역학 기본 사이클 중 하나이다. 이 사이클에 대한 설명으로 옳은 것을 보기에서 고른 것은? 단, P는 압력, v는 비체적, q_1은 공급열량, q_2는 방출 열량이다. [중등교사임용시험-항해·기관]

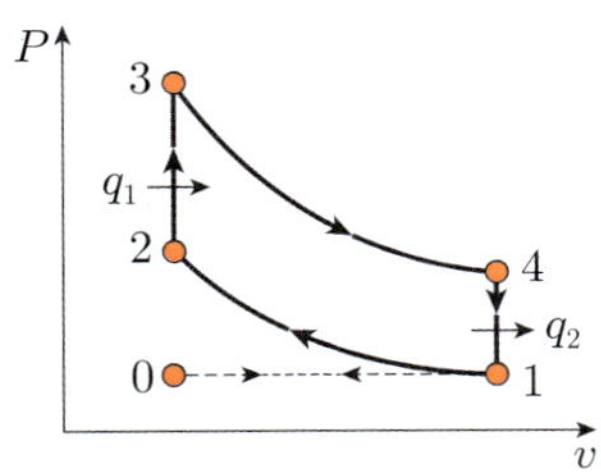

[문제 7.60]

> ㄱ. 오토사이클이다.
> ㄴ. 압축 착화 기관의 이상적인 표준 사이클이다.
> ㄷ. 사이클은 2개의 단열 변화와 2개의 정압 변화로 이루어진다.
> ㄹ. 이론 열효율은 압축비의 함수이며, 압축비가 커질수록 증가한다.

① ㄱ, ㄴ　② ㄱ, ㄹ　③ ㄴ, ㄷ　④ ㄴ, ㄹ

61 그림은 열효율이 각각 η_1, η_2인 열기관 1, 2가 결합되어 있는 전체 열기관을 나타낸 것이다. 열기관 1은 열원 R_1에서 열 Q_1을 흡수하여 열원 R_0에 열 Q_0을 배출하고 $Q_1 - Q_0$의 일을 한다. 열기관 2는 R_0에서 Q_0을 흡수하여 열원 R_2에 열 Q_2를 배출하고 $Q_0 - Q_2$의 일을 한다. 전체 열기관의 열효율을 η_1과 η_2로 나타내시오. [중등교사 임용시험-물리]

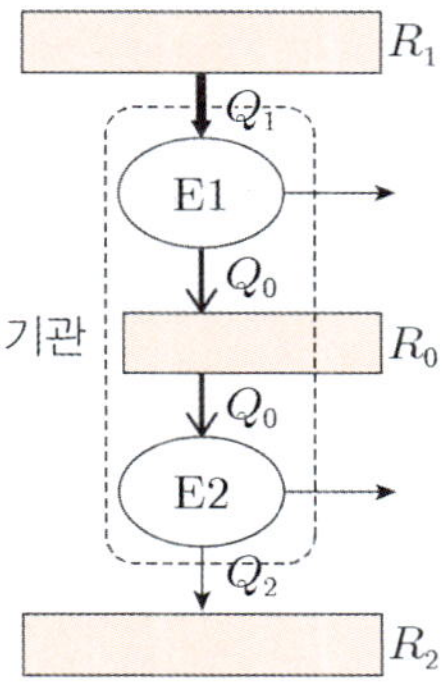

[문제 7.61]

62 (가)는 전기 점화 기관에서 사용되는 이상적인 사이클의 $P-V$ 선도이고, (나)는 (가)의 $T-S$ 선도이다. <작성 방법>에 따라 순서대로 서술하시오. 그림에서 Q_1과 Q_2는 각각 공급열량과 방출 열량을 나타낸다. [중등교사 임용시험-항해·기관]

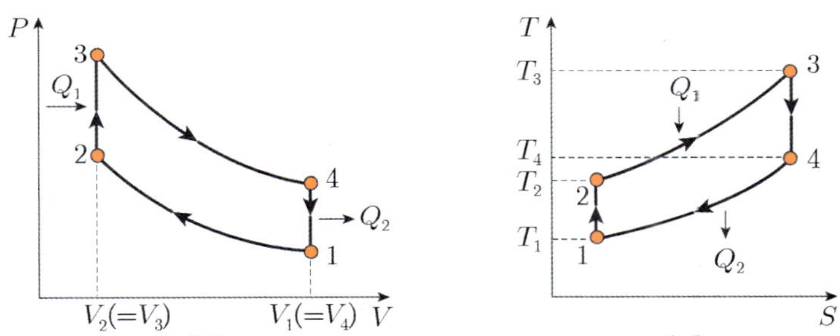

(가) (나)

순서	열역학적 상태 변화 및 열의 이동 과정
$1 \rightarrow 2$	단열 압축과정으로 열 이동 없이 기체는 V_1에서 V_2로 압축된다.
$2 \rightarrow 3$	정적 가열과정으로 일정한 체적에서 기체로 Q_1이 전달되어 기체의 온도가 T_2에서 T_3로 올라간다.
$3 \rightarrow 4$	㉠
$4 \rightarrow 1$	㉡

<작성 방법>
- (가)의 이상적인 사이클의 명칭을 쓰고, 이론적 열효율을 Q_1, Q_2의 기호만으로 나타낼 것.
- 빈칸의 ㉠, ㉡에 해당하는 '열역학적 상태 변화 및 열의 이동과정'을 순서 1→2, 2→3의 내용을 참고하여 서술할 것.

63 1회의 팽창행정(폭발행정)에서 0.5kcal의 열에너지를 630J의 운동에너지로 바꾸는 가솔린 기관에 대해 다음을 구하여라. 단, 1kcal=4,200J이다.

(1) 기관의 열효율

(2) 1회의 팽창행정에서 버리는 열에너지[J]

(3) 1분 동안 1200회 팽창행정이 일어날 때 기관의 동력[kW]

64 그림과 같이 두 번의 정압과정과 두 번의 정적과정으로 이루어진 사이클로 작동하는 기관의 열효율을 구하여라. 단, 작업유체는 이상기체이고 기체의 정적비열 $C_v = \frac{3}{2}R$, R은 기체 상수이다.

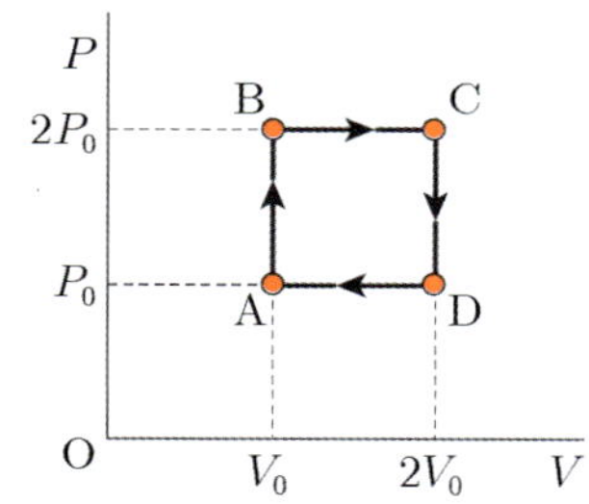

[문제 7.64]

65 다음은 4행정 사이클 기관의 구조를 나타낸 것이다. 이 기관이 다음 <조건>으로 작동할 경우, <작성 방법>에 따라 답을 쓰시오. [중등교사 임용시험-기술]

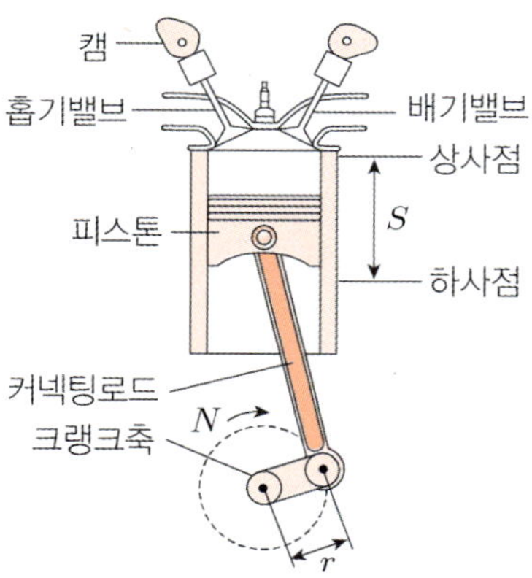

[문제 7.65]

<조 건>
- 크랭크축 회전 반경(r): 50mm
- 크랭크축 회전수(N): 2,700rpm

<작성 방법>
- 피스톤 행정 S[mm]를 구할 것.
- 1분 동안 기관에서 발생하는 폭발행정의 횟수를 구할 것.
- 피스톤 평균속도 v[m/s]를 풀이과정과 함께 구할 것.

66 그림은 직렬형 6기통 4행정 가솔린 엔진과 실린더의 개략도이다. 총배기량이 3,000[cc]인 엔진을 압축비 $\epsilon = 11$로 설계하고자 할 때, 실린더 행정 S[cm]와 1개 실린더의 연소실 체적 V_C[cc]를 각각 구하시오. 그리고 동일 온도와 압력 조건에서 1 사이클당 1개 실린더에 흡입된 공기의 체적 V_i가 450[cc]일 때 체적효율 η_V[%]를 구하고, 풀이 과정과 함께 쓰시오. 단, 실린더 내부 지름 D에 의한 단면적은 50[cm^2]이고, 실린더의 내부 마찰과 기체 변화의 영향은 고려하지 않는다. [중등교사 임용시험-기계·금속]

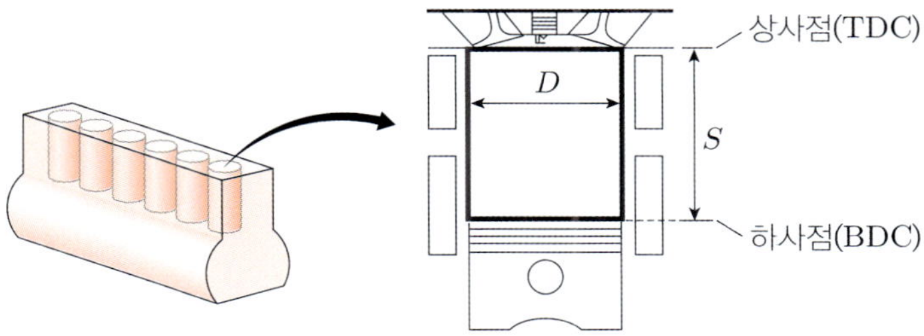

[문제 7.66]

67 다음은 어떤 가솔린 엔진 제원의 일부와 1개 실린더의 단면 개략도이다. 괄호 안의 ㉠에 해당하는 명칭을 쓰고, <조건>을 고려하여 ㉡을 구하시오. [중등교사 임용시험-기계·금속]

항목	제원
엔진 형식	…
실린더 수 (기통 수)	4
내경 d[mm] × (㉠) S[mm]	80 × 80
배기량[cc]	…
압축비	(㉡)
최대 출력	…
최대 토크	…

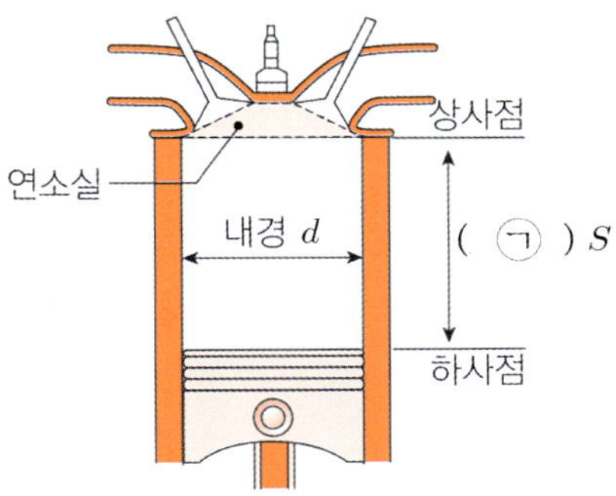

<조 건>
- 실린더당 연소실 체적은 50cc이고, $\dfrac{\pi \times 8^2}{4} = 50$으로 계산한다.
- 제시된 조건 이외에는 고려하지 않는다.

[문제 7.67]

68 다음은 이상적인 디젤 엔진 사이클의 $T-s$ 선도를 나타낸 것이다. <조건>을 고려하여 등엔트로피 과정 시작단계인 상태 1에서의 체적 $V_1[\mathrm{cm}^3]$과 정압과정 2-3 사이에 유입되는 열전달량 $q_{in}[\mathrm{kJ}]$을 각각 구하고, 풀이 과정과 함께 쓰시오. [중등교사 임용시험-기계(2021)]

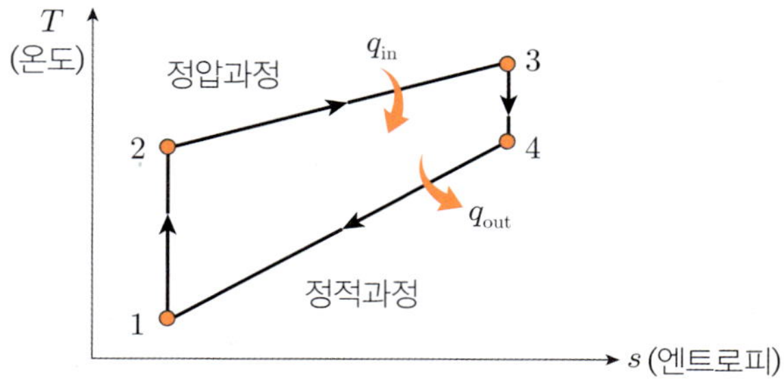

[문제 7.68]

> <조 건>
> - 기체 질량 $m=0.001[\mathrm{kg}]$, $T_1=300[\mathrm{K}]$, $P_1=100[\mathrm{kPa}]$, $T_2=990[\mathrm{K}]$, $T_3=1{,}500[\mathrm{K}]$
> - 기체상수 $R=0.287[\mathrm{kJ/kg \cdot K}]$, 정압비열 $C_p=1[\mathrm{kJ/kg \cdot K}]$
> - 엔진은 이상기체로 작동된다고 가정한다.

69 다음은 가솔린기관의 노크 현상에 대한 설명이다. <작성 방법>에 따라 순서대로 쓰시오. [중등교사 임용시험-기술(2021)]

> - ㉠ <u>가솔린기관의 작동 중 연소실 벽을 두드리는 것과 같은 소리가 나는 것을 노크 현상(또는 노킹 현상)</u>이라 하는데, 이 현상은 기관의 출력과 열효율을 저하시키고 피스톤 및 배기밸브 등의 손상을 일으킨다.
> - 이 현상이 발생하기 어려운 성질을 안티노크성(내폭성)이라고 한다. 가솔린 연료의 안티노크성(내폭성)을 나타내는 척도인 (㉡)은/는 수치가 높을수록 노크 현상이 감소된다.

> <작성 방법>
> - 밑줄 친 ㉠을 방지하려면 흡입 공기의 온도와 압력이 어떻게 되어야 하는지를 쓸 것.
> - 괄호 안의 ㉡에 해당하는 명칭을 쓸 것.

***70** 비열비 k인 이상기체를 이용하여 다음의 과정들로 구성된 열기관을 만들려고 한다. 먼저 일정 체적 하에서 열을 가하여 압력이 두 배가 되도록 한 후, 압력은 일정하게 유지한 상태에서 열을 가하여 체적이 두 배가 되도록 한다. 그 다음에는 일정 체적 하에서 냉각한 후 다시 압력을 일정하게 유지한 상태에서 냉각하여 초기 상태로 만든다. 비열이 일정하다고 가정하고, 다음 물음에 답하시오. [국가공무원 5급(기술) 제2차시험]

(1) 이 사이클로 작동되는 열기관의 열효율을 k의 함수로 나타내시오.

(2) 위 과정들에 대한 엔트로피 변화량을 각각 구하고, 사이클에 대한 총 엔트로피 변화량을 구하시오.

***71** 스털링(stirling) 사이클은 등온팽창-정적냉각-등온압축-정적가열 과정으로 구성되며, 정적냉각 과정에서의 폐열은 정적가열 과정에 이용된다. 작동유체는 헬륨(He)이며, 등온압축 시작점 상태는 300K, 200kPa이다. 등온팽창과정은 1500K에서 이루어지며, 이때 600kJ/kg의 열이 전달된다. 다음 물음에 답하시오. 단, 이상기체인 헬륨의 비열비 $k = 1.667$, 기체상수 $R = 2.0769\text{kJ/kg}\cdot\text{K}$, 정적비열 $C_v = 3.1156\text{kJ/kg}\cdot\text{K}$이다. [국가공무원 5급(기술) 제2차시험]

(1) 사이클의 최고 압력을 구하시오.

(2) 작동유체 단위질량당 정미출력 일을 구하시오.

(3) 이 사이클의 열효율을 구하시오.

연습문제 풀이 및 정답

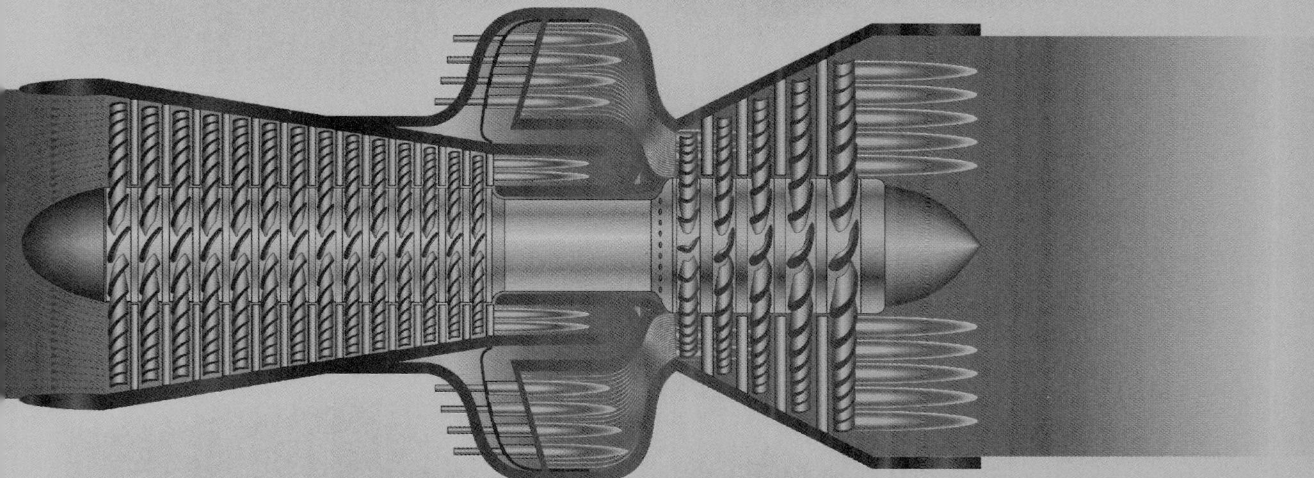

연습문제 1

01 $4\text{N/mm}^2 = 4\dfrac{\text{N}}{(10^{-3}\text{m})^2} = 4\times10^6\dfrac{\text{N}}{\text{m}^2} = 4\times10^6\,[\text{Pa}]$

02 $3\text{N} = 3\text{kg}\cdot\dfrac{\text{m}}{\text{s}^2} = 3\times(10^3\text{g})\cdot\dfrac{10^2\text{cm}}{\text{s}^2} = 3\times10^5\text{g}\cdot\dfrac{\text{cm}}{\text{s}^2} = 3\times10^5\,[\text{dyne}]$

03 $2\text{J} = 2\text{N}\cdot\text{m} = 2\times10^5\text{dyne}\cdot10^2\text{cm} = 2\times10^7\text{dyne}\cdot\text{cm} = 2\times10^7\,[\text{erg}]$

04 동력 $\dot{W} = \dfrac{W}{t} = \dfrac{Fs}{t} = \dfrac{20\times30}{4} = 150\,[\text{W}]$

05 동력 $\dot{W} = \dfrac{W}{t}$ $\therefore$ 일 $W = \dot{W}t = 2\times(30\times60) = 3600\,[\text{kJ}]$

06 $Q = \dfrac{mgh}{4.2} = \dfrac{50\times9.8\times40}{4.2} = 4667\,[\text{cal}]$

07 운동에너지 $E_k = \dfrac{1}{2}mv^2 = \dfrac{1}{2}\times200\times\left(\dfrac{72\times1000}{3600}\right)^2\times\dfrac{1}{1000} = 40\,[\text{kJ}]$

08 $W = 4.2Q = 4.2\times400 = 1680\,[\text{J}]$

09 [정답: ④]

10 [정답: ③]

11 발열량 $Q = 1000\dfrac{\text{J}}{\text{s}}\times1\text{min} = 1000\dfrac{\text{J}}{\text{s}}\times60\text{s} = 60{,}000\,[\text{J}]$

$$= 60{,}000\times\frac{1}{4.2}\,[\text{cal}] = 14{,}300\,[\text{cal}]$$

[참고] 전압(V), 전류(I), 저항(R)과 전기에너지(E) 및 전력(E_p)

○ 전력(E_p): 전기 기구가 1초 동안 소비하는 전기에너지(E).

$$(\text{전력}) = \frac{(\text{전기에너지})}{(\text{시간})} = (\text{전압})\times(\text{전류});\ E_p = \frac{E}{t} = VI = I^2R$$

○ 1W: 1V의 전압으로 1A의 전류가 흐를 때 전력

$1\text{W} = 1\text{V}\times1\text{A} = 1\text{J/s}$

○ 줄(Joule)의 법칙: 저항 $R[\Omega]$인 도선에 전압 $V[\mathrm{Volt}]$를 걸어 전류 $I[\mathrm{A}]$가 t초[s] 동안 흘렀을 때, 전기에너지가 모두 열에너지로 바뀐다면 이때 발생하는 열량 $Q[\mathrm{cal}]$는 다음과 같다.

$$Q = \frac{1}{J}(VIt)[\mathrm{cal}] = \frac{1}{J}(I^2Rt)[\mathrm{cal}]$$

○ 열의 일당량(J): 1 cal는 약 $4.186\mathrm{J} \approx 4.2\,\mathrm{J}$에 해당한다.

$$J = 4.2\,\mathrm{J/cal}$$

12 [정답: ③] $1\text{Å} = 10^{-10}\mathrm{m} = 10^{-8}\mathrm{cm} = 10^{-1}\mathrm{nm}$

13 [정답: ②]

14 단위 시간당 한 일

$$\dot{W} = \frac{W}{t} = \frac{Fs}{t} = \frac{(50 \times 9.8) \times 12{,}000}{60} = 98{,}000[\mathrm{W}] = 98[\mathrm{kW}]$$

15 $W = Fs = (20 \times 9.8) \times 1500 \times \frac{1}{1000} = 294[\mathrm{kJ}]$; $Q = \frac{W}{4.2} = \frac{294}{4.2} = 70[\mathrm{kcal}]$

16 $E = 10{,}500\,\mathrm{kcal/kg} \times 4\mathrm{kg} = 42{,}000\,\mathrm{kcal} = 42{,}000 \times 4.2\mathrm{kJ} = 176.4\mathrm{MJ}$

동력 $\dot{W} = \frac{E}{t} = \frac{176.4\,\mathrm{MJ}}{2 \times 60\mathrm{s}} = 1.47\,[\mathrm{MW}]$

17 [정답: ①] 단열계에서는 열에너지 출입이 없다.

18 [정답: ②] 강성적 상태량은 계의 크기(질량)에 무관한 상태량이다.

19 [정답: ④]

20 [정답: ④]

21 [정답: ①]

22 [정답: ①]

23 [정답: ②] $H = \frac{W}{t} = \frac{800 \times 5}{10} = 400[\mathrm{W}]$

24 [정답: ②] 석탄을 태워서 공급해야할 에너지$= \frac{(\text{출력 에너지})}{(\text{열효율})}$이므로

$$(m \times 3{,}600) \times 4.2 \times \frac{1}{3600} = \frac{420{,}000}{0.25} \quad \therefore\ m = 400{,}000[\mathrm{kg}] = 400[\mathrm{ton}]$$

† '효율$(\eta) = \frac{(\text{출력 에너지})}{(\text{입력 에너지})}$'로 정의된다.

25 [정답: ②] 속도 $\vec{v}$로 운동하는 질량 m인 물체의 선운동량(운동량, linear momentum) $\vec{p}$는 질량과 속도의 곱, $\vec{p}=m\vec{v}$로 정의된다. 그리고 원점(O)에 대한 물체의 각운동량(angular momentum) $\vec{L}$은 물체의 위치($\vec{r}$)와 선운동량($\vec{p}$)의 벡터곱, $\vec{L}=\vec{r}\times\vec{p}=\vec{r}\times m\vec{v}$로 정의된다.

26 [정답: ③]　　**27** [정답: ①]　　**28** [정답: ③]

29 [정답: ④]

$$\frac{(\text{손실된 역학적 에너지})}{(\text{초기 총 역학적 에너지})}=\frac{mgh-\frac{1}{2}mv^2}{mgh}=1-\frac{v^2}{2gh}=1-\frac{20^2}{2(10)(500)}=\frac{24}{25}$$

30 [정답: ④] $\dot{W}=\frac{E}{t}$ $\therefore$ $E=\dot{W}t=50\times(30\times60)=90{,}000[\mathrm{J}]$

이상에서 $1\mathrm{W}\cdots\mathrm{s}=\left(1\frac{\mathrm{J}}{\mathrm{s}}\right)\cdot\mathrm{s}=1\mathrm{J}$이다.

31 [정답: ③] $1\mathrm{W}=1\mathrm{J/s}=(1\mathrm{N}\cdot\mathrm{m})/\mathrm{s}=(1\mathrm{kg}\cdot\mathrm{m^2/s^2})/\mathrm{s}$

$$\dot{E}=\dot{m}c^2 \quad\therefore\quad \dot{m}=\frac{\dot{E}}{c^2}=\frac{3.6\times10^{26}}{(3\times10^8)^2}=\frac{36}{9}\times10^{25-16}=4\times10^9[\mathrm{kg/s}]$$

† 태양에너지 $E=mc^2$이다. 여기에서 빛의 속도(c)는 다음과 같다.

$c=30$만$\mathrm{km/s}=3\times10^5\mathrm{km/s}=3\times10^8\mathrm{m/s}$

32 [정답: ③] 부피는 종량적 상태량

33 [정답: ④] 동력의 단위 kgf · m/s

34 1ton=1000kg, 1kcal=4200J

$$Q=E_k=\frac{1}{2}mv^2=\frac{1}{2}(7\times1000)(30)^2\times\frac{1}{4200}=750[\mathrm{kcal}]$$

35 하루=24시간= 24×3600초이므로 운동선수가 1초 동안 소모하는 열량은

$$\dot{W}=\frac{W}{t}=\frac{(4320\times4200)\mathrm{J}}{(24\times3600)\mathrm{s}}=210[\mathrm{J/s}]=210[\mathrm{W}]$$

이고, 이것은 100W 전구 2.1개의 일률(동력)에 해당된다. 즉, 100W 전구를 2.1개 사용하는 것과 같다.

36 [정답: ③]

37 [정답: ②] 열과 일은 모두 상태량이 아니다.

38 [정답: ①]

39 [정답: ②] $E_p = mgh = 100 \times (10) \times (70) = 70,000[\mathrm{J}]=70[\mathrm{kJ}]$

40 [정답: ①] $mgh = \frac{1}{2}mv^2 \quad \therefore \quad h = \frac{v^2}{2g} = \frac{(20)^2}{2 \times 10} = 20[\mathrm{m}]$

41 [정답: ④] $W = Pt = \left(10\frac{\mathrm{kJ}}{\mathrm{s}}\right) \times 3600\mathrm{s} = 36 \times 10^3[\mathrm{kJ}] = 36[\mathrm{MJ}]$

42 저항 $R = 40\Omega$, 전류 $I = 2\mathrm{A}$, 시간 $t = 7 \times 60\,\mathrm{s}$이므로 발생한 열량($Q$)은

$$Q = \frac{1}{J}I^2 Rt = \frac{1}{4.2} \cdot (2\mathrm{A})^2 \cdot (40\Omega) \cdot (7 \times 60\mathrm{s}) = 16,000[\mathrm{cal}] = 16[\mathrm{kcal}]$$

43 전력량의 기본 단위는 일의 단위와 같은 J이다. 그런데 J의 단위가 너무 작기 때문에 일반적으로 전기기구가 사용한 전기에너지의 양을 시간 단위로 계산하여 Wh, kWh등의 단위를 많이 사용한다. 1Wh는 1W의 전력을 1시간 동안 사용한 전력량이다. 전력량[Wh]과 일[J]의 관계는 다음과 같다.

$$1\mathrm{Wh} = 1\mathrm{W} \cdot 1\mathrm{h} = 1\mathrm{W} \cdot (3600\mathrm{s}) = 1\frac{\mathrm{J}}{\mathrm{s}} \cdot (3600\mathrm{s}) = 3600\mathrm{J} = 3.6\mathrm{kJ}$$

따라서 4kWh의 전력량은 $4 \times 10^3 \times (3.6\mathrm{kJ}) = 14.4 \times 10^6\mathrm{J} = 14.4\mathrm{MJ}$이다.

44 $1\mathrm{MN} = 10^6\mathrm{N}$, $1\mathrm{mm} = 10^{-3}\mathrm{m}$이므로

$$\begin{aligned} W &= 4\mathrm{MN} \times 3\mathrm{mm} = (4 \times 10^6\mathrm{N}) \times (3 \times 10^{-3}\mathrm{m}) \\ &= 12 \times 10^3\mathrm{N} \cdot \mathrm{m} = 12 \times 10^3\mathrm{J} \\ &= 12\mathrm{kJ} \end{aligned}$$

45 $4\mathrm{GPa} = 4 \times 10^9\mathrm{Pa} = (4 \times 10^6) \times 10^3\mathrm{Pa} = 4 \times 10^6\mathrm{kPa}$

46 $1.013\mathrm{bar} = 1.013 \times 10^5\mathrm{Pa} = 101.3 \times 10^3\mathrm{Pa} = 101.3\mathrm{kPa}$

47 $N = \dfrac{l}{d} = \dfrac{10\text{cm}}{0.1\text{nm}} = \dfrac{10 \times 10^{-2}\text{m}}{0.1 \times 10^{-9}\text{m}} = 10^{1-2-(-10)} = 10^{9}$[개]

48 운동에너지 $E_k = 2\text{MeV} = 2 \times 10^{6}\text{eV} = 2 \times 10^{6} \times (1.6 \times 10^{-19}\text{J}) = 3.2 \times 10^{-13}\text{J}$

49 (1) $1\mu\text{m} = 10^{-6}\text{m} = 10^{-4} \times (10^{-2}\text{m}) = 10^{-4}\text{cm}$

(2) $1\text{km} = 10^{3}\text{m} = 10^{9} \times (10^{-6}\text{m}) = 10^{9}\mu\text{m}$

50 $E_p = 3E_k = \dfrac{3}{2}mv^2$이므로 역학적 에너지보존법칙을 적용하면

$$E_k + E_p = \frac{1}{2}mv^2 + \frac{3}{2}mv^2 = \frac{1}{2}mv_0^2 \rightarrow 4mv^2 = mv_0^2 \quad \therefore \quad v = \frac{1}{2}v_0$$

연습문제 2

01 $v = \dfrac{V}{m} = \dfrac{3 \times 4 \times 5}{40} = 1.5[\text{m}^3/\text{kg}]$

02 $m = \rho V = 1.2 \times (2 \times 4 \times 5) = 48[\text{kg}]$

03 $V = mv = \dfrac{4}{3}\pi R^3 \quad \therefore \quad R = \sqrt[3]{\dfrac{3mv}{4\pi}} = \sqrt[3]{\dfrac{3 \times 10 \times 0.16}{4 \times \pi}} = 0.726\,[\text{m}]$

04 $P_1 = \dfrac{F}{A_1} = \dfrac{1\text{kN}}{(5 \times 10^{-3}\text{m}) \times (0.32\text{m})} = 625\,[\text{kPa}]$

$P_2 = \dfrac{F}{A_2} = \dfrac{1\text{kN}}{(5 \times 10^{-4}\text{m}) \times (0.32\text{m})} = 6250\,[\text{kPa}]$

05 힘 $F = PA = P \times \dfrac{\pi D^2}{4} = \left(4000\dfrac{\text{N}}{\text{m}^2}\right) \times \left(\dfrac{\pi \times 0.2^2}{4}\text{m}^2\right) = 125.7\,[\text{N}]$

06 절대압력 $P_{abs} = P_{atm} + P_{gage} = 95 + 15 = 110\,[\text{kPa}]$

07 절대압력 $P_{abs} = P_{atm} + P_{gage} = 98 + \dfrac{400}{760} \times 101.325\,[\text{kPa}] = 151.3\,[\text{kPa}]$

08 절대압력$P_{abs} = P_{atm} - P_{vac} = 101.325 - \frac{100}{760} \times 101.325[\text{kPa}] = 87.99[\text{kPa}]$

09 절대압력 $P_{abs} = P_{atm} - P_{vac} = 100 \times (1 - 0.7) = 30[\text{kPa}]$

10 (1) $T(℃) = \frac{5}{9}[T(°\text{F}) - 32] = \frac{5}{9}(50 - 32) = 10[℃]$

(2) $T(℃) = \frac{5}{9}(-58 - 32) = -50[℃]$

11 (1) $T(°\text{F}) = \frac{9}{5}T(℃) + 32 = \frac{9}{5} \times 70 + 32 = 158[°\text{F}]$

(2) $T(°\text{F}) = \frac{9}{5} \times (-80) + 32 = -112[°\text{F}]$

12 $T[\text{K}] = T[℃] + 273.15 = 25 + 273.15 = 298.15[\text{K}]$
$T[\text{R}] = 1.8\Delta T[\text{K}] = 1.8 \times 298.15 = 536.67[\text{R}]$

13 $\Delta T[\text{R}] = \Delta T[°\text{F}] = 72\,\text{R}$, $\Delta T[\text{K}] = \Delta T[\text{R}]/1.8 = 72/1.8 = 40\,\text{K}$
$\Delta T[℃] = \Delta T[\text{K}] = 40\,\text{K}$

14 $Q = mC\Delta T = 200 \times 4.2 \times (80 - 20) = 50,400[\text{kJ}]$

15 $T_f = \frac{m_1c_1T_1 + m_2c_2T_2}{m_1c_1 + m_2c_2} = \frac{300 \times 0.45 \times 100 + 200 \times 4.2 \times 20}{300 \times 0.45 + 200 \times 4.2} = 31.1[℃]$

16 $Q = mc\Delta T = 0.2 \times 3 \times (20 - 5) = 9[\text{kJ}]$

17 $Q = mC\Delta T = mgh \quad \therefore \ \Delta T = \frac{gh}{C} = \frac{9.8 \times 40}{0.4 \times 10^3} = 0.98[℃]$

18 $Q = mC(T_f - T_i) \quad \therefore \ T_f = \frac{Q}{mC} + T_i = \frac{0.02 \times (10 \times 60)}{0.5 \times 3} + 20 = 28[℃]$

19 $Q = m_1C(T_f - T_1) = m_2C(T_2 - T_f)$

$\therefore \ T_f = \frac{m_1T_1 + m_2T_2}{m_1 + m_2} = \frac{35 \times 10 + 65 \times 40}{35 + 65} = 29.[℃]$

20 피스톤과 추의 무게와 대기압에 의한 힘은 기체의 압력에 의한 힘과 평형을 이루고 있다.

$$PA = P_{atm}A + (m_1 + m_2)g$$

$$\therefore \quad P = P_{atm} + \frac{(m_1 + m_2)g}{A} = 97 + \frac{(50+10)\times 9.8}{0.02} \times \frac{1}{1000} = 126.4[\text{kPa}]$$

21 같은 열원을 사용하므로 같은 시간 동안에 물과 액체가 공급받은 열량은 같다. 따라서

$$Q = m_w C_w \Delta T_w = m_L C_L \Delta T_L$$

그리고 물의 온도 증가 $\Delta T_w = 80 - 20 = 60$ (℃)

액체의 온도 증가 $\Delta T_L = 60 - 20 = 40$ (℃)

이므로 액체의 비열은 다음과 같다.

$$C_L = \frac{m_w \Delta T_w}{m_L \Delta T_L} \times C_w = \frac{4 \times 60}{10 \times 40} \times 1 = 0.6[\text{kcal/kg}\cdot℃]$$

22 [정답: ①]

23 [정답: ③] $T = \frac{9}{5}T + 32,\ 4T = -32 \times 5 \quad \therefore \quad T = -40$

24 [정답: ③]

25 [정답: ③]

26 [정답: ④]

27 [정답: ③]

28 [정답: ④] $Q = m_A C_A \Delta T_A = m_B C_B \Delta T_B$

29 [정답: ④] 뜨거운 공기로부터 차가운 냉수로 열이 전달되어 공기의 온도가 내려가고 냉수의 온도는 올라간다. 따라서 냉수와 공기의 열 균형에 의해

(냉수가 얻은 열량)=(공기가 잃은 열량) $\therefore \quad [\dot{m}C\Delta T]_{냉수} = [\dot{m}C_p\Delta T]_{공기}$

$$\dot{m} \times (4.2) \times (10-5) = (210) \times (1) \times (30-20);\ \dot{m} = 100[\text{kg/h}]$$

30 [정답: ③] 물의 비열을 1kcal/kg·℃로 가정한다. 물의 질량을 m, 구리의 비열을 C라 하면 처음 물에 구리 1kg을 넣었을 때

$$m \times 1(30-20) = 1 \times C(60-30) \quad \therefore \quad m = 3C$$

이고, 구리 1kg을 추가로 넣었을 때 열평형 온도를 T_f[°C]라 하면

$$1 \times C(100 - T_f) = m \times 1(T_f - 30) + 1 \times C(T_f - 30)$$

이다. 위 식에 $m = 3C$를 대입하여 T_f를 구한다.

$$C(100 - T_f) = 3C(T_f - 30) + C(T_f - 30)$$

$(100 - T_f) = 3(T_f - 30) + (T_f - 30)$

$5T_f = 100 + 90 + 30 = 220 \quad \therefore \quad T_f = \dfrac{220}{5} = 44[℃]$

31 [정답: ①] $T = -40$℃ 에서 섭씨온도와 화씨온도가 같은 값을 가진다.

32 [정답: ①]

$$T_f = \frac{m_1 C_1 T_1 + m_2 C_2 T_2}{m_1 C_1 + m_2 C_2} = \frac{10(0.45)(100) + 2(4.2)(20)}{10(0.45) + 2(4.2)} = 47.9[℃]$$

33 80℃ 물이 잃은 열량=0℃ 물이 얻은 열량.

$m_1 c_w (80 - T_f) = m_2 c_w (T_f - 0) \quad \therefore \quad T_f = \dfrac{7 \times 80}{7 + 3} = 56[℃]$

34 (1) 물이 잃은 열량=얼음이 녹는데 소요된 열량.

$$Q = m_w c_w \Delta T = m_{ice} L \quad \therefore \quad m_{ice} = \frac{m_w c_w \Delta T}{L} = \frac{0.5(1)(40-0)}{80} = 0.25[kg]$$

(2) 물이 잃은 열량=얼음이 녹는데 소요된 열량+녹은 얼음을 10℃로 높이는 데 필요한 열량.

$$m_w c_w (50 - 10) = m_{ice} L + m_{ice} c_w (10 - 0) \quad \therefore \quad m_{ice} = \frac{0.9 \times 1 \times 40}{80 + 1 \times (10)} = 0.4[kg]$$

35 물이 잃은 열량=얼음이 녹는데 소요된 열량+녹은 얼음이 T_f로 상승하는 데 필요한 열량.

$m_w c_w (90 - T_f) = m_{ice} L + m_{ice} c_w (T_f - 0)$

$6(1)(90 - T_f) = 4(80) + 4(1)(T_f - 0) \quad \therefore \quad T_f = \dfrac{6 \times 90 - 4 \times 80}{4 + 6} = 22[℃]$

36 (용기와 물이 얻은 열량) = (금속이 잃은 열량)

$500(0.2)(30 - 10) + 200(1)(30 - 10) = 200 \times c \times (90 - 30)$

$\therefore \quad c = 0.5[cal/g \cdot ℃]$

물의 비열은 1cal/g · ℃ 이다.

37 물질의 비열 $c = \dfrac{Q}{m \Delta T} = \dfrac{40}{2 \times (80 - 30)} = 0.4[kcal/kg \cdot ℃]$

이 물질 3kg의 온도를 20℃에서 50℃로 높이는데 필요한 열량

$Q = mc\Delta T = 3 \times 0.4 \times (50 - 20) = 36[kcal]$

38 (1) (고온 물체 A가 잃은 열량) = (저온 물체 B가 얻은 열량)

$\therefore \quad Q_A : Q_B = 1:1$

(2) 열량 $Q = Q_A = Q_B$이고, 열용량 $C_m = \dfrac{Q}{\Delta T}$이므로

$$C_{m,A} : C_{m.B} = \frac{1}{(\Delta T)_A} : \frac{1}{(\Delta T)_B} = \frac{1}{(50-20)} : \frac{1}{(20-5)} = \frac{1}{30} : \frac{1}{15} = 1:2$$

39 (1) (열용량) $= mc = 4 \times 0.5 = 2$[kJ/K]

(2) $Q = mc\Delta T = 4 \times 0.5 \times 30 = 60$[kJ]

40 [정답: ②] (열용량) $= mc$

41 (1) 비열 $C = \dfrac{Q}{m\Delta T}$이다. 여기에서 질량(m)과 받은 열량(Q)이 같으므로 비열은 온도차 ($1/\Delta T$)에 비례한다.

$$\therefore \quad C_A : C_B = \frac{1}{(\Delta T)_A} : \frac{1}{(\Delta T)_B} = \frac{1}{(60-0)} : \frac{1}{(20-0)} = \frac{1}{6} : \frac{1}{2} = 1:3$$

(2) (1)로부터 $C_A = C$, $C_B = 3C$로 놓고 열평형 온도를 T라 하면

(액체 A가 잃은 열량) = (액체 B가 얻은 열량)

$mC_A(60-T) = mC_B(T-20)$; $m(C)(60-T) = m(3C)(T-20)$

$$\therefore \quad T = \frac{60 + 3 \times 20}{3+1} = 30[℃]$$

42 [정답: ①] $\left(600 + \dfrac{800}{4.2}\right)\text{cal} = (80 \times m)\ \text{cal}$

43 외부와 단열되었으므로 내부에서 전달되는 열량의 총합은 0이다.

$3(1)(T_f - 20) + 4(0.215)(T_f - 30) + 2(0.0924)(T_f - 80) = 0 \quad \therefore \quad T_f = 24.87℃$

44 혼합 기체 전체의 질량 $m_f = m_1 + m_2$이다. 기체의 비열을 C라 하면

$m_1 C(T_f - T_1) + m_2 C(T_f - T_2) = 0$; $T_f(m_1 + m_2) = m_1 T_2 + m_2 T_2$

$$m_f T_f = m_1 T_1 + m_2 T_2 \quad \therefore \quad T_f = \left(\frac{m_1}{m_f}\right)T_1 + \left(\frac{m_2}{m_f}\right)T_2$$

45 고온 금속이 잃은 열량은 저온의 물이 얻은 열량과 같다.

$C_m(100-50) = 0.5(1)(50-20) \quad \therefore$ 열용량 $C_m = 0.3$[kcal/℃]

46 $Q = mC\Delta T$이므로 Q가 같을 때 온도변화 ΔT는 $1/mC$에 비례한다.

$$\therefore \ \Delta T_A : \Delta T_B = \frac{1}{(2m)(3c)} : \frac{1}{(4m)(5c)} = \frac{1}{6} : \frac{1}{20} = 10 : 3$$

47 $Q = mc\Delta T$이므로 비열은 $Q/m\Delta T$에 비례한다.

$Q_A = 10\text{cal},\ \Delta T_A = 5℃,\ Q_B = 30\text{cal},\ \Delta T_B = 3℃$

$$\therefore \ C_A : C_B = \frac{10}{(m)(5)} : \frac{30}{(2m)(3)} = 2 : 5$$

48 기름과 용기가 얻은 열량은 금속이 잃은 열량과 같다.

$0.5C_{기름}(30-20) + 40(30-20) = 0.3(400)(110-30)$

$\therefore \ C_{기름} = 1840[\text{J/kg} \cdot ℃]$

49 뜨거운 A 금속이 잃은 열량은 용기의 A 금속과 물이 얻은 열량과 같다. 물의 비열은 $1\text{cal/g} \cdot ℃$ 이다.

$100C_A(120-20) = 300C_A(20-10) + 350(1)(20-10)$

$\therefore \ C_A = 0.5[\text{J/g} \cdot ℃]$

50 합금의 질량은 $m_1 + m_2$이다. 가열에 의한 온도 상승을 ΔT라고 하면

$$(m_1 + m_2)C_{합금}\Delta T = m_1C_1\Delta T + m_2C_2\Delta T \quad \therefore \ C_{합금} = \frac{m_1C_1 + m_2C_2}{m_1 + m_2}$$

51 $Q = mC_{고체}\Delta T + mL = 4(0.03)(600-100) + 4(5) = 80[\text{kcal}]$

52 (30℃ 물의 온도가 T_f로 내려가면서 잃은 열량)=(−5℃ 얼음이 0℃ 얼음으로 되는데 필요한 열량)+(0℃ 얼음이 0℃ 물로 되는 데 필요한 열량)+(0℃ 물의 온도가 T_f로 상승하는데 필요한 열량)

$80(1)(30 - T_f) = 20(0.5)[0-(-5)] + 20(80) + 20(1)(T_f - 0) \quad \therefore \ T_f = 7.5[℃]$

53 (100℃ 수증기가 100℃ 물로 될 때 방출하는 열량)+(100℃ 물의 온도가 40℃로 내려갈 때 방출하는 열량)=(10℃ 물의 온도를 40℃로 올리기 위해 필요한 열량)

$m(540) + m(1)(100-40) = 5(1)(40-10) \quad \therefore \ m = 0.25[\text{kg}]$

54 물의 비열 $C = 1\text{cal/g} \cdot ℃ = 4200\text{J/kg} \cdot ℃$ 이다.

$$mgh = mC\Delta T \quad \therefore \ \Delta T = \frac{gh}{C} = \frac{10 \times 105}{4200} = 0.25[℃]$$

여기에서 $\text{J} = \text{N} \cdot \text{m} = (\text{kg} \cdot \text{m/s}^2)\text{m}$이므로 gh/C의 단위는 ℃가 된다.

55 물의 비열을 C라 하면

$$m_{온수}C(90-40)=m_{냉수}C(40-15) \quad \therefore \quad \frac{m_{냉수}}{m_{온수}}=\frac{50}{25}=2$$

56 얼음의 질량을 m[g], 1분 동안에 공급하는 열량을 q라 한다. 먼저 10 ~ 20분 사이에서 얼음이 융해되며, 이때 얼음이 받은 열량 $(20-10)q$는 0℃ 얼음을 전부 0℃ 물로 녹이는데 사용되므로

$$(20-10)q=mL=m(80) \quad \therefore \quad q=8m \qquad \cdots ①$$

이고, 20 ~ 30분 사이에서 공급한 열량 $(30-20)q$는 전부 0℃ 물의 온도를 T_f로 높이는데 사용되므로

$$(30-20)q=mC_{물}\Delta T=m(1)(T_f-0) \quad \therefore \quad 10q=mT_f \qquad \cdots ②$$

②÷①을 하면 $10=\dfrac{T_f}{8} \quad \therefore \quad T_f=80[℃]$

57 (1) 발생한 열량[cal]: 금속의 운동에너지가 모두 마찰열로 변환되므로

$$Q=E_k=\frac{1}{2}mv^2=\frac{1}{2}(0.21)(300)^2\times\frac{1}{4.2}=2250[\text{cal}]$$

(2) 얼음이 녹은 양[g]: 마찰열과 고온인 금속의 온도 하강에 의한 열량의 합이 얼음을 녹이는 데 소모되는 열량과 같다.

$$2250+m_{금속}C_{금속}(100-0)=m_{얼음}L$$

$$2250+210(0.05)(100-0)=m_{얼음}(80) \quad \therefore \quad m_{얼음}=41.25[\text{g}]$$

58 $P=\dfrac{mg}{\pi d^2/4}=\dfrac{Mg}{\pi D^2/4}$; $D=d\sqrt{\dfrac{M}{m}}=10\sqrt{\dfrac{2500}{25}}=100[\text{cm}]$

59 $P=P_{atm}+\dfrac{mg}{A}$

$$m=\frac{A}{g}(P-P_{atm})=\frac{30(10^{-4})}{9.8}(250-100)\times10^3=45.9[\text{kg}]$$

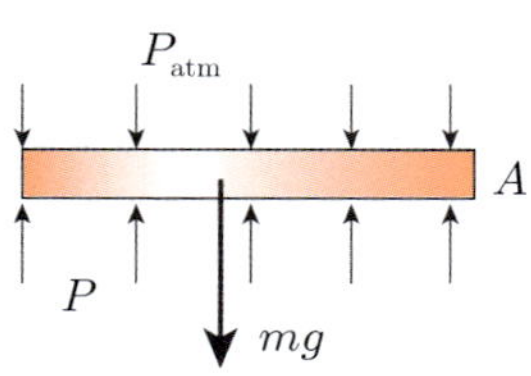

[연습문제 2.59]

60 실린더 바닥 면적을 A라 하면 기름과 물의 총 무게는

$$W = m_1 g + m_2 g = \left(\rho_1 A \times \frac{h}{2}\right)g + \left(\rho_2 A \times \frac{h}{2}\right)g = \frac{1}{2}(\rho_1 + \rho_2)gAh$$

$$P = \frac{W}{A} = \frac{1}{2}(\rho_1 + \rho_2)gh = \frac{1}{2}(850 + 1000)(9.8)(10) = 90,650\,[\mathrm{Pa}]$$

$$= 90.7\,[\mathrm{kPa}]$$

61 $$Q = mC\Delta T = \left(\rho \times \frac{4\pi r^3}{3}\right) \times C(T_2 - T_1)$$

$$= 1020 \times \frac{4\pi \times 0.05^3}{3} \times 3.3 \times (80 - 20) = 105.7\,[\mathrm{kJ}]$$

62 구리공 질량 $m = \rho \times \dfrac{4\pi}{3}\left(\dfrac{d}{2}\right)^3 = 8522 \times \dfrac{4\pi}{3}\left(\dfrac{0.05}{2}\right)^3 = 0.558\,[\mathrm{kg}]$

구리공이 잃은 총 열량

$Q = (100 \times 2)mC(T_1 - T_2) = 100(2)(0.558)(0.385)(120 - 74) = 1976\,[\mathrm{kJ}]$

물은 Q의 열량을 받으므로 물의 온도를 50℃로 유지하기 위해서는

$Q = 1976\,[\mathrm{kJ}]$의 열량을 제거해야 한다.

63 1분 동안 1개의 금속판에 전달된 열량

$$Q = mC\Delta T = (\rho \times abc) \times C(T_2 - T_1)$$

$$= (8,500 \times 0.04 \times 0.5 \times 0.5) \times 0.4 \times (400 - 20) = 12,920\,[\mathrm{kJ}]$$

총 열전달률 $= \dfrac{NQ}{t} = \dfrac{200 \times 12,920}{60} = 43,067\,[\mathrm{kW}] = 43.1\,[\mathrm{MW}]$

64 열전달률 $\dfrac{Q}{t} = \dfrac{mC(T_2 - T_1)}{t} = \left(7800 \times \pi \times 0.04^2 \times \dfrac{2}{60}\right) \times 0.47 \times (500 - 20)$

$$= 294.8\,[\mathrm{kW}]$$

65 $0.2C(30 - 15) + 0.1(30 - 15) = 0.5(0.1)(100 - 30)$

$$C = \frac{0.5(0.1)(70) - 0.1(15)}{0.2(15)} = \frac{2}{3}\,[\mathrm{kcal/kg \cdot ℃}]$$

66 물의 질량 $m_w = \rho V = 1000 \times 10^{-3} = 1\,[\mathrm{kg}]$: $1\mathrm{L} = 1000\mathrm{cm}^3 = 10^{-3}\mathrm{m}^3$

$[mC(T_f - T_1)]_{\text{사람}} + mC(T_f - T_1)]_{\text{물}} = 0$

$68(3.6)(T_f - 39) + 1(4.18)(T_f - 3) = 0 \quad \therefore \quad T_f = 38.4℃$

67 $\dot{W}\Delta t = mC(T_2 - T_1)$; 물의 비열 $C = 4.18\mathrm{kJ/kg \cdot ℃} = 4180\mathrm{J/kg \cdot ℃}$

$1800\Delta t = 40(4180)(80 - 20)$; $\Delta t = 5573\,[\mathrm{s}] = 1.55\,[\mathrm{h}]$

연습문제 3

01 단열되었으므로 $Q=0$이다. 따라서 $Q=\Delta U+W$에서 $0=-500+W$ 이므로 $W=500\,\mathrm{kJ}$의 일을 하였다.

02 $Q=\Delta U+W$에서 $0=400+W$ 이므로 $W=-400\,\mathrm{kJ}$이다. 즉, 계는 외부로부터 $400\,\mathrm{kJ}$의 일을 받았다.

03 $Q=\Delta U+W$에서 $10\times 4.2=\Delta U+30$ $\therefore$ $\Delta U=12\,\mathrm{kJ}$

04 일 $W=P(V_2-V_1)=300\times(0.02-0.04)=-6\,[\mathrm{kJ}]$

$Q=\Delta U+W$에서 $-15=\Delta U-6$ $\therefore$ $\Delta U=-9\,\mathrm{kJ}$

05 (1) $W=P(V_2-V_1)=3\times 10^5\,\mathrm{Pa}\times(5-2)\times 10^{-3}\,\mathrm{m}^3=900\,\mathrm{J}$

(2) $Q=\Delta U+W=400\,\mathrm{J}+900\mathrm{J}=1300\mathrm{J}=1300\times\dfrac{1}{4.2}\,\mathrm{cal}=309.5\,\mathrm{cal}$

06 일 $W=P\Delta V=100\times 0.03=3\,[\mathrm{kJ}]$

$Q=\Delta U+W$에서 $2\times 4.2=\Delta U+3$ $\therefore$ $\Delta U=5.4\,\mathrm{kJ}$

07 $\Delta U=Q-W=10-1500\times 9.8\times\dfrac{1}{4.2}\times\dfrac{1}{1000}=6.5\,[\mathrm{kcal}]$

08 $\Delta H=(U_2+P_2V_2)-(U_1+P_1V_1)=(U_2-U_1)+(P_2V_2-P_1V_1)$

$=100+(300\times 0.5-100\times 0.2)=230\,[\mathrm{kJ}]$

09 $\Delta H=P_2V_2-P_1V_1=(50\times 1.2-20\times 0.4)\dfrac{\mathrm{N}}{(10^{-2}\mathrm{m})^2}\cdot\mathrm{m}^3$

$0=520\times 10^3\,\mathrm{N}\cdot\mathrm{m}=520\mathrm{kJ}=520\times\dfrac{1}{4.2}\,\mathrm{kcal}=123.8\,\mathrm{kcal}$

10 $\Delta H=(U_2-U_1)+(P_2V_2-P_1V_1)$

$=-20+(100\times 0.2-150\times 0.4)=-60\,[\mathrm{kJ}]$

11 $Q=\Delta U+W=\Delta U+P(V_2-V_1)=150+200\times(0.7-0.4)=210\,[\mathrm{kJ}]$

12 $H = U + PV = 200 + (3 \times 10^2) \times 4 = 1400[\mathrm{kJ}]$

13 [정답: ①] $Q = \Delta U + W = -200 + 100 = -100[\mathrm{kJ}]$

14 [정답: ④] 15 [정답: ②] 16 [정답: ②]

17 [정답: ②] 18 [정답: ①] 19 [정답: ③]

20 [정답: ④]

21 압력 $P = 2\mathrm{MPa} = 2{,}000\mathrm{kPa}$로 일정하며, 처음 체적 $V_1 = 0.3\mathrm{m}^3$, 나중 최적 $V_2 = 0.6\mathrm{m}^3$, 내부에너지 변화 $\triangle U = 40\mathrm{kJ}$이다.

(1) 팽창과정 동안 한 일(W): 압력이 일정한 과정이므로

$$W = \int_1^2 PdV = P(V_2 - V_1) = (2{,}000) \times (0.6 - 0.3) = 600[\mathrm{kJ}]$$

(2) 가해진 총 열량(Q): 열역학 제1법칙에서

$$Q = \triangle U + W = 40 + 600 = 640[\mathrm{kJ}]$$

22 상태 1과 2 사이에서 기체가 한 일 $W = \int_1^2 PdV$이므로 $P-V$ 선도에서 일은 면적과 같다.

$$W = \int_1^2 PdV = \frac{1}{2}(P_1 + P_2)(V_2 - V_1)$$
$$= \frac{1}{2}(2+1)(0.3 - 0.1) \times 10^3[\mathrm{kJ}] = 300[\mathrm{kJ}]$$

23 [정답: ①] $E = \frac{1}{2}kT = \frac{1}{2}mv^2 \quad \therefore \quad v_2 = \sqrt{\frac{kT_2}{m_2}} = \sqrt{\frac{k(1/2)T}{8m}} = \frac{1}{4}v_1$

24 [정답: ③] $Q = \Delta U + W$

25 [정답: ①] $Q = \Delta U + W$

26 [정답: ④] 27 [정답: ①]

28 [정답: ①] $\mu_J = \left(\frac{\partial T}{\partial P}\right)_h = \frac{\Delta T}{\Delta P} = \frac{280 - 300}{2 - 10} = 2.5[℃ \cdot \mathrm{cm}^2/\mathrm{kgf}]$

29 등온과정이므로 온도 $T=T_1$으로 일정하다.

$PV=RT+\alpha P$로부터 $P(V-\alpha)=RT_1 \quad \therefore \ P=\dfrac{RT_1}{V-\alpha}$

$$W=\int PdV=\int \frac{RT_1}{V-\alpha}dV=RT_1\ln\left(\frac{V_2-\alpha}{V_1-\alpha}\right)=RT_1\ln\left(\frac{P_1}{P_2}\right)$$

$$=RT_1\ln\left(\frac{P_1}{P_1/2}\right)=RT_1\ln 2$$

이상에서 $P_1(V_1-\alpha)=RT,\ P_2(V_2-\alpha)=RT$이므로 $\left(\dfrac{V_2-\alpha}{V_1-\alpha}\right)=\left(\dfrac{P_1}{P_2}\right)$

30 [정답: ②] 주울 열 $Q=I^2Rt=mC(T_2-T_1)$

$$\therefore \ T_2=\frac{I^2Rt}{mC}+T_1=\frac{5^2(20)(10\times 60)}{4(1250)}+300=360[\mathrm{K}]$$

31 [정답: ④] $mgh=mc\Delta T \quad \therefore \ \Delta T=\dfrac{gh}{c}=\dfrac{10(80)}{4000}=0.2[\mathrm{K}]$

32 [정답: ③] $\dfrac{1}{2}\left(\dfrac{1}{2}mv^2\right)=mc\Delta T \quad \therefore \ \Delta T=\dfrac{v^2}{4c}=\dfrac{320^2}{4(400)}=64[\mathrm{K}]$

33 [정답: ④] $mgh=mc\Delta T \quad \therefore \ \Delta T=\dfrac{gh}{c}=\dfrac{9.8(100)}{4200}\approx 0.23[℃]$

34 [정답: ④] 1리터 $=1000\mathrm{cm}^3=10^{-3}\mathrm{m}^3$.

$W=P(V_2-V_1)=3\times 10^5(10-5)\times 10^{-3}=1500[\mathrm{J}]$

35 [정답: ④] 기체가 한 일 $W=\int PdV$는 $P-V$ 선도에서 그래프 아래 면적과 같다.

$Q=\Delta U+W=(180-30)+\dfrac{1}{2}(20+40)(3-1)=210[\mathrm{J}]$

36 [정답: ③] 물의 비열은 $1\mathrm{kcal/kg\cdot k}=1000\mathrm{cal/kg\cdot K}$이다.

$mgh=m_Ac\Delta T \quad \therefore \ m=\dfrac{m_Ac\Delta T}{gh}=\dfrac{10(4.2\times 1000)(40-20)}{10(20)}=4200[\mathrm{kg}]$

37 [정답: ②] $E_k=\dfrac{1}{2}mv^2=\dfrac{3}{2}kT \quad \therefore \ v\propto\sqrt{T}$

38 [정답: ②]   **39** [정답: ③]

40 $W = \int_1^2 PdV = \int_1^2 kV^2 dV = \frac{k}{3}[V^3]_1^2 = \frac{k}{3}(V_2^3 - V_1^3)$

$= \frac{500}{3}(2^3 - 1^3) = 1167\,[\mathrm{kJ}]$

41 [정답: ①] $v = \frac{72\mathrm{km}}{(\text{한 시간})} = \frac{72 \times 1000}{3600} = 20\,[\mathrm{m/s}]$

$Q = \frac{1}{2}mv^2 \times \frac{1}{J} = \frac{1}{2}(2100)(20)^2 \times \frac{1}{4200} = 100\,[\mathrm{kcal}]$

42 [정답 : ②] $mgh = \frac{1}{2}mv^2 + Q_{\text{마찰열}}$

$v = \sqrt{\frac{2}{m}(mgh - Q_{\text{마찰열}})} = \sqrt{\frac{2}{4}(4 \times 10 \times 5 - 40 \times 4.2)} = 4\,[\mathrm{m/s}]$

43 [정답: ①] $Q_{\text{유입}} = \Delta U + W + Q_{\text{방출}}$; $1000 \times 4.2 = \Delta U + 800 + 500 \times 4.2$

44 [정답: ①] 추의 위치에너지 감소=물이 받는 열량

$mgh = m_{(\text{물})}c\Delta T \quad \therefore \ \Delta T = \frac{mgh}{m_{(\text{물})}c} = \frac{(21)(10)(2)}{(0.4)(4200)} = 0.25\,[℃]$

물의 질량 400g=0.4kg, 비열 $c = 1\mathrm{cal/g} \cdot ℃ = 4200\mathrm{J/kg} \cdot ℃$

45 [정답: ④] 단열이므로 기체에 전달된 열량 $Q = 0$.

$Q = \Delta U + W = 0 \ \therefore \ \Delta U = -W = -P\Delta V = -(500)(-0.4) = 200\,[\mathrm{J}]$

46 [정답: ②] $W = P(V_2 - V_1) \ \therefore \ V_2 = V_1 + \frac{W}{P} = 1 + \frac{400}{1000} = 1.4\,[\mathrm{m^3}]$

47 [정답: ③] $H = U + PV = 20 + (300) \times (0.4) = 140\,[\mathrm{kJ}]$

48 [정답: ②] 1MPa=1000kPa, $\mathrm{kPa} \cdot \mathrm{m^3} = \mathrm{kJ}$이다. $\Delta U = 0$이므로

$\Delta H = P_2V_2 - P_1V_1 = 1000 \times 0.3 - 50 \times 2 = 200\,[\mathrm{kJ}]$

49 [정답: ①] $\Delta U = Q - W = (-14) - (-20) = 6\,[\mathrm{kJ}]$

$\therefore \ \Delta u = \frac{\Delta U}{m} = \frac{6}{0.5} = 12\,[\mathrm{kJ/kg}]$

50 [정답: ③] $W = P(V_2 - V_1) = 200(1.5 - 0.5) = 200[\mathrm{kJ}]$

51 [정답: ④] 전력 $E = VI = 10 \times 15 = 150[\mathrm{W}]$이고 축전지에 에너지가 유입되므로 일의 부호는 음(−)이다. 또한 열이 외부로 방출되므로 열의 부호도 음(−)이다.

$\therefore \ \Delta U = Q - W = (-8) - (-150) = 142[\mathrm{W}] = 142[\mathrm{J/s}]$

† 전력 $E_p = VI$이고, 1W는 1V의 전압으로 1A의 전류가 흐를 때 전력이다.

$1\mathrm{W} = 1\mathrm{V} \times \mathrm{A} = 1\mathrm{J/s}$

52 [정답: ④]

53 [정답: ②]

54 [정답: ③] 이상기체에서 $dh = C_p dT = 0$에서 $dT = 0 \ \therefore \ \mu_J = \left(\frac{\partial T}{\partial P}\right)_h = 0$

55 [정답: ②] $[k] = \mathrm{J/K} = \mathrm{N \cdot m/K} = \left(\mathrm{kg} \cdot \frac{\mathrm{m}}{\mathrm{s}^2}\right) \cdot \mathrm{m\,K^{-1}}$

56 [정답: ②] 내부 기체는 피스톤 무게에 의한 압력과 대기압을 받는다.

$\Delta U = Q - W = Q - P\Delta V = Q - (P_{atm} + mg/A)\Delta V$

57 $1\mathrm{bar} = 10^5\mathrm{Pa}$, $1\mathrm{cal} = 4.2$이다. 압력이 일정하므로

$\Delta U = Q - W = Q - P\Delta V = 4.2 \times 10 - 10^5 \times (2 \times 10^{-4}) = 22[\mathrm{J}]$

58 단열일 때 $Q = \Delta U + W = 0$

$\therefore \ W = -\Delta U = -(U_2 - U_1) = -\left[(aT_2 + bV_2 + U_0) - (aT_1 + bV_1 + U_0)\right]$

$= -\left[a(T_2 - T_1) + b(V_2 - V_1)\right]$

따라서 계가 외부로부터 받은 일은 $a(T_2 - T_1) + b(V_2 - V_1)$이다.

59 일은 $P-V$ 선도에서 그래프 아래의 면적과 같다.

$W = \frac{1}{2}(3+4)(6-2) = 14[\mathrm{J}]$

$\therefore$ 가해 준 열량 $Q = \Delta U + W = 7 + 14 = 21[\mathrm{J}] = 21 \times \frac{1}{4.2}[\mathrm{cal}] = 5[\mathrm{cal}]$

60 (a), (b) 부피가 일정한 과정이므로 기체가 한 일 $W = 0$

(c) 기체가 한 일은 사각형 ABCD의 면적과 같다.

$W = (3-1)(5-1) \times 10^5[\mathrm{N \cdot m}] = 8 \times 10^5[\mathrm{J}] = 800[\mathrm{kJ}]$

$A \to B$ 과정에서 기체가 일을 하고(+) $C \to D$ 과정에서는 기체가 일을 받는다(−).

$1\mathrm{bar} = 10^5\mathrm{Pa} = 10^5\mathrm{N/m^2}$

61 순환과정을 거쳐 다시 처음 상태로 되돌아왔으므로 내부에너지 변화 $\Delta U = 0$

$\therefore \quad Q = \Delta U + W = W = 800[\text{kJ}]$.

즉, 기체는 외부로부터 800kJ의 열량을 흡수하였다.

62 기체가 한 일의 크기는 삼각형 ABC의 면적과 같다.

(a) 과정 A→B에서 일을 하고(+), B→C에서 일을 받았으므로(−) 전체 일의 부호는 양(+)이다.

$$W = \frac{1}{2}(3-1)(5-1) \times 10^5[\text{N} \cdot \text{m}] = 4 \times 10^5[\text{J}] = 400[\text{kJ}]$$

기체는 400kJ의 일을 하였다.

(b) 과정 A→B에서 일을 받고(−), B→C에서 일을 하였으므로(+) 전체 일의 부호는 음(−)이다.

$$W = -\frac{1}{2}(3-1)(5-1) \times 10^5[\text{N} \cdot \text{m}] = -4 \times 10^5[\text{J}] = -400[\text{kJ}]$$

기체는 400kJ의 일을 받았다.

63 순환과정을 거쳐 다시 처음 상태로 되돌아왔으므로 내부에너지 변화 $\Delta U = 0$이고, $Q = \Delta U + W = W$이다.

(a) $Q = 400[\text{kJ}]$ 기체는 400kJ의 열량을 외부로부터 흡수하였다.

(b) $Q = -400[\text{kJ}]$ 기체는 400kJ의 열량을 외부로 방출하였다.

64 압축과정 동안 기체가 한 일(W)은

$$W = \int P\,dV = \int_{V_1}^{V_2} (aV + b)\,dV$$
$$= \frac{1}{2}a(V_2^2 - V_1^2) + b(V_2 - V_1)$$
$$= \frac{1}{2}(-100)(2^2 - 4^2) + 600(2-4) = -600[\text{kJ}]$$

이다. $W < 0$이므로 기체는 600kJ의 일을 받고 압축되었다. 즉, 기체를 압축하기 위해 기체에 한 일은 600kJ이다.

65 처음상태 부피 $V_1 = 2\text{m}^3$, 압력 $P_1 = 300\text{kPa}$으로부터 상수 b를 구하면

$300 = 400 \times 2 + b \quad \therefore \quad b = -500\text{kPa}$

이고, 최종상태 압력 $P_2 = 700\text{kPa}$이므로 최종상태 부피(V_2)는

$700 = 400V_2 - 500 \quad \therefore \quad V_2 = 3\text{m}^3$

이다. 이때 기체가 한 일(W)은 다음과 같다.

$$W=\int P\,dV=\int_{V_1}^{V_2}(aV+b)\,dV=\frac{1}{2}a(V_2^2-V_1^2)+b(V_2-V_1)$$
$$=\frac{1}{2}(400)(3^2-2^2)-500(3-2)=500[\text{kJ}]$$

66 기체가 한 일(W)은

$$W=\int P\,dV=\int_{V_1}^{V_2}\left(\frac{a}{V^2}\right)dV=-a\left(\frac{1}{V_2}-\frac{1}{V_1}\right)=-12\left(\frac{1}{2}-\frac{1}{4}\right)=-3[\text{kJ}]$$

$W<0$이므로 기체는 일을 받았다. 즉, 기체에 행해진 일은 3kJ이다.

67 기체가 받은 열량(Q)은

$$Q=\Delta U+W=\Delta U+P(V_2-V_1)=72+300(0.4-0.2)=132[\text{kJ}]$$

이고, 이것은 전기히터의 발열량(줄열)과 같다.

$$Q=VIt \quad \therefore \quad I=\frac{Q}{Vt}=\frac{132\times1000}{220\times(5\times60)}=2[\text{A}]$$

68 $$W=\int_1^2 P\,dV=\int_1^2(aV+b)\,dv=a\left(\frac{V_2^2-V_1^2}{2}\right)+b(V_2-V_1)$$
$$=-1200\left(\frac{0.12^2-0.42^2}{2}\right)+600(0.12-0.42)=-82.8[\text{kJ}]$$

69 반지름 $R=\dfrac{D}{2}$인 구의 부피 $V=\dfrac{4\pi}{3}\left(\dfrac{D}{2}\right)^3$이므로 $V\propto D^3$, 즉, $D\propto V^{1/3}$이다. 따라서 $P\propto D^2$이면 $P\propto V^{2/3}$이 된다. 여기에서 $P=CV^{2/3}$이라 하면 초기 상태로부터 $C=100\text{kPa/m}^2$이다.

$$W=\int_1^2 P\,dV=\int_1^2 CV^{2/3}\,dV=C\left[\frac{1}{1+2/3}V^{1+2/3}\right]_{V_1}^{V_2}$$
$$=\frac{3C}{5}(V_2^{5/3}-V_1^{5/3})=\frac{3(100)}{5}(8^{5/3}-1)=1{,}860[\text{kJ}]$$

70 (1) 스프링상수를 k, 변위를 x라 하면 스프링에 작용하는 힘 $F=kx$이다. 따라서 피스톤 단면적을 A라 하면 압력 $P=\dfrac{F}{A}=\dfrac{k}{A}x$이므로 압력은 [그림]과 같이(상태 1에서 2로) 선형적으로 변화한다. 이때 그림에서 기체가 한 일(W)은 그래프 아래 면적과 같다.

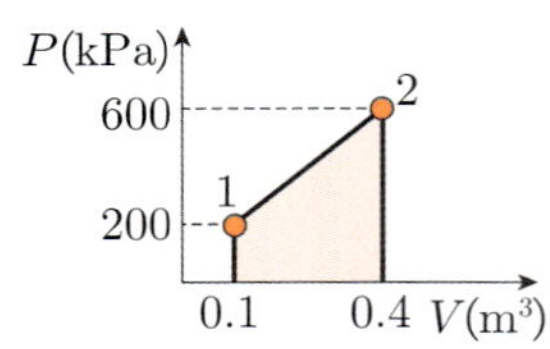

[연습문제 3.70]

$$W=\frac{1}{2}(P_1+P_2)(V_2-V_1)=\frac{1}{2}(600+200)(0.4-0.1)=120[\text{kJ}]$$

(2) 내부에너지 변화 $\Delta U = 50\text{kJ}$이므로, 열역학 제1법칙에 의해 기체에 전달된 총 열량 $Q = \Delta U + W = 50 + 120 = 170[\text{kJ}]$

71 $W = \int PdV$는 그래프 아래 면적과 같다.

(1) ○ A→B: $\overline{AB}$ 아래 면적은 $\overline{AC}$ 아래 직사각형 면적에서 반지름 1인 1/4원의 면적을 뺀 값과 같다.

$$W_{AB} = 2 \times 1 - \frac{1}{4} \times (\pi \times 1^2) = 2 - \frac{\pi}{4}[\text{J}]$$

○ B→C: 정적과정($dV = 0$)에서 $W_{BC} = 0$

○ C→A: 정압과정($P =$ 일정)에서

$$W_{CA} = P(V_A - V_C) = 2 \times (1 - 2) = -2[\text{J}]$$

(2) 이 사이클 과정의 순일 $W_{net} = W_{AB} + W_{BC} + W_{CA} = -\frac{\pi}{4}[\text{J}]$

순일의 부호가 음(−)이므로 이 시스템은 외부로부터 일을 받았다.

(3) 사이클 과정에서 다시 처음 상태로 되돌아왔으므로 내부에너지 변화 $\Delta U = 0$이다. 따라서 열역학 제1법칙에서

$$Q = \Delta U + W = W = -\frac{\pi}{4}[\text{J}]$$

이다. Q의 부호가 음(−)이므로 시스템으로부터 $\pi/4[\text{J}]$의 열이 외부로 방출되었다.

연습문제 4

01 $T_2 = T_1 \times \frac{V_2}{V_1} = (273.2 + 100) \times \frac{3}{4}(\text{K}) = 279.9(\text{K}) = 6.7[℃]$

02 ○ 산소: $R = \frac{8.314}{M} = \frac{8.314}{32} = 0.2598[\text{kJ/kg} \cdot \text{K}]$

○ 이산화탄소: $R = \frac{8.314}{M} = \frac{8.314}{44} = 0.1889[\text{kJ/kg} \cdot \text{K}]$

03 $m = \frac{PV}{RT} = \frac{800 \times 4}{0.287 \times 500} = 22.3[\text{kg}]$

04 견고한 용기이므로 부피가 일정한 과정이다.

$\Delta U = mC_v(T_2 - T_1) = 4 \times 0.7 \times (200 - 50) = 420[\text{kJ}]$

05 $Q = mC_p(T_2 - T_1) = 3 \times 0.8 \times (70 - 20) = 120[\text{kJ}]$

06 $400 \times 0.45 \times (100 - T_f) = (1000 \times 0.1) \times 4.2 \times (T_f - 20) \quad \therefore \quad T_f = 44℃$

07 $Q = \Delta U = mC_v \Delta T = 10 \times 0.7 \times 100 = 700[\text{kJ}]$

08 $Q = mC_v(T_2 - T_1) \quad \therefore \quad T_2 = \dfrac{Q}{mC_v} + T_1 = \dfrac{-560}{10 \times 0.7} + 200 = 120[℃]$

09 $Q = mC_v \Delta T = \dfrac{P_1 V_1}{RT_1} \times C_v(T_2 - T_1) = \dfrac{100 \times 2}{0.3 \times (273 + 50)} \times 0.7 \times (30 - 50)$

$= -28.9[\text{kJ}]$: 28.9 kJ의 열을 방출하였다.

10 (1) $\Delta V = 0 \quad \therefore$ 일 $W = 0$

(2) $T_1 = \dfrac{P_1 V_1}{mR} = \dfrac{100 \times 2}{0.32 \times 2} = 312.5[\text{K}]$, $T_2 = \dfrac{P_2 V_2}{mR} = \dfrac{300 \times 2}{0.32 \times 2} = 937.5[\text{K}]$

(3) $Q = \Delta U = mC_v(T_2 - T_1) = 0.32 \times 3 \times (937.5 - 312.5) = 600[\text{kJ}]$

11 (1) $\Delta U = mC_v \Delta T = 0.2 \times 0.7 \times (20 - 120) = -14[\text{kJ}]$

(2) $Q = mC_p \Delta T = 0.2 \times 1 \times (20 - 120) = -20[\text{kJ}]$: 20 kJ의 열 방출.

(3) $W = Q - \Delta U = -20 - (-14) = -6[\text{kJ}]$

12 $Q = \Delta U + W = \Delta U + P\Delta V = 50 + 100 \times 0.2 = 70[\text{kJ}]$

13 (1) $W = P\Delta V = 200 \times (5 - 1) = 800[\text{kJ}]$

(2) $T_1 = \dfrac{P_1 V_1}{mR} = \dfrac{200(1)}{1.3(0.5)} = 307.7[\text{K}]$, $T_2 = \dfrac{P_2 V_2}{mR} = \dfrac{200(5)}{1.3(0.5)} = 1538.5[\text{K}]$

(3) $Q = \Delta U + W = mC_v(T_2 - T_1) + W$

$= 1.3 \times 1.7 \times (1538.5 - 307.7) + 800 = 3520[\text{kJ}]$

14 $\Delta U = Q - W = Q - P\Delta V = -50 - 100 \times (-0.2) = -30[\text{kJ}]$

15 $\Delta U = Q - W = Q - P\Delta V = 2 \times 4.2 - 100 \times (0.04 \times 0.5) = 6.4[\text{kJ}]$

16 $W = mRT\ln\left(\dfrac{V_2}{V_1}\right) = 10 \times 0.3 \times 400 \times \ln\left(\dfrac{6}{2}\right) = 1318.3[\text{kJ}]$

17 (1) 온도가 일정하므로 $P_1V_1 = P_2V_2$ $\therefore$ $V_1 = \dfrac{P_2V_2}{P_1} = \dfrac{100\times 3}{300} = 1\,[\mathrm{m}^3]$

(2) $W = P_2V_2\ln\left(\dfrac{V_2}{V_1}\right) = 100\times 3\times \ln\left(\dfrac{3}{1}\right) = 329.6\,[\mathrm{kJ}]$

18 $W = P_1V_1\ln\left(\dfrac{V_2}{V_1}\right) = 300\times 2\times \ln\left(\dfrac{1}{2}\right) = -415.9\,[\mathrm{kJ}]$

제1법칙 $Q = \Delta U + W = W = -415.9\,[\mathrm{kJ}]$: 415.9 kJ의 열을 방출하였다.

19 $P_2 = P_1(V_1/V_2)^k = 100\times 2^{1.4} = 263.9\,[\mathrm{kPa}]$

20 $T_2 = T_1(P_2/P_1)^{(k-1)/k} = (273+27)\times(2)^{(1.4-1)/1.4} = 365.7\,[\mathrm{K}]$

21 (1) $T_2 = T_1(P_2/P_1)^{(k-1)/k} = (273+200)\times(200/800)^{(1.4-1)/1.4}$

$= 318.3\,[\mathrm{K}] = 45.3\,[℃]$

(2) $\Delta U = mC_v\Delta T = m\times\dfrac{R}{k-1}\times(T_2 - T_1)$

$= 0.5\times\dfrac{0.3}{1.4-1}\times(45.3-200) = -58\,[\mathrm{kJ}]$

(3) 제1 법칙 $Q = \Delta U + W$에서 $Q = 0$(단열)이므로 $W = -\Delta U = 58\,[\mathrm{kJ}]$

22 ○ 폴리트로픽 지수: $\dfrac{T_2}{T_1} = \left(\dfrac{P_1}{P_2}\right)^{(1-n)/n}$

$$1-\frac{1}{n} = \frac{\ln(T_2/T_1)}{\ln(P_2/P_1)} = \frac{\ln(523.2/323.2)}{\ln(2/0.2)} = 0.209 \quad \therefore \quad n = 1.264$$

○ 기체가 한 일

$$W = \frac{mR(T_2 - T_1)}{1-n} = \frac{3\times 0.3}{1-1.264}\times(250-50) = -681.8\,[\mathrm{kJ}]$$

○ 열전달량:

$$Q = \Delta U + W = mC_v(T_2 - T_1) + W$$

$$= 3\times 0.7\times(250-50) - 681.8 = -261.8\,[\mathrm{kJ}]$$

23 $C_n = C_v\dfrac{n-k}{n-1} = 0.72\times\dfrac{1.25-1.4}{1.25-1} = -0.432\,[\mathrm{kJ/kg\cdot K}]$

24 [정답: ①] **25** [정답: ④] **26** [정답: ③]

27 [정답: ①]

(가) $W = P_1 V_1 \ln\left(\frac{V_2}{V_1}\right) = 0.5 \times 2 \ln\left(\frac{16}{2}\right) = 3\ln 2[\mathrm{MJ}]$; $5\,\mathrm{bar} = 0.5\,\mathrm{MPa}$

(나) $Q = \Delta U + W = 0 + W = 3\ln 2[\mathrm{MJ}]$; 등온과정에서 $\Delta U = 0$

28 [정답: ②] **29** [정답: ④] **30** [정답: ②]

31 [정답: ①] **32** [정답: ③] **33** [정답: ③]

34 [정답: ①] **35** [정답: ④]

36 (1) 등온과정이므로 이상기체 상태방정식에서 $Pv = RT_1$

$$\therefore\ w = \int_1^2 P\,dv = \int_1^2 \frac{RT_1}{v} dv = RT_1 \int_1^2 \frac{1}{v} dv = RT_1 \ln\frac{v_2}{v_1}$$

$P_1 v_1 = P_2 v_2$이므로 $\frac{v_2}{v_1} = \frac{P_1}{P_2}$

$$\therefore\ w = RT_1 \ln\frac{P_1}{P_2} = (C_p - C_v) T_1 \ln\frac{P_1}{P_2}$$

이상기체에서 $C_p - C_v = R$이다.

(2) $1\,\mathrm{mol}$의 이상기체에서 $dH = C_p dT$이다. 여기에서 등온과정이므로

$dT = 0 \quad \therefore\ \Delta H = 0$

또는, 이상기체에서 엔탈피는 온도만의 함수, $h = h(T)$, 이다. 따라서 온도가 일정한 등온과정에서 엔탈피 변화량 $\Delta H = 0$이다.

(3) $1\,\mathrm{mol}$의 이상기체에서 부피가 일정할 때 $dU = C_v dT$

$$\therefore\ \Delta U = \int_1^2 C_v dT = C_v (T_2 - T_1)$$

37 (1), (2) 온도가 일정하면 $PV = C$ (C는 상수)이다.

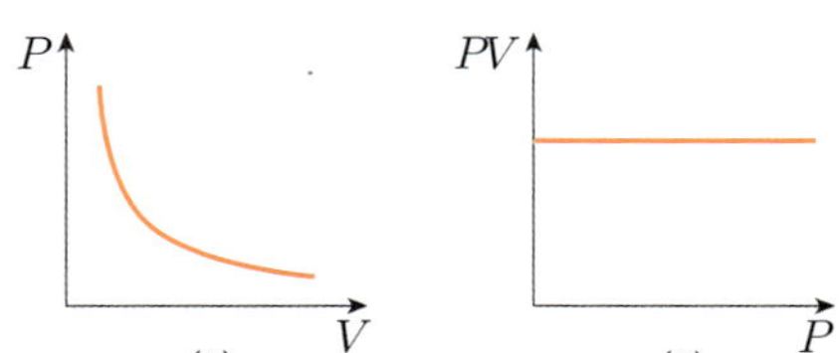

(1) (2)

(3) $PV = nRT$ (n은 몰 수, R은 일반기체상수)

(4) 이상기체 1mol의 부피는 22.4L이므로

$$PV = n\overline{R}T \quad \therefore \quad \overline{R} = \frac{PV}{nT} = \frac{1(22.4)}{1(0+273.15)} = 0.082[\text{atm} \cdot \text{L/mol} \cdot \text{K}]$$

38 [정답: ④]

39 [정답: ②]

40 [정답: ②] 부피와 온도가 일정하므로 $\frac{V}{T} = \frac{mR}{P} = C$이고 $\frac{m_1 R}{P_1} = \frac{m_2 R}{P_2}$

$\therefore \frac{15R}{30} = \frac{m_2 R}{20}$에서 $m_2 = 10\text{kg}$이고 $m_1 - m_2 = 15 - 10 = 5[\text{kg}]$

41 [정답: ④]

42 [정답: ③] 제1법칙으로부터 $\Delta Q = \Delta U + W$이다. 여기에서 $\Delta U > 0$이고 온도차이가 일정하므로 세 과정의 ΔU는 모두 같다. 그리고 $W = \int pdV$는 $P-V$ 선도의 면적이다. 과정 1은 등적과정이므로 $W_1 = 0$이고 $\Delta Q_1 = \Delta U$, 과정 2는 등압과정이므로 $W_2 = P\Delta V > 0$이고 $\Delta Q_2 = \Delta U + P\Delta V$, 과정 3은 단열과정이므로 $\Delta Q = 0$이다. 따라서 $\Delta Q_2 > \Delta Q_1 > \Delta Q_3$이다.

43 [정답: ①]

44 [정답: ㉠ 압력 ㉡ $pv = RT$]

45 밀폐된 철제용기이므로 부피(V)와 질량(m)이 일정한 정적과정이다. 따라서 이상기체 상태방정식 $PV = mRT$로부터 $\frac{T}{P} = (\text{일정})$이므로

$$\frac{T_1}{P_1} = \frac{T_2}{P_2} \qquad \therefore \quad T_2 = \frac{P_2}{P_1} \times T_1 = \frac{330}{300} \times (273+27)\text{K} = 330\text{K} = 57℃$$

여기에서 온도 0[℃]는 273[K]이므로 절대온도 K = 273 + ℃ 이다. 열역학 상태방정식에서 온도는 절대온도[K]라는 사실에 주의한다.

46 [정답: ③]

47 [정답: ③] 압력이 일정하므로 $\frac{(T_2 = 3T)}{V_2} = \frac{T}{V} \quad \therefore \quad V_2 = 3V$

1법칙: $\Delta U = Q - W = 5PV - P(V_2 - V_1) = 5PV - P(3V - V) = 3PV$

48 [정답: ②] 두 부분의 질량은 각각 $m_1 = \dfrac{6PV}{RT_1}$, $m_2 = \dfrac{PV}{RT_2}$

49 [정답: ④] 상태방정식에서 $P_0 V_0 = nRT_A$, $P_0(2V_0) = nRT_C$

$$\Delta U = nC_v(T_A - T_C) = n\times\frac{3}{2}R(T_A - T_C) = \frac{3}{2}(nRT_A - nRT_C)$$

$$= \frac{3}{2}(P_0V_0 - 2P_0V_0) = -\frac{3}{2}P_0V_0$$

50 [정답: ②]

51 [정답: ②] $dh = du + RdT$이므로 $\Delta T < 0$이면 $\Delta H < \Delta U$. $C_P - C_V = R$

52 [정답: ①] $P_1V_1^n = P_2V_2^n$으로부터 $\dfrac{P_2}{P_1} = \left(\dfrac{V_1}{V_2}\right)^n$이고 양변에 로그를 취하면

$$\ln\left(\frac{P_2}{P_1}\right) = \ln\left(\frac{V_1}{V_2}\right)^n = n\ln\left(\frac{V_1}{V_2}\right)$$

53 [정답: ③] 등온과정에서 $\Delta U = 0$이고,

$$Q = W = mRT\ln\left(\frac{P_1}{P_2}\right) = 1(3)\ln\left(\frac{1}{1/e}\right) = 3\ln e = 3[\mathrm{kJ}]$$

54 [정답: ①] 이상기체의 내부에너지와 엔탈피는 온도만의 함수이다.

55 [정답: ④] $Q = \Delta U + W = \Delta U + P(V_2 - V_1) = 200 + 200(4-2) = 600[\mathrm{kJ}]$

56 [정답: ③]

57 [정답: ③] $C_p = C_v + R = \dfrac{3}{2}R + R = \dfrac{5}{2}R$

$$\therefore\ k = \frac{C_p}{C_v} = \frac{5}{3},\ \frac{1-k}{k} = \frac{1}{k} - 1 = \frac{3}{5} - 1 = -0.4$$

$$T_2 = T_1\left(\frac{P_1}{P_2}\right)^{(1-k)/k} = 273\left(\frac{1}{10}\right)^{-0.4} = 273(10)^{0.4} = 273(2.5) = 682.5[\mathrm{K}]$$

58 [정답: ④] 몰 비체적 $\bar{v} = \dfrac{V}{n}$; $Z = \dfrac{P\bar{v}}{\overline{R}T} = \dfrac{300(4/8)}{0.08(700)} = 2.68$

59 [정답: ②]

60 [정답: ②] $\dfrac{T_2}{T_1}=\left(\dfrac{V_1}{V_2}\right)^{n-1}=\left(\dfrac{V_1}{V_2}\right)^{2-1}=\dfrac{V_1}{V_2}$

$$\therefore\ V_2=V_1\left(\frac{T_1}{T_2}\right)=V_1\left(\frac{273+27}{273+127}\right)=\frac{3}{4}V_1$$

61 [정답: ③] 부피가 일정하므로 기체가 한 일 $W=0$이고, 제1법칙으로부터 $\Delta U=Q=2\mathrm{kJ}$이다. 엔탈피의 정의와 이상기체 상태방정식으로부터

$H=U+PV=U+mRT$

$$\therefore\ \Delta H=\Delta U+mR\Delta T=2+2(8)(340-300)\times\frac{1}{1000}=2.64[\mathrm{kJ}]$$

62 [정답: ①] 이상기체의 내부에너지는 온도만의 함수이다.

63 [정답: ④]

$$Q=mC_V\Delta T_1+mC_P\Delta T_2=1(0.7)(130-10)+1(1)(210-130)=164[\mathrm{kJ}]$$

64 [정답: ③] (가) 등온과정($V_2=eV_1$), (나) 정적과정($\Delta V=0$)

(다) 단열 과정(200K→400K)

$$W=mRT_1\ln\left(\frac{V_2}{V_1}\right)+0+mC_V(T_1-T_2)=400R\ln e+\frac{3}{2}R(200-400)=100R$$

65 [정답: ②] 질량이 일정하다. $m=\dfrac{P_1V_1}{RT_1}=\dfrac{P_2V_2}{RT_2}$

$$\therefore\ P_2=\left(\frac{V_1}{V_2}\times\frac{T_2}{T_1}\right)P_1=\left(\frac{10}{5.4}\times\frac{373}{293}\right)760=1792[\mathrm{mmHg}]$$

66 [정답: ②] 부피 일정 과정이므로 $T/P=$ 일정이고 압력이 증가하므로 온도가 증가한다. 따라서 기체가 한 일 $W=0$이고, 내부에너지가 증가($\Delta U>0$)하며, 기체에 열이 유입된다($Q=\Delta U>0$).

67 [정답: ②] 등온과정이므로 내부에너지 변화 $\Delta U=0$이고, 팽창($V_1<V_2$)하였으므로 기체가 한 일 $W=\int PdV>0$이다. ∴ 기체로 유입된 열 $Q=\Delta U+W>0$.

68 [정답: ②] $E_k = \frac{1}{2}mv^2 = \frac{3}{2}kT$

69 [정답: ①]

$$\frac{P_1 V_1}{T_1} = \frac{P_2 V_2}{T_2} \quad \therefore \quad P_2 = \left(\frac{T_2}{T_1} \times \frac{V_1}{V_2}\right)P_1 = \left(\frac{2T_1}{T_1} \times \frac{V_1}{3V_1}\right)P_1 = \frac{2}{3}P_1$$

70 [정답: ③] $T_2 = T_1\left(\frac{V_1}{V_2}\right)^{\gamma-1} = 300\left(\frac{1}{1/10}\right)^{2-1} = 3000[\mathrm{K}]$

$\therefore \quad T_2 - T_1 = 3000 - 300 = 2700[\mathrm{K}]$

71 [정답: ④] 정압비열 $C_p = C_v + R = \frac{3}{2}R + R = \frac{5}{2}R$이고, 이상기체 상태방정식 $PV = mRT$로부터 $mT = \frac{PV}{R}$이다. 정압과정($P_2 = P_1 = P$)에서 이상기체에 가해진 열량

$$Q = mC_p(T_2 - T_1) = \frac{5R}{2}(mT_2 - mT_1) = \frac{5R}{2}\left(\frac{PV_2}{R} - \frac{PV_1}{R}\right) = \frac{5}{2}P(V_2 - V_1)$$

$$= \frac{5}{2}(3 \times 10^5)(3-1) \times 10^{-3} = 1500[\mathrm{J}]$$

이상에서 1리터 $= 1000\mathrm{cm}^3 = 10^{-3}\mathrm{m}^3$.

72 [정답: ③] $T_A < T_B$, $W_{AB} = 2PV$, $T_B > T_C$ (열 방출), $W_{BC} = 0$

73 [정답: ③] 이상기체의 내부에너지는 온도만의 함수이다.

74 [정답: ①]

75 [정답: ④] $C_v = \frac{3}{2}R$, $k = \frac{C_p}{C_v} = \frac{5}{3}$, $W = -\Delta U = nC_v(T_1 - T_2)$로부터

$$T_2 = T_1 - \frac{W}{nC_v} = T_1 - \frac{2W}{3nR} \qquad \cdots ①$$

$T_1 P_1^{(1-k)/k} = T_2 P_2^{(1-k)/k}$로부터

$$\frac{P_2}{P_1} = \left(\frac{T_2}{T_1}\right)^{\frac{k}{k-1}} = \left(\frac{T_2}{T_1}\right)^{\frac{5/3}{5/3-1}} = \left(\frac{T_2}{T_1}\right)^{\frac{5}{2}} \qquad \cdots ②$$

식 ②에 ①을 대입하면 $\frac{P_2}{P_1} = \left(1 - \frac{2W}{3nRT_1}\right)^{\frac{5}{2}}$

76 [정답: ③] $Q = \Delta U + W = 0$, $W = \int P dV > 0$

77 [정답: ④] 상태방정식 $PV = nRT$로부터 $T_A = \frac{PV}{nR}$, $T_B = \frac{P(2V)}{nR}$

$$Q = nC_p(T_B - T_A) = n \times \frac{5}{2}R \times \left(\frac{2PV}{nR} - \frac{PV}{nR}\right) = \frac{5}{2}PV$$

78 (1) 기체의 내부에너지 변화량[kJ]: 이상기체에서

$\Delta U = mC_v \Delta T = 2(0.7)(10) = 14$[kJ]

(2) 기체가 한 일[kJ]: 피스톤에 작용하는 축 방향 힘(F)이 일정하므로 압력($P = F/A$)이 일정하다. 정압과정에서

$W = P\Delta V = mR\Delta T = 2(0.3)(10) = 6$[kJ]

(3) 기체가 받은 열량[kJ]: 제1법칙으로부터

$Q = \Delta U + W = 14 + 6 = 20$[kJ]

† P가 일정할 때 이상기체 상태방정식 $PV = mRT$로부터 $P\Delta V = mR\Delta T$

79 상태방정식 $PV = mRT = RT$에서 온도 T는 PV에 비례한다.

(1) 점 A에서 $P_0V_0 = RT_0$이다.

○ 점 B: $(2P_0)V_0 = RT_B$ ∴ $T_B = 2T_0$

○ 점 C: $(2P_0)(3V_0) = RT_C$ ∴ $T_C = 6T_0$

○ 점 D: $P_0(3V_0) = RT_D$ ∴ $T_D = 3T_0$

(2) A→B 과정: 정적과정이므로 $W = 0$

$$Q = \Delta U + W = \Delta U = C_v \Delta T = \frac{3}{2}R(2T_0 - T_0) = \frac{3}{2}RT_0$$

$Q > 0$이므로 기체가 받은 열량(기체로 유입된 열량)은 $3RT_0/2$이다.

(3) B→C 과정: 정압과정

$W = P\Delta V = 2P_0(3V_0 - V_0) = 4P_0V_0 = 4RT_0$

$W > 0$이므로 기체가 한 일은 $4RT_0$.

$$Q = \Delta U + W = C_v\Delta T + W = \frac{3}{2}(6T_0 - 2T_0) + 4RT_0 = 10RT_0$$

$Q > 0$이므로 기체가 받은 열량은 $10RT_0$이다.

(4) C→D 과정: 정적과정이므로 $W = 0$

$$Q = \Delta U + W = \Delta U = C_v\Delta T = \frac{3}{2}R(3T_0 - 6T_0) = -\frac{9}{2}RT_0$$

$Q < 0$이므로 기체가 방출한 열량은 $9RT_0/2$이다.

(5) D→A 과정: 정압과정

$W = P\Delta V = P_0(V_0 - 3V_0) = -2P_0V_0 = -2RT_0$

$W < 0$이므로 기체가 받은 일은 $2RT_0$.

$Q = \Delta U + W = C_v\Delta T + W = \frac{3}{2}(T_0 - 3T_0) - 2RT_0 = -5RT_0$

$Q < 0$이므로 기체가 방출한 열량은 $5RT_0$이다.

† A→B→C에서 열을 받고, C→D→A에서 열을 방출한다.

80 (1) $W_{13} = \int_1^3 PdV = \int_1^2 PdV + \int_2^3 PdV = P_0(4V_0 - V_0) + 0 = 3P_0V_0$

(2) 상태방정식 $PV = RT$에서 $P_0(4V_0) = RT_2$, $(2P_0)(4V_0) = RT_3$

$\therefore\ \Delta U = C_v(T_3 - T_2) = \frac{3}{2}R\left(\frac{8P_0V_0}{R} - \frac{4P_0V_0}{R}\right) = 6P_0V_0$

81 등온과정이므로 $PV = mRT =$ 일정이다.

(1) 팽창 후의 기체 압력 P_2[kPa]: $PV =$ 일정이므로 $P_1V_1 = P_2V_2$

$$\therefore\ P_2 = P_1 \times \frac{V_1}{V_2} = P_1 \times \frac{(4\pi R_1^3/3)}{(4\pi R_2^3/3)} = P_1 \times \left(\frac{R_1}{R_2}\right)^3$$

$$= 100 \times \left(\frac{0.1}{0.2}\right)^3 = 100 \times \frac{1}{8} = 12.5\,[\text{kPa}]$$

(2) 이 과정에 의해 기체가 한 일 W[J]: $PV = P_1V_1$에서 $P = P_1V_1 \times \frac{1}{V}$

$$W = \int_1^2 PdV = P_1V_1\int_1^2 \frac{1}{V}dV = P_1V_1\ln\left(\frac{V_2}{V_1}\right)$$

$$= (100 \times 10^3) \times \left[\frac{4\pi}{3} \times (0.1)^3\right] \times \ln 8\,[\text{J}]$$

$$= (100 \times 10^3) \times \left[\frac{4 \times 3}{3} \times 10^{-3}\right] \times 2\,[\text{J}] = 800\,[\text{J}]$$

이상에서 부피비 $\frac{V_2}{V_1} = \left(\frac{R_2}{R_1}\right)^3 = \left(\frac{0.2}{0.1}\right)^3 = 2^3 = 8$이다.

82 비열비 $k = \frac{C_P}{C_V} = \frac{5}{3}$, $V_i = 0.25 = \frac{1}{4}\,[\text{m}^3]$이다.

○ 경로 A: 가역단열과정에서 $PV^k = PV^{\frac{5}{3}} = C$이다.

$$\therefore\ P_fV_f^{\frac{5}{3}} = 4\left(\frac{1}{4}\right)^{\frac{5}{3}} = 4^{1-\frac{5}{3}} = 4^{-\frac{2}{3}} \quad \cdots ①$$

○ 경로 B: 가역등온과정에서 $PV = mRT = C$이다.

$$\therefore\ P_f V_f = 1\left(\frac{1}{4}\right) = 4^{-1} \qquad \cdots ②$$

① ÷ ②를 하면 $V_f^{\frac{5}{3}-1} = 4^{-\frac{2}{3}+1}$

$$V_f^{\frac{2}{3}} = 4^{\frac{1}{3}} \quad \therefore\ V_f = 4^{\frac{1}{2}} = 2[\mathrm{m}^3] \qquad \cdots ③$$

이고, ③을 ②에 대입하면 P_f는 다음과 같다.

$$P_f = \frac{4^{-1}}{V_f} = \frac{4^{-1}}{2} = \frac{1}{2\times 4} = \frac{1}{8}[\mathrm{bar}]$$

83 가열기가 공급하는 열은 $500\times(4\times 60)\,\mathrm{J} = 120\,\mathrm{kJ}$ ($\because$ 전력 $P = Q/t$)

질량 $m = \dfrac{P_1 V_1}{RT_1} = \dfrac{300\times 0.6}{0.3\times(273+27)} = 2[\mathrm{kg}]$

$\delta Q = dH - VdP$ 에서 압력이 일정하므로 $dP = 0$

$\therefore\ Q = \Delta H = mC_p(T_2 - T_1)$

$\therefore\ 120 - 10 = 2\times 1.04\times(T_2 - 27)$에서 $T_2 = 79.9[℃]$ ← $10\,\mathrm{kJ}$의 열손실이 있다.

84 $\dot{E}_{in} = \dot{E}_{out};\ \dot{m}_1 h_1 + \dot{m}_2 h_2 = \dot{m}_3 h_3$ ($\because\ \dot{Q} = \dot{W} = 0$)

$\dot{m}_1 C_p T_1 + \dot{m}_2 C_p T_2 = \dot{m}_3 C_p T_3;\ \dot{m}_1 + \dot{m}_2 = \dot{m}_3$

$$\therefore\ T_3 = \left(\frac{\dot{m}_1}{\dot{m}_3}\right)T_1 + \left(\frac{\dot{m}_2}{\dot{m}_3}\right)T_2$$

[참고] 검사 체적에 대한 일반적인 열역학 제1법칙

검사체적에 대한 열역학적 과정은 정상유동과 비정상유동과정으로 나눌 수 있다. 정상유동과정에서는 고정된 위치에서 상태량이 시간에 따라 변하지 않으면서 검사체적을 통하여 유체가 들어오고 나간다. 따라서 정상유동에서는 검사체적 내의 질량과 에너지가 일정하게 유지된다.

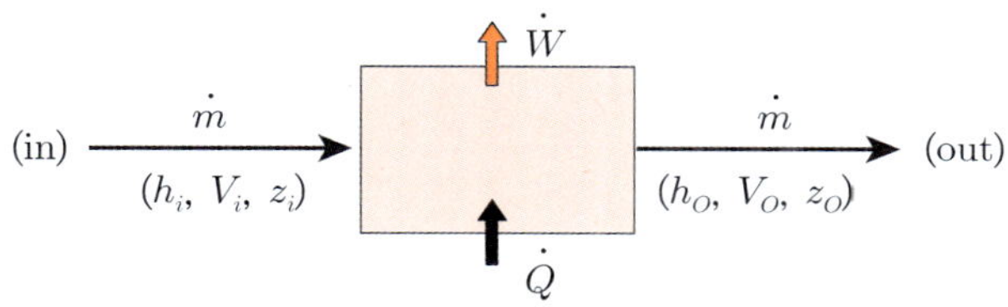

[그림] 정상유동에 대한 열역학 제1법칙

[그림]과 같이 계로 유입된 열량($\dot{Q}$)과 계가 한 일($\dot{W}$)을 양으로 잡으면 정상유동과정에 대한 질량과 에너지 보존 식은 다음과 같다.

$$\sum \dot{m}_i = \sum \dot{m}_o \ \cdots ①$$

$$\dot{Q} + \sum \dot{m}_i \left(h_i + \frac{V_i^2}{2} + g z_i \right) = \dot{W} + \sum \dot{m}_o \left(h_o + \frac{V_o^2}{2} + g z_o \right) \ \cdots ②$$

85 [본문 참고] $C_p - C_v = R$, $C_p = \dfrac{kR}{k-1}$, $C_v = \dfrac{R}{k-1}$

86 직선 1-2와 4-3이 모두 원점을 지나므로 압력 $P = aT$(기울기 a는 상수)의 관계식이 성립한다. 따라서 이상기체 상태방정식 $PV = n\overline{R}\,T$에서 압력과 온도가 비례하므로 과정 1→2와 3→4는 모두 부피(V)가 일정한 정적과정이다. 상태방정식으로부터 점 1과 3의 부피는 각각

$$V_1 = \frac{n\overline{R}\,T_1}{P_1} = \frac{2(8.3144)(300)}{200} = 24.9432[\mathrm{m}^3]$$

$$V_3 = \frac{n\overline{R}\,T_3}{P_3} = \frac{2(8.3144)(1800)}{400} = 74.8296[\mathrm{m}^3]$$

이고 $V_2 = V_1$, $V_4 = V_3$이며, 주어진 과정을 $P-V$ 선도로 나타내면 그림과 같다.

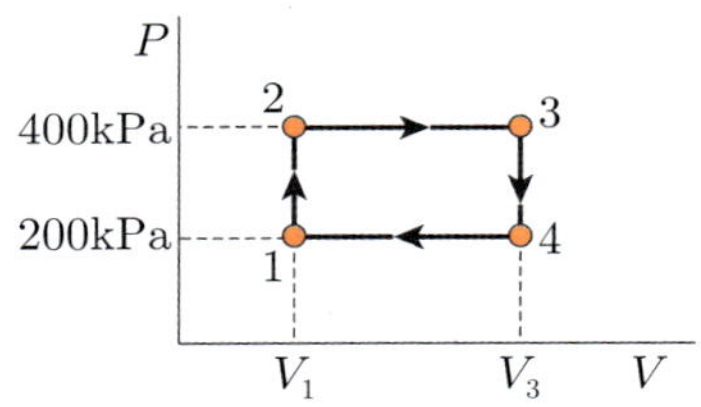

[연습문제 4.86]

$P-V$ 선도에서 사이클당 발생 일(W)은 사각형 1-2-3-4-1의 면적이고, 그 값은 다음과 같다.

$$W = (P_2 - P_1)(V_3 - V_1) = (400 - 200)(74.8296 - 24.9432) = 9977.28[\mathrm{kJ}]$$

87 처음 상태 $T_1 = 50℃$, $V_1 = 0.01\mathrm{m}^3$, 최종 상태 $T_2 = 150℃$, $V_2 = 0.02\mathrm{m}^3$이고 일정 압력 $P = 0.2\mathrm{MPa} = 200\mathrm{kPa}$, 질량 $m = 0.1\mathrm{kg}$, 기체에 가한 열량(기체가 받은 열량) $Q = 10\mathrm{kJ}$이다.

(1) 정압과정에서 기체가 받은 열량 $Q = mC_p\Delta T$로부터

$$C_p = \frac{Q}{m\Delta T} = \frac{Q}{m(T_2 - T_1)} = \frac{10}{0.1(150-50)} = 1[\mathrm{kJ/kg \cdot K}]$$

(2) 정압과정에서 기체가 한 일 $W = P(V_2 - V_1) = 200(0.02 - 0.01) = 2[\mathrm{kJ}]$

이므로 열역학 제1법칙으로부터 $Q = \Delta U + W = mC_v\Delta T + W$

$$\therefore \quad C_v = \frac{Q-W}{m\Delta T} = \frac{Q-W}{m(T_2-T_1)} = \frac{10-2}{0.1(150-50)} = 0.8[\text{kJ/kg}\cdot\text{K}]$$

(3) 기체상수 $R = C_p - C_v = 1 - 0.8 = 0.2[\text{kJ/kg}\cdot\text{K}]$

(4) $R = \dfrac{\overline{R}}{M} \quad \therefore \quad M = \dfrac{\overline{R}}{R} = \dfrac{8.31}{0.2} = 41.55[\text{kg/kmol}] = 41.55[\text{g/mol}]$

연습문제 5

01 [정답: ③, ④]

02 [정답: ②, ③] ①은 1법칙, ④는 0법칙.

03 [정답: ④] 완전 진공에서는 마찰력이 없으므로 가역 사이클에 가장 가깝다.

04 $\eta = \dfrac{W}{Q_H} = \dfrac{300}{1000} = 30[\%]$

05 $\eta = \dfrac{W}{Q_H} = \dfrac{1680}{1\times 4200} = 40[\%]$

06 $W = \eta Q_H = 0.3\times 10\times 4.2 = 12.6[\text{kJ}]$

07 $\text{COP}_\text{R} = \dfrac{\dot{Q}_L}{\dot{W}} \quad \therefore \quad \dot{W} = \dfrac{\dot{Q}_L}{\text{COP}_\text{R}} = \dfrac{180/60}{1.5} = 2[\text{kW}]$

$\dot{Q}_H = \dot{Q}_L + \dot{W} = \dfrac{180}{60} + 2 = 5[\text{kW}]$

08 $\text{COP}_\text{R} = \dfrac{\dot{Q}_L}{\dot{W}} = \dfrac{168/60}{1} = 2.8;\ \dot{Q}_H = \dot{Q}_L + \dot{W} = \dfrac{168}{60} + 1 = 3.8[\text{kW}]$

09 $\text{COP}_\text{H} = \dfrac{\dot{Q}_H}{\dot{W}} = \dfrac{84/60}{1} = 1.4;\ \dot{Q}_L = \dot{Q}_H - \dot{W} = \dfrac{84}{60} - 1 = 0.4[\text{kW}]$

10 (a) $Q_H = W + Q_L$이므로 열역학 1법칙을 만족한다.

카르노 기관의 열효율 $\eta_c = 1 - \dfrac{500}{1000} = 0.5$

주어진 기관의 열효율 $\eta = \frac{W}{Q_H} = \frac{60}{100} = 0.6$

$\therefore \ \eta > \eta_c$이므로 열역학 2법칙에 어긋난다. 따라서 불가능한 기관이다.

(b) 주어진 기관의 열효율 $\eta = \frac{W}{Q_H} = \frac{45}{100} = 0.45$

$\therefore \ \eta < \eta_c$이므로 열역학 2법칙을 만족한다. 따라서 가능한 기관이다.

이 경우 1법칙에 의해 $Q_L = Q_H - W = 100 - 45 = 55\,[\text{kJ}]$이 된다.

11 $\eta = 1 - \frac{T_L}{T_H} = 1 - \frac{273+27}{273+227} = 40\,[\%]$

12 카르노기관의 효율이 가장 크다. $\eta = 1 - \frac{T_L}{T_H} = 1 - \frac{273+27}{273+127} = 25\,[\%]$

13 열효율 $\eta = 1 - \frac{T_L}{T_H} = 1 - \frac{273+20}{273+250} = 0.44$

$\therefore \ W = \eta Q_H = 0.44 \times (50 \times 4.2) = 92.4\,[\text{kJ}]$

14 $\text{COP}_\text{R} = \frac{T_L}{T_H - T_L} = \frac{273.2 - 10}{20-(-10)} = 8.77$

$\text{COP}_\text{H} = \frac{T_H}{T_H - T_L} = \frac{273.2 + 20}{20-(-10)} = 9.77$

15 $\text{COP}_\text{R} = \frac{T_L}{T_H - T_L} = \frac{273.2 + 4}{20-4} = 17.3$; 성능계수 20은 카르노냉동기의 성능계수 17.3 보다 크므로 실현 불가능한 냉동기이다.

16 $\text{COP}_\text{R} = \frac{\dot{Q}_L}{\dot{W}} = \frac{T_L}{T_H - T_L}$; $\dot{W} = \dot{Q}_L\left(\frac{T_H - T_L}{T_L}\right) = 5\left(\frac{25-(-10)}{273.2-10}\right) = 0.665\,[\text{kW}]$

17 $\text{COP}_\text{R} = \frac{\dot{Q}_L}{\dot{W}} = \frac{\dot{Q}_H - \dot{W}}{\dot{W}} = \frac{T_L}{T_H - T_L}$; $\frac{\dot{Q}_H}{\dot{W}} - 1 = \frac{T_L}{T_H - T_L}$

$\therefore \ \dot{W} = \dot{Q}_H \times \frac{T_H - T_L}{T_H} = 12 \times \frac{35-25}{273.2+35} = 0.389\,[\text{kW}]$

18 집안 온도를 25℃로 일정하게 유지하기 위해서는 손실된 열량만큼 열을 집 안으로 공급해야 한다. 즉, $\dot{Q}_H = 1200\mathrm{kJ/min}$이다.

$$\mathrm{COP_H} = \frac{\dot{Q}_H}{\dot{W}} = \frac{T_H}{T_H - T_L}$$

$$\therefore \quad \dot{W} = \dot{Q}_H\left(\frac{T_H - T_L}{T_H}\right) = \frac{1200}{60}\left(\frac{25-(-5)}{273.2+25}\right) = 2.0\,[\mathrm{kW}]$$

19 [접답: ④] **20** [정답: ③] **21** [정답: ③]

22 [정답: ①]

23 카르노 사이클의 $P-V$ 선도는 그림과 같다.

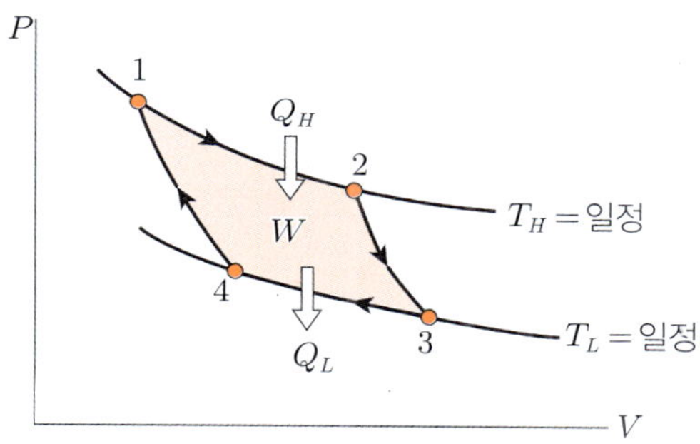

[연습문제 5.23] 카르노 사이클의 $P-V$ 선도

(1) 이상기체의 내부에너지는 온도만의 함수이다. 따라서 등온가정이므로 내부에너지 변화량 $\Delta U = 0$이다. 또는, $dU = C_v dT$에서 $dT = 0$이므로 $\Delta U = 0$.

(2) 이상기체 $n = 1\,\mathrm{mol}$이므로 상태방정식 $PV = n\overline{R}T$에서

$$T_H = \frac{PV}{\overline{R}} = \frac{0.41 \times 100}{0.082} = 500\,[\mathrm{K}]$$

카르노 사이클의 효율에서

$$\eta = 1 - \frac{T_L}{T_H} \quad \therefore \quad T_L = T_H(1-\eta) = 500 \times (1-0.4) = 300\,[\mathrm{K}]$$

† $\overline{R} = 0.082\ \mathrm{atm \cdot L/mol \cdot K}$

(3) 카르노 사이클 효율 $\eta = \dfrac{W}{Q_H}$ $\quad \therefore \quad W = \eta Q_H = 0.4 \times 94.3 = 37.72\,[\mathrm{J}]$

24 ○ 일과 열량에 대한 효율의 정의로부터 열량을 구한다.

$$\eta = \frac{W}{Q_H} \quad \therefore \quad Q_H = \frac{W}{\eta} = \frac{250}{0.8} = 312.5\,[\mathrm{kJ}]$$

$$Q_L = Q_H - W = 312.5 - 250 = 62.5\,[\mathrm{kJ}]$$

○ 열원의 온도에 대한 효율의 식으로부터 온도를 구한다.

$$\eta = 1 - \frac{T_L}{T_H} \quad \therefore \quad T_L = T_H(1-\eta) = 2000 \times (1-0.8) = 400\,[\mathrm{K}]$$

25 효율의 정의로부터 온도를 구한다. $\eta = \frac{W}{Q_H} = 1 - \frac{T_L}{T_H}$

$$\therefore \quad T_H = \frac{T_L}{1 - W/Q_H} = \frac{(273+27)}{1 - 213.5/427} = 600\,[\mathrm{K}] = 327\,[℃]$$

26 [정답: ③] 27 [정답: ②] 28 [정답: ①]

29 [정답: ③] 30 [정답: ②] 31 [정답: ④]

32 [정답: ②]

33 [정답: ③] 열역학 제1법칙에 의해 기관의 일

$$W = Q_1 - Q_2 = 500 - 300 = 200\,[\mathrm{kJ}]$$

열효율 $\eta = \frac{(\text{일})}{(\text{흡수한 열})} = \frac{W}{Q_1} = \frac{200}{500} \times 100 = 40\,[\%]$

34 [정답: ④] 35 [정답: ③] 36 [정답: ②]

37 [정답: ②] 38 [정답: ④]

39 [정답: ④] $\mathrm{COP_R} = \frac{Q_L}{W} = \frac{T_L}{T_H - T_L} = \frac{10}{300-10} = \frac{1}{29}$

$$\therefore \quad W = 29Q_L = 29(2) = 58\,[\mathrm{J}]$$

40 [정답: ③] 41 [정답: ①] 42 [정답: ③]

43 [정답: ④] $W = Q_H\eta = Q_H\left(\frac{T_H - T_L}{T_H}\right) = 500\left(\frac{500-100}{500+273}\right) = 259\,[\mathrm{kJ}]$

44 [정답: ④] 1MW=1000kW; $\eta = \frac{W}{Q_H} = \frac{Q_H - Q_L}{Q_H} = \frac{1000-450}{1000} = 0.55$

45 [정답: ④] $COP_R = \frac{T_L}{T_H - T_L} = \frac{(273.2+5)}{30-5} = 11.13$

46 [정답: ④] $\dot{Q}_L = 4kJ/s$, $\dot{W} = 2kW = 2kJ/s$, $T_H = 27℃ = 300K$.

$$COP_R = \frac{\dot{Q}_L}{\dot{W}} = \frac{T_L}{T_H - T_L} = \frac{1}{T_H/T_L - 1};\quad \frac{T_H}{T_L} - 1 = \frac{\dot{W}}{\dot{Q}_L} = \frac{2}{4} = \frac{1}{2}$$

$$\therefore\ T_L = \frac{2}{3}T_H = \frac{2}{3}(300) = 200[K] = 200 - 273[℃] = -73[℃]$$

47 [정답: ①] $\eta = 0.6\eta_C = 0.6\left(\frac{T_H - T_L}{T_H}\right) = 0.6\left(\frac{350-50}{350+273}\right) = 0.289 \approx 0.3$

48 [정답: ②] $\eta = 1 - \frac{T_L}{T_H} = 1 - \frac{(273+27)}{(273+327)} = 0.5$

49 [정답: ②] 건물 내부에서 외부로 초당 9kJ의 열에너지가 새어 나가므로 건물 내부 온도를 300K로 유지하기 위해서는 건물 내부로 초당 $Q_H = 9kJ$의 열($\dot{Q}_H = 9kW$)을 공급해야 한다. $COP_H = \frac{\dot{Q}_H}{\dot{W}} = \frac{T_H}{T_H - T_L} = \frac{300}{300-250} = 6$ $\therefore$ $\dot{W} = \frac{\dot{Q}_H}{6} = \frac{9000}{6} = 1500[W]$

50 [정답: ②] $\eta = \frac{W}{Q_H} = \frac{T_H - T_L}{T_H} = \frac{600-300}{600} = \frac{1}{2}$

$$Q_H = 2W = 2(1200) = 2400[J],\ Q_L = Q_H - W = 2400 - 1200 = 1200[J]$$

51 [정답: ①]

52 [정답: ③]

53 [정답: ④] 열역학 제1법칙을 만족할 수 있지만 제2법칙에 어긋난다.

54 [정답: ①]

55 [정답: ②]

56 [정답: ③] $D \rightarrow A$ 과정은 단열 압축과정이며, 기체가 압축되어 온도가 올라간다. ④는 단열 팽창현상으로 $B \rightarrow C$ 과정(기체가 팽창하여 온도가 떨어지는 과정)에 해당된다.

57 [정답: ①] **58** [정답: ③]

59 $\mathrm{COP_R} = \dfrac{\dot{Q}_L}{\dot{W}} = \dfrac{T_L}{T_H - T_L}$

$$\dot{W} = \left(\frac{T_H - T_L}{T_L}\right)\dot{Q}_L = \left(\frac{25-(-8)}{273-8}\right)(300) = 37.36[\mathrm{kJ/min}] = 0.623[\mathrm{kW}]$$

60 $\mathrm{COP_H} = \dfrac{\dot{Q}_H}{\dot{W}} = \dfrac{T_H}{T_H - T_L}$

$$\dot{W} = \dot{Q}_H \times \frac{T_H - T_L}{T_H} = 110{,}000 \times \frac{22-(2)}{273.2+22} = 7{,}453[\mathrm{kJ/h}] = 2.07[\mathrm{kW}]$$

$3\mathrm{kW} > 2.07\mathrm{kW}$이므로 열펌프는 이 작업을 수행할 수 있다.

61 고열원 $T_H = 32℃$, 저열원 $T_L = 12℃$. 실내온도를 일정하게 유지하기 위해서는 실내로 유입되는 열량만큼 저열원에서 열량을 흡수해야 한다. 따라서 1초에 흡수해야 할 열량 $Q_L = 570\mathrm{cal}$이다.

(1) 성능계수 $\mathrm{COP_R} = \dfrac{T_L}{T_H - T_L} = \dfrac{Q_L}{W}$

$$\therefore \quad W = \left(\frac{T_H - T_L}{T_L}\right)Q_L = \left(\frac{32-12}{273+12}\right) \times 570 = 40[\mathrm{cal}]$$

$$Q_H = Q_L + W = 570 + 40 = 610[\mathrm{cal}]$$

따라서 1초당 외부로(고열원으로) 배출하는 열량은 $Q_H = 610\mathrm{cal}$이다.

(2) 1초당 하는 일 $W = 40\mathrm{cal}$이므로 동력(단위시간당 일)은 다음과 같다.

$$P = \frac{W}{t} = \frac{40 \times 4.2\mathrm{J}}{1\mathrm{s}} = 168[\mathrm{W}]$$

62 냉동기에 유입되는 열량 Q_L은 동일하다. $\mathrm{COP_R} = \dfrac{T_L}{T_H - T_L} = \dfrac{Q_L}{W}$로부터

$$W_1 = \left(\frac{T_H - T_{L,1}}{T_{L,1}}\right)Q_L = \left(\frac{310-260}{260}\right)Q_L = \frac{5}{26}Q_L$$

$$W_2 = \left(\frac{T_H - T_{L,2}}{T_{L,2}}\right)Q_L = \left(\frac{310-290}{290}\right)Q_L = \frac{2}{29}Q_L$$

$$\therefore \quad W_1 = \frac{5}{26} \times \frac{29}{2}W_2 = \frac{145}{52}W_2 = 2.8\,W_2$$

63 기관이 1초당 공급받는 열량(Q_H)은 $Q_H = \frac{1800}{60} = 30[\text{kJ}]$이므로,

기관이 1초당 하는 일(W)은

$$W = \eta Q_H = \left(\frac{T_H - T_L}{T_H}\right) Q_H = \left(\frac{900 - 300}{900}\right) \times 30 = 20[\text{kJ}]$$

이고, 동력(P, 단위시간당 일)은 $P = \frac{W}{t} = \frac{20\text{kJ}}{1\text{s}} = 20\ [\text{kW}]$

64 성능계수의 정의로부터 $\text{COP}_\text{R} = \frac{\dot{Q}_L}{\dot{W}}$

$$\therefore\ \dot{W} = \frac{\dot{Q}_L}{\text{COP}_\text{R}} = \frac{7200\left(\frac{\text{kJ}}{\text{h}}\right)}{4} = \frac{7200\left(\frac{\text{kJ}}{3600\text{s}}\right)}{4} = 0.5\left(\frac{\text{kJ}}{\text{s}}\right) = 0.5\ [\text{kW}]$$

65 열기관과 냉동기를 각각 첨자 1, 2로 나타낸다.

○ 열기관: $\dot{Q}_{H1} = 800\text{kJ/min}$, $\eta_c = \frac{\dot{W}}{\dot{Q}_{H1}} = \frac{T_{H1} - T_{L1}}{T_{H1}}$

$$\dot{W} = \dot{Q}_{H1}\left(\frac{T_H - T_L}{T_H}\right) = 800\left(\frac{900 - 27}{273 + 900}\right) = 595[\text{kJ/min}]$$

$$\dot{Q}_{L1} = 800 - 595 = 205[\text{kJ/min}]$$

○ 냉동기: $\dot{W} = 595\text{kJ/min}$, $\text{COP}_\text{R} = \frac{\dot{Q}_{L2}}{\dot{W}} = \frac{T_{L2}}{T_{H2} - T_{L2}}$

냉장실에서 최대 열 제거율($\dot{Q}_{L2}$)

$$\dot{Q}_{L2} = \dot{W}\left(\frac{T_{L2}}{T_{H2} - T_{L2}}\right) = 595\left(\frac{273 - 5}{27 - (-5)}\right) = 4983[\text{kJ/min}]$$

$$\dot{Q}_{H2} = 595 + 4983 = 5578[\text{kJ/min}]$$

대기로 방출되는 총 열량의 비율$= \dot{Q}_{L1} + \dot{Q}_{H2} = 205 + 5578 = 5783[\text{kJ/min}]$

66 두 기관에서 제1법칙을 각각 적용하면

$W_1 = Q_1 - Q_2$ …① $W_2 = Q_2 - Q_3$ …②

①+②를 하면 W $\therefore\ \eta = \frac{W_1 + W_2}{Q_1} = \frac{Q_1 - Q_3}{Q_1} = 1 - \frac{Q_3}{Q_1} = 1 - \frac{T_2}{T_1}$

전체열효율은 두 열원(T_1, T_2) 사이에서 작동하는 하나의 카르노기관의 열효율과 같다.

67 발전소의 열효율 $\eta = 0.3$이고, $1\text{MW} = \dfrac{1\text{MJ}}{\text{s}}$이므로 1초당 발전소가 하는 일 $W = 360$ MJ이다.

(1) 1초당 발전소에 공급해야 할 열량 Q_H[MJ]

$$\eta = \frac{W}{Q_H}$$

$$\therefore \ Q_H = \frac{W}{\eta} = \frac{360}{0.3} = 1200[\text{MJ}]$$

(2) 1초당 발전소에서 방출하는 열량 Q_L[MJ]

$$Q_L = Q_H - W = 1200 - 360 = 840[\text{MJ}]$$

(3) 강물의 온도 상승(℃): $1\text{ton} = 10^3\text{kg}$. $1\text{MJ} = 10^6\text{J}$,

물의 비열 $C = 1\text{kcal/1kg} \cdot ℃ = 4200\text{J/kg} \cdot ℃$,

$$Q_L = mC\Delta T \ \therefore \ \Delta T = \frac{Q_L}{mC} = \frac{840 \times 10^6}{(100 \times 10^3)(4200)} = 2[℃]$$

68 온도 1000K와 T 사이에서 작동하는 기관 E1의 열효율 $\eta_1 = 1 - \dfrac{T}{1000}$이고,

온도 T와 250K 사이에서 작동하는 기관 E2의 열효율 $\eta_2 = 1 - \dfrac{250}{T}$이다.

두 기관의 열효율이 같으므로($\eta_1 = \eta_2$)

$$1 - \frac{T}{1000} = 1 - \frac{250}{T}; \ -\frac{T}{1000} = -\frac{250}{T}$$

$$T^2 = 250 \times 1000 \ \therefore \ T = \sqrt{250 \times 1000} = 500[\text{K}]$$

69 열기관의 출력 일을 W라 하고 이 일로써 냉동기를 구동한다. 그리고 냉동기가 흡수한 열량을 Q_L, 열기관으로 전달된 열량을 Q_H로 한다.

(1) 주어진 시스템엔 대한 그림은 다음과 같다.

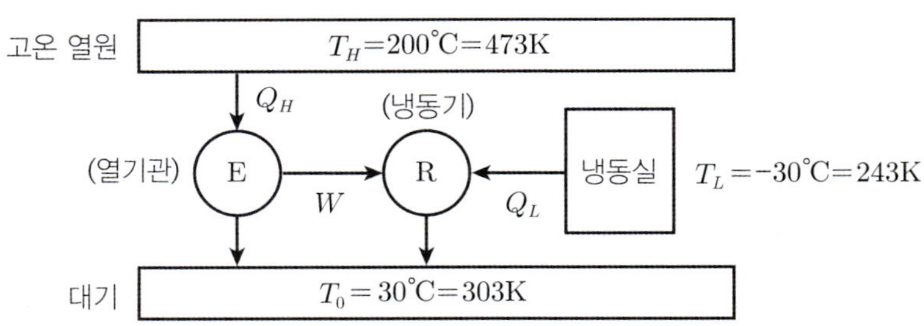

[연습문제 5.69] 열기관-냉동기 복합 시스템

(2) 두 열원 T_H와 T_0 사이에서 작동하는 열기관의 열효율(η)에서

$$\eta = \frac{W}{Q_H} = \frac{T_H - T_0}{T_H} \quad \therefore \quad Q_H = \left(\frac{T_H}{T_H - T_0}\right)W \ \cdots ①$$

이고, 두 열원 T_L과 T_0 사이에서 작동하는 냉동기의 성능계수(COP_R)로부터

$$COP_R = \frac{Q_L}{W} = \frac{T_L}{T_0 - T_L} \quad \therefore \quad Q_L = \left(\frac{T_L}{T_0 - T_L}\right)W \ \cdots ②$$

이다. 식 ①, ②로부터 냉동기가 흡수한 열량(Q_L)에 대한 열기관으로 전달된 열량(Q_H)의 비는 다음과 같다.

$$\frac{Q_H}{Q_L} = \left(\frac{T_H}{T_H - T_0}\right)W \times \frac{1}{W}\left(\frac{T_0 - T_L}{T_L}\right) = \left(\frac{T_H}{T_H - T_0}\right)\left(\frac{T_0 - T_L}{T_L}\right)$$

$$= \left(\frac{473}{473 - 303}\right)\left(\frac{303 - 243}{243}\right) = 0.687$$

70 열기관에서 $T_{H1} = 800℃ = 1073\text{K}$, $T_{L1} = 27℃ = 300\text{K}$, $Q_{H1} = 10\text{kW}$이고, 냉동기에서 $T_{L2} = -16℃ = 257\text{K}$, $T_{H2} = 27℃ = 300\text{K}$이다.

(1) 냉동실에서 최대로 얻을 수 있는 열제거율[kW]: 열기관의 열효율로부터 열기관의 일(W)을 구하면

$$\eta = \frac{W}{Q_{H1}} = \frac{T_{H1} - T_{L1}}{T_{H1}}$$

$$\therefore \quad W = \left(\frac{T_{H1} - T_{L1}}{T_{H1}}\right)Q_{H1} = \left(\frac{1073 - 300}{1073}\right) \times 10 = 7.2[\text{kW}]$$

이고, 냉동기의 성능 계수로부터 냉동실 열제거율 Q_{L2}는 다음과 같다.

$$COP_R = \frac{Q_{L2}}{W} = \frac{T_{L2}}{T_{H2} - T_{L2}}$$

$$\therefore \quad Q_{L2} = \left(\frac{T_{L2}}{T_{H2} - T_{L2}}\right)W = \left(\frac{257}{300 - 257}\right) \times 7.2 = 43[\text{kW}]$$

(2) 열기관에서 주위공기로 방출하는 열량은

$$Q_{L1} = Q_{H1} - W = 10 - 7.2 = 2.8[\text{kW}]$$

이고, 냉동기에서 주위공기로 방출하는 열량은

$$Q_{H2} = Q_{L2} + W = 43 + 7.2 = 50.2[\text{kW}]$$

이므로 주위 공기로 방출되는 전체 열량(Q)은 다음과 같다.

Q[kW]

연습문제 6

01 $\Delta S = \dfrac{Q}{T_0} = \dfrac{(2)\times 500}{273+127} = 2.5\,[\mathrm{kJ/K}]$

02 $\Delta S = \dfrac{Q}{T_0} = \dfrac{(10\times 736)\times(2\times 3600)}{273.2+15} \times \dfrac{1}{1000} = 183.9\,[\mathrm{kJ/K}]$

03 바다는 아주 크므로 온도가 일정하다고 볼 수 있다.

$Q = T_0 \Delta S = (273.2+5)\times 80 = 22,256\,[\mathrm{kJ}] = 22,256 \times \dfrac{1}{4.2}[\mathrm{kcal}] = 5299\,[\mathrm{kcal}]$

04 (1) $Q = mC_v(T_2 - T_1) = 1\times 0.7\times(500-20) = 336\,[\mathrm{kJ}]$

(2) 정적과정: $\Delta S = mC_v \ln\left(\dfrac{T_2}{T_1}\right) = 1(0.7)\ln\left(\dfrac{273+500}{273+20}\right) = 0.679\,[\mathrm{kJ/K}]$

05 (1) $Q = mC_p(T_2 - T_1) = 2\times 5\times(80-20) = 600\,[\mathrm{kJ}]$

(2) 정압과정: $\Delta S = mC_p \ln\left(\dfrac{T_2}{T_1}\right) = 2(5)\ln\left(\dfrac{273+80}{273+20}\right) = 1.863\,[\mathrm{kJ/K}]$

06 기체의 처음온도 $T_1 = \dfrac{P_1 V_1}{mR} = \dfrac{120\times 0.15}{0.2\times 0.3} = 300\,[\mathrm{K}]$

정압과정: $\Delta S = mC_p \ln\left(\dfrac{T_2}{T_1}\right) = 0.2(1)\ln\left(\dfrac{273+300}{300}\right) = 0.1294\,[\mathrm{kJ/K}]$

07 $Q = mC_p \Delta T$에서 $\Delta T = \dfrac{Q}{mC_p} = \dfrac{300}{2\times 1.5} = 100\,[\mathrm{K}]$

$\therefore\ \Delta T = 2t_1 - t_1 = 100$이므로 $t_1 = 100\,℃$, $t_2 = 2t_1 = 200\,℃$

$\therefore\ \Delta S = mC_p \ln\left(\dfrac{T_2}{T_1}\right) = 2\times 1.5\times \ln\left(\dfrac{273+200}{273+100}\right) = 0.7126\,[\mathrm{kJ/K}]$

08 탱크 전체는 하나의 밀폐계를 구성한다. 여기에서 계를 통과하는 에너지 출입이 없으므로 내부에너지가 일정[$\Delta u = C_v(T_2 - T_1) = 0$]하고 온도가 일정하다. 그리고 열역학 제1법칙 $Q = \Delta U + W$에서, 단열이므로 $Q = 0$이고, $W = 0$.

(1) [정답: ③, ⑤]

(2) $du = 0$이므로 $ds = \frac{P}{T}dv = R\frac{dv}{v}$ $(\because \ Pv = RT)$

$\therefore \ \Delta s = \int_1^2 R\frac{dv}{v} = R\ln\left(\frac{v_2}{v_1}\right) = 0.3 \times \ln 2 = 0.2079$ [kJ/kg · K]

09 (1) $W = P_1 V_1 \ln\left(\frac{V_2}{V_1}\right) = P_1 V_1 \ln\left(\frac{P_1}{P_2}\right) = mRT_1 \ln\left(\frac{P_1}{P_2}\right)$

$\therefore \ V_1 = \frac{W}{P_1 \ln(P_1/P_2)} = \frac{300}{500\ln(500/100)} = 0.3728$ [m³]

$T_1 = \frac{W}{mR\ln(P_1/P_2)} = \frac{300}{2 \times 0.3 \times \ln(500/100)} = 310.7$ [K]

(2) $V_2 = V_1 \times \frac{P_1}{P_2} = 0.3728 \times \frac{500}{100} = 1.864$ [m³]

(3) 등온과정이므로 $\Delta U = 0$ $\therefore$ $Q = \Delta U + W = W = 300$ [kJ]

(4) $\Delta S = mR\ln\left(\frac{P_1}{P_2}\right) = 2 \times 0.3 \times \ln\left(\frac{500}{100}\right) = 0.9657$ [kJ/K]

10 등온과정이므로 $P_1 V_1 = P_2 V_2$ $\therefore$ $P_2 = P_1 \times \frac{V_1}{V_2} = 200 \times \frac{2}{5} = 80$ [kPa]

$\Delta s = R\ln\left(\frac{V_2}{V_1}\right) = 0.3 \times \ln\left(\frac{5}{2}\right) = 0.2749$ [kJ/kg · K]

11 (1) $V_1 = \frac{\pi}{4}D^2 H = \frac{\pi}{4} \times 0.3^2 \times 0.2 = 0.01414$ [m³]

기체상수 $R = C_p - C_v = 1 - 0.7 = 0.3$ [kJ/kg · K]

$\therefore \ m = \frac{P_1 V_1}{RT_1} = \frac{200 \times 0.01414}{0.3 \times (273 + 20)} = 0.03217$ [kg]

(2) $Q = mC_p(T_2 - T_1)$ $\therefore$ $T_2 = \frac{Q}{mC_p} + T_1 = \frac{10}{0.03217 \times 1} + 20 = 330.8$ [℃]

(3) 정압과정: $V_2 = V_1 \times \frac{T_2}{T_1} = 0.01414 \times \frac{273 + 330.8}{273 + 20} = 0.02914$ [m³]

$\therefore \ W = P(V_2 - V_1) = 200 \times (0.02914 - 0.01414) = 3$ [kJ]

† $Q = mC_p\Delta T = mC_v\Delta T + W$이므로

$W = Q - mC_v\Delta T = Q - C_v \times \frac{Q}{C_p} = Q\left(1 - \frac{C_v}{C_p}\right) = 10 \times (1 - 0.7) = 3$ [kJ]

(4) $\Delta S = mC_p\ln\left(\frac{T_2}{T_1}\right) = 0.03217 \times 1 \times \ln\left(\frac{273 + 330.8}{273 + 20}\right) = 0.02326$ [kJ/K]

12 $Tds = dh - vdP = C_p dT - vdP \quad \therefore \quad ds = C_p \frac{dT}{T} - \frac{v}{T} dP = C_p \frac{dT}{T} - R \frac{dP}{P}$

적분하면 $\Delta s = C_p \ln\left(\frac{T_2}{T_1}\right) - R\ln\left(\frac{P_2}{P_1}\right) = \frac{kR}{k-1} \ln\left(\frac{T_2}{T_1}\right) - R\ln\left(\frac{P_2}{P_1}\right)$

$$= \frac{1.4 \times 0.3}{1.4 - 1} \ln\left(\frac{273 + 100}{273 + 20}\right) - 0.3 \times \ln\left(\frac{500}{100}\right)$$

$$= -0.229 \, [\text{kJ/kg} \cdot \text{K}]$$

$\therefore \quad \Delta S = m\Delta s = 10 \times (-0.229) = -2.2 \, [\text{kJ/K}]$

13 $\Delta S = mC_p \ln\left(\frac{T_2}{T_1}\right) = 5 \times 4.2 \times \ln\left(\frac{80 + 273.2}{20 + 273.2}\right) = 3.91 \left(\frac{\text{kJ}}{\text{K}}\right)$

14 $40 \times 4.2 \times (T_f - 10) = 60 \times 4.2 \times (90 - T_f) \quad \therefore \quad T_f = 58 \,℃$

$\Delta S = m_1 C_p \ln\left(\frac{T_f}{T_1}\right) + m_2 C_p \ln\left(\frac{T_f}{T_2}\right)$

$$= 40 \times 4.2 \times \ln\left(\frac{58 + 273.2}{10 + 273.2}\right) + 60 \times 4.2 \times \ln\left(\frac{58 + 273.2}{90 + 273.2}\right) = 3.06 \, [\text{kJ/K}]$$

15 (1) 열기관 사이클은 그림과 같다.

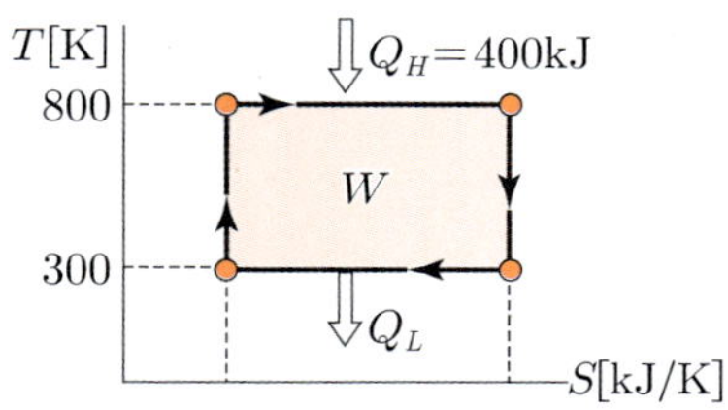

[연습문제 6.15] 카르노 사이클의 $T-S$ 선도

(2) 열효율 $\eta = \frac{W}{Q_H} = 1 - \frac{T_L}{T_H} = 1 - \frac{273 + 27}{273 + 527} = 0.625$

$\therefore \quad W = \eta Q_H = 0.625 \times 400 = 250 \, [\text{kJ}]$

(3) $Q_H = T_H \Delta S \quad \therefore \quad \Delta S = \frac{Q_H}{T_H} = \frac{400}{273 + 527} = 0.5 \, [\text{kJ/K}]$

16 (1) $Q_H = T_H \Delta S = 1000 \times (8 - 2) = 6000 \, [\text{kJ}]$

(2) $Q_L = T_L \Delta S = 300 \times (8 - 2) = 1800 \, [\text{kJ}]$

(3) $W = Q_H - Q_L = 6000 - 1800 = 4200 \, [\text{kJ}]$

(4) $\eta = \frac{W}{Q_H} = \frac{4200}{6000} = 70 \, [\%]$

17 $Q_0 = Q \times \frac{T_0}{T} = 1200 \times \frac{20+273.2}{500+273.2} = 455\,[\text{kJ}]$

18 [정답: ①]　　19 [정답: ②]　　20 [정답: ②]

21 [정답: ①]　　22 [정답: ④]

23 (1) 온도가 일정할 때($dT=0$) 이상기체 1 mol에서

$TdS = dU + PdV = C_v dT + PdV = PdV$

$\therefore\ \Delta S = \int_1^2 \frac{P}{T} dV = \int_1^2 \frac{R}{V} dV = R\int_1^2 \frac{1}{V} dV = R\ln\left(\frac{V_2}{V_1}\right)$

(2) 이상기체에서 1 mol에서 $dH = C_p dT$이다. 여기에서 등온과정이므로

$dT = 0 \quad \therefore\ \Delta H = 0$

(3) (a) (1), (2)의 과정에서 한 일을 구한다.

등온과정($dU=0$)이므로 1법칙에서

$\delta Q = dU + \delta W = \delta W \quad \therefore\ W = \Delta Q = T_1 \Delta S \quad \cdots ①$

(b) T_1, V_1에서 가역 단열적($\delta Q = 0$)으로 팽창한 경우의 일을 구한다. 1법칙에서

$\delta Q = dU + \delta W;\ 0 = dU + \delta W$

따라서 이때 한 일의 양 $W = -\Delta U = -C_v(T_2 - T_1)\ \cdots ②$

①, ②에서 $-C_v(T_2 - T_1) = T_1 \Delta S \quad \therefore\ T_2 = T_1\left(1 - \frac{\Delta S}{C_v}\right)$

24 [정답: ③] ΔS

높은 온도의 물체에서는 열이 방출되고 낮은 온도의 물체에는 열이 흡수된다.

25 [정답: ①] $\Delta S = \frac{Q}{T} = \frac{0.5 \times 2,260}{273.2+100} = 3\,[\text{kJ/K}]$

26 [정답: ②]

27 [정답: ②] 비압축성 물질에서 엔트로피는 온도만의 함수이다.

28 [정답: ③] $s_2 - s_1 = C_p \ln\left(\frac{T_2}{T_1}\right) - R\ln\left(\frac{P_2}{P_1}\right) = 2.5R\ln\left(\frac{400}{200}\right) - R\ln\left(\frac{0.5}{1}\right)$

$= 2.5R\ln 2 - R\ln\frac{1}{2} = 2.5R\ln 2 + R\ln 2 = 3.5R\ln 2$

29 [정답: ①] ΔS

30 [정답: ④] 엔트로피는 종량적 상태량이고, 비엔트로피는 강성적 상태량이다.

31 [정답: ④] $dS = \dfrac{\delta Q}{T}$이므로 열이 계로 유입되면 엔트로피가 증가하고, 열이 방출되면 엔트로피가 감소한다. 수식으로 풀어도 되지만 열 출입에 대한 물리적인 현상을 생각하여 풀어 보도록 한다.

32 [정답: ①] $\Delta s = C_v \ln\left(\dfrac{P_2}{P_1}\right) = \dfrac{C_p}{k}\ln\left(\dfrac{P_2}{P_1}\right) = \dfrac{7}{1.4} \times \ln\left(\dfrac{2}{1}\right) = 3.5\,[\mathrm{cal/K}]$

$C_p - C_v = R$, $C_p = \dfrac{kR}{k-1}$, $C_v = \dfrac{R}{k-1}$이므로 $C_v = \dfrac{C_p}{k}$이다. 이 문제는 질소의 기체 상수 R이나 비열비 k의 값을 알아야 한다.

33 [정답: ①] 이 문제를 통하여 엔트로피의 성질을 물리적으로 다시 한 번 잘 이해하도록 한다.

$T_1 = 300\mathrm{K}$, $P_1 = 10^6\,\mathrm{Pa} = 1\mathrm{MPa}$, $V_1 = 0.025\mathrm{m}^3$, $P_2 = 10^5\mathrm{Pa} = 0.1\mathrm{MPa}$

○ 등온과정이므로 내부에너지 변화 $\Delta U = 0$이다.

$$W = n\overline{R}\,T\ln\left(\frac{P_1}{P_2}\right) = 10 \times 2{,}500 \times \ln\left(\frac{1}{0.1}\right) = 57{,}500\,[\mathrm{J}] = 57.5\,[\mathrm{kJ}]$$

$$Q = \Delta U + W = 0 + W = 57.5\,[\mathrm{kJ}]$$

따라서 $Q > 0$이므로 주위에서 계로 열이 유입(흡수)되었다. 이것은 계산하지 않고 물리적으로 알 수 있는 현상이다. 기체가 팽창하면 외부에 일을 해 주므로 $W > 0$이고 에너지 보존법칙에 의해 $Q = \Delta U + W > 0$이다. 즉, 기체가 온도가 일정한 상태에서 팽창하려면 외부로부터 열이 유입되어야 할 것이다.

○ 엔트로피 증가 법칙에 따라 비가역과정에서 전체 엔트로피 변화(ΔS_{total})는 0보다 크다.

○ 가역과정에서 전체 엔트로피 변화(ΔS_{total})는 0이다. 그러나 계의 엔트로피 변화와 주위의 엔트로피 변화는 0보다 크거나 작을 수 있다. 이 문제에서는 주위에서 계로 열이 전달되므로 주위의 엔트로피는 감소하고, 계의 엔트로피는 증가한다.

○ 가역과정에서 $dS = \left(\dfrac{\delta Q}{T}\right)_{rev}$ 이므로 $\Delta Q_{rev} = T\Delta S$

비가역과정에서 $dS > \left(\dfrac{\delta Q}{T}\right)_{irr}$ 이므로 $\Delta Q_{irr} < T\Delta S \;\; \therefore \;\; \Delta Q_{irr} < \Delta Q_{rev}$

즉, 가역과정의 계의 열 변화가 비가역과정의 열 변화보다 크다. 여기에서 절대온도 $T > 0$이고, 엔트로피는 상태량이므로 엔트로피의 차이(ΔS)는 경로와 무관하게 동일한 값이 된다. 열 변화(ΔQ)는 열전달(Q)을 의미한다.

34 [정답: ②] 두 기체는 온도와 압력이 동일하다. 따라서 상태방정식 $PV = nRT$로부터 처음 상태에서 기체 X의 부피를 V라고 하면 기체 Y의 부피는 $3V$이이고, 최종 상태에서 두 기체의 부피는 모두 $V + 3V = 4V$이다. 그리고 단열이므로 내부에너지와 온도가 일정하다.

$$dU = 0\text{이므로 } dS = \frac{P}{T}dV = nR\frac{dV}{V} \quad (\because \; PV = nRT)$$

$$\Delta S = nR\int_1^2 \frac{dV}{V} = nR\ln\left(\frac{V_2}{V_1}\right)$$

$$\therefore \; \Delta SIGHT) = (\Delta S)_X + (\Delta S)_Y = 1 \times R\ln\left(\frac{4V}{V}\right) + 3 \times R\ln\left(\frac{4V}{3V}R\right)$$

$$= 2R\ln 2 + 3R(2\ln 2 - \ln 3) = 8R\ln 2 - 3R\ln 3$$

35 [정답: ③] 여기에서 $\overline{C_p}$는 몰 단위의 정압비열이고, $\overline{R}$는 몰 단위의 일반기체상수이다.

<과정 A> $\delta Q = dU + PdV$에서 $dV = 0 \;\; \therefore \;\; Q = \Delta U$

<과정 B> $h = u + P\bar{v} = u + \overline{R}T \;\; \therefore \;\; \Delta h = \Delta u + \overline{R}(T_2 - T_1) > \Delta u$

<과정 C> $s_2 - s_1 = \overline{C_p}\ln\left(\frac{T_2}{T_1}\right) - \overline{R}\ln\left(\frac{P_2}{P_1}\right) = \frac{5}{2}\overline{R}\ln\left(\frac{600}{300}\right) - \overline{R}\ln\left(\frac{3}{1}\right)$

$$= \frac{5}{2}\overline{R}\ln 2 - \overline{R}\ln 3$$

† 문제에서 주어진 R은 일반기체상수($\overline{R}$)를 의미한다.

36 [정답: ③]

37 (1) 열원 A에서는 1200J의 열이 방출되고, B는 1200J의 열을 전달받는다.

$$\Delta S_A = \frac{Q_A}{T_A} = \frac{-1200\,\text{J}}{400\,\text{K}} = -3\,\text{J/K}, \quad \Delta S_B = \frac{Q_B}{T_B} = \frac{1200\,\text{J}}{300\,\text{K}} = 4\,\text{J/K}$$

(2) 저온 열원의 엔트로피 증가가 고온 열원의 엔트로피 감소보다 크다. 따라서 전체 엔트로피 변화 ΔS이므로 총 엔트로피는 증가한다. 즉, 뜨거운 계에서 차가운 계로 흐른 열은 두 계의 전체 엔트로피를 증가시킨다. 열역학 제2법칙을 간단하게 엔트로피로 설명하면 다음과 같다. "우주의 엔트로피는 감소하지 않는다."
또는, 열은 온도가 높은 곳으로부터 낮은 곳으로 흐르며 이때 전체 엔트로피 변화는 0보다 작지 않다. 즉, 열은 전체 엔트로피가 증가하는 방향으로 흐른다.

38 [정답: ②]

39 [정답: ③] $dH = TdS + VdP$

40 [정답: ④] 정적 과정: $\Delta S = nC_v \ln\left(\frac{P_2}{P_1}\right) = n(C_p - R)\ln\left(\frac{P_2}{P_1}\right)$

$$= 4(5-2)\ln 2 = 12 \times 0.7 = 8.4[\text{cal/K}]$$

41 [정답: ③] 정압과정($dP=0$)에서 $Tds = dh - vdP = dh = C_p dT$

$$\Delta s = \int \frac{C_p}{T} dT = \int \frac{(30 + 5\times 10^{-3}T)}{T} dT$$

$$= \int \frac{30}{T} dT + 5\times 10^{-3}\int dT = 30\ln\left(\frac{T_2}{T_1}\right) + 5\times 10^{-3}(T_2 - T_1)$$

$$= 30\ln\left(\frac{600}{300}\right) + 5\times 10^{-3}(600-300)$$

$$= 30\ln 2 + 1.5 = 30(0.7) + 1.5 = 22.5[\text{J/kg}\cdot\text{K}]$$

$\therefore\ \Delta S = m\Delta s = 2(22.5) = 45[\text{J/K}]$

42 [정답: ①] $TdS = dU + PdV = PdV \ \therefore\ \Delta S = \int \frac{P}{T} dV = \int \frac{R}{V} dV = R\ln\left(\frac{V_2}{V_1}\right)$

43 [정답: ④] ㄱ. $Tds = du + pdV = pdV$

ㄷ. $Tds = dh - vdp = dh = C_p dT$

44 [정답: ①] $\frac{T_L}{T_H} = \frac{Q_L}{Q_H}$

$(T_{H,A} = 900\text{K},\ T_{L,A} = 800\text{K},\ Q_{H,A} = 600\text{J})\ (T_{H,B} = 800\text{K},\ T_{L,B} = 700\text{K})$

$$Q_{L,A} = \left(\frac{T_{L,A}}{T_{H,A}}\right) Q_{H,A} = \left(\frac{800}{900}\right) 600 = \frac{1600}{3}[\text{J}]$$

여기에서 $Q_{H,B} = Q_{L,A} = \frac{1600}{3}$J. 따라서 열기관 B의 저열원 700K에서 흡수한 열량은

$$Q_{L,B} = \left(\frac{T_{L,B}}{T_{H,B}}\right) Q_{H,B} = \left(\frac{700}{800}\right)\frac{1600}{3} = \frac{1400}{3}[\text{J}]$$

이고, $T_{L,B} = 700\text{K}$인 열원의 엔트로피 증가량(ΔS)은 다음과 같다.

$$\Delta S = \frac{Q_{L,B}}{T_{L,B}} = \frac{1400/3}{700} = \frac{2}{3}[\text{J/K}]$$

45 [정답: ①] $A \to C$는 정압과정, $C \to B$는 정적과정. $V_C = V_B$, $p_C = p_A$이고, $C_p = kC_v$.

$$S_B - S_A = (S_C - S_A) + (S_B - S_C) = C_p \ln\frac{V_B}{V_A} + C_v \ln\frac{p_B}{p_A}$$

$$= kC_v \ln\frac{V_B}{V_A} + C_v\ln\frac{p_B}{p_A} = C_v \ln\left(\frac{V_B}{V_A}\right)^k + C_v \ln\frac{p_B}{p_A} = C_v \ln\frac{p_B V_B^k}{p_A V_A^k}$$

46 [정답: ②] 얼음이 녹아서 물로 바뀌므로 융해잠열을 흡수한다.

$$\Delta S = \frac{\Delta Q}{T} = \frac{mL_{fi}}{T} = \frac{2 \times 335}{273+0} = \frac{670}{273}\ [\mathrm{J/K}]$$

47 [정답: ③] 수증기가 물로 응축되므로 증발잠열을 방출한다.

$$\Delta S = \frac{\Delta Q}{T} = -\frac{mL_{fg}}{T} = -\frac{4 \times 2256.5}{273.2+100} = -24.185\ [\mathrm{kJ/K}]$$

48 [정답: ④] 절대온도 0도에서 분자 운동이 완전히 멈추게 된다.

49 이상기체의 등온과정이므로 $\Delta U = 0$

$$Q = \Delta U + W = 0 + 1200 = 1200[\mathrm{J}] \quad \therefore \quad \Delta S = \frac{Q}{T} = \frac{1200}{(273+27)} = 4[\mathrm{J/K}]$$

50 기체가 일을 받으므로 $W = -600\mathrm{J}$, 등온과정에서 내부에너지 변화 $\Delta U = 0$이고 제1법칙으로부터 $Q = \Delta U + W = W = -600[\mathrm{J}]$

$$\therefore \quad \Delta S = \frac{Q}{T} = \frac{(-600)}{273+27} = -2[\mathrm{J/K}]$$

압축되면서 외부로 열을 방출하고 트로피가 감소한다.

51 고온 물체는 열을 잃고(방출하고) 저온 물체는 열을 얻는다(흡수한다).
$(\Delta S)[\mathrm{J/K}]$
총 엔트로피는 증가한다.

52 응고열은 융해열과 같고 물이 얼어서 얼음으로 바뀌므로 응고잠열을 방출한다(Q의 값은 $-$). $\Delta S = \frac{Q}{T} = -\frac{mL}{T} = -\frac{27.3 \times 334}{273+0} = -33.4\ [\mathrm{kJ/K}]$

열을 방출하고 엔트로피가 감소한다.

53 융해열을 흡수하여 납이 녹는다(Q의 값은 $+$).

$$\Delta S = \frac{Q}{T} = +\frac{mL}{T} = +\frac{300 \times 23}{600} = 11.5\ [\mathrm{kJ/K}]$$

열을 흡수하고 엔트로피가 증가한다.

54 금속의 질량 $m = m_A = m_B = 10\,\mathrm{kg}$이다.

(1) 최종 열평형 온도 $T_f[\mathrm{K}]$: 두 금속간의 열 출입(에너지 균형)으로부터

$$mC_A(T_f - T_A) + mC_B(T_f - T_B) = 0$$

$$\therefore\ T_f = \frac{C_A T_A + C_B T_B}{C_A + C_B} = \frac{(0.4)(300) + (1)(400)}{0.4 + 1} = 371.4[\mathrm{K}]$$

(2) 총 엔트로피 변화 $\triangle S$[kJ/K]: 고체(비압축성 물질)에서

$$\triangle S_A = m_A C_A \ln\left(\frac{T_f}{T_A}\right) = (10)(0.4)\ln\left(\frac{371.4}{300}\right) = 0.854[\mathrm{kJ/K}]$$

$$\triangle S_B = m_B C_B \ln\left(\frac{T_f}{T_B}\right) = (10)(1)\ln\left(\frac{371.4}{400}\right) = -0.742[\mathrm{kJ/K}]$$

$$\therefore\ \triangle S$$

55 두 물체와 열기관을 포함하여 총 엔트로피 생성이 0이 될 때 열기관이 하는 일이 최대가 된다.

$$S_{gen} = (\triangle S)_1 + (\triangle S)_{engine} + (\triangle S)_2 = 0$$

$$mC\ln\left(\frac{T_f}{T_1}\right) + 0 + mC\ln\left(\frac{T_f}{T_2}\right) = 0;\ \ln\left(\frac{T_f}{T_1} \times \frac{T_f}{T_2}\right) = 0$$

$$\frac{T_f^2}{T_1 T_2} = 1 \quad \therefore\ T_f = \sqrt{T_1 T_2}$$

56 폴리트로픽 과정에서 $\dfrac{T_2}{T_1} = \left(\dfrac{V_1}{V_2}\right)^{1.3-1} = \left(\dfrac{V_1}{V_1/2}\right)^{0.3} = (2)^{0.3}$

$$\therefore\ \Delta S = m(s_2 - s_1) = m\left(C_v - \frac{R}{n-1}\right)\ln\left(\frac{T_2}{T_1}\right)$$

$$= 2\left(0.7 - \frac{0.3}{1.3-1}\right)\ln(2)^{0.3} = 2(-0.3)(0.3\ln 2) = -0.125[\mathrm{kJ/K}]$$

57 [정답: ④] $Q_0 = Q \times \dfrac{T_0}{T} = 200 \times \dfrac{300}{400} = 150[\mathrm{J}]$

58 [정답: ④] 카르노 냉동 사이클의 $T-S$ 선도는 그림과 같다. 사이클은 온도 T_L인 계 S로부터 Q_L의 열량을 흡수하고 온도 T_H인 고온열원 R로 Q_H의 열량을 방출한다. 냉동 사이클에서는 일(W)을 투입하여 저온 열원으로부터 열(Q_L)을 흡수하는 것이 목적이므로 사이클의 성능계수($\mathrm{COP_R}$)는 다음과 같이 정의된다. $\mathrm{COP_R} = \dfrac{Q_L}{W}$

열역학 제1법칙으로부터 $W = Q_H - Q_L$이므로

$$\frac{Q_L}{W} = \frac{Q_L}{Q_H - Q_L} = \frac{T_L}{T_H - T_L} \quad \therefore\ W = \frac{Q_L(T_H - T_L)}{T_L}$$

여기에서 주기 τ 동안 계 S에서 열 $k(T_H - T_L)$이 유입되지만 냉방기가 제거하는 Q_L과 상쇄되므로 $Q_L = k(T_H - T_L)$이다. 따라서 일(W)은 다음과 같다.

$$W = \frac{Q_L(T_H - T_L)}{T_L} = \frac{[k(T_H - T_L)](T_H - T_L)}{T_L} = k\frac{(T_H - T_L)^2}{T_L}$$

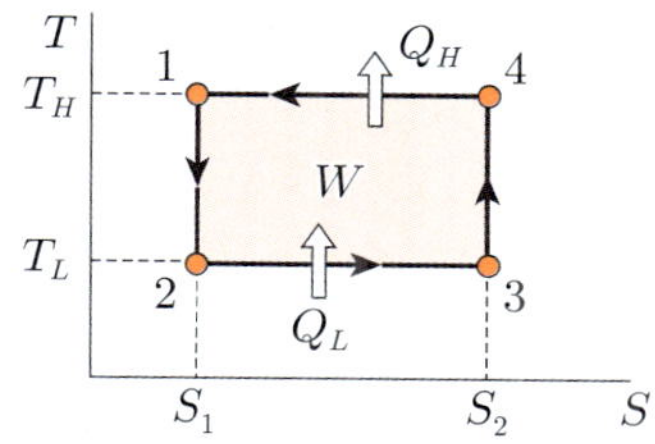

[연습문제 6.58] 카르노 냉동 사이클의 $T-S$ 선도

59 [정답: ①] $\eta = 1 - \frac{T_L}{T_H} = 1 - \frac{300}{1000} = 0.7$; 2→3 과정은 등엔트로피 과정

60 [정답: ④]

61 상태방정식에서 압력 $P = \frac{RT}{v-b} - a$이고 온도 T_0인 등온과정이다.

(1) 기체가 한 일(w)

$$w = \int P dv = \int_{v_1}^{v_2}\left(\frac{RT_0}{v-b} - a\right)dv = RT_0\,[\ln(v-b)]_{v_1}^{v_2} - a[v]_{v_1}^{v_2}$$

$$= RT_0 \ln\left(\frac{v_2 - b}{v_1 - b}\right) - a(v_2 - v_1)$$

(2) 기체의 엔트로피 변화(Δs): $P = \frac{RT}{v-b} - a$이므로

$$\left(\frac{\partial P}{\partial T}\right)_v = \frac{R}{v-b}$$

이고, 등온과정이므로 $dT = 0$이다. 따라서

$$Tds = c_v dT + T\left(\frac{\partial P}{\partial T}\right)_v dv = T\left(\frac{R}{v-b}\right)dv$$

$$ds = \left(\frac{R}{v-b}\right)dv$$

$$\therefore \quad \Delta s = \int_{v_1}^{v_2}\left(\frac{R}{v-b}\right)dv = R\ln\left(\frac{v_2 - b}{v_1 - b}\right)$$

62 외부 온도 $T_0 = 400\text{K}$, 압력 $P_0 = 1\text{bar}$이며 처음 상태 $T_1 = 400\text{K}$, $P_1 = 4.0\text{bar}$, $V_1 = 1.0\text{L}$에서 나중 상태 $T_2 = 400\text{K}$, $P_2 = 1.0\text{bar}$, $V_2 = 4.0\text{L}$로 변화하였다. 주어진 과정은 온도가 일정한 등온과정이며 $PV = C$(상수)를 만족한다.

(1) $PV = P_1V_1 = P_2V_2$이므로 기체가 외부에 한 일 w는 다음과 같다.

$$w = \int_1^2 PdV = P_1V_1\int_1^2 \frac{1}{V}dV = P_1V_1\ln\left(\frac{V_2}{V_1}\right)$$
$$= (4\text{bar} \times 1\text{L}) \times \ln\left(\frac{4}{1}\right)$$
$$= 400 \times 2\ln 2 = 400 \times 2 \times 0.69 = 552[\text{J}]$$

이상에서 $1\text{bar} \times 1\text{L} = (10^2\text{J/L}) \times \text{L} = 100\text{J}$이다.

(2) 등온과정에서 내부에너지 변화 $\Delta u = mC_v dT = 0$이다. 따라서 열역학 제1법칙에 의해 기체가 흡수한 열(q)은 다음과 같다.

$q = \Delta u + w = w = 552[\text{J}]$

(3) 실린더 안의 기체는 주위(외부)로부터 $q = 552[\text{J}]$의 열을 흡수하여 등온과정($T = T_1 = T_2$)으로 팽창하였다. 따라서 계의 엔트로피 변화($\Delta S_{계}$)는 다음과 같다.

$$\Delta S_{계} = \frac{q}{T_1} = \frac{552}{400} = 1.38[\text{J/K}]$$

(4) 실린더 안의 기체가 주위로부터 $q = 552(\text{J})$의 열을 흡수하였으므로 실린더 밖은 $-q = -552(\text{J})$의 열을 잃었다. 따라서 밖의 엔트로피 변화($\Delta S_{주위}$)는 다음과 같다.

$$\Delta S_{주위} = \frac{-q}{T_0} = -\frac{552}{400} = -1.38[\text{J/K}]$$

Note 엔트로피 관계식으로부터 계의 엔트로피 변화($\Delta S_{계}$)를 구하면 다음과 같다. 등온과정에서 $TdS = du + PdV = PdV$ 이고, $P = \dfrac{P_1V_1}{V}$ 이다.

따라서 $dS = \dfrac{P}{T}dV = \dfrac{P_1V_1}{T_1}\left(\dfrac{1}{V}\right)dV$

$$\therefore \Delta S_{계} = \frac{P_1V_1}{T_1}\int_1^2\left(\frac{1}{V}\right)dV = \frac{P_1V_1}{T_1}\ln\left(\frac{V_2}{V_1}\right)$$
$$= \frac{400}{400} \times \ln\left(\frac{4}{1}\right) = 2\ln 2 = 2 \times 0.69 = 1.38[\text{J/K}]$$

이상에서 $P_1V_1 = 4\text{bar} \times 1\text{L} = (4 \times 10^2\text{J/L}) \times \text{L} = 400\text{J}$이다.

63 정적비열 $C_v = C_p - R = 1.004 - 0.287 = 0.717\text{kJ/kg} \cdot \text{K}$ 이다.

($T_1 = 250℃$, $P_1 = 300\text{kPa}$, $T_2 = 80℃$, $P_2 = 100\text{kPa}$, $T_0 = 30℃$)

(1) 주위로 전달된 열량: 계가 한 일 $W = 2\text{kJ}$이므로, 제1법칙으로부터 계가 받은 열량(Q)은 다음과 같다.

$$Q = \Delta U + W = mC_v\Delta T + W = mC_v(T_2 - T_1) + W$$
$$= 0.029(0.717)(80 - 250) + 2 = -1.535[\text{kJ}]$$

$Q < 0$이므로 1.535kJ의 열이 주위로 전달된다.

(2) 시스템의 엔트로피 변화량 ΔS_{system}: $Tds = dh - vdP = C_p dT - vdP$로부터

$$\Delta S_{system} = mC_p \ln\left(\frac{T_2}{T_1}\right) - mR\ln\left(\frac{P_2}{P_1}\right)$$

$$= 0.029(1.004)\ln\left(\frac{273+80}{273+250}\right) - 0.029(0.287)\ln\left(\frac{100}{300}\right)$$

$$= -2.302 \times 10^{-3}[\text{kJ/K}]$$

(3) 주위의 엔트로피 변화량 ΔS_0: 주위온도 $T_0 = 30℃ = 303\text{K}$로 일정하다고 가정한다. 이때 주위로 $\Delta Q = 1.535\text{kJ}$의 열이 유입되었으므로

$$\Delta S_0 = \frac{\Delta Q}{T_0} = \frac{1.535}{303} = 5.066 \times 10^{-3}[\text{kJ/k}]$$

(4) 주장의 타당성: (2), (3)으로부터 시스템과 주위의 총 엔트로피 변화량(ΔS)은 다음과 같다.

$\Delta S = 2.764 \times 10^{-3}[\text{kJ/K}]$

여기에서 총 엔트로피 변화량 ΔS이므로 주장은 타당성이 있다.

64 열저장조 2, 3으로 각각 Q_2, Q_3의 열이 유입된다고 가정한다. 먼저 제1법칙으로부터

$Q_1 = W + Q_2 + Q_3 \quad \therefore \quad Q_2 + Q_3 = Q_1 - W = 400 - 100 = 300[\text{kJ}] \cdots ①$

이고, 가역과정에서 총 엔트로피 변화가 0이므로

$$-\frac{Q_1}{T_1} + \frac{Q_2}{T_2} + \frac{Q_3}{T_3} = 0$$

$$-\frac{400}{1000} + \frac{Q_2}{300} + \frac{Q_3}{500} = 0 \quad \therefore \quad 5Q_2 + 3Q_3 = 600 \quad \cdots ②$$

①, ②로부터 Q_2, Q_3를 구하면 $Q_2 = -150\text{kJ}$, $Q_3 = 450\text{kJ}$이다. 따라서 열저장조 2에서 150kJ의 열이 방출되고, 열저장조 3으로 450kJ의 열이 유입된다.

65 먼저 열역학 제1법칙으로부터 $Q_H + Q_L = Q_0 \quad \cdots ①$

최대 성능계수는 가역과정에서 일어나며 이때 계의 총 엔트로피 변화량은 0이다. 여기에서 고열원과 저열원은 열을 잃고, 주변대기는 열을 얻으므로

ΔS

$$\therefore \quad T_L Q_H + T_H Q_L = \frac{T_L T_H}{T_0} Q_0 \quad \cdots ②$$

식 ①에서 $Q_H = Q_0 - Q_L$을 ②에 대입하면

$$T_L(Q_0 - Q_L) + T_H Q_L = \frac{T_L T_H}{T_0} Q_0$$

$$Q_L(T_H - T_L) = \frac{T_L T_H}{T_0} Q_0 - T_L Q_0 = \frac{T_L(T_H - T_0)}{T_0} Q_0$$

$$\therefore \quad Q_L = \frac{T_L(T_H - T_0)}{T_0(T_H - T_L)} Q_0 \quad \cdots ③$$

$$Q_H = Q_0 - Q_L = Q_0 - \frac{T_L(T_H - T_0)}{T_0(T_H - T_L)} Q_0 = \frac{T_H(T_0 - T_L)}{T_0(T_H - T_L)} Q_0 \quad \cdots ④$$

식 ③, ④로부터 장치의 성능계수 Q_L/Q_H는 다음과 같다.

$$\frac{Q_L}{Q_H} = \frac{T_L(T_H - T_0)}{T_H(T_0 - T_L)} = \frac{270(400-293)}{400(293-270)} = \frac{2889}{920} \approx 3.14$$

66 주어진 열기관을 도시하면 그림과 같다. 열교환기 입구온도 $T_1 = 50℃ = 323\mathrm{K}$, 출구온도 $T_2 = 30℃ = 303\mathrm{K}$, 대기온도 $T_0 = 25℃ = 298\mathrm{K}$이다.

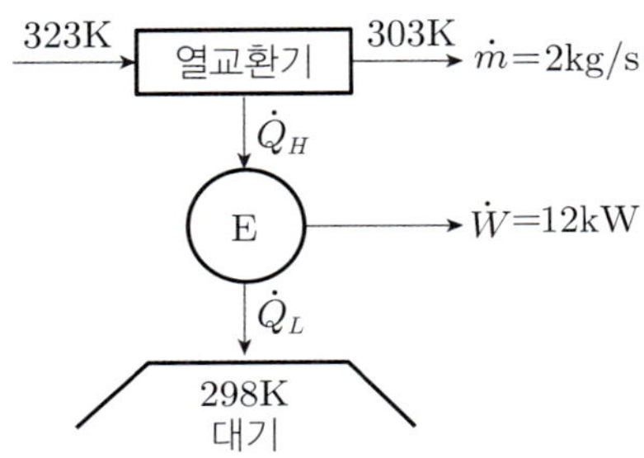

[연습문제 6.66]

$1\mathrm{L} = 10^{-3}\mathrm{m}^3$이므로 온천수 유량($\dot{m}$)은

$$\dot{m} = 2\mathrm{L/s} = (2 \times 10^{-3}) \times 1000\mathrm{kg/s} = 2\mathrm{kg/s}$$

이다. 그림에서 열교환기와 열기관에 대해 제1법칙을 적용하면

$$\dot{Q}_H = \dot{m}c\Delta T = 2(4.184)(323 - 303) = 167.36[\mathrm{kW}]$$

$$\dot{Q}_L = \dot{Q}_H - \dot{W} = 167.36 - 12 = 155.36[\mathrm{kW}]$$

이다. 여기에서 열교환기와 주위의 총 엔트로피 변화를 구하면

$$\Delta S = 2(4.184)\ln\left(\frac{303}{323}\right) + \frac{155.36}{298} = -0.0135$$

이다. 위 결과에서 총 엔트로피 변화 ΔS이므로 이 열기관은 실현 불가능한 기관이다. 여기에서 ΔS의 단위는 $[\mathrm{kJ/K} \cdots \mathrm{s}]$이다.

67 탱크 속 공기의 부피 $V = 30\mathrm{m}^3$, 초기압력 $P_1 = 420\mathrm{kPa}$, 초기온도 $T_1 = 600\mathrm{K}$, 최종온도 $T_2 = 400\mathrm{K}$이고, 일정한 대기온도 $T_0 = 300\mathrm{K}$이다. 탱크 속 공기의 질량(m)은

$$m = \frac{P_1 V}{RT_1} = \frac{420 \times 30}{0.3 \times 600} = 70[\mathrm{kg}]$$

이므로, 고온열원(탱크 속 공기)으로부터 열기관이 받는 열량(Q_H)은

$Q_H = mC_v(T_1 - T_2) = 70(0.7)(600 - 400) = 9800[\mathrm{kJ}]$

이다. 견고한 탱크에서 공기의 부피가 일정($dv = 0$)하고, 이때 공기의 엔트로피 변화는 $Tds = du + Pdv = du = C_v dT$로부터

$(\Delta S)_{공기} = mC_v \ln\left(\dfrac{T_2}{T_1}\right)$

이다. 여기에서 엔트로피 변화가 0인 가역열기관에서 최대 일이 얻어지고, 이 조건을 적용하면 저온열원인 대기로 방출하는 열량(Q_L)은

(ΔS)

$\therefore\ Q_L = -mC_v T_0 \ln\left(\dfrac{T_2}{T_1}\right) = -70(0.7)(300)\ln\left(\dfrac{400}{600}\right) = 5960[\mathrm{kJ}]$

이다. 따라서 열기관에서 얻을 수 있는 최대 일(W)의 양은 다음과 같다.

$W = Q_H - Q_L = 9800 - 5960 = 3840[\mathrm{kJ}]$

68 주어진 냉동기의 작동 구조는 그림과 같다. 냉동기는 1번 금속막대로부터 Q_L의 열을 흡수하여 온도를 T_1으로 낮추고, 2번 금속막대로 Q_H의 열을 방출하여 온도를 T_2로 높인다. 초기온도 $T_0 = 40℃ = 313\mathrm{K}$이다.

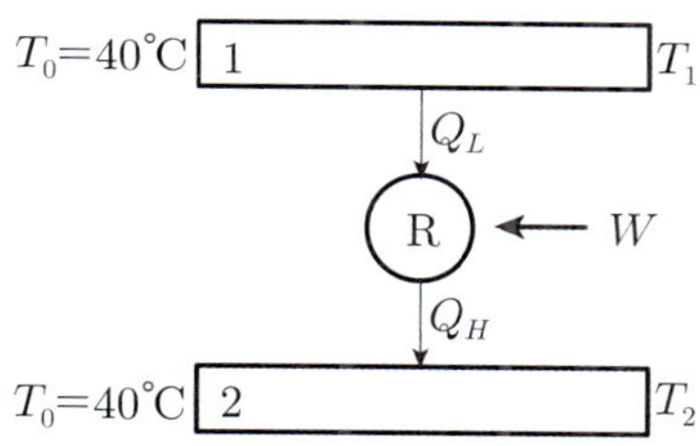

[연습문제 6.68]

그림에서 전달 열량은 $Q_H = mc(T_2 - T_0)$ ⋯①

$Q_L = mc(T_0 - T_1)$ ⋯②

제1법칙으로부터 $Q_H = Q_L + W$ ⋯③

주어진 조건에서 $T_2 - T_1 = 100$ ⋯④

가역과정에서 총 엔트로피 변화량이 0이라는 조건을 적용하면

$\Delta S\ \therefore\ T_1 T_2 = T_0^2$ ⋯⑤

식 ④에서 $T_2 = T_1 + 100$을 ⑤에 대입하여 온도를 구하면

$T_1(T_1 + 100) = 313^2;\ T_1^2 + 100T_1 - 313^2 = 0$

$\therefore\ T_1 = -50 + \sqrt{50^2 + 313^2} = 267[\mathrm{K}],\ T_2 = 367[\mathrm{K}]$

식 ①, ②, ③으로부터 요구되는 일(W)의 양은 다음과 같다.

$$W = Q_H - Q_L = mc(T_1 + T_2 - 2T_0)$$
$$= 10(0.4)(267 + 367 - 2 \times 313) = 32[\text{kJ}]$$

연습문제 7

01 $D = 8.5\text{cm}$, $S = 10\text{cm}$, $Z = 4$, 연소실 체적 $V_c = 50\text{cm}^3$

(1) 행정체적 $V_s = \frac{\pi}{4}D^2S = \frac{\pi}{4} \times 8.5^2 \times 10 = 567.45[\text{cm}^3]$

(2) 압축비 $r = 1 + \frac{V_s}{V_c} = 1 + \frac{567.45}{50} = 12.35$

(3) 총배기량: $V = V_s Z = 567.45 \times 4 = 2269.8\,[\text{cm}^3]$

02 ○ 연소실 체적 $V_c = V_{\max} - V_s = 800 - 720 = 80[\text{cm}^3]$

○ 압축비 $r = \frac{V_{\max}}{V_c} = \frac{800}{80} = 10$

03 압축비 $r = 1 + \frac{V_s}{V_c} = 1 + \frac{V_s}{0.08\,V_s} = 13.5$

04 $W_{\text{net}} = P_{\text{me}} \times \frac{\pi}{4}D^2 \times S = (150 \times 10^3) \times \frac{\pi}{4} \times 0.07^2 \times 0.08\,[\text{J}] = 46.2[\text{J}]$

05 카르노 기관의 열효율 $\eta_c = \frac{W}{Q_H} = 1 - \frac{T_L}{T_H}$ 이므로

$\frac{200}{400} = 1 - \frac{15 + 273.2}{T_H}$ $\quad\therefore\ T_H = 576.4\text{K} = 303.2℃$

06 $q_H = 1200\,\text{kJ/kg}$, $r_{vs} = 10$, $k = 1.4$

(1) 사이클 열효율 $\eta_c = \frac{w}{q_H} = 1 - (r_{vs})^{1-k} = 1 - (10)^{1-1.4} = 0.602$

(2) 출력 일 $w = \eta_c q_H = 0.602 \times 1200 = 722.4[\text{kJ/kg}]$

(3) 방열량 $q_L = q_H - w = 1200 - 722.4 = 477.6\,[\text{kJ/kg}]$

07 (1) $T_2 = T_1 r^{k-1} = 290 \times 9^{1.4-1} = 698.4[\text{K}]$

$P_2 = P_1 r^k = 200 \times 9^{1.4} = 4334.8[\text{kPa}]$

$q_{23} = C_v (T_3 - T_2)$

$$\therefore \ T_3 = T_2 + \frac{q_{23}}{C_v} = 698.4 + \frac{1000}{0.717} = 2093.1[\text{K}]$$

$$P_3 = P_2 \times \frac{T_3}{T_2} = 4334.8 \times \frac{2093.1}{698.4} = 12{,}991[\text{kPa}]$$

$T_4 = T_3 r^{1-k} = 2093.1 \times 9^{1-1.4} = 869.1[\text{K}]$

$P_4 = P_3 r^{-k} = 12{,}991 \times 9^{-1.4} = 599.4[\text{kPa}]$

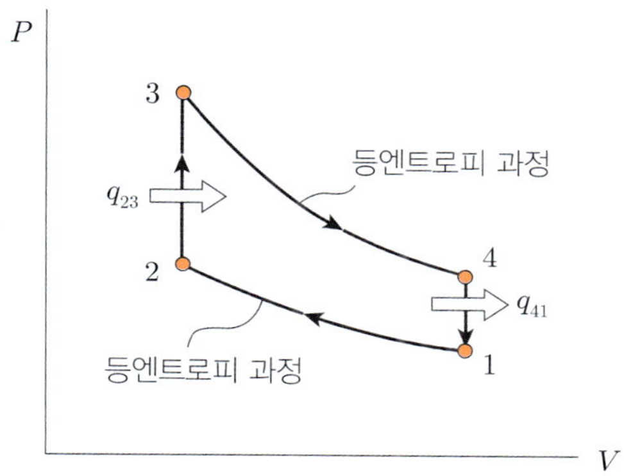

[연습문제 7.7] 오토사이클의 $P-V$ 선도

(2) $q_{41} = C_v (T_4 - T_1) = 0.717 \times (869.1 - 290) = 415.2[\text{kJ/kg}]$

$\therefore \ w_{net} = q_{23} - q_{41} = 1000 - 415.2 = 584.8[\text{kJ/kg}]$

(3) $$\eta_{th} = 1 - \frac{1}{r^{k-1}} = 1 - \frac{1}{9^{1.4-1}} = 0.585$$

(4) $$v_1 = \frac{RT_1}{P_1} = \frac{0.287 \times 290}{200} = 0.416\ [\text{m}^3/\text{kg}]$$

$$v_2 = \frac{v_1}{r} = \frac{0.416}{9} = 0.0462\ [\text{m}^3/\text{kg}]$$

$$\therefore \ \text{MEP} = \frac{w_{net}}{v_1 - v_2} = \frac{584.8}{0.416 - 0.0462} = 1581.4\ [\text{kPa}]$$

08 $$r = \frac{V_c + V_s}{V_c} = 1 + \frac{V_s}{V_c} = 1 + \frac{7V_c}{V_c} = 8$$

$$\therefore \ \eta_{th} = 1 - \frac{1}{r^{k-1}} = 1 - \frac{1}{8^{1.4-1}} = 0.565$$

09 열효율 $\eta_{th} = 1 - \frac{1}{r^{k-1}}\left[\frac{r_c^k - 1}{k(r_c - 1)}\right] = 1 - \frac{1}{15^{1.4-1}} \times \left[\frac{2^{1.4} - 1}{1.4 \times (2-1)}\right]$

$= 0.604 = 60.4[\%]$

10 그림의 선도에서 정압과정으로 흡수하는 열량 $q_{23} = 1200\,(\text{kJ/kg})$이고, 점 1에서의 온도와 압력은 각각 $T_1 = 300\text{K}$, $P_1 = 100\text{kPa}$이며, 압축비 $r = V_1/V_2 = 15$이다.

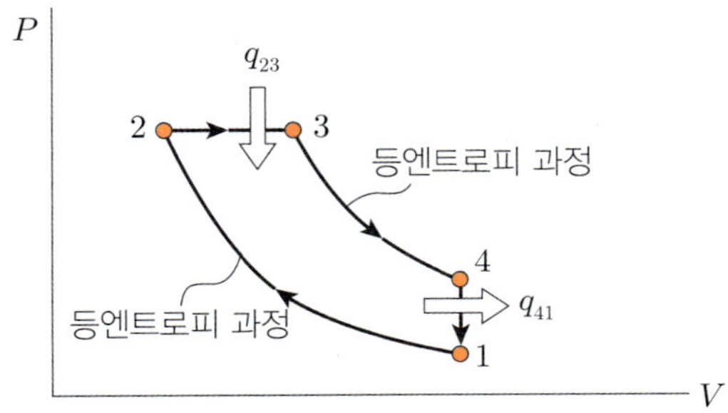

[연습문제 7.10] 디젤 사이클의 $P-V$ 선도

(1) ○ 1→2는 등엔트로피 과정($TV^{k-1} = C$, $PV^k = C$)이다.

$$\frac{T_2}{T_1} = \left(\frac{V_1}{V_2}\right)^{k-1} = r^{k-1} \quad \therefore \quad T_2 = T_1 r^{k-1} = 300 \times 15^{1.4-1} = 886.3[\text{K}]$$

$$\frac{P_2}{P_1} = \left(\frac{V_1}{V_2}\right)^{k} = r^{k} \quad \therefore \quad P_2 = P_1 r^{k} = 100 \times 15^{1.4} = 4431.3\,[\text{kPa}]$$

○ 2 → 3의 과정은 정압과정($V/T = C$)이고 $q_{23} = 1200[\text{kJ/kg}]$의 열량을 전달받는다.

$$q_{23} = C_p(T_3 - T_2) = kC_v(T_3 - T_2)$$

$$\therefore \quad T_3 = T_2 + \frac{q_{23}}{kC_v} = 886.3 + \frac{1200}{1.4 \times 0.717} = 2081.8[\text{K}]$$

$$P_3 = P_2 = 4431.3[\text{kPa}]$$

$$\frac{V_3}{T_3} = \frac{V_2}{T_2} \quad \therefore \quad V_3 = V_2 \times \frac{T_3}{T_2} = \frac{V_1}{15} \times \frac{2081.8}{886.3} = 0.157\,V_1$$

○ 3→4는 등엔트로피 과정

$$T_4 = T_3\left(\frac{V_3}{V_4}\right)^{k-1} = T_3\left(\frac{V_3}{V_1}\right)^{k-1} = 2081.8 \times (0.157)^{1.4-1} = 992.7\,[\text{K}]$$

4→1은 정적과정

$$\frac{P_4}{T_4} = \frac{P_1}{T_1} \quad \therefore \quad P_4 = P_1 \times \frac{T_4}{T_1} = 100 \times \frac{992.7}{300} = 330.9[\text{kPa}]$$

(2) 4→1의 과정에서 방출한 열량

$q_{41} = C_v(T_4 - T_1) = 0.717 \times (992.7 - 300) = 496.7 [\text{kJ/kg}]$

이므로 사이클이 한 순 일은 다음과 같다.

$w_{net} = q_{23} - q_{41} = 1200 - 496.7 = 703.3 [\text{kJ/kg}]$

(3) 기관의 이론 열효율 $\eta_{th} = \dfrac{w_{net}}{q_{23}} = \dfrac{703.3}{1200} = 0.586$

(4) 이상기체 상태방정식: $v_1 = \dfrac{RT_1}{P_1} = \dfrac{0.287 \times 300}{100} = 0.861 [\text{m}^3/\text{kg}]$

압축비 $r = \dfrac{V_1}{V_2} = \dfrac{V_1/m}{V_2/m} = \dfrac{v_1}{v_2}$: $v_2 = \dfrac{v_1}{r} = \dfrac{0.861}{15} = 0.0574 [\text{m}^3/\text{kg}]$

$$\text{MEP} = \frac{w_{net}}{v_1 - v_2} = \frac{703.3}{0.861 - 0.0574} = 875.2 [\text{kPa}]$$

11 $P-V$, $T-S$ 선도에서 최고온도 $T_3 = 2070\text{K}$, 최저 온도 $T_1 = 300\text{K}$, 최고 압력 $P_2 = P_3 = 4\text{MPa}$, 최저압력 $P_1 = 0.1\text{MPa}$

(1) 압축비(r): 1→2는 등엔트로피 과정이므로

$$r = \frac{V_1}{V_2} = \left(\frac{P_2}{P_1}\right)^{\frac{1}{k}} = \left(\frac{4}{0.1}\right)^{\frac{1}{1.4}} = 13.94$$

(2) 단절비(r_c): 등엔트로피 과정 1→2로부터 T_2를 먼저 구한다.

$$T_2 = T_1\left(\frac{P_1}{P_2}\right)^{(1-k)/k} = 300 \times \left(\frac{0.1}{4}\right)^{(1-1.4)/1.4} = 860.7 [\text{K}]$$

2→3은 정압과정이므로 $r_c = \dfrac{V_3}{V_2} = \dfrac{T_3}{T_2} = \dfrac{2070}{860.7} = 2.41$

(3) 열효율(η_{th}): 압축비 $r = 13.94$, 단절비 $r_c = 2.41$, 비열비 $k = 1.4$이므로

$$\eta_{th} = 1 - \frac{1}{r^{k-1}}\left[\frac{r_c^k - 1}{k(r_c - 1)}\right] = 1 - \frac{1}{13.94^{1.4-1}} \times \left[\frac{2.41^{1.4} - 1}{1.4 \times (2.41 - 1)}\right]$$
$$= 0.572 = 57.2 [\%]$$

(4) 사이클이 한 순 일(w_{net}): 2→3의 과정에서 전달된 열량

$$q_{23} = C_p(T_3 - T_2) = kC_v(T_3 - T_2)$$
$$= 1.4 \times 0.717 \times (2070 - 860.7)$$
$$= 1213.9 [\text{kJ/kg}]$$

$w_{net} = \eta_{th} q_{23} = 0.572 \times 1213.9 = 694.4 [\text{kJ/kg}]$

(5) 평균유효 압력[MEP]

$$\mathrm{MEP}=\frac{w_{net}}{v_1-v_2}=\frac{w_{net}}{v_2(v_1/v_2-1)}=\frac{P_2}{RT_2}\times\frac{w_{net}}{r-1}$$

$$=\frac{4000}{0.287\times 860.7}\times\frac{694.4}{13.94-1}[\mathrm{kPa}]=869\,[\mathrm{kPa}]$$

12 그림의 선도에서 온도 $T_1=300\mathrm{K}$, 압력 $P_1=0.1\mathrm{MPa}$, 사이클로 전달된 열량 $q_{23}=800\mathrm{kJ/kg}$, $q_{34}=400\mathrm{kJ/kg}$, 압축비 $r=15$

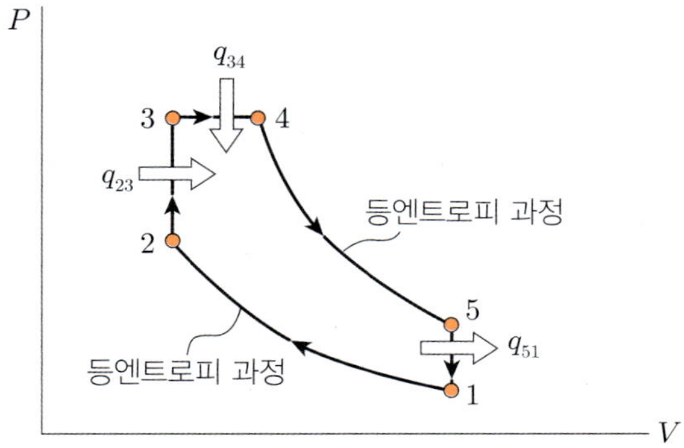

[연습문제 7.12] 사바테 사이클의 $P-V$ 선도

(1) $T_2=T_1r^{k-1}=300\times 15^{1.4-1}=886.3\,[\mathrm{K}]$

$P_2=P_1r^k=0.1\times 15^{1.4}=4.431\,[\mathrm{MPa}]$

$$T_3=T_2+\frac{q_{23}}{C_v}=886.3+\frac{800}{0.717}=2002.1\,[\mathrm{K}]$$

$$P_3=P_2\times\frac{T_3}{T_2}=4.431\times\frac{2002.1}{886.3}=10.01\,[\mathrm{MPa}]$$

$P_4=P_3=10.01\,[\mathrm{MPa}]$

$$T_4=T_3+\frac{q_{34}}{kC_v}=2002.1+\frac{400}{1.4\times 0.717}=2400.6\,[\mathrm{K}]$$

차단비 $r_c=\dfrac{V_4}{V_3}=\dfrac{T_4}{T_3}=\dfrac{2400.6}{2002.1}=1.199$

$$T_5=T_4\left(\frac{V_4}{V_5}\right)^{k-1}=T_4\left(\frac{V_4}{V_3}\frac{V_3}{V_5}\right)^{k-1}=T_4\left(\frac{r_c}{r}\right)^{k-1}$$

$$=2400.6\times\left(\frac{1.199}{15}\right)^{1.4-1}=873.8\,[\mathrm{K}]$$

$$P_5=P_1\left(\frac{T_5}{T_1}\right)=0.1\times\frac{873.8}{300}=0.291\,[\mathrm{MPa}]$$

(2) 5→1의 과정에서 방출한 열량

$$q_{51} = C_v(T_5 - T_1) = 0.717 \times (873.8 - 300) = 411.4\,[\mathrm{kJ/kg}]$$

$$\therefore\ w_{net} = (q_{23} + q_{34}) - q_{51} = (800 + 400) - 411.4 = 788.6\,[\mathrm{kJ/kg}]$$

(3) 기관의 이론 열효율 $\eta_{th} = \dfrac{w_{net}}{q_{23} + q_{34}} = \dfrac{788.6}{800 + 400} = 0.657$

(4) $v_1 = \dfrac{RT_1}{P_1} = \dfrac{0.287 \times 300}{100} = 0.861\,[\mathrm{m^3/kg}]$

$$\mathrm{MEP} = \frac{w_{net}}{v_1 - v_2} = \frac{w_{net}}{v_1(1 - v_2/v_1)} = \frac{788.6}{0.861 \times (1 - 1/15)} = 981.3\,[\mathrm{kPa}]$$

13 행정체적 $V_s = \dfrac{\pi}{4}D^2S = \dfrac{\pi}{4} \times 9^2 \times 9 = 572.6\,[\mathrm{cm^3}]$

$\therefore$ 압축비 $r = \dfrac{V_c + V_s}{V_c} = 1 + \dfrac{V_s}{V_c} = 1 + \dfrac{572.6}{71.5} = 9$

14 (가) ○ 구간 1→2 : 단열 압축 과정

(나) 열효율 $\eta = 1 - \dfrac{Q_2}{Q_1} = 1 - \dfrac{mC_v(T_4 - T_1)}{mC_v(T_3 - T_2)} = 1 - \dfrac{T_4 - T_1}{T_3 - T_2}$

$$= 1 - \frac{550 - 400}{1500 - 1300} = 0.25$$

○ 답 : $\eta = 0.25$

15 (1) 1－2: 단열 압축 과정, 2－3: 정압 가열 과정

(2) 열효율 $\eta = 1 - \dfrac{Q_2}{Q_1} = 1 - \dfrac{mC_v(T_4 - T_1)}{mC_p(T_3 - T_2)} = 1 - \dfrac{T_4 - T_1}{k(T_3 - T_2)}$

(3) 압축비 $r = 1 + \dfrac{V_s}{V_c}$ $\therefore$ 틈새체적 $V_c = \dfrac{V_s}{r - 1} = \dfrac{1400}{15 - 1} = 100\,[\mathrm{cc}]$

16 이상적인 스털링 사이클의 선도는 다음 그림과 같다.

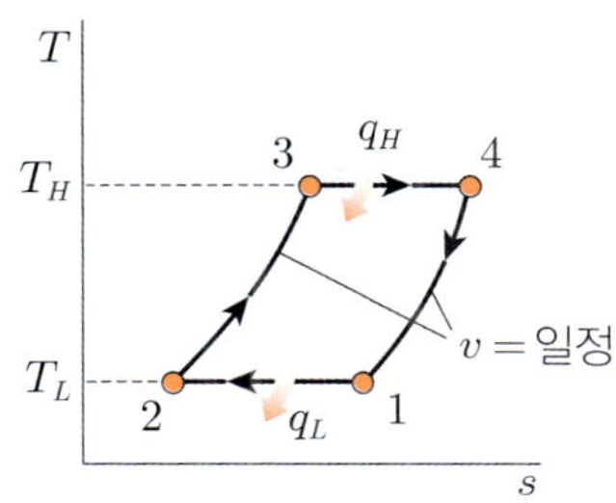

[연습문제 7.16] 이상적인 스털링 사이클의 $T-s$ 선도

이상적인 스털링 사이클에서는 2→3에서 공급받은 열량과 4→1에서 방출한 열량이 같으므로 사이클 전체에서 3→4에서 열량이 공급되고 1→2에서 열량이 방출된다. 온도가 일정한 과정 1→2, 3→4와 같은 가역등온과정에서 단위 질량당 열전달양은 다음과 같다.

$q = T\Delta s$

등온과정($dT = 0$)에서의 이상기체의 엔트로피 변화를 구하면

$Tds = du + Pdv = C_v dT + Pdv = Pdv$

$\therefore\ ds = \dfrac{P}{T}dv = \dfrac{R}{v}dv$ (← 이상기체에서 $pv = RT$)

$\int_i^f ds = R\int_i^f \dfrac{dv}{v}\quad \therefore\ s_f - s_i = R\ln\dfrac{v_f}{v_i}$

이다. 따라서 과정 3→4와 1→2에서의 공급된 열량과 방출된 열량은 다음과 같다.

$q_H = T_H(s_4 - s_3) = RT_H \ln\dfrac{v_4}{v_3};\ q_L = T_L(s_1 - s_2) = RT_L\ln\dfrac{v_1}{v_2}$

스털링 사이클에서 $v_1 = v_4,\ v_2 = v_3$이므로 $\dfrac{v_1}{v_2} = \dfrac{v_4}{v_3}$이다. 따라서 사이클의 열효율은 다음과 같다. $\eta_{th} = 1 - \dfrac{q_L}{q_H} = 1 - \dfrac{RT_L\ln(v_1/v_2)}{RT_H\ln(v_4/v_3)} = 1 - \dfrac{T_L}{T_H}$

17 이상적인 스털링 사이클의 선도는 그림과 같다.

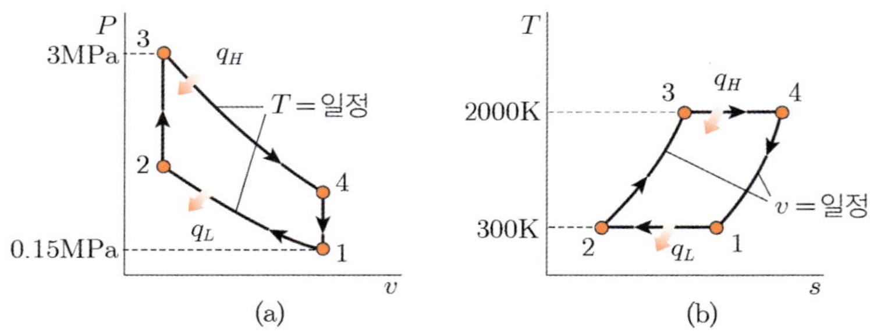

[연습문제 7.17] 이상적인 스털링 사이클의 $P-v$ 선도(a)와 $T-s$ 선도(b)

○ 선도에서 $T_1 = T_2 = 300\text{K},\ T_3 = T_4 = 2000\text{K}$

$P_1 = 0.15\text{MPa},\ P_3 = 3\text{MPa},\ T_L = 300\text{K},\ T_H = 2000\text{K}$

(1) $s_4 - s_3 = R\ln\dfrac{v_4}{v_3} = R\ln\dfrac{v_1}{v_3}\quad (\leftarrow v_4 = v_1)$

$q_H = T_H(s_4 - s_3) = T_H \times \left(R\ln\dfrac{v_4}{v_3}\right)$

$\dfrac{v_1}{v_3} = \dfrac{RT_1/P_1}{RT_3/P_3} = \dfrac{T_1}{T_3}\times\dfrac{P_3}{P_1} = \dfrac{300}{2000}\times\dfrac{3}{0.15} = 3$

$\therefore\ q_H = RT_H\ln\dfrac{v_1}{v_3} = 2.077\times 2000\times \ln 3 = 4563.6\ [\text{kJ/kg}]$

(2) $q_L = T_L(s_1 - s_2) = T_L \times \left(R\ln\dfrac{v_1}{v_2}\right) = RT_L\ln\dfrac{v_1}{v_3}$ $(\leftarrow v_2 = v_3)$

$= 2.077 \times 300 \times \ln 3 = 684.5$ [kJ/kg]

(3) $w_{net} = q_H - q_L = 4563.6 - 684.5 = 3879.1$ [kJ/kg]

(4) $\eta_{th} = \dfrac{w_{net}}{q_H} = \dfrac{3879.1}{4563.6} = 0.850 = 85.0$ [%]

또는, $\eta_{th} = 1 - \dfrac{T_L}{T_H} = 1 - \dfrac{300}{2000} = 0.85 = 85$ [%] (OK)

18 이상적인 에릭슨 사이클의 선도는 그림과 같다.

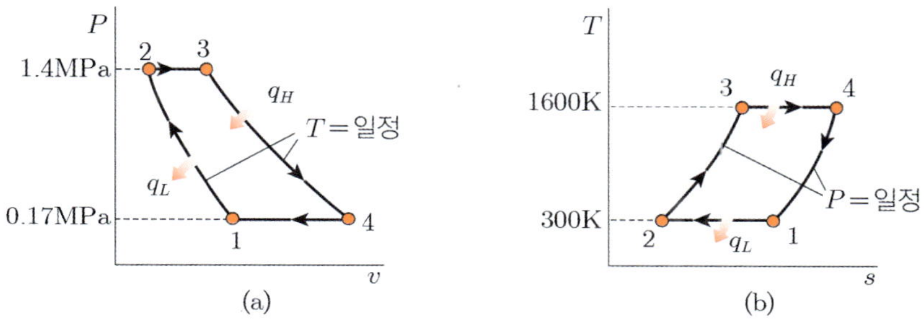

[연습문제 7.18] 이상적인 에릭슨 사이클의 $P-v$ 선도(a)와 $T-s$ 선도(b)

○ 선도에서 $T_1 = T_2 = 300\text{K}$, $T_3 = T_4 = 1600\text{K}$, $P_1 = P_4 = 0.17\text{MPa}$

$P_2 = P_3 = 1.4\text{MPa}$, $T_L = 300\text{K}$, $T_H = 1600\text{K}$

○ 질량유량 $\dot{m} = 0.5\,\text{kg/s}$

(1) $s_4 - s_3 = -R\ln\dfrac{P_4}{P_3} = R\ln\dfrac{P_3}{P_4}$

$q_H = T_H(s_4 - s_3) = RT_H\ln\dfrac{P_3}{P_4} = 2.077(1600)\ln\left(\dfrac{1.4}{0.17}\right) = 7006.7$ [kJ/kg]

$\therefore\ \dot{Q}_H = \dot{m}\,q_H = 0.5 \times 7006.7 = 3503.4$ [kW]

(2) $q_L = T_L(s_1 - s_2) = RT_L\ln\left(\dfrac{P_2}{P_1}\right) = 2.077(300)\ln\left(\dfrac{1.4}{0.17}\right) = 1313.8$ [kJ/kg]

$\therefore\ \dot{Q}_L = \dot{m}\,q_L = 0.5 \times 1313.8 = 656.9$ [kW]

(3) $\dot{W}_{net} = \dot{Q}_H - \dot{Q}_L = 3503.4 - 656.9 = 2846.5$ [kW]

(4) $\eta_{th} = \dfrac{\dot{W}_{net}}{\dot{Q}_H} = \dfrac{2846.5}{3503.4} = 0.8125 = 81.25$ [%]

또는, $\eta_{th} = 1 - \dfrac{T_L}{T_H} = 1 - \dfrac{300}{1600} = 0.8125 = 81.25$ [%] (OK)

19 주어진 사이클의 $P-v$ 선도와 $T-s$ 선도는 다음과 같다.

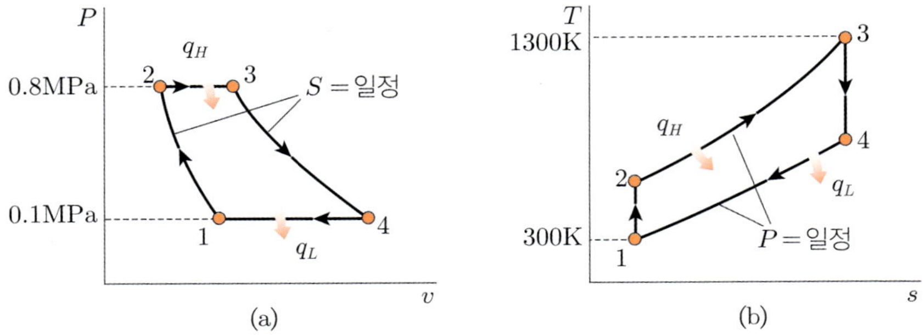

[연습문제 7.19] 브레이턴 사이클의 $P-v$ 선도(a)와 $T-s$ 선도(b).

○ 선도에서 주어진 압력과 온도 및 압력비는 다음과 같다.

$$P_1 = P_4 = 0.1\text{MPa},\ P_2 = P_3 = 0.8\text{MPa}$$

$$T_1 = 300\text{K},\ T_3 = 1300\text{K},\ r_p = P_2/P_1 = 8$$

(1) $T_2 = T_1 r_p^{(k-1)/k} = 300 \times (8)^{(1.4-1)/1.4} = 543.4\,[\text{K}]$

$T_4 = T_3 r_p^{-(k-1)/k} = 1300 \times (8)^{-(1.4-1)/1.4} = 717.7\,[\text{K}]$

(2) $w_c = C_p(T_2 - T_1) = 1.0035 \times (543.4 - 300) = 244.3\,[\text{kJ/kg}]$

$w_t = C_p(T_3 - T_4) = 1.0035 \times (1300 - 717.7) = 584.3\,[\text{kJ/kg}]$

(3) $w_{net} = w_t - w_c = 584.3 - 244.3 = 340.0\,[\text{kJ/kg}]$

(4) $q_H = C_p(T_3 - T_2) = 1.0035 \times (1300 - 543.4) = 759.2\,[\text{kJ/kg}]$

$q_L = C_p(T_4 - T_1) = 1.0035 \times (717.7 - 300) = 419.2\,[\text{kJ/kg}]$

(5) $\eta_{th} = 1 - \dfrac{T_1}{T_2} = 1 - \dfrac{300}{543.4} = 0.448 = 44.8\,[\%]$

또는, $\eta_{th} = 1 - \dfrac{1}{r_p^{(k-1)/k}} = 1 - \dfrac{1}{(8)^{(1.4-1)/1.4}} = 0.448 = 44.8\,[\%]$

$\eta_{th} = \dfrac{w_{net}}{q_H} = \dfrac{340.0}{759.2} = 0.448 = 44.8\,[\%]$ (OK)

20 [정답: ③] **21** [정답: ②] **22** [정답: ④]

23 [정답: ③] **24** [정답: ③] **25** [정답: ④]

26 [정답: ①]

27 [정답: ⑤] (가) 디젤 사이클 (나) 오토 사이클 (다) 사바테 사이클

28 (1) 사이클의 명칭: 사바테 사이클

(2) 적용되는 기관의 명칭: 고속 디젤기관

(3) 압축비(ϵ) : $\epsilon = \dfrac{V_1}{V_3{}'}$

(4) 열효율(η) : $\eta = \dfrac{Q_1 - Q_2}{Q_1} = 1 - \dfrac{Q_2}{Q_1} = 1 - \dfrac{Q_2}{Q_V + Q_P}$

29 [정답: ③]

30 (1) 피스톤 지름 $D = 9\text{cm}$, 행정 $S = 10\text{cm}$, 실린더 수 $Z = 4$이므로 총배기량

$$V = V_s Z = \frac{\pi}{4} D^2 SZ = \frac{3}{4} \times 9^2 \times 10 \times 4 = 2430\,[\text{cm}^3]$$

(2) 연소실 체적 $V_c = 31\text{cm}^3$이므로 압축비

$$\epsilon = 1 + \frac{V_s}{V_c} = 1 + \frac{\pi}{4} D^2 S \times \frac{1}{V_c} = 1 + \frac{3}{4} \times 9^2 \times 10 \times \frac{1}{31} = 20.6$$

31 [정답: ①] **32** [정답: ④] **33** [정답: ③]

† 기사시험에도 이와 같이 단순하게 사이클 명칭과 과정을 물어보는 문제가 출제된다.

34 [본문 참고] **35** [본문 참고]

36 [정답: ④] $L_i = \dfrac{P_{mi} V_s NZ}{60 \times 2} = \dfrac{V_s N(P_{mi,1} Z_1 + P_{mi,2} Z_2)}{60 \times 2}$

$$= \frac{(0.5 \times 1.5) \times 200 \times (500 \times 4 + 600 \times 2)}{60 \times 2} = 4000\,[\text{kW}]$$

행정체적 $V_s = AS = 0.5 \times 1.5\,[\text{m}^3]$

○ 엔진에서 동력은, 힘 $F = PA$, 일 $W = FS$, 동력 $L_i = \dfrac{W}{t}$의 기초적인 식으로부터 구한다. 회전속도 $N[\text{rpm}]$은 분(60s)당 회전수이다.

37 [정답: ③] 공기만을 압축하므로 높은 압축비로 압축할 수 있고, 연료와 공기의 혼합기가 압축되는 가솔린 기관과 같은 노크가 발생하지 않는다. 그러나 최고폭발압력이 높고, 공기의 압축열을 이용하여 착화하므로 겨울철과 같은 한랭 시나 처음 시동을 걸 때는 시동이 곤란한 경우가 있다(이에 따라 시동 보조 장치를 사용한다). 열효율이 높고 연료비가 적게 드므로 기관차, 대형 선박, 대형 트럭과 같은 큰 동력을 요구하는 기관에서는 디젤기관을 사용하고 있다.

38 [정답: ①] 디젤기관에서는 착화성이 좋은(세탄가가 높은) 경유나 중유를 사용한다.

39 [정답: ④] **40** [정답: ①]

41 (1) 도시평균유효압력

$$P_{mi}=\frac{1}{10}\times(25+13+8.5+5.5+4.5+4+3.5+3+2+1)=7\,[\mathrm{kgf/cm^2}]$$

(2) 도시평균유효압력 $P_{mi}=7\mathrm{kgf/cm^2}$, 피스톤 면적 $A=150\mathrm{cm^2}$, 피스톤 행정 $S=30\mathrm{cm}$, 크랭크축 회전속도 $N=1000\mathrm{rpm}$, 실린더 수 $Z=1$인 4행정기관의 도시마력은 다음과 같다.

$$L_i=\frac{P_{mi}ASNZ}{60\times2}=\frac{7\times150\times30\times1000\times1}{60\times2}=262{,}500\,[\mathrm{kgf\cdot cm/s}]$$

$$=262500\times\frac{1}{100}\times\frac{1}{75}\,[\mathrm{PS}]=35\,[\mathrm{PS}]\quad(\leftarrow\ 1\mathrm{PS}=75\mathrm{kgf\cdot m/s})$$

42 행정 $S=10\mathrm{cm}$, 실린더 단면적 $A=48\mathrm{cm^2}$, 연소실 체적 $V_c=60\mathrm{cc}$, 실린더 개수 $N=6$. 실린더 한 개의 배기량(행정체적 V_s)을 구하면

$$V_s=AS=48\times10=480\,[\mathrm{cm^3}]=480\,[\mathrm{cc}]$$

(1) 압축비(ϵ): $\epsilon=\dfrac{V_c+V_s}{V_c}=1+\dfrac{V_s}{V_c}=1+\dfrac{480}{60}=9$

(2) 총 배기량(V_T): $V_T=NV_s=6\times480=2880\,[\mathrm{cc}]$

43 실린더 지름 $D=100\mathrm{mm}=10\mathrm{cm}$, 행정 $S=100\mathrm{mm}=10\mathrm{cm}$, 실린더 수 $Z=4$, 압축비 $\epsilon=11$이다.

(1) 총배기량 $V_{TS}=V_SZ=\left(\dfrac{\pi}{4}D^2S\right)Z=\left\{\dfrac{\pi}{4}\times(10)^2\times10\right\}\times4=3{,}140\,[\mathrm{cc}]$

(2) 간극 체적 (V_C): 압축비 $\epsilon=11$이므로

$$\epsilon=1+\frac{V_S}{V_C}$$

$$\therefore\quad V_C=\frac{V_S}{\epsilon-1}=\frac{\frac{\pi}{4}D^2S}{\epsilon-1}=\frac{\frac{\pi}{4}\times(10)^2\times10}{11-1}=78.5\,[\mathrm{cc}]$$

44 (1) 물질의 명칭: 질소 산화물(NO_X)

(2) 공기비 $\lambda=\dfrac{(\text{실제 혼합비})}{(\text{이론 혼합비})}=\dfrac{18/1}{15/1}=1.2$

45 피스톤이 상사점과 하사점에 있을 때 크랭크축의 위치 변화를 보면 행정 $S = 2r_c$이다.

(1) 압축비 ϵ: 행정체적 $V_S = AS = A(2r_c) = 2Ar_c$이므로

$$\epsilon = 1 + \frac{V_S}{V_C} = 1 + \frac{2Ar_c}{V_C} = 1 + \frac{2 \times (20 \times 10^{-4}) \times (0.1)}{25 \times 10^{-6}} = 17$$

(2) 엔진 출력 N_b[kW]: 4행정 사이클 엔진이라고 하면

$$N_b = \frac{P_{mb} V_S n Z}{60 \times 2} = \frac{P_{mb}(2Ar_c) n Z}{60 \times 2}$$

$$= \frac{(3000) \times (2 \times 20 \times 10^{-4} \times 0.1) \times 1500 \times 4}{60 \times 2} = 60\,[\mathrm{kW}]$$

2행정 사이클 엔진이라고 하면

$$N_b = \frac{P_{mb} V_S n Z}{60} = 2 \times 60 = 120\,[\mathrm{kW}]$$

† 4행정 사이클 엔진은 크랭크 축 2회전마다 한번 폭발이 일어나고 2행정 사이클 엔진은 크랭크 축 1회전마다 한번 폭발이 일어난다.

46 [정답: ④] 주어진 선도는 디젤 사이클을 나타낸다.

47 [정답: ③] 주어진 도표는 오토사이클이다. 과정 A에서 기체를 압축한다.

48 [정답: ①] 49 [정답: ③] 50 [정답: ③]

51 [정답: ①] 52 [정답: ④] 53 [정답: ③]

54 [정답: ②]

55 [정답: ②] 가역단열과정에서 $P_1 V_1^k = P_2 V_2^k$

$$\therefore \; r = \frac{V_1}{V_2} = \left(\frac{P_2}{P_1}\right)^{\frac{1}{k}} = \left(\frac{1600}{200}\right)^{\frac{1}{1.4}} = 4.42$$

56 [정답: ②] $\eta = 1 - r^{1-k}$에서 $r^{1-k} = 1 - \eta$

$$\therefore \; r = (1-\eta)^{\frac{1}{1-k}} = (1 - 0.541)^{\frac{1}{1-1.4}} = 7.0$$

57 [정답: ④] 가역단열과정에서

$$T_2 = T_1\left(\frac{V_1}{V_2}\right)^{k-1} = (273 + 90)(16)^{1.4-1} = 1100\,[\mathrm{K}] = 827\,[℃]$$

58 [정답: ③] 압축비 $r = 1 + \frac{V_s}{V_c} = 1 + \frac{V_s}{0.1\,V_s} = 1 + \frac{1}{0.1} = 11$이므로

열효율 $\eta = 1 - r^{1-k} = 1 - (11)^{1-0.4} = 0.617 = 62\,[\%]$

59 [정답: ④] $W_{net} = P_{me} V_s = P_{me}(AS) = P_{me} \times \frac{\pi}{4} D^2 S$

$$= (2 \times 10^5) \times \frac{\pi}{4}(0.08)^2(0.1) = 100.5\,[\mathrm{J}]$$

60 [정답: ②]

ㄱ. 주어진 사이클은 오토사이클이다.

ㄴ. 오토사이클은 불꽃 점화기관의 표준 사이클이다. 압축 착화 기관의 이상적인 표준 사이클은 디젤 사이클이다.

ㄷ. 오토사이클은 2개의 단열 변화와 2개의 정적 과정으로 이루어진다.

ㄹ. 이론 열효율($\eta_{th} = 1 - r^{1-k}$)은 압축비(r)의 함수이며, 압축비가 커질수록 증가한다.

61 (열기관 1): Q_1을 흡수하여 Q_0을 배출하고 $W_1 = Q_1 - Q_0$의 일을 하므로 기관의 열효율(η_1)은

$$\eta_1 = \frac{W_1}{Q_1} = \frac{Q_1 - Q_0}{Q_1} = 1 - \frac{Q_0}{Q_1} \quad \therefore \quad \frac{Q_0}{Q_1} = 1 - \eta_1 \quad \cdots ①$$

(열기관 2): Q_0을 흡수하여 Q_2를 배출하고 $W_2 = Q_0 - Q_2$의 일을 하므로 기관의 열효율(η_2)은

$$\eta_2 = \frac{W_2}{Q_0} = \frac{Q_0 - Q_2}{Q_0} = 1 - \frac{Q_2}{Q_0} \quad \therefore \quad \frac{Q_2}{Q_0} = 1 - \eta_2 \quad \cdots ②$$

(전체 열기관): Q_1을 흡수하여 Q_2를 배출하고 $W_T = Q_1 - Q_2$의 일을 하므로 전체 기관의 열효율(η_T)은

$$\eta_T = \frac{W_T}{Q_1} = \frac{Q_1 - Q_2}{Q_1} = 1 - \frac{Q_2}{Q_1}$$

여기에서 식 ①×②를 하면 $\frac{Q_2}{Q_1} = (1 - \eta_1)(1 - \eta_2)$

따라서 전체 기관의 열효율(η_T)은 다음과 같다.

$$\eta_T = 1 - \frac{Q_2}{Q_1} = 1 - (1 - \eta_1)(1 - \eta_2) = \eta_1 + \eta_2 - \eta_1\eta_2 \quad \cdots ③$$

62 오토 사이클은 전기점화식 왕복 운동 기관의 이상적인 사이클이다.

(1) (가)의 이상적인 사이클의 명칭: 오토 사이클(Otto cycle)

(2) 사이클의 이론적 열효율(η): 사이클은 Q_1의 열을 받아 Q_2를 외부로 방출하고 $W=Q_1-Q_2$의 일을 한다.

$$\eta_{th}=\frac{W}{Q_1}=\frac{Q_1-Q_2}{Q_1}=1-\frac{Q_2}{Q_1}$$

(3) ㉠ 과정: 단열 팽창과정으로 열 이동 없이 기체는 V_3에서 V_4로 팽창된다. ($3\rightarrow4$는 가역단열 팽창과정이다.)

(4) ㉡ 과정: 정적 방열과정으로 일정한 체적에서 외부로 Q_2의 열을 방출하고 기체의 온도가 T_4에서 T_1로 내려간다. ($4\rightarrow1$은 정적 방열과정이다.)

63 (1) 기관의 열효율 η: 공급 열량 $Q_H=0.5\text{cal}$, 일 $W=630\text{J}$.

$$\eta=\frac{W}{Q_H}=\frac{630}{0.5\times4200}=0.3$$

(2) 1회의 팽창행정에서 버리는 열에너지 $Q_L[\text{J}]$

$$Q_L=Q_H-W=(0.5\times4200)-630=1470[\text{J}]$$

(3) 1분 동안 1200회 팽창행정이 일어날 때 기관의 동력[kW]: 1초에 $\frac{1200}{60}=20$회 폭발행정이 일어나므로 기관의 동력(P)은 다음과 같다.

$$P=W$$

64 단위질량($m=1\text{kg}$)의 작업유체를 고려한다. 상태방정식은

$$PV=mRT=RT$$

이고, 점 A에서 온도를 T_0라 하면 $P_0V_0=RT_0$이다.

○ 점 B 온도 : $(2P_0)V_0=RT_B \quad \therefore \quad T_B=2T_0$

○ 점 C 온도 : $(2P_0)(2V_0)=RT_C \quad \therefore \quad T_C=4T_0$

○ 점 D 온도 : $P_0(2V_0)=RT_D \quad \therefore \quad T_D=2T_0$

A→B→C에서 열을 흡수하고, C→D→A에서 열을 방출한다.

과정 A→B→C에서 한 일은 $\overline{\text{BC}}$ 아래 사각형 면적($2P_0V_0$)이고, 내부에너지 변화량은 $C_v\Delta T=C_v(T_C-T_A)$이므로 이 과정에서 흡수한 열(외부에서 공급한 열)의 양은

$$Q=\Delta U+W=C_v\Delta T+W=\frac{3}{2}R(4T_0-T_0)+2RT_0=\frac{13}{2}RT_0$$

한 사이클에서 기체가 한 순 일은 사각형 ABCD면적과 같으므로

$$W_{net}=P_0V_0=RT_0$$

따라서 기관의 열효율은 다음과 같다.

$$\eta=\frac{W_{net}}{Q}=\frac{RT_0}{13RT_0/2}=\frac{2}{13}\approx0.154=15.4[\%]$$

65 (1) 피스톤 행정 S[mm]: 그림에서 피스톤이 상사점과 하사점에 있을 때 크랭크축의 위치 변화를 보면 행정 S[mm]는 다음과 같다.

$S = 2r = 2 \times 50 = 100$[mm]

(2) 1분 동안 기관에서 발생하는 폭발행정의 횟수 N_C: 4행정 사이클 기관에서는 크랭크축이 2회전할 때 1회 폭발이 일어나므로 N_C는 다음과 같다. $N_C = \dfrac{N}{2} = \dfrac{2700}{2} = 1350$

(3) 피스톤 평균속도 v[m/s]: 행정 $S = 100\text{mm} = 0.1\text{m}$, 회전속도 $N = 2700\text{rpm}$이다. 크랭크축이 1회전할 때 피스톤은 $2S$의 거리를 이동하므로 v[m/s]는 다음과 같다.

$$v = 2S \times \frac{N}{60} = 2(0.1) \times \frac{2700}{60} = 9[\text{m/s}]$$

66 실린더 수 $Z = 6$, 총배기량 $V = 3{,}000$[cc]이므로 행정체적

$$V_S = \frac{V}{Z} = \frac{3000}{6} = 500[\text{cc}]$$

(1) 실린더 행정 S[cm]: 실린더 단면적 $A = 50[\text{cm}^2]$이므로

$$S = \frac{V_S}{A} = \frac{500}{50} = 10[\text{cm}]$$

(2) 1개 실린더의 연소실 체적 V_C[cc]: 압축비 $\epsilon = 11$로부터

$$\epsilon = 1 + \frac{V_S}{V_C} \quad \therefore \quad V_C = \frac{V_S}{\epsilon - 1} = \frac{500}{11 - 1} = 50[\text{cc}]$$

(3) 체적효율 η_V[%]: 체적효율의 정의로부터

$$\eta_V = \frac{(\text{1사이클당 흡입 체적})}{(\text{행정체적})} = \frac{V_i}{V_S} = \frac{450}{500} = 90[\%]$$

67 실린더 내경 $d = 80\text{mm} = 8\text{cm}$, 행정 $S = 80\text{mm} = 8\text{cm}$이고, 실린더 1개의 연소실 체적 $V_C = 50\text{cc} = 50\text{cm}^3$이다.

(1) ㉠에 해당하는 명칭: 행정(stroke)

피스톤은 실린더 내 두 지점(상사점과 하사점)을 왕복 운동하므로 상사점과 하사점 사이의 거리는 피스톤이 한 방향으로 움직일 수 있는 최대 거리이며 이것을 행정(stroke)이라 한다.

(2) ㉡ 압축비(r): 실린더 1개의 행정체적(배기체적) $V_S = \dfrac{\pi}{4}d^2 S$이므로 압축비($r$)는 다음과 같다.

$$r = 1 + \frac{V_S}{V_C} = 1 + \frac{\frac{\pi}{4}d^2 S}{V_C} = 1 + \frac{\frac{\pi \times 8^2}{4} \times 8}{50} = 1 + \frac{50 \times 8}{50} = 9$$

68 (1) 상태 1에서의 체적 $V_1[\mathrm{cm}^3]$: 이상기체 상태방정식으로부터

$$V_1 = \frac{mRT_1}{P_1} = \frac{0.001(0.287)(300)}{100}[\mathrm{m}^3] = 8.61\times 10^{-4}[\mathrm{m}^3] = 861[\mathrm{cm}^3]$$

$1\mathrm{m}^3 = (10^2\mathrm{cm})^3 = 10^6\mathrm{cm}^3$이다.

(2) 정압과정 2-3 사이에 유입되는 열전달량 $q_{in}[\mathrm{kJ}]$

$$q_{in} = mC_p(T_3 - T_2) = 0.001(1)(1500-990)[\mathrm{kJ}] = 0.51[\mathrm{kJ}]$$

69 (1) 노킹 현상(㉠)을 방지하려면 흡입 공기의 온도와 압력을 낮춘다.

(2) ㉡: 옥탄가

70 주어진 과정을 $P-V$ 선도에 나타내면 그림과 같다. 단위질량($m=1\mathrm{kg}$)의 작업유체를 고려하고, 시작점 1에서 기체의 온도를 $T_1 = T_0$라 하면 상태방정식 $PV=RT$로부터 $P_0V_0 = RT_0$이고 점 2, 3, 4의 온도는 각각 $T_2 = 2T_0$, $T_3 = 4T_0$, $T_4 = 2T_0$가 된다. 그리고 과정 1→2→3에서 사이클로 열이 공급되고 과정 3→4→1에서 외부로 열이 방출된다.

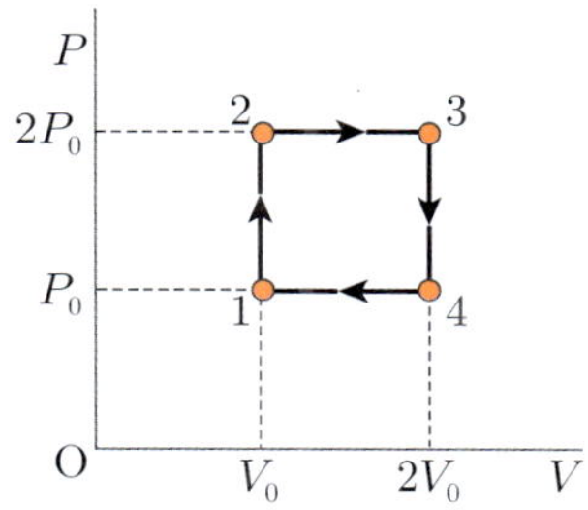

[연습문제 7.70]

(1) 열기관의 열효율: 과정 1→2는 정적과정, 2→3은 정압과정이므로 사이클로 공급되는 열량(Q_H)은

$$Q_H = Q_{12} + Q_{23} = C_v(T_2 - T_1) + C_p(T_3 - T_2)$$
$$= C_v(T_0) + kC_v(2T_0) = C_vT_0(1+2k)$$

이고, 사이클이 한 순 일(W)은 사각형 1-2-3-4-1의 면적과 같으므로

$$W = P_0V_0 = RT_0$$

이다. 따라서 열효율(η)은 다음과 같다.

$$\eta = \frac{W}{Q_H} = \frac{RT_0}{C_vT_0(1+2k)} = \frac{R}{\left(\dfrac{R}{k-1}\right)(1+2k)} = \frac{k-1}{2k+1}$$

여기에서 정적비열 $C_v = \dfrac{R}{k-1}$이다.

(2) 각 과정들에 대한 엔트로피 변화량과 사이클에 대한 총 엔트로피 변화량:

○ 과정 1→2: $\Delta s_{12} = C_v \ln\left(\frac{T_2}{T_1}\right) = C_v \ln\left(\frac{2T_0}{T_0}\right) = C_v \ln 2$

○ 과정 2→3: $\Delta s_{23} = C_p \ln\left(\frac{T_3}{T_2}\right) = C_p \ln\left(\frac{4T_0}{2T_0}\right) = C_p \ln 2 = kC_v \ln 2$

○ 과정 3→4: $\Delta s_{34} = C_v \ln\left(\frac{T_4}{T_3}\right) = C_v \ln\left(\frac{2T_0}{4T_0}\right) = -C_v \ln 2$

○ 과정 4→1: $\Delta s_{41} = C_p \ln\left(\frac{T_1}{T_4}\right) = C_p \ln\left(\frac{T_0}{2T_0}\right) = -C_p \ln 2 = -kC_v \ln 2$

따라서 사이클에 대한 총 엔트로피 변화량(Δs)은 Δs이다. (엔트로피는 상태량이고 다시 같은 상태로 되돌아왔으므로 총 엔트로피 변화량은 0이다.)

71 주어진 사이클의 $T-v$ 선도와 $T-s$ 선도는 그림과 같다. 주어진 값
$P_1 = 200\text{kPa}$, $T_1 = T_2 = T_L = 300\text{K}$, $T_3 = T_4 = T_H = 1500\text{K}$, $q_H = 600\text{kJ/kg}$

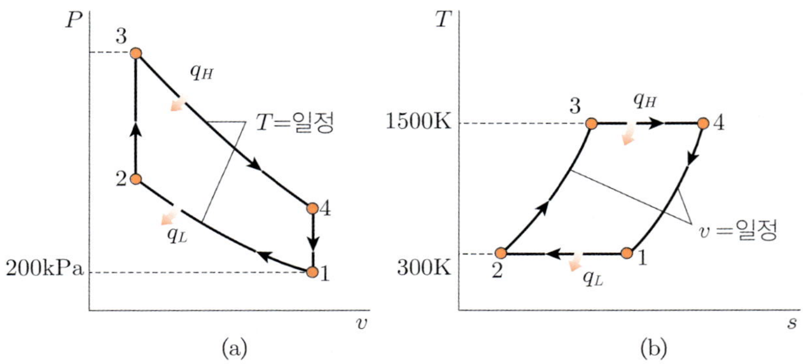

[연습문제 7.71]

(1) 과정 4→1(정적과정)에서 $P/T = C$이므로

$$\frac{P_1}{T_1} = \frac{P_4}{T_4} \quad \therefore \quad P_4 = P_1 \times \frac{T_4}{T_1} = 200 \times \frac{1500}{300} = 1000[\text{kPa}]$$

과정 3→4(등온과정에서)

$$q_H = \Delta u + w = w = \int P dv = RT_H \ln\left(\frac{v_4}{v_3}\right) = RT_H \ln\left(\frac{P_3}{P_4}\right)$$

$$\therefore \quad P_3 = P_4 \exp\left(\frac{q_H}{RT_H}\right) = 1000 \exp\left(\frac{600}{2.0769 \times 1500}\right) = 1212.4[\text{kPa}]$$

즉, 최고점 압력 $P_3 = 1212.4\text{kPa}$이다.

(2) 과정 3→4와 과정 1→2에서 $q_H = RT_H \ln\left(\frac{v_4}{v_3}\right)$, $q_L = RT_L \ln\left(\frac{v_1}{v_2}\right)$이다. 여기에서

$v_4/v_3 = v_1/v_2$이므로

$q_L = q_H\left(\frac{T_L}{T_H}\right) = 600 \times \left(\frac{300}{1500}\right) = 120\,[\mathrm{kJ}]$

따라서 작동유체 단위질량당 정미출력 일(w)은 다음과 같다.

$w = q_H - q_L = 600 - 120 = 480\,[\mathrm{kJ}]$

(3) 사이클의 열효율 $\eta = \frac{w}{q_H} = \frac{480}{600} = 0.8$

또는, $\eta = 1 - \frac{T_L}{T_H} = 1 - \frac{300}{1500} = 0.8$

부록

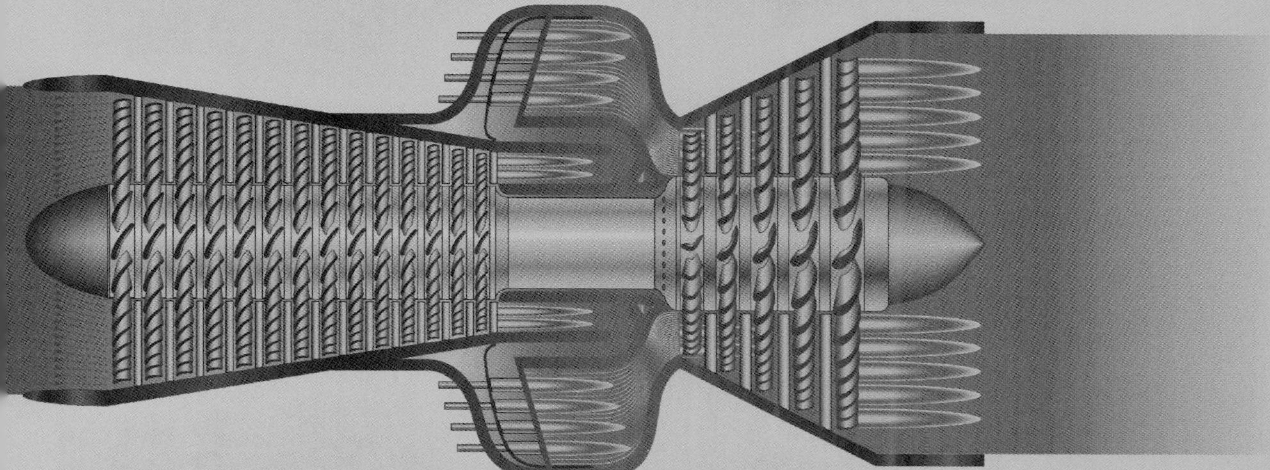

A.1 이상기체의 기체상수와 비열: 300K

기체	분자식	분자량	R (kJ/kg · K)	C_p (kJ/kg · K)	C_v (kJ/kg · K)	비열비 k
공기		28.97	0.2870	1.0035	0.7165	1.400
헬륨	He	4.003	2.0770	5.1926	3.1156	1.667
네온	≠	20.183	0.4120	1.0299	0.6179	1.667
아르곤	Ar	39.948	0.2081	0.5203	0.3122	1.667
수소	H_2	2.016	4.1242	14.209	10.085	1.409
질소	N_2	28.013	0.2968	1.0416	0.7448	1.400
산소	O_2	31.999	0.2598	0.9216	0.6618	1.393
일산화탄소	CO	28.011	0.2968	1.0413	0.7445	1.400
이산화탄소	CO_2	44.01	0.1889	0.8418	0.6529	1.289
메탄	CH_4	16.043	0.5184	2.2537	1.7354	1.299
아세틸렌	C_2H_2	26.038	0.3193	1.6986	1.3793	1.231
에탄	C_2H_6	30.07	0.2765	1.7662	1.4897	1.186
프로판	C_3H_8	44.097	0.1886	1.6794	1.4909	1.126
부탄	C_4H_{10}	58.124	0.1430	1.7164	1.5734	1.091
수증기	H_2O	18.015	0.4615	1.8723	1.4108	1.327

- 일반기체상수(universal gas constant, $\overline{R}$); 기체상수 $R = \dfrac{\overline{R}}{M}$ (M은 분자량)

$$
\begin{aligned}
\overline{R} &= 8.31447\,\mathrm{kJ/kmol \cdot K} \\
&= 8.31447\,\mathrm{J/mol \cdot K} \\
&= 8.31447\,\mathrm{kPa \cdot m^3/kmol \cdot K} \\
&= 8.31447\,\mathrm{Pa \cdot m^3/mol \cdot K} \\
&= 0.0831447\,\mathrm{bar \cdot m^3/kmol \cdot K} \\
&= 82.05\,\mathrm{L \cdot atm/kmol \cdot K} \\
&= 0.08205\,\mathrm{L \cdot atm/mol \cdot K}
\end{aligned}
$$

A.2 열역학 기초수학

1. 물리량 표현 기호: 일반적으로 전체 물리량은 대문자, 단위 질량당 물리량은 소문자로 표시한다.

   (1) 전체 물리량: 열량 Q[J], 일 W[J], 내부에너지 U[J], 엔탈피 H[J], 엔트로피 S[J/K], 체적 $V[\mathrm{m}^3]$

   (2) 단위 질량당 물리량: 단위 질량당 열량 q[J/kg], 단위 질량당 일 w[J/kg], 비내부에너지 u[J/kg], 비엔탈피 h[J/kg], 비엔트로피 s[J/kg·K], 비체적 $v[\mathrm{m}^3/\mathrm{kg}]$

   (3) 기타: 정압비열 C_p[kJ/kg·K], 정적비열 C_v[kJ/kg·K], 기체상수 R[kJ/kg·K], 비열비 $k = C_p/C_v$, 열효율 η

   † 열역학은 특히 기호가 많아서 복잡해 보인다. 각종 기호에 익숙해지도록 한다.

2. $\int_1^2 dX = X_2 - X_1$: 1에서 2로 상태 변화가 있을 때 상태량 X의 적분을 열역학에서는 일반적으로 간단하게 $\int_1^2 dX$로 나타낸다. 수학적으로는 $\int_{X_1}^{X_2} dX$를 의미한다.

   (1) $\int_1^2 dT = T_2 - T_1 = \Delta T$ (2) $\int_1^2 dV = V_2 - V_1 = \Delta V$

   (3) $\int_1^2 dP = P_2 - P_1 = \Delta P$ (4) $\int_1^2 dU = U_2 - U_1 = \Delta U$

   (5) $\int_1^2 dH = H_2 - H_1 = \Delta H$ (6) $\int_1^2 dS = S_2 - S_1 = \Delta S$

3. $\int_1^2 \frac{1}{X} dX = \ln\left(\frac{X_2}{X_1}\right)$: 수학적으로는 $\int_{X_1}^{X_2} \frac{1}{X} dX$를 의미한다.

   (1) $\int_1^2 \frac{1}{T} dT = \ln\left(\frac{T_2}{T_1}\right)$ (2) $\int_1^2 \frac{1}{V} dV = \ln\left(\frac{V_2}{V_1}\right)$

   (3) $\int_1^2 \frac{1}{P} dP = \ln\left(\frac{P_2}{P_1}\right)$

4. 일(δW)과 열량(δQ)의 적분

(1) $\int_1^2 \delta W = {}_1W_2$, W_{12} 또는 간단하게 W로 나타낸다.

(2) $\int_1^2 \delta Q = {}_1Q_2$, Q_{12} 또는 간단하게 Q로 나타낸다.

(3) $\int_1^2 \frac{\delta Q}{T} = \frac{{}_1Q_2}{T}$, $\frac{Q_{12}}{T}$ 또는 $\frac{Q}{T}$로 나타낸다: 온도(T)가 일정할 때.

5. $\int X^n dX = \frac{X^{n+1}}{n+1} + C$: 등엔트로피 과정과 폴리트로픽 과정에서 일($W = \int_1^2 PdV$)을 구할 때 사용.

6. (1) $A^x = B$일 때 $x = \frac{\ln B}{\ln A}$ $(A > 0,\ A \neq 1,\ B > 0)$ 폴리트로픽 지수를 구할 때 사용.

(2) $\ln X_2 - \ln X_1 = \ln \frac{X_2}{X_1} = -\ln \frac{X_1}{X_2}$: 일과 엔트로피 차이를 구할 때 사용.

7. $A^n = B$일 때 $A = B^{\frac{1}{n}}$: 등엔트로피 과정과 폴리트로픽 과정을 해석할 때 사용.

8. 곱의 전미분 $d(Pv) = Pdv + vdP$: $h = u + Pv$를 미분할 때 사용.

† 학부과정의 열역학에서 수학적으로 크게 어려운 것은 없다. 위에서 나타낸 것이 모두라고 할 수 있다. 그런데 열역학에서는 취급하는 물리량이 많으므로 복잡하게 보인다. 문제를 많이 풀어 봄으로써 각 물리량의 개념과 물리적인 현상을 잘 파악하고 이해하도록 한다.

A.3 단위 변환

- 길이: 1mm = 0.0394inch ; 1m = 3.281ft ; 1km = 0.622mile ; 1mile = 5280ft
  1inch = 2.54cm ; 1ft = 12inch = 0.3048m ; 1yard = 0.9144m
- 면적: $1m^2 = 10.76ft^2$; $1mm^2 = 0.00155 inch^2$
- 체적: $1m^3 = 10^3 L = 35.31 ft^3$; $1L = 10^3 cm^3 = 10^{-3} m^3$
- 질량: 1kg = 0.0685slug ; 1slug = 14.59kg ; 1ton = 1000kg
- 중력가속도: $g = 9.80665 m/s^2 = 32.174 ft/s^2$
- 힘: $1N = 10^5 dyne$; 1N = 0.2248lb ; 1kgf = 9.80665N ; 1lb = 4.448N
- 밀도: $1g/cm^3 = 1kg/L = 1000kg/m^3$; $1kg/m^3 = 0.00194 slug/ft^3$
- 에너지: 1J = 1N · m = 0.7375ft · lb ; $1J = 10^7 erg$
  1cal = 4.1860J(exactly)
- 체적유량: $1m^3/s = 10^6 cm^3/s = 1000L/s = 35.31 ft^3/s$; $1L/s = 10^{-3} m^3/s$
- 동력: 1W = 1J/s = 0.7375ft · lb/s ; 1kW = 1.341hp = 737.5ft · lb/s
  1PS = 75kgf · m/s = 735.5W ; 1hp = 746W ; 1hp = 550lb · ft/s
- 압력: $1bar = 10^5 Pa = 100kPa = 0.987 atm$; $1kN/m^2 = 1kPa = 0.145 psi$
  $1mm H_2O = 9.807Pa$; 1mmHg = 0.0394inch Hg = 133.3Pa
- 표준 대기압력: 1atm = 760mmHg = 101.325kPa = 1.01325bar = 14.70psi
- 비열, 기체상수: 1J/kg · K = 5.98ft · lb/slug · R
- 비체적: $1m^3/kg = 515.5 ft^3/slug$
- 비중량: $1N/m^3 = 0.006365 lb/ft^3$
- 온도: $T(K) = T(℃) + 273.15$
  $T(R) = T(°F) + 459.67 = 1.8T(K)$
  $T(°F) = 1.8T(℃) + 32$
- 온도 차이: $\Delta T(K) = \Delta T(℃)$
  $\Delta T(°F) = \Delta T(R) = 1.8\Delta T(K)$
- 속도: 1m/s = 3.281ft/s = 3.60km/h = 2.28mile/h ; 1knot = 0.5155m/s

[L = liter = 1000cc = $1000cm^3$; ft = foot; lb = pound force ; psi = $lb/inch^2$]

참고문헌

[1] 강성종 역, 竹花有也 저, 자동차공학 개론, 동명사, 2009.

[2] 교육부, 원동기, 대한교과서(주), 1998.

[3] 교육인적자원부, 원동기, 대한교과서(주), 2005.

[4] 김광선 외 공역, M. J. Moran & H. N. Shapiro 공저, 공업열역학, 텍스트북스, 2008.

[5] 김정배, 내연기관 및 유압기기, 건기원, 2009.

[6] 노승탁, 공업열역학, 문운당, 2010.

[7] 박영무 외 공역, C. Borgnakke & R. E. Sonntag 공저, 열역학, 텍스트북스, 2010.

[8] 부준홍 외 공역, Y. A. Cengel & M. A. Boles 공저, 열역학, (주)한국맥그로힐, 2009.

[9] 물리학 교재 편찬위원회 공역, R. A. Serway & J. W. Jewett 공저, 핵심 대학 물리학, 북스힐, 2011.

[10] 유주식, 기계공학 기초이론, 경문사, 2015.

[11] 유주식, 중등교사 임용시험 포인트 열역학, 경문사, 2022.

[12] 유주식, 고형종, 고급 열역학 문제연습, 교육과학사, 2020.

[13] 한영출 외 공저, 공업열역학, 문운당, 1996.

[14] M. Browne, Physics for Engineering and Science, Schaum's Outlines, Mcgraw Hill, 2010.

[15] M. Potter & C. Somerton, Thermodynamics for Engineers, Schaum's Outlines, Mcgraw Hill, 2006.

[16] 사이버국가고시센터 (www.gosi.go.kr)

[17] 서울특별시 인재개발원 (hrd.seoul.go.kr)

[18] 서울시 인터넷 원서접수센터(gosi.seoul.go.kr)

[19] 한국교육과정평가원 (www.kice.re.kr)

찾아보기

알기 쉬운
기본 열역학

지은이 유주식
펴낸이 조경희
펴낸곳 경문사
펴낸날 2023년 3월 2일 1판 1쇄
등 록 1979년 11월 9일 제1979–000023호
주 소 04057, 서울특별시 마포구 와우산로 174
전 화 (02)332–2004 팩스 (02)336–5193
이메일 kyungmoon@kyungmoon.com

값 25,000원

ISBN 979–11–6073–578–9

★ 경문사의 다양한 도서와 콘텐츠를 만나보세요!

홈페이지	www.kyungmoon.com	페이스북	facebook.com/kyungmoonsa
포스트	post.naver.com/kyungmoonbooks	블로그	blog.naver.com/kyungmoonbooks
북이오	buk.io/@pa9309	유튜브	https://www.youtube.com/channel/UClDC8x4xvA8eZlrVaD7QGoQ

경문사 출간 도서 중 수정판에 대한 **정오표**는 **홈페이지 자료실**에 있습니다.